国家电网有限公司
STATE GRID
CORPORATION OF CHINA

U0161178

国家电网有限公司
技能人员专业培训教材

水轮发电机机械检修

国家电网有限公司　组编

中国电力出版社
CHINA ELECTRIC POWER PRESS

图书在版编目（CIP）数据

水轮发电机机械检修 / 国家电网有限公司组编. —北京：中国电力出版社，2020.7
国家电网有限公司技能人员专业培训教材
ISBN 978-7-5198-4503-2

Ⅰ. ①水⋯　Ⅱ. ①国⋯　Ⅲ. ①水轮发电机–机械维修–技术培训–教材　Ⅳ. ①TM312.07

中国版本图书馆 CIP 数据核字（2020）第 055528 号

出版发行：中国电力出版社
地　　址：北京市东城区北京站西街 19 号（邮政编码 100005）
网　　址：http://www.cepp.sgcc.com.cn
责任编辑：孙建英（010-63412369）　马雪倩
责任校对：王小鹏
装帧设计：郝晓燕　赵姗姗
责任印制：吴　迪

印　　刷：三河市百盛印装有限公司
版　　次：2020 年 7 月第一版
印　　次：2020 年 7 月北京第一次印刷
开　　本：710 毫米×980 毫米　16 开本
印　　张：34.25
字　　数：654 千字
印　　数：0001—1500 册
定　　价：108.00 元

本书编委会

主　　任　吕春泉

委　　员　董双武　张　龙　杨　勇　张凡华

　　　　　王晓希　孙晓雯　李振凯

编写人员　尹胜军　孔令华　张　强　李坤鹏

　　　　　曹爱民　战　杰　徐明虎　张亚武

　　　　　朱海峰　尹广斌　李敏刚　韩利民

　　　　　崔金涛

前　言

　　为贯彻落实国家终身职业技能培训要求，全面加强国家电网有限公司新时代高技能人才队伍建设工作，有效提升技能人员岗位能力培训工作的针对性、有效性和规范性，加快建设一支纪律严明、素质优良、技艺精湛的高技能人才队伍，为建设具有中国特色国际领先的能源互联网企业提供强有力人才支撑，国家电网有限公司人力资源部组织公司系统技术技能专家，在《国家电网公司生产技能人员职业能力培训专用教材》（2010 年版）基础上，结合新理论、新技术、新方法、新设备，采用模块化结构，修编完成覆盖输电、变电、配电、营销、调度等 50 余个专业的培训教材。

　　本套专业培训教材是以各岗位小类的岗位能力培训规范为指导，以国家、行业及公司发布的法律法规、规章制度、规程规范、技术标准等为依据，以岗位能力提升、贴近工作实际为目的，以模块化教材为特点，语言简练、通俗易懂，专业术语完整准确，适用于培训教学、员工自学、资源开发等，也可作为相关大专院校教学参考书。

　　本书为《水轮发电机机械检修》分册，由尹胜军、孔令华、张强、李坤鹏、曹爱民、战杰、徐明虎、张亚武、朱海峰、尹广斌、李敏刚、韩利民、崔金涛编写。在出版过程中，参与编写和审定的专家们以高度的责任感和严谨的作风，几易其稿，多次修订才最终定稿。在本套培训教材即将出版之际，谨向所有参与和支持本书籍出版的专家表示衷心的感谢！

　　由于编写人员水平有限，书中难免有错误和不足之处，敬请广大读者批评指正。

目　录

第二部分 水轮发电机机械设备检修工艺

第三部分　水轮发电机机械设备维护

第六部分　水轮发电机的检修规程、规范及标准

第一部分

水轮发电机机械设备改造

第一章

水轮发电机定子更新改造

模块 1　水轮发电机定子定位筋更新的基本步骤
（ZY3600501001）

【模块描述】本模块介绍水轮发电机定子更新改造过程中定位筋更新的基本步骤。通过图文讲解、步骤过程介绍以及案例分析，了解水轮发电机定子定位筋更新的基本内容。

【模块内容】

定位筋安装。

一、定位筋安装前的准备

（1）沿定子机座内圆装设足够的照明。

（2）按图纸用划针划出下环上定位筋所在位置的中心线，并用钢字码编号。

（3）修除定位筋鸽尾部分的毛刺；用压力校直机校正直线度，使定位筋周向和径向直线度在全长范围内不大于 0.1mm；划出鸽尾中心线。

（4）校核中心测圆架的准确性要求见表 1–1–1，并用内径千分尺律定中心测圆架测头的绝对尺寸。

表 1–1–1　　　　　　　　中心测圆架分阶段校核项目

阶段序号	阶段工作内容	校核项目
1	机组焊接后，提交记录前	中心柱垂直度，重复测量一点精度
2	基准定位筋安装前	中心柱垂直度，重复测量一点精度
3	全部定位筋搭焊后，满焊前	中心柱垂直度，重复测量一点精度

（5）安装下齿压板，使其高程符合要求，偏差不大于 ±2mm；水平和位置暂不精确调整。

二、定位筋预装

（1）将定位筋逐根吊起，以鸽尾中心线对准下环预先划好的位置中心线，嵌入用千斤顶和小 C 型线夹等特制工具固定的各托板内；用大 C 型线夹将定位筋固定托板在机座环板上，固定时应注意其正反面，筋与托板配合间隙不应大于 0.3mm，否则应更换托板，选配至合适为止。

（2）用中心测圆架和方形水平仪（合像水平仪）测量定位筋的半径和垂直度，反复调整定位筋和托板，使其同时达到下列要求：

1）定位筋径向和周向垂直度偏差不大于 0.1mm/m。

2）定位筋内径在各托板处的偏差不大于 ±0.5mm，此时托板与机座环板间应无间隙。

（3）定位筋下端面的高程（或至下齿压板顶面设计高程的距离）应符合图纸规定。一般均低于下齿压板顶面 7~10mm。

（4）达到二、（2）中各项要求后，在定位筋与托板配合的左右两侧。用 $\phi4$ 电焊条各搭焊 10mm，见图 1-1-1 的焊缝⑤⑥。将托板的平焊缝③⑤⑥先满焊一层高程 6m，再将定位筋连托板一并取下，按下环上的标记在定位筋上打上相应的钢字码。

三、定位筋与托板焊接

（1）定位筋与托板的满焊应按制造厂的专门规范进行。无规定时，施焊规范见表 1-1-2。高程 6m 焊缝用 $\phi4$ 焊条分两层满焊，12m 高程焊缝用 $\phi4$ 焊条分三层焊满（如焊不满时，可增加一层）。满焊后的焊缝高度应符合图纸规定。

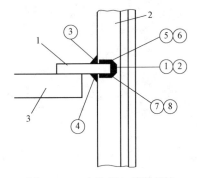

图 1-1-1　定位筋与托板焊接

1—托板；2—定位筋；3—环板；①~⑧—焊缝

表 1-1-2　　　　　　　　　定位筋与托板焊接规范

焊接层数	焊条直径（mm）	电流（A）
第一层	4	160~190
第二层	4	160~190
第三层	4	200~220

（2）定位筋与各托板焊接顺序一般按照表 1-1-3 规定的次序进行。

表 1–1–3　　　　　　　　　　定位筋与各托板焊接顺序

焊接顺序	焊缝编号	层次	图例	备注
1	③⑤⑥	各第一层	图 1–1–2（a）	船型
2	④⑦⑧	各第一层	图 1–1–2（a）	船型
3	③⑤⑥	各第二层	图 1–1–2（a）	船型
4	④⑦⑧	各第二层	图 1–1–2（a）	船型
5	③⑤⑥	各第三层	图 1–1–2（a）	船型
6	④⑦⑧	各第三层	图 1–1–2（a）	船型
7	①②	各第一层	图 1–1–2（a）	船型
8	①②	第二层或加第三层	图 1–1–2（a）	船型

（3）定位筋与托板满焊冷却后，再次用压力校直机校正其直线度，使定位筋周向和径向不直线度不大于 0.15mm。

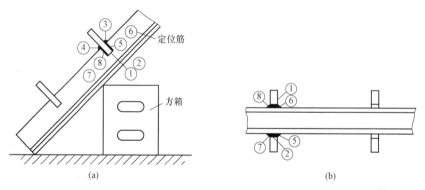

图 1–1–2　焊接顺序
（a）船形焊；（b）平焊
①～⑧—焊缝

（4）为提高工作效率，定位筋与托板的满焊可与预装工作同时进行。

四、基准定位筋安装

（1）取 1 号定位筋吊入安装位置上，工具固定住托板。基准定位筋鸽尾中心线与下环上划出的位置中心线偏差不大于 1mm。

（2）反复调整基准定位筋，使其达到下列要求：

1）径向和周向垂直度偏差不大于 0.05mm/m。

2）用中心测圆架测量定位筋在各托板处的内圆半径，其绝对尺寸偏差为 $^{-0.05}_{-0.25}$mm。全筋各测点相对尺寸偏差不大于±0.03mm。

3）基准定位筋径向扭斜不大于 0.1mm。

4）托板与机座环板间一般应无间隙。

（3）在固定状态下将托板点焊在各环板上，先调整点焊中间环板，然后分别向上下端各环顺序调整点焊；点焊分别在托板的两侧进行，每侧两处，点焊焊缝长度在 10～15mm。

（4）重复（2）中的要求对基准定位筋进行检查，并做记录。

五、大等分定位筋的安装

（1）定位筋的分布位置调整应尽量采用"大等分弦距"的方法，等分数值的选择应使得等分后的大弦距在 3～5m 为宜，取值太大，测量精度受影响，取值太小，失去大等分分度的意义。等分通式为 $kn-(k-1)$，式中 n 为正整数，我国几个电站已实际采用的定位筋大等分通式推荐值见表 1-1-4。

表 1-1-4　　　　　　　　　　定位筋大等分通式推荐值

定位筋数	等分数	大等分通式	弦距（mm）	计算半径（mm）
104	8	$13n-12$	4691.58	6129.85
102	17	$6n-5$	2148.03	5845
90	10	$9n-8$	3949.08	6389.75
114	38	$3n-2$	1113.25	6740.5

（2）按四、（1）的要求将大等分点各根定位筋按编号就位。在基准定位筋和 $n=2$ 处的定位筋中间部位的两块托板处安装大等分弦距测量块，反复调整 $n=2$ 处的定位筋，使其达到下列要求：

1）定位筋的径向和周向垂直度偏差符合四、（1）1）的要求。

2）以 1 号定位筋为基准的相对半径偏差，不大于±0.05mm。

3）大等分点上相邻两定位筋的弦距偏差应符合表 1-1-5 的要求。

4）调整定位筋径向扭斜符合四、（2）3）的要求。

5）托板与机座环板间一般应无间隙，但在不大于 0.5mm 时，允许在点焊前用加垫的方法处理。将 $n=2$ 处定位筋的中间部位两托板点焊在环板上。

表 1–1–5　　　　　　　　　大 等 分 弦 距 偏 差　　　　　　　　（mm）

等分弦距大小	3500～5000	2000～3500	2000 以下
允许偏差值	±0.4	±0.3	±0.2

（3）按上述方法与要求顺序调整相同环板上 n=3、4、…的各定位筋。

（4）大等分最后一个弦距偏差大于表 1–1–5 中的规定时，应将差值均匀地分配到前面几个区间中。

（5）按五、（2）～五、（4）的方法调整、点焊其他各环板处大等分定位筋的托板，直至所有各环均调整完毕。

六、大等分区间的各定位筋的安装

（1）采用两块装筋样板以 1 号定位筋为基准，安装 2、3、4 号定位筋。装筋样板分别安装在中部两个环板位置，控制定位筋的主要部分。

（2）调整 1 号定位筋，使其在托板搭焊后达到下列要求：

1）定位筋周向垂直度应符合五、（2）1）的要求。

2）以 1 号定位筋为基准的相对半径偏差，在两块装筋样板安装位置的托板处测量，不大于±0.05mm。

3）托板与环板的间隙应符合五、（2）5）的要求。

（3）调整装筋样板内的 2、3 号定位筋筋，使其在托板搭焊后达到下列要求：

1）以 1 号定位筋为基准的相对半径偏差符合六、（2）2）的要求。

2）用单跨弦距样板和塞尺检查 1～2、2～3、3～4 号定位筋筋之间的弦距，偏差不大于±0.10mm。

3）托板与环板的间隙应符合五、（2）5）的要求。

（4）重复六、（1）～六、（3）的方法，安装、调整 5、6、7 号定位筋在相同环板处的位置和尺寸，以此顺序在整环上进行。

（5）每一大等分区间内的最后一根定位筋与其后面已搭焊的大等分定位筋的弦距偏差超过 0.15mm 时，则应铲除前面已搭焊的几根定位筋，将差值均匀分配到这些间距中，重新找正搭焊。

（6）采用装筋样板安装定位筋时应注意下列各项：

1）同一环板上的每一大等分区间的各定位筋应一次调整完毕，点焊固定，再进行下一等分区间相同环板处的调整，直至同一环全部调整完毕；然后将装筋样板安装在另一环板的相应位置上，直至所有各环大等分区间内各定位筋的托板均调整点焊完毕。

2）装筋样板每使用一次，上下相互交换，以消除累积误差。

3）装筋样板开箱后使用前，应用专用弦距校验块和高精度内径千分尺校验其分度弦距的准确度，偏差不大于±0.01mm；使用时应调整装筋样板架，使装筋样板水平偏差不大于 0.05mm/m。

（7）各环上的定位筋托板全部搭焊完毕后应符合下列要求：

1）定位筋在各环板上的半径偏差不大于±0.10mm。

2）弦距用单跨弦距样板检查，偏差不大于±0.15mm。

3）定位筋扭斜应符合四、(2)(3)的要求。

4）各托板与机座环板间应无间隙，当间隙不大于 0.5mm 时允许在搭焊前加垫处理，加垫不超过两层；定位筋安装调整工艺如图 1-1-3 所示，定位筋装筋样板如图 1-1-4 所示。

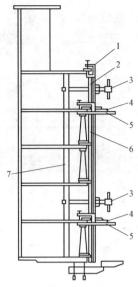

图 1-1-3　定位筋安装调整工艺

1—小 C 形线夹；2—定位筋；3—大 C 形线夹；
4—装筋样板；5—装筋样板架；6—托板顶柱；7—撑管

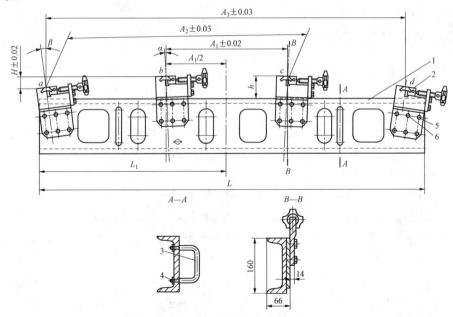

图 1-1-4　定位筋装筋样板

1—样板架；2—样板体；3—手把；4—M6 螺母；5—M12×25 螺栓；6—ϕ22 圆柱销

七、定位筋焊接

（1）按要求校核中心测圆架的准确性，并用内径千分尺再次律定中心测圆架测头的绝对尺寸。

（2）定位筋托板与环板的满焊应按制造厂的专门规定进行。一般托板与环板焊接规范见表1–1–6。

表1–1–6 托板与环板焊接规范

焊缝层数	焊接位置	焊条直径（mm）	电流（A）	焊层示意图
第一层	平焊	4	160～190	
第二层	平焊	4	160～190	
第三层	平焊	4	200～220	
第四层	平焊	4	200～220	

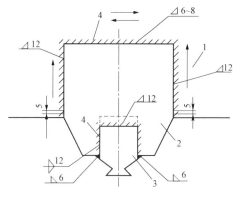

图1–1–5 定位筋连接焊缝结构
1—焊板；2—托板；3—定位筋；4—焊缝

（3）定位筋连接焊缝结构，托板与环板的焊缝焊接方向如图1–1–5所示。

1）径向焊缝应离开机座环板内缘5mm，由机座中心向外焊接，亦可由外向中心焊接，可先左后右，也可先右后左，但同台必须次序一致。

2）周向焊缝可以自左向右，也可以自右向左，但同台必须方向一致。

3）先焊径向焊缝，全部径向焊缝焊完后，再焊周向焊缝。

（4）焊接时还应注意下列各项：

1）同一环板上的各托板同层焊缝应一次焊完，同一机座各环板的同层焊缝均焊完后，方可开始下一层焊缝焊接。

2）焊接时定位筋背面与环板内缘间应用小楔子板塞紧，焊接第1、2层焊缝时，各筋间应用双头千斤顶顶牢，整圈闭合；用单跨弦距样板检查，弦距应合格，然后施焊；待焊缝冷却至室温时方可拆除千斤顶和楔子板，定位筋焊接周向固定如图1–1–6所示。

3）各环各托板第一层焊缝全部焊完后，应逐根检查定位筋半径和弦长，观察变化的趋势，合格后方可继续焊接第二层。

4）施焊的焊工可以在整环对称的几个工作面上同时进行焊接，且相互间焊接速度应一致。

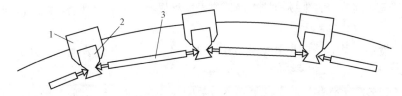

图 1-1-6 定位筋焊接周向固定
1—托扳；2—定位筋；3—双头千斤顶

（5）定位筋全部满焊结束后，在冷态下检查测量应符合下列要求：

1）定位筋全部焊接后，定位筋的半径与设计值的偏差，应在设计空气间隙值的 ±2%以内，最大偏差数值不超过设计值的 ±0.5mm；相邻两定位筋在同一高度上的半径偏差不大于设计空气间隙值的 0.6%；同一根定位筋在同一高度上因表面扭斜而造成的半径差不大于 0.10mm。

2）定位筋在同一高度上的弦距与平均值的偏差不大于 ±0.25mm，但累积偏差不超过 0.4mm。

3）定位筋、托板、环板的连接焊缝不应有裂纹、气孔、夹渣及咬边等缺陷；焊缝堆积高度应符合图纸要求；焊渣应清除干净。

4）周向倾斜布置的定位筋安装的倾斜方向和倾斜值应符合设计要求。

5）定位筋托板与机座环板间一般无间隙。

（6）安装并焊接固定拉紧螺杆的锁定片（当有此装置时）安装临时拉紧螺杆。

（7）彻底清扫机座各环板及定位筋各部位的焊珠、焊渣、油污及脏物。在机座内表面、各环板、托板处按设计要求喷醇酸或环氧绝缘覆盖漆，定位筋鸽尾及内表面不要喷漆。

八、作业前准备

（1）基坑内清扫干净，基础稳固、照明充足。布置整齐，通风良好，温度、湿度适宜。

（2）检修场地应宽敞且清洁干净，地面与检修支架稳固。

（3）设备及工器具：桥式起重机、电焊机、氧气、乙炔、绝缘电阻表、大锤、手锤、重力扳手、钢板尺、钢丝绳（吊带）、眼镜扳手、活扳手、螺丝刀、百分表、内径千分尺、液压扳手、C 型线夹、托板等。

（4）材料：MOS_2、螺栓、螺母、铜棒、绢布、油壶、锉刀、砂纸、石棉布、透平油、塑料盆、酒精、塑料桶、塑料布、细毛毡、白布带、木板（防护用）、焊条、楔铁等。

九、危险点分析及控制措施

（1）工作前，应将现场清扫干净，将无关材料、设备清除现场，防止滑跌、磕伤现象发生。

（2）设备吊装时，应绑扎牢固，无关人员全部退出安装场地，避免人身、设备伤害。

（3）设备、配件吊运时，严禁在下方停留或行走，防止被其脱落砸伤。

（4）设备及支架、工器具要安置牢固、平稳，放置场地要结实水平，防止倾倒的情况发生。

（5）工作人员应搭设平台或用固定好的梯子上下，防止高处坠落的情况发生。

【思考与练习】

定位筋全部满焊结束后，在冷态下检查测量应符合哪些要求？

▲ 模块 2　水轮发电机定子铁芯重叠的基本步骤
（ZY3600101002）

【模块描述】本模块介绍水轮发电机定子更新改造过程铁芯重叠基本步骤。通过图文讲解、步骤过程介绍以及案例分析，了解水轮发电机定子铁芯重叠基本内容。

【模块内容】

一、铁芯叠装前准备

（1）校核中心测圆架的准确性，注意使测圆架旋转一周测头的上下跳动不大于0.1mm。

（2）利用下齿压板的调整螺钉和挂装螺栓调整下齿压板高程、水平和圆周上的位置，使其同时达到以下要求：

1）各压指的相互高差不大于 2mm，与设计安装高程的偏差亦不大于±1mm；相邻两块齿压板压指的高差不大于 1mm。

2）用短齿冲片作样板，调整压指中心与冲片齿中心偏差不大于 2mm，压指齿端与冲片齿端径向距离符合图纸要求。

3）各齿压板压指内圆较外圆高 0.1mm。双排顶丝的下齿压板结构如图 1-2-1 所示。

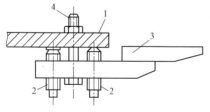

图 1-2-1　双排顶丝的下齿压板
1—底环板；2—顶丝 M36；
3—下齿压板；4—M24 挂装螺栓

（3）检查铁芯冲片（硅钢片）的质量。对于缺角、有硬性折弯、冲片齿部或齿根断裂、齿部槽楔槽尖角卷曲的铁芯冲片应挑出处理或报废；表面绝缘漆脱落的铁芯冲片亦不得使用；必要时可抽查铁芯冲片绝缘电阻，将 20 张铁芯冲片堆叠在一起，在 0.6MPa 压力下，测其面绝缘电阻值不小 $1000\Omega/cm^2$。

二、按图纸要求叠装第一段铁芯

（1）按图纸要求的堆叠高度用不同规格的铁芯冲片进行叠片。第一段铁芯下部紧靠齿压板压指的 25mm 高度段内，每层冲片间涂刷环氧黏合剂，并能在预定时间内固化。

（2）叠完第一段铁芯后，用整形棒整形，并均匀塞入槽样棒以固定定子槽形，每张铁芯冲片至少 2 根；有槽楔槽样棒的则应与槽样棒相间置入。

（3）借助压紧工具测量第一段铁芯的堆积高度，各阶梯段高度及总高度应符合图纸要求。

三、定子各阶段铁芯叠装

（1）在定位筋或定位螺杆等定位部件表面涂抹二硫化钼（MoS_2）润滑脂。

（2）定子铁芯叠装，应严格按照图纸规定进行。将冲片分层、依序叠装，使冲片沿定位筋水平下落、层间贴切。

（3）根据冲片与定位筋或定位螺杆的径向间隙趋势、铁芯冲片内缘的凸凹状态以及定位螺杆的倾斜情况，随时用整形棒整形。

（4）槽样棒和槽楔槽样棒应跟着逐渐上移，以保证定子槽形的几何尺寸。

（5）对叠入的铁芯冲片，由专人跟踪检查、清理叠装施工衍生物，使其符合下列要求：

1）铁芯冲片应洁净、平整，不得有油垢、凸点、毛刺，不得遗留沙尘、铁屑、木渣等异物。

2）叠装铁芯冲片正、反面应一致，并应符合设计叠片方式的规定。

3）通风槽片以导风带为标志，应注意其设计布置工位，注意检查衬口环与上层铁芯冲片在压紧状态下应无间隙。

（6）铁芯冲片叠装过程中应注意下列各项：

1）铁芯冲片应清洁，无油污与灰尘。

2）铁芯冲片应紧靠定位筋内圆。当制造厂有特殊要求时，则按制造厂的规定执行。

3）当制造厂已提供按重量级差分级的铁芯冲片时，同一段铁芯应尽量使用同一重量级铁芯冲片。

4）每叠完一段，在压紧状态下沿圆周测量其高度，偏差不超过设计值的 ±0.1mm，堆积全过程中应注意每段高度偏差的相互补偿。

5）堆积过程中要随时用整形棒整形，但不允许用铁锤敲打铁芯和整形棒，每叠完一段，还要统一整形一次。

6）随着堆积高度的增加，槽样棒和槽楔槽样棒应跟着逐渐上移，以保证定子槽形的几何尺寸。

7）各段铁芯的通风槽片小工字钢在高度方向应上下对齐。

8）铁芯叠至中间高度时，应按设计要求叠入绝缘冲片一层。

（7）叠样棒、整形棒和通叠棒的厚度尺寸可以按 0.10～0.11mm 级差递减，见表 1-2-1。

表 1-2-1　　　　　　　　　　铁芯槽型尺寸控制工艺保证

单张冲片宽度（mm）	槽样棒厚度（mm）	整形棒厚度（mm）	通槽棒厚度（mm）
A	（A−0.10）±0.02	（A−0.20）±0.02	（A−0.30）±0.02

四、铁芯分段压紧要求

（1）铁芯分段预压的次数，根据铁芯的设计高度决定，施工规定可参照铁芯分次预压分档表，见表 1-2-2。

表 1-2-2　　　　　　　　　　铁芯分次预压分档表

铁芯设计高度（mm）	1000～1500		1500～2000			2000～3000				3000 以下
预压次数	2		3			4				4 次以上
预压平均压力（MPa）	I	II	I	II	III	I	II	III	IV	最终达 2.5 以上
	1.6	1.8	1.6	1.8	2.0	1.6	1.8	2.0	2.2	

（2）铁芯分段预压时应注意下列各项：

1）每次预压前必须把已叠铁芯全部整形一次。

2）压具或压板与预压铁芯段顶部间应垫入一层废冲片，通风槽片不应放在紧靠压具的下面。

3）槽样棒与槽楔样棒不得露出铁芯。

4）预压工具的安装应符合设计要求，压紧时应在整圆周对称方向同时依次拧紧螺杆。每一次预压可分三次完成；整圆周第一遍拧完后，第二篇应从起始点向相反方向进行，第三遍的拧紧方向与第一遍相同。

5）预压紧的平均压力，可参照表 1-2-2 的规定。压紧度用厂家提供的检查刀片检查，每间隔一根压紧螺杆的距离测一点，单手用力推，插入量应小于 3mm。

6）用测量压紧螺杆伸长的方法核对预压的平均压力，整圆周测量螺杆数不少于

10 根。

7）测量本次预压后铁芯的实际平均高度、圆度和波浪度，并做记录；铁芯波浪度偏差过大时，可加绝缘纸垫进行调整；各次预压平均高度也应注意相互补偿，以保证整个铁芯的高度公差。

8）最后一次预压前，可留下最上面的 25mm 高度不叠，待预压完成后，再进行叠片，并按设计要求在各层间涂刷环氧黏合剂。环氧黏合剂的固化时间和配方应符合设计规定。

五、作业前准备

（1）基坑内清扫干净，基础稳固、照明充足；布置整齐，通风良好，温度、湿度适宜。

（2）检修场地应宽敞且清洁干净，地面与检修支架稳固。

（3）设备及工器具：桥式起重机、电焊机、氧气、乙炔、绝缘电阻表、大锤、手锤、重力扳手、钢板尺、钢丝绳（吊带）、眼镜扳手、活扳手、螺丝刀、百分表、内径千分尺、液压扳手、整形棒、槽样板等。

（4）材料：MOS$_2$、螺栓、螺母、铜棒、绢布、油壶、锉刀、砂纸、石棉布、透平油、塑料盆、酒精、塑料桶、塑料布、细毛毡、白布带、木板（防护用）、焊条等。

六、危险点分析及控制措施

（1）工作前，应将现场清扫干净，无关材料、设备清除现场，防止滑跌、磕伤现象发生。

（2）设备吊装时，应绑扎牢固，无关人员全部退出安装场地。避免人身、设备伤害。

（3）设备、配件吊运时，严禁在下方停留或行走，防止被其脱落砸伤。

（4）设备及支架、工器具要安置牢固、平稳，放置场地要结实水平，防止倾倒的情况发生。

（5）工作人员应搭设平台或用固定好的梯子上下，防止高处坠落的情况发生。

【思考与练习】

铁芯冲片叠装过程中应注意哪些事项？

◢ 模块 3 水轮发电机定子定位筋更新的工艺和质量标准 （ZY3600501003）

【模块描述】本模块介绍水轮发电机定子更新改造过程的定位筋更新工艺和质量标准。本模块通过图文讲解、步骤过程介绍、案例分析以及质量标准解读，掌握水轮发电机定子定位筋更新质量标准。以下内容着重介绍质量工艺及标准。

【模块内容】

（1）定位筋预装的质量标准：

1）定位筋在安装前应校直。用不短于 1.5m 的平尺检查，定位筋在径向和周向的直线度不大于 0.1mm；定位筋长度小于 1.5m 的，用不短于定位筋长度的平尺检查。

2）定位筋与托板配合间隙不应大于 0.3mm，否则应更换托板，选配至合适为止。

3）用中心测圆架和方形水平仪（合像水平仪）测量定位筋的半径和垂直度，反复调整定位筋和托板，使其同时达到下列要求：

a. 定位筋径向和周向垂直度偏差不大于 0.1mm/m。

b. 定位筋内径在各托板处的偏差不大于 ±0.5mm；此时托板与机座环板间应无间隙。

c. 定位筋下端面的高程（或至下齿压板顶面设计高程的距离）应符合图纸规定。一般均低于下齿压板顶面 7～10mm。

d. 定位筋与托板满焊冷却后，再次用压力校直机校正其直线度，使定位筋周向和径向不直线度不大于 0.15mm。

（2）基准定位筋安装调整质量标准。基准定位筋吊入安装位置，使用工具固定住托板；定位筋鸽尾中心线与下环上划出的位置中心线偏差不大于 1mm；反复调整定位筋，使其达到下列要求：

1）径向和周向垂直度偏差不大于 0.05mm/m。

2）用中心测圆架测量定位筋在各托板处的内圆半径，其绝对尺寸偏差为 $^{-0.05}_{-0.25}$mm。全筋各测点相对尺寸偏差不大于 ±0.03mm。

3）定位筋径向扭斜不大于 0.1mm。

4）托板与机座环板间一般应无间隙。

（3）大等分定位筋的安装、调整质量标准：

1）径向和周向垂直度偏差不大于 0.05mm/m。

2）与基准定位筋的相对半径偏差，不大于 ±0.05mm。

3）大等分点上相邻两定位筋的弦距偏差应符合表 1–3–1 的要求。

4）调整定位筋径向扭斜不大于 0.1mm。

5）托板与机座环板间一般应无间隙，但在不大于 0.5mm 时，允许在点焊前用加垫的方法处理，将 $n=2$ 处定位筋的中间部位两托板点焊在环板上。

表 1–3–1　　　　　　　　大 等 分 弦 距 偏 差　　　　　　　　（mm）

等分弦距大小	3500～5000	2000～3500	2000 以下
允许偏差值	±0.4	±0.3	±0.2

（4）定子基础各环板的定位筋托板全部搭焊完毕后应满足的质量标准。

1）定位筋在各环板上的半径偏差不大于±0.10mm。

2）弦距用单跨弦距样板检查，偏差不大于±0.15mm。

3）定位筋扭斜应符合定位径向扭斜不大于 0.1mm 的要求。

4）各托板与机座环板间应无间隙，当间隙不大于 0.5mm 时允许在搭焊前加垫处理，加垫不超过两层。

（5）定位筋全部满焊结束后，在冷态下检查测量应符合下列要求。

1）定位筋全部焊接后，定位筋的半径与设计值的偏差，应在设计空气间隙值的±2%以内，最大偏差数值不超过设计值的±0.5mm；相邻两定位筋在同一高度上的半径偏差不大于设计空气间隙值的 0.6%；同一根定位筋在同一高度上因表面扭斜而造成的半径差不大于 0.10mm。

2）定位筋在同一高度上的弦距与平均值的偏差不大于±0.25mm，但累积偏差不超过 0.4mm。

3）定位筋、托板、环板的连接焊缝不应有裂纹、气孔、夹渣及咬边等缺陷；焊缝堆积高度应符合图纸要求，焊渣应清除干净。

4）周向倾斜布置的定位筋安装的倾斜方向和倾斜值应符合设计要求。

5）定位筋托板与机座环板间一般无间隙。

【思考与练习】

定子基础各环板的定位筋托板全部搭焊完毕后应满足的质量标准有哪些？

◢ 模块 4　水轮发电机定子铁芯更新的工艺和质量标准 （ZY3600501004）

【模块描述】本模块介绍水轮发电机定子更新改造过程中铁芯重叠各步骤的工艺和质量标准。本模块通过图文讲解、步骤过程介绍、案例分析以及质量标准解读，掌握水轮发电机定子铁芯重叠质量标准。以下内容着重介绍质量工艺及标准。

【模块内容】

（1）定子铁芯叠片应符合下列要求：

1）定子铁芯冲片应清洁、无损、平整、漆膜完好。

2）按制造厂要求的程序叠装定子铁芯冲片，并控制不同冲片段和每一小段的叠装高度，根据制造厂要求在定子铁芯叠片的上下端部的冲片间涂刷黏合剂。

3）按制造厂要求，定子铁芯叠片应紧靠定位筋或留有径向间隙；若有间隙，所留间隙应均匀。

4）定子铁芯叠片过程中应按每张冲片均匀布置不少于 2 根槽样棒和制造厂要求的槽楔槽样棒定位，并用整形棒整形。

5）根据定子铁芯叠片分段压紧后测量的铁芯高度和波浪度的偏差，在每段定子铁芯叠片中按偏差值不大于 1mm，用制造厂指定的方法进行高度补偿。

6）定子铁芯的叠片高度应考虑整体压紧和热压的压缩量。一般热压的压缩量宜根据铁芯高度的 0.2%～0.3%考虑，并且平均分配到每一叠片段中。

7）定子铁芯叠压过程中，应经常检查并调整其圆度。

（2）定子铁芯压紧应符合下列要求：

1）定子铁芯外侧的压紧螺栓应按设计要求安装，与定子铁芯应保持 2mm 以上的间距。穿心压紧螺栓应保持绝缘无损、可靠，蝶形弹簧垫圈良好。

2）定子铁芯应进行分段和整体压紧，分段压紧高度和次数应符合制造厂规定；在制造厂无明确规定时，应根据定子铁芯结构确定分段压紧高度，一般每段不宜超过 600mm。

3）定子铁芯分段压紧和整体压紧的压紧力应符合制造厂要求。

4）定子铁芯压紧按序分次增加压紧力，直至达到制造厂规定的数值。也可用测量均匀分布的压紧螺杆伸长的方法核对压紧的平均压力，整个圆周上测量的螺杆数不得少于 10 根。

5）有热态压紧要求的定子铁芯，热态压紧应当在铁芯整体压紧后、铁芯磁化试验前进行。按制造厂的规定加热，然后自然冷却至环境温度时，按（2）3）、4）的要求压紧。

6）定子铁芯磁化试验后按（2）4）的要求进行压紧检查。

7）定子铁芯试验前、后应检查穿心螺杆对地绝缘，绝缘值应符合制造厂要求。

（3）上齿压板安装质量标准。在叠片完成并分段压紧后进行上齿压板安装，在压紧螺杆全部安装就位后，调整上齿压板压。指中心与冲片齿中心偏差不大于 2mm，压指齿端和冲片齿端径向距离应符合图纸要求。

（4）定子铁芯组装后应符合下列要求：

1）铁芯圆度测量：按铁芯高度方向每隔 1m 左右，分多个断面测量，每断面不少于 16 个测点。定子铁芯直径较大时，每个断面的测点应适当增加，各半径与设计半径之差不超过水轮发电机设计空气间隙的±4%。

2）在铁芯槽底和背部均布的不少于 16 个测点上测量铁芯高度，各点测量值与设计值的偏差见表 1-4-1 的规定，一般取正偏差。

表 1-4-1　　　　　　　　定子铁芯各测点高度的允许偏差

铁芯高度 h（mm）	$h<1000$	$1000 \leq h<1500$	$1500 \leq h<2000$	$2000 \leq h<2500$	$h \geq 2500$
偏差	$-2 \sim +4$	$-2 \sim +5$	$-2 \sim +6$	$-2 \sim +7$	$-2 \sim +8$

3）铁芯上端槽口齿尖的波浪度允许值见表1–4–2的规定。

表1–4–2　　　　　　　　　　铁芯上端槽口齿尖波浪度允许值

铁芯长度 L（mm）	L<1000	1000≤L<1500	1500≤L<2000	2000≤L<2500	L≥2500
波浪度	6	–7	9	10	11

4）用通槽棒对定子铁芯的槽形逐槽检查应全部通过，槽深和槽宽与设计值相符。

【思考与练习】

定子铁芯压紧应符合哪些要求？

◢ 模块 5　定子中心测圆架的安装及调整（ZY3600501005）

【模块描述】本模块介绍中心测圆架的安装及调整过程。通过工艺讲解、操作过程介绍，掌握安装调整要领和标准。

【模块内容】

一、中心测圆架安装步骤与质量标准

（1）中心测圆架的结构以准、轻、巧为好。中心测圆架的垂直、圆周运动应平稳可靠、精度高。中心测圆架应具有径向与轴向调整装置，测量调整范围满足现场工作需要。

（2）将经检查验收满足要求的中心测圆架吊入机座内，按设计图纸要求将其组合成一个整体。将中心测圆架的底座与基础进行初步固定，基础应有足够的刚度和强度，弹性、塑性变形应尽可能小，应受外界环境、人员走动等因素影响小。中心测圆架结构示意图如图1–5–1所示。

（3）使用水平仪（框式或合像水平仪）将底座水平进行初步调整。中心测圆架吊入安装后应尽量减少进入工作现场的人员和物品，确保调整准确。

（4）调整中心测圆架与机座的同轴度。以机座下环圆周上用以固定下齿压板的螺孔为基准，以各半径与平均半径之差不大于 1.5mm 为准则，调整中心测圆架的初步位置。

（5）中心测圆架中心柱垂直度调整。中心柱垂直度偏差可在 90°方向挂两根钢琴线找正，偏差不应大于 0.02mm/m；中心架转臂重复测量圆周上任意点的误差不大于 0.02mm，旋转一周测头上下跳动不大于 0.5mm。

（6）中心测圆架中心柱垂直度的检验与控制。中心测圆架调整过程中，使用在转臂上放置精密水平仪（精度 0.02mm/m）或合像水平仪（精度 0.01mm/m）的方法以检

验中心柱垂直度，要求水平仪的水泡在转臂处于任意回转位置时，均保持在相同位置。机座各环板内圆与下环圆周上固定下齿压板的螺孔分布半径绝对值在中心测圆架调整时一并测量。

（7）上下移动测量旋转臂，其测杆极限行程位置应满足能测量整个定子铁芯部分轴向高度的要求。

（8）将中心测圆架的底座与基础牢靠固定，锁紧全部调节螺栓钉。测圆架的所有组合螺栓应紧固可靠、使用中不得松动。

（9）中心测圆架在使用过程中应分阶段校核其准确性，各阶段工作内容及校核项目见表1-5-1。

表1-5-1　　　　　　　　　　中心测圆架分阶段校核项目

阶段序号	阶段工作内容	校核项目
1	机组焊接后，提交记录前	中心柱垂直度，重复测量一点精度
2	基准定位筋安装前	中心柱垂直度，重复测量一点精度
3	全部定位筋搭焊后，满焊前	中心柱垂直度，重复测量一点精度
4	全部铁芯叠装压紧后，提交记录前	中心柱垂直度，重复测量一点精度及测头上下跳动

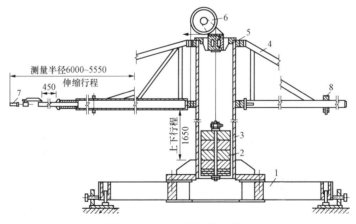

图1-5-1　中心测圆架结构图

1—底盘；2—平衡块；3—中心柱；4—测量架；5—导轴瓦；
6—导向轮；7—测头；8—平衡砣

二、作业前准备

（1）机坑内清扫干净，基础稳固、照明充足。布置整齐，通风良好，温度、湿度适宜。

（2）检修场地应宽敞且清洁干净，地面与检修支架应当稳固。

（3）设备及工器具：桥式起重机、电焊机、氧气、乙炔、大锤、手锤、重力扳手、钢板尺、钢丝绳（吊带）、眼镜扳手、活扳手、螺丝刀、百分表、内径千分尺、液压扳手等。

（4）材料：螺栓、螺母、铜棒、绢布、油壶、锉刀、砂纸、石棉布、透平油、塑料盆、酒精、塑料桶、塑料布、细毛毡、白布带、木板（防护用）、焊条、楔铁等。

三、危险点分析及控制措施

（1）工作前，应将现场清扫干净，将无关材料、设备清除出现场，防止滑跌、磕伤现象发生。

（2）设备吊装时，应绑扎牢固，无关人员全部退出安装场地；避免人身、设备伤害。

（3）设备、配件吊运时，严禁在下方停留或行走，防止被其脱落砸伤。

（4）设备及支架、工器具要安置牢固、平稳，放置场地要结实水平，防止倾倒的情况发生。

（5）应搭设平台或用固定好的梯子上下，防止高处坠落的情况发生。

【思考与练习】

中心测圆架中心柱垂直度的调整方法？

◢ 模块 6　定子铁芯拉紧螺杆伸长值的测量及计算
（ZY3600501006）

【模块描述】本模块介绍定子铁芯拉紧螺杆伸长值的测量及计算。对定子进行检修时，应检查铁芯是否松动，铁芯拉紧螺杆应力值是否达到 1200kg/cm²。如果发现铁芯松动，必须重新对拉紧螺杆进行检查。

【模块内容】

（1）利用应变片测螺栓应力。利用应变片测螺栓应力的方法一般适用于手动单个紧穿心螺栓。当拧紧螺帽时，应该使螺栓应力为 1200kg/cm²，可采用的测量方法如图 1-6-1 所示。

图 1-6-1（a）中 R_1 为测量片（电阻值为 100～600Ω），R_2 为温度补偿片；图 1-6-1（b）为应变仪的接线，D_1、D、D_2 为应变仪结线桥的三个端点，三个端点用

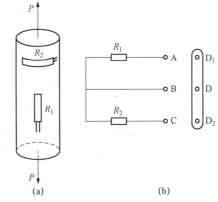

图 1-6-1　单点半桥测量穿心螺栓贴法及接线
（a）贴法；（b）接法

三联片连上。这样，应变仪（如 YJ-5 型）的读数就等于应变量 ε。

其应力为：

$$\sigma = E \cdot \varepsilon \tag{1-6-1}$$

式中 σ——应力，MPa；

    E——材料弹性模数，2.1×10^5MPa；

    ε——应变量。

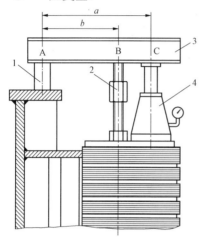

图 1-6-2   用油压装置紧穿心螺栓

1—支块；2—双头螺帽；3—连臂；4—千斤顶

当 σ=1200kg/cm^2 时，ε 可事先算得，具体步骤是，当拧紧螺帽时，一边检查 ε 值，一边注意用多长的扳手和用多大的力。当 ε 合格时，记下扳手长度和用力的大小，以后每个螺帽均以这个力矩拧动便可。

（2）利用油压装置拧紧穿心螺栓。可采用油压装置，使许多穿心螺栓（如定子铁芯或转子磁轭的 1/6～1/4）达到应力 1200kg/cm^2 的要求。油压装置把高压油泵和许多油压千斤顶用管路连通起来组成一个整体，利用每一个油压千斤顶去拉一个穿心螺栓，如图 1-6-2 所示。

连臂 3 一端支在支块 1 上，支块 1 放在机座上环上。连臂的中部通过双头联结螺帽拧在穿心螺栓上，连臂的另一端放在千斤顶柱头上。油泵启动后，柱塞 C 上升，以 A 为支点，B 点也上升。拔长穿心螺栓，也压紧了定子铁芯叠片。如按 1200kg/cm^2 的应力计算，则拉伸力 P 为：

$$P = \frac{\pi}{4} d^2 [\sigma] \tag{1-6-2}$$

式中 P——拉力，N；

    d——螺纹内径，m；

    $[\sigma]$——许用拉应力，1200kg/cm^2=120×10^{6}Pa。

由于杠杆传动，换算到千斤顶柱塞上的力 P' 为：

$$P' = \frac{b}{a} P \tag{1-6-3}$$

换算到油泵压力表读数为：

$$P_{表} = \frac{P'}{\pi / 4D^2} = \frac{b}{a} \cdot \frac{d^2[\sigma]}{D^2} \qquad (1\text{-}6\text{-}4)$$

式中 D——千斤顶活塞直径，m。

油泵启动后，监视压力表达到式（1-6-4）计算值时，表明螺栓拉应力已达许用值 1200kg/cm²，例如：某电厂定子铁芯穿心螺杆 d=45mm，千斤顶活塞直径 D=100mm，$\frac{b}{a} = 0.5$，代入式（1-6-4）得：

$$P_{表} = 0.5 \times \frac{45^2 \times 120}{100^2} = 12.15（\text{MPa}）$$

拧紧穿心螺栓后，如个别铁芯端部松动时，可在齿压板和铁芯之间加一定厚度的槽形铁垫，并点焊于压齿端点。

【思考与练习】

利用油压装置拧紧穿心螺栓如何计算出监视用压力表的读数？

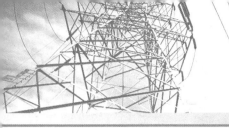

第二章

水轮发电机转子更新改造

▲ **模块 1　水轮发电机转子磁轭重叠的基本步骤**
（ZY3600502001）

【**模块描述**】本模块介绍水轮发电机转子更新改造过程磁轭重叠的基本步骤。通过工艺内容讲解、叠片过程介绍，了解水轮发电机磁轭重叠的基本内容。

【**模块内容**】

磁轭叠装工艺步骤及标准。

一、磁轭冲片的清洗、称重与分类

（1）冲片的清洗、分类按制造厂规定执行。当无明确规定时，按下列工作程序进行清洗、分类；除锈→清洗→清除毛刺→擦净和检查→称重→分类。

（2）磁轭冲片清洗检查。

1）冲片除锈。根据冲片锈蚀的程度，采用人工或除锈机对冲片表面进行反复擦刷，至无遗留锈渍为止。

2）冲片清洗。将需清洗的冲片，用木方架放在特制的油盆上，以汽油与煤油混合比为 1 : 2（体积或重量比）的清洗剂进行初洗和精洗，并应及时更换洗洁剂和抹布，以随时保持洗洁的效果。当油垢较多时，可先用木屑揩擦，再行清洗。

3）清除毛刺。对冲片表面的凸点毛刺用角形纸质砂轮机或锉刀进行彻底清除。

4）擦干和检查。用清洁抹布将冲片表面彻底揩擦干净，检查各冲片应无残留锈迹、油垢，并应平整、无凸点和毛刺。

（3）将检查合格的冲片，采用最大量程为冲片自重 1.5～2 倍的机械秤或电子秤称重，读数应精确至 0.1kg 以内，称重后将冲片堆放到相应的质量分组中。

（4）按冲片的实测重量，按照表 2-1-1 的规定级差进行分类，并按要求堆放。

表 2-1-1 磁轭冲片质量分组

每张磁轭冲片质量 T (kg)	转速 n（r/min）		
	$n \leqslant 100$	$100 < n < 375$	$n \geqslant 375$
$T < 20$	0.3	0.2	0.1
$20 \leqslant T < 40$	0.4	0.3	0.2
$T \geqslant 40$	0.5	0.4	0.3

（5）冲片厚度测定测点分布如图 2-1-1 所示。

1）从同一类冲片中取出自重为其最重、最轻及其平均重的各一张，作为该类冲片的样片。

2）在每张样片内按图 2-1-1 所示布点，用外径千分尺检测各测点处的厚度并做记录。

3）计算并所取样片厚度的加权平均值，作为该类冲片的标称厚度，用作磁轭冲片叠装高度计算的依据。

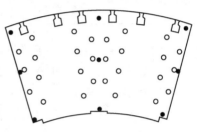

图 2-1-1 冲片厚度测定测点分布图

4）计算与确定样片内、外缘及其环向两端的厚度差，作为预测磁轭叠装局部高度补偿、调整的依据。

（6）对通风槽片进行矫形、除锈、清洗，使其平直、无焊渣、焊瘤和锈迹；检查衬口环、导风带装焊位置正确，与冲片结合严密，点焊牢固，其高度应符合设计规定；且导风带应低于衬口环，衬口环高度应符合设计要求，导风带与衬口环的相互高差不应大于 0.2mm；然后对通风槽片进行称重。

二、磁轭冲片叠装排列与布置

（1）依据转子磁轭各层段的结构尺寸和相应冲片的分类、厚度记录，按照同一重量类别冲片同层布置，重量类别相近的对称布置的原则，编制转子冲片堆积布置表，一种可供参考的转子磁轭冲片叠装布置表实例见表 2-1-2。

表 2-1-2 转子磁轭冲片叠装布置表

图纸设计标称高度尺寸 (mm)	按叠压系数 K 折算后，应有的叠装高度尺寸 (mm)	叠入冲片分类类别 (kg)	该类冲片标称厚度 (mm)	该类冲片叠入层数	该类冲片叠装累计高度尺寸 (mm)	本段冲片叠数累计高度尺寸 (mm)	本段冲片叠装高度误差 (mm)
四段	H_n	H_n	a_9 a_8 a_7 a_6 a_5	δ_9 δ_8 δ_7 δ_6 δ_5	Z_9 Z_8 Z_7 Z_6 Z_5	$\delta_9 Z_9$ $\delta_8 Z_9$ $\delta_7 Z_7$ $\delta_6 Z_6$ $\delta_5 Z_5$	$\sum \delta_n Z_n$	$\sum \delta_n Z_n - H_n K$

续表

图纸设计标称高度尺寸（mm）		按叠压系数 K 折算后，应有的叠装高度尺寸（mm）	叠入冲片分类类别（kg）	该类冲片标称厚度（mm）	该类冲片叠入层数	该类冲片叠装累计高度尺寸（mm）	本段冲片叠装数累计高度尺寸（mm）	本段冲片叠装高度误差（mm）
通风沟	H_{t-3}	$H_{t-3}K$	a_{t-3}	δ_{t3}	Z_{t-3}	$\delta_{t-3}Z_{t-3}$	$\sum \delta_{t-3}Z_{t-3}$	$\sum \delta_{t-3}Z_{t-3}-H_{t-3}K$
	H_{t-1}	$H_{t-1}K$	a_{t-1}	δ_{t1}	Z_{t-1}	$\delta_{t-1}Z_{t-1}$	$\sum \delta_{t-1}Z_{t-1}$	$\sum \delta_{t-1}Z_{t-1}-H_{t-1}K$
一段	H_t	H_tK	a_2 a_1	δ_2 δ_1	Z_2 Z_1	δ_2Z_2 δ_1Z_1	$\sum \delta_1Z_1$	$\sum \delta Z_t-H_tK$

（2）在各层段中，应将重量类别相近的冲片按平衡要求同层对称布置，先堆冲片数量较多的一类，不同重量的零散冲片留待最后使用。

（3）当磁轭同一张冲片平面内厚度差超过 0.02mm 以上，经测算需分段局部加装补偿片或补偿垫时，在磁轭叠装布置表中应将其加片或加垫的厚度和层位进行明确标注。

（4）磁轭冲片的布置，其各段叠装压紧后的推算尺寸与图纸设计尺寸相差不应大于 5mm，实际叠装应注意各段间进行相互补偿，当设计有特殊结构要求的，叠装布置高差应符合设计规定。

三、磁轭叠装定位键安装

（1）对于整体贯穿或分段结构的磁轭径向键定位结构。在磁轭冲片叠装前，将组配检查合格的磁轭主键（短键），按预装编号安装在转子支架立筋键槽内，主键大头向下、斜面向内、下端与支架立筋键槽口略平齐，用管状锥千斤顶支撑；调整主键平直面凸出立筋外圆面的尺寸，略大于磁轭冲片键槽的深度。

（2）对于作为磁轭冲片叠装径、切向定位的临时导向键结构。

1）将全部导向键安装在转子支架设定的键槽内，按设计要求或以其中任一根键作为基准键，将基准键调整在支架立筋板面中心分度线位置，并注意与相邻键槽的弦距应符合设计规定。

2）以磁轭冲片叠检内圆实测半径作为导向键径向工作面的安装半径，装调副立筋板挂装测量工具。使其径向中心线与立筋面板的径面中心至转子中心的距离 R（见图 2-1-2）与导向键径向工作面的安装半径 R' 偏差在 ±0.03mm 以内；并测调其量柱 Ⅱ、Ⅲ 中心的半径，使两者之差小于 0.05mm；工具台板水平偏差小于 0.04mm/m。

3）如图 2-1-2 所示，在测量工具基准板两侧对应基准导向键中心、棱边及其侧面分别挂钢琴线 a、b、c、d，作为中心半径、扭斜、垂直控制基准线；以千分尺按换算控制尺寸，分别检测导向键径面安装中心半径、扭斜及其径切向垂直度。

4）以测量工具基准线为准，由调整定位工具调整基准导向键，使其径向工作面中心半径为：扭斜 a_1 与 c_1 和 a_2 与 c_2 之差不大于 0.02mm，径、切向垂直度偏差不大于 0.02mm/m，并作为其余导向键调整的基准。

5）以基准键为准，调整其余导向键的半径和径、切向垂直度；并用千分尺检查相邻键间的弦距，各弦距偏差应在 ±0.25mm 以内，且其平均弦距应用实测半径平均值换算所得的弦距进行校核。

6）导向键的各项测定、调整工作应在同一温度条件下进行，当温差较大时，应以基准导向键当时室温下的检测尺寸为准，对在调各导向键的有关检控尺寸进行修正。

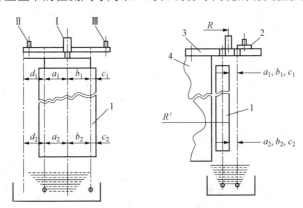

图 2-1-2　导向键测控工位

1—导向；2—测量工具基准板；3—测量工具台板；4—立筋

　　导向键安装，也可先按设计要求初调工位，待其磁轭初始段底部冲片叠装并调整圆度后，据磁轭实际工位，调整导向键的安装半径和径、切垂直度，并定位。

（3）对于用以控制磁轭冲片叠装切向定位的复合"凸"形键结构，如图 2-1-3 所示。将其"凸"形键与副键，按装配要求分别安装在各自的键槽内，初调两侧副键的上、下相对位置，至各"凸"形键在键槽的切向中心位置偏差不大于 0.1mm；控制其径向半径，应略小于所在磁轭键槽槽底的设计半径 0.5mm；"凸"形键背部与副立筋板间须临时楔紧，并以白布遮盖，待磁轭初始段基层冲片叠装后，检查校正"凸"形键侧面位置，并以副键楔紧固定。

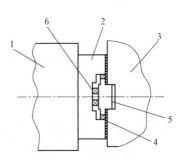

图 2-1-3　磁轭凸型键定位结构

1—主立筋；2—副立筋；3—磁轭；
4—副键；5—凸形键；6—楔形板

四、磁轭下端基层部件安装

（1）根据磁轭的设计结构特点，布置磁轭叠装支墩，并初步调整其楔子板或千斤顶顶面高程，使其相互高差不大于1mm。

（2）在支架立筋挂钩平面涂抹 MoS_2（二硫化钼）润滑脂，将磁轭基层部件如端压板、扇形制动环或磁轭底层冲片，按设计要求安装在立筋挂钩与磁轭支墩上。以其设计定位部件如支架键槽板径向面、叠装定位键和支臂挂钩面为准初调其径、切向工位和水平，同时以基层部件为准，精调支墩的径、切向工位，将其与基础板点焊固定；磁轭下端板调整合格后，应与支墩及基础班之间可靠固定，一般可采用在各支墩间、下端板内外两侧布置拉条、花兰螺栓向下拉紧下端板，防止在磁轭堆积、压紧过程中下端板上翘、移位。

（3）按照磁轭叠装布置表和设计叠片方式，在基层部件上叠装磁轭冲片高 30～40mm，按照厂家要求的方式进行定位。一种可供参考的采用定位销定位的方式，冲片与磁轭基层部件的定位如图 2-1-4 所示。

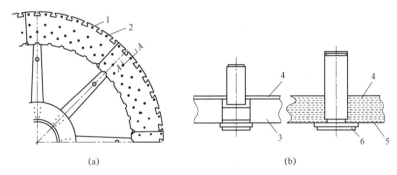

（a）　　　　　　　　　　　　　　（b）

图 2-1-4　冲片与磁轭基层部件的定位

（a）定位孔位分布；（b）定位销

1—异径定位销；2—磁轭压紧螺栓孔；3—下压端板或制动闸板；
4—磁轭冲片；5—磁轭低层冲片；6—等径定位销

（4）根据需要，在转子支架上装焊径、切向调整顶丝和拉紧器或装置千斤顶；于磁轭支墩基础板上装焊竖向调整拉紧器等辅助调整装置。

（5）以叠装冲片的内圆环，键槽面和基层部件的下平面作为基层部件调整的控制部位，并以磁轭的设计叠装定位部件为基准，对基层部件的工位进行调整，并符合下列要求：

1）在磁轭基层部件下端面沿圆周内、外侧，按磁极极位分段布点，用精密水准仪检查，要求同一截面水平偏差在 0.5mm 以内，沿整个圆周波浪度不大于 2mm，与支墩及支臂挂钩无间隙。

2）磁轭冲片内圆环与转子支架键槽板或导向键径向面的径向间隙、磁轭冲片键槽与磁轭键或径、切导向键的侧向间隙对称相等，偏差应不大于 0.05mm。

（6）对于磁轭下端基层部件端压板为分块现场组焊结构，当不需进行焊后消应处理时，按四（1）～四（4）方法安装端压板和冲片，并待磁轭冲片最终叠压后，按设计要求将端压板焊正整体。当需要进行焊后消应处理时，端压板焊接在磁轭叠压前进行，焊后按厂家的要求进行消应处理。

五、磁轭初始段底部冲片叠装

（1）在调整固定后的基层部件上，以定位销及（或）导向键定位，继续试叠磁轭冲片，边叠边整形，要求层间孔位对正、内缘紧靠叠装定位件、外缘表面整齐。导向定位销与冲片孔的配合间隙应小于 0.10mm，长度应不短于 250mm。

（2）磁轭初始段底部冲片叠装过程中，当冲片与其叠装定位部件出现卡阻的现象时，应对磁轭基层部件或磁轭冲片定位键的原工位做进一步的调整。

（3）磁轭冲片叠装高度至 50～80mm 时，按照下列要求对冲片叠装进行层间定位：

1）对于冲片层间为定位销定位的结构。按设计布置要求安装不同长度冲片定位销，以保持磁轭冲片层间定位销相间参差上升，实现交替定位的作用。

2）对于冲片层间设计无定位销的结构。可以参照的孔位分布方式如图 2-1-4 所示，沿磁轭圆周均布打入冲片临时导向销，将冲片层间彼此临时定位。

3）如果采取磁轭压紧螺杆定位时，当叠装高度至 150mm 左右时，于每极位磁轭螺孔内，按照制造厂规定安装磁轭压紧螺杆，接替原冲片导向销定位。

（4）在冲片叠装高至 200～250mm 时，应对其叠装形位偏差进行检测：

1）在待检磁轭的上、下横断面处，沿极位相间布置外缘半径检测点，测点所在位置应尽可能与径向键的工位相对应，每断面测点总数应不少于 8 点。

2）采取测圆架挂钢琴线的检测方式。钢琴线与测点、转子轴心线在同一径向垂直平面内，并宜用带凸点的磁性块对正测点；吸附于磁轭外缘面，替代测点进行磁轭半径、圆度的检测。

3）当采取测圆架上装百分表的检测方式时，安装并调整百分表，使其与同一径向垂直平面内的上、下测点对正。

（5）调整磁轭初始段底部冲片的圆度、同心度和下端面水平，应符合下列要求：

1）磁轭下端面的径、切向水平，应符合四（5）1）的规定。

2）对于磁轭冲片叠装由转子支臂或立筋面和磁轭键作径、切向定位的结构，底部冲片内缘与支臂或立筋面间隙不大于 0.20mm；磁轭冲片键槽与磁轭键的侧间隙应对称相等，相互偏差不大于 0.05mm。

3）对于磁轭冲片以临时导向键做径，切向定位的结构，按五（4）条列举的检测方法之一检测其外缘半径。外缘半径应符合设计规定，且其最大、最小半径与设计半径之差不大于转子设计空气间隙的±3.5%。

4）按式（2-1-1）～式（2-1-4）计算磁轭对轴心线的同心度，其最大偏差不应大于设计空气间隙的±1.2%，且满足表 2-1-3 的规定。

表 **2-1-3** 磁轭同心度偏差允许表

机组转速 n （r/min）	$n<100$	$100 \leqslant n<200$	$200 \leqslant n<300$	$300 \leqslant n<500$
偏心允许值 （mm）	0.35	0.28	0.20	0.10

$$C_X = 2/n \sum_{i=1}^{n} R_i \cos Q_i \qquad (2\text{-}1\text{-}1)$$

$$C_Y = 2/n \sum_{i=1}^{n} R_i \sin Q_i \qquad (2\text{-}1\text{-}2)$$

$$R = \sqrt{(C_X^2 + C_Y^2)} \qquad (2\text{-}1\text{-}3)$$

$$Q = \tan^{-1}(C_Y/C_X) \qquad (2\text{-}1\text{-}4)$$

式中 C_X、C_Y ——磁轭中心在转子中心直角坐标 X、Y 轴线上的偏移分量；

R_i ——各半径测点的读数值；

Q_i ——各半径测点分度线与坐标 X 轴的夹角；

n ——测点总数；

i ——半径测点编号，取 1，2，3，…，n；

R ——磁轭中心偏移量，mm；

Q ——磁轭中心偏移方位（与 X 轴线的夹角）。

六、磁轭冲片叠装

（1）在定位销或定位螺杆、导向键或磁轭键等定位部件表面涂抹 MOS_2（二硫化钼）润滑脂。

（2）按设计图纸和叠装布置表的规定，将冲片分层、依序叠装，并在冲片两端用软质手锤同时向下敲击，以促使冲片沿定位销或螺杆水平下落、层间贴切。

（3）根据冲片与支架立筋或导向键的径向间隙趋势、磁轭冲片外缘的凸凹状态以及定位螺杆或定位销的松动与倾斜情况，及时用软质手锤分别对工位凸出的冲片和倾斜的定位螺杆或定位销进行拍击调整，使磁轭外缘表面平整，冲片与支架立筋或导向键的间隙符合五 （5）2）的规定，并使定位螺杆或定位销保持垂直活动状态。

（4）按设计或冲片叠装排列的预测要求，根据需要在规定的层位安装补偿片或装补偿垫。

（5）各类型磁轭初始段底部冲片每叠 3～5 层进行整形；每叠完一段及预压前，对磁极的安装面用直尺进行全面检查，将其凸出的冲片用软质手锤向内拍击。若条件许可，可用专用工具进行全面整形。

（6）对叠入的冲片，由专人跟踪检查、清理叠装施工衍生物，使其符合下列要求：

1）冲片应洁净、平整，不得有油垢、凸点、毛刺，不得遗留沙尘、铁屑、木渣等异物。

2）叠装冲片正、反面应一致，并应符合设计叠片方式的规定。

3）通风槽片以导风带为标志，应注意其设计布置工位，注意检查衬口环与上层冲片在压紧状态下应无间隙。

4）叠入冲片的结构特征、重量类别和叠装层数、高度，以及极间"T"（鸽）形槽、通风沟、弹簧槽等结构、位置尺寸，应符合磁轭装配图和磁轭叠装冲片布置表的规定，并注意补偿片的安装应准确、牢固，不得遗漏，效果应与预设要求一致。

（7）按制造厂要求分阶段进行磁轭冲片叠装圆度、垂直度等形位尺寸的检查与控制，磁轭叠装圆度、同心度过程控制检查规定见表 2-1-4。

表 2-1-4　　　　　　　　磁轭叠装圆度、同心度过程控制检查表

层段名称	圆度检查最大分段高度（mm）		检查项目（含相关项目）	质量要求	检查方法
	立筋面与磁轭径向键定位	导向键定位			
初始段	200		（1）圆度、同心度。 （2）下端面水平度	（1）圆度，实测最大最小半径与设计半径之差不大于设计空气间隙的±3.5%，同心度偏差不大于设计空气间隙的±1.2%。 （2）下端面水平度，圆周水平偏差小于 2mm，同截面径向水平偏差小于0.5mm，挂钩处无间隙	（1）圆度、半径分上、下断面，测点不得少于 8 点，磁轭高度超过 1.5m，分上、中、下三个断面检测。 （2）用钢琴线检查磁轭圆度、半径、径向垂直度时，其测点与钢琴线和转子中心线应保持在同一径向垂直平面内。 （3）沿磁轭圆周对称四点挂钢琴线测量径、切向垂直度
后续层段	每叠 200～250		（1）磁轭内缘与立筋面或导向键的径向间隙。 （2）磁轭键面与磁轭键或导向键的侧间隙	（1）对称相等，相互偏差小于 0.05mm （2）对称相等，相互偏差小于 0.05mm	
	每叠完一段	每叠400～450 或一段	（1）圆度、同心度。 （2）径、切向垂直度。 （3）下端面水平度	（1）圆度、同心度：与第一段要求相同。 （2）垂直度不大于设计空气间隙的3%。 （3）下端面水平度与初始段要求相同	
	分段预压前、后最终压紧前、后				

七、磁轭分段预压

（1）预压前，磁轭叠装的结构与高度符合六（6）4）的规定，其圆度、同心度、径、切向垂直度，以及磁轭下端面的径、切向水平度，应符合表 2-1-4 的有关要求。

（2）按厂家设计要求确定磁轭的预压分段高度，分段最大高度不应大于 800mm。

（3）安装预压设施，并使其符合如下要求：

1）在磁轭预压螺杆的螺母与冲片之间安装鞍座或特厚型垫板，其结构应具有足够刚度和尽可能宽的压力传递面，并在两者摩擦面及螺杆、螺纹上涂抹 MOS_2（二硫化钼）润滑脂。

2）对于磁轭结构具有上端压板，宜利用上端压板预压。压紧螺杆的螺母与上端压板之间应安装平垫圈或废冲片。

3）用套管配合螺杆压紧。压紧螺杆的螺母与套管、套管与冲片之间，应分别安装整张的废冲片，以利叠装冲片的衬垫与预压螺杆的加固。

4）对于转子磁轭设计高度较高，且以支架立筋面和磁轭径向键定位的结构，宜在各支架处设置固定拉紧装置，辅助磁轭压紧螺杆对磁轭进行预压和最终压紧。

5）当采用液压压紧方式时，设备安装后，须完成相应的结构性能实验。

（4）磁轭分段预压工艺。

1）根据厂家要求设定每次磁轭预压最大力矩和分布递升压紧的次数。

2）由 2~4 组人员用风动扳手或棘轮扳手，采用先中圈、后内圈、再外圈的拧紧顺序，在圆周上对称分组、同向、均匀地进行初始压紧。

3）当采用厂家提供的液压扳手进行压紧时，宜分 3 次逐步对称加压拧紧压紧螺栓，直到螺栓伸长量达到要求或压力值达到设定值。

4）检查圆周及同一径向截面的高度、上下端面的平面度，以及磁轭内环面与定位部件的间隙无异常后，采用测力扳手按设定的分级压紧次数递升力矩，以与初始压紧同样的顺序和方法，沿磁轭圆周分次按正、反时针转向交替压紧至设定力矩。

5）在压紧操作过程中，须随时观察压紧螺杆的工况，当出现螺纹变形或拧动过紧等现象，应及时更换或处理。

6）压紧过程中，全面检查磁轭内环面与叠装定位部件的间隙，以及其下端面的水平与支撑部件的工况。检查通风槽片衬口环与上层冲片在压紧状态下应无间隙。当磁轭出现规律性的周向或径向倾斜，应酌情调整下端面支墩水平或改变磁轭压紧螺杆的周向或径向拧紧顺序，以及对磁轭的上、下断面的半径、圆度、同心度和径、切向垂直度进行检查调整、确认合格后，方可继续压紧，并在压紧后做全面检查。

7）在每一极位检查，测量本次磁轭初始压紧后及预压过程中的实际平均高度及其断面形位状态。

8）在预压螺杆分次递升压紧至设定值后，用测力扳手沿圆周取样抽查不少于总数10%的螺杆，其拧紧力矩偏差应不超过设定预压力矩的±10%。

（5）检查记录磁轭本次预压压紧后的实际高度、圆度、垂直度，以及下端面水平度，应符合下列要求：

1）磁轭上、下断面的半径、圆度或同心度，应符合表2-1-4的要求。

2）在磁轭每极位测量其实测平均高度与本段的设计高度偏差应在±5mm以内，并注意各段高度相互补偿；沿圆周方向高度差不大于3mm；同一径向截面的内、外高度差不大于2mm。

3）用手锤敲击检查，各压紧螺杆螺帽应无异常颤动，且手感应一致，磁轭端面应无空隙声。

4）用测圆架挂钢琴线的方法均布测量至少8点磁轭的径、切向垂直度，其偏差不应大于设计空气间隙的3%。

八、磁轭最终压紧

（1）磁轭冲片叠装至最终层位后，在各极位处检查磁轭内、外侧及中部的叠装高度。参考倒数第二段磁轭冲片预压前后的高差数据，推算和确定磁轭最终压紧前应有的叠装高度或将采取的补偿、调整措施，使磁轭冲片最终叠装压紧后的平均高度、圆周方向高度差与同截面高差符合设计要求。

（2）对于磁轭为冲片销定位、端压板结构。预装上端压板，并测定和处理冲片定位销相对端压板的最终高度，使其与端压板的上端面高度相匹配，若上端压板为分块现场组焊结构，参考四（6）列举的有关基本方法与要求进行焊接、探伤。

（3）投用磁轭螺孔控数100%的永久或临时压紧螺杆，按照七（4）要求，分布、对称、均匀地拧紧螺杆至设计规定的力矩。

（4）检查磁轭的圆度、同心度、径向及切向垂直度和下端面水平度，应符合表2-1-4要求。全部压紧后，磁轭平均高度不得低于磁轭设计高度，同一径向截面上的内外高度偏差不应大于5mm；沿圆周方向的高度偏差规定见表2-1-5。

表2-1-5　　　　　　　　　　磁轭圆周方向高度允许偏差表

磁轭高度 h （mm）	$h<1000$	$1000{\leqslant}h<1500$	$1500{\leqslant}h<2000$	$2000{\leqslant}h<2500$	$h{\geqslant}2500$
偏差 （mm）	$-1{\sim}5$	$-1{\sim}7$	$-1{\sim}8$	$0{\sim}10$	$0{\sim}11$

（5）磁轭由临时螺杆转换为永久螺杆或由原设备定位螺杆压紧检查合格后，按下列方法之一检查核实磁轭的压紧程度：

1）沿圆周对称抽查 10 根螺杆的伸长值，各螺杆的伸长值，应在设计允许差范围内。

2）沿圆周测定 10 根螺杆达设计伸长值时各自所需的力矩，再以各力矩的平均值，用测力扳手将全部螺杆进行拧紧检查，其最终拧紧力矩偏差不应大于测定力矩平均值的 ±10%。

九、作业前准备

（1）检修安装场地清扫干净，基础稳固、照明充足。布置整齐，通风良好，温度、湿度适宜。

（2）检修场地应宽敞且清洁干净，地面与检修支架稳固。

（3）设备及工器具：桥式起重机、电焊机、千斤顶、氧气、乙炔、大锤、手锤、重力扳手、钢板尺、钢丝绳（吊带）、眼镜扳手、活扳手、螺丝刀、百分表、内径千分尺、液压扳手等。

（4）材料：MoS_2、螺栓、螺母、铜棒、绢布、油壶、锉刀、砂纸、石棉布、透平油、塑料盆、酒精、塑料桶、塑料布、细毛毡、白布带、木板（防护用）、焊条、楔铁等。

十、危险点分析及控制措施

（1）工作前，应将现场清扫干净，将无关材料、设备清除出现场，防止滑跌、磕伤现象发生。

（2）设备吊装时，应绑扎牢固，无关人员全部退出安装场地。避免人身、设备伤害。

（3）设备、配件吊运时，严禁在下方停留或行走，防止被其脱落砸伤。

（4）设备及支架、工器具要安置牢固、平稳，放置场地要结实水平，防止倾倒的情况发生。

（5）工作人员应搭设平台或用固定好的梯子上下，防止高处坠落的情况发生。

【思考与练习】

调整磁轭初始段底部冲片的圆度、同心度和下端面水平，应符合哪些要求？

◢ 模块 2 水轮发电机转子磁极更新的基本步骤
（ZY3600502002）

【模块描述】 本模块介绍水轮发电机转子更新改造过程磁极更新基本步骤。通过工艺内容讲解、磁极更新过程介绍，了解水轮发电机转子磁更新基本内容。

【模块内容】

一、磁极挂装前的准备

（1）磁极清扫、检查，应符合下列要求：

1）用吸尘器、毛刷、铲刀等工具彻底清扫磁极铁芯各部位的锈迹和污垢，必要时用四氯化碳或酒精清洗线圈表面的油垢。检查磁极线圈与铁芯之间和线圈匝间，应无油污、导电粉尘等异物，切线圈和匝间绝缘应无损伤。

2）用平尺检查，磁极"T"（鸽）尾部位铁芯应平直，全长弯曲不应大于 1mm。铁芯端压板在铁芯的各安装结合面和在磁极外圆轴向中心线部位，不得凸出铁芯。

3）检查磁极阻尼环和磁极线圈连接线接头应平直，无弯折、裂纹。

（2）单个磁极挂装前的绝缘检查与耐压试验规定见表 2-2-1。

表 2-2-1　　　　　　　　单个磁极交流耐压标准及绝缘要求

部件名称		耐压标准（V）	绝缘电阻（MΩ）
单个磁极	挂装前	$10u_f$+1500，但不得低于 3000	≥5
	挂装后	$10u_f$+1000，但不得低于 2500	
集电环、引线、刷架		$10u_f$+1000，但不得低于 3000	≥5

注　u_f 为额定励磁电压，单位为 V。

（3）按极性和重量核对磁极的制造厂内编序。若制造厂未明确，按首尾磁极的设计工位和各磁极的极性和重量，结合磁轭、转子附件的不平衡重进行综合平衡的原则，对各磁极进行编号、排序，使在转子任意 22.5°～45° 角度范围内，对称方向不平衡质量允许偏差要求见表 2-2-2，进出引线的磁极分别为 2 号和最后 1 号。

表 2-2-2　　　　　　　　磁极挂装不平衡质量允许偏差表

磁轭与磁极的质量之和 G（t）	不同转速 n 下的磁极挂装不平衡质量允许偏差（kg）		
	$n<200$r/min	200r/min≤$n<500$r/min	$n≥500$r/min
$G<200$	6	3	2
200≤$G<400$	8	4	2
400≤$G<600$	10	5	3
600≤$G<800$	12	6	4
$G≥800$	14	7	4

（4）当磁极的挂装编序以磁极换位方法，仍不可能达到表 2-2-2 的平衡要求，则

用加配重的方式处理，并应注意：

1）配重块的大小和布置方位，需要经机组启动试验验证后，再做最终确定。

2）配重块的计算半径应选择在磁轭内缘壁上面，如因部位结构所限，配重块不能安装到由计算所设定的布置点时，可按力的分解原理，将配重分解布置。

3）高长径比转子应注意不平衡力偶的影响，配重块的安装部位应与该转子偏重的重心在同一水平面内。

4）做好并保留综合平衡计算的原始记录，供机组动平衡试验参考。

（5）实测磁极铁芯长度，标定各磁极铁芯的标高中心控制点，标定偏差应小于0.5mm。

（6）以磁极平均标高点至转子轴法兰或转子中心体下法兰面的设计距离为依据，综合考虑定子的实际安装高程、水轮发电机轴或中心体相关部位的实测长度、承重机架受力后的挠度值等因素，确定磁极的挂装标高。

二、磁极吊出

如果吊出磁极工作是在水轮发电机基坑内进行时，应事先将磁极上端的水轮发电机盖板、上部挡风板、支持角钢、上部消火水管等部件吊出，还要把位于磁极下端有碍吊出磁极的部件如下部挡风板等拆去。再把磁极上、下端风扇、"T"形槽盖板拆去，铲开磁极键头部的点焊处，打开阻尼环接头和线圈接头。吊磁极时应注意：

（1）为拔键省力，在吊出前20～30min，从磁极键上部（键头）倒入煤油，以浸润两键结合面的铅油。

（2）在磁极下端用千斤顶和木块，将磁极顶住，如图2-2-1所示。

（3）将已挂在主钩中的拔键器卡住磁极键的大头，找正主钩位置，慢慢地向上吊起。由于静摩擦力较大，起吊时容易发生突然拔脱，因此，要用绳子拉住拔键器。当把大头键拔出一段后，用卡子把两键一起卡住吊出，用布条编号，妥善保管。

（4）把该磁极的两对磁极键拔出后，在磁极线圈上、下部罩上半圆柱形的防护罩，系上钢丝绳，将磁极稍稍吊起一点。

（5）对于老式机组，此时需用撬棍将磁极上端往外别，然后用两片薄钢皮插入磁极线圈绝缘板背面，挡住弹簧。找正吊钩位置，慢慢吊出磁极，并将磁极平放在软木上。

（6）取出磁极弹簧，查好数量加以保管。

三、磁极挂装

磁极挂装指将经机械、电气检查试验合格的磁极，使用磁极吊装工具，按配重或出场编号依序对称挂装。

（1）磁极挂装到位后，在铁芯下端"T"（鸽）尾处采用调整螺钉或螺旋千斤顶支撑，作为标高调整装置；插入磁极键，短键下端用管状尖头千斤顶支撑，如图2-2-2所示。

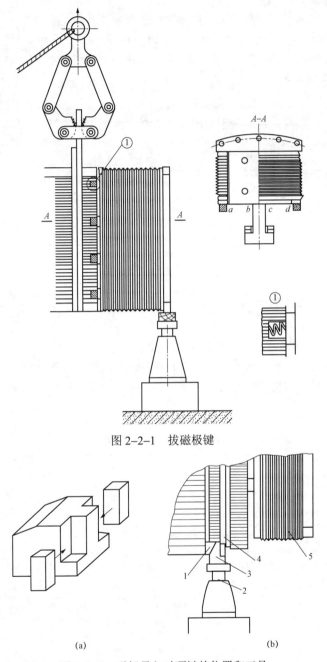

图 2-2-1 拔磁极键

（a） （b）

图 2-2-2 磁极吊入时顶键的位置和工具

（a）专用垫板；（b）顶键位置

1—磁极标高小铁块；2—千斤顶；3—专用垫块；4—短键；5—磁极

（2）根据确定的磁极挂装标高，调整一个磁极或互为 180°的两个磁极，用精密水准仪找正中心标高，中心标高偏差应在±0.5mm 以内；然后楔紧磁极键定位。

（3）根据磁极铁芯长度，利用打键工具（如图 2-2-3）采用 4～6kg 大锤统一打紧各磁极键，要求连打三次累计移动两不超过 1mm，磁极下端穿出磁极铁芯压板，上端用手摇晃应不动。

（4）磁极中心挂装高程偏差要求见表 2-2-3。

表 2-2-3 磁极中心挂装高程偏差

磁极铁芯长度 （m）	高程允许偏差 （mm）
≤1.5	±1.0
1.5～2.0	±1.5
>2.0	±2.0

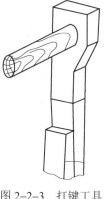

图 2-2-3 打键工具

（5）额定转速在 300r/min 及以上的水轮发电机转子，对称方向磁极挂装高程偏差不大于 1.5mm。

四、磁极全部挂装完成后应满足的要求

（1）磁极挂装后检查转子圆度，转子各半径与设计半径之差不应大于设计空气间隙值的±4%。转子的整体偏心值应满足表 2-2-4 的要求，但最大不应大于设计空气间隙的 1.5%。

表 2-2-4 转子整体偏心的允许值

机组转速 n （r/min）	100<n	100≤n<200	200≤n<300	300≤n<500
偏心允许值 （mm）	0.50	0.40	0.30	0.15

（2）做单个磁极挂装后的交流耐压实验，应符合表 2-2-1 中规定的要求。

【思考与练习】

磁极全部挂装完成后应满足哪些要求？

▲ 模块3　水轮发电机转子磁轭重叠工艺和质量标准
（ZY3600502003）

【模块描述】本模块介绍水轮发电机转子更新改造过程中的磁轭重叠工艺和质量标准。通过工艺标准讲解、验收点介绍，掌握水轮发电机磁轭重叠各步骤的工艺和质量标准。

【模块内容】

一、磁轭冲片、通风槽片的安装前清洗检查的质量标准

（1）磁轭冲片清洗检查。各冲片应无残留锈迹、油垢，并应平整、无凸点和毛刺。

（2）通风槽片应平直、无焊渣、焊瘤和锈迹。衬口环、导风带装焊位置正确，与冲片结合严密，点焊牢固，其高度应符合设计规定；导风带应低于衬口环，衬口环高度应符合设计要求，导风带与衬口环相互高差不应大于 0.2mm。

二、磁轭叠装定位键安装的质量标准

（1）对于整体贯穿或分段结构的磁轭径向键定位结构。整体贯穿或分段结构的磁轭径向键定位结构的平直面凸出立筋外圆面的尺寸，应略大于磁轭冲片键槽的深度。

（2）对于作为磁轭冲片叠装径、切向定位的临时导向键结构。

1）按设计要求或以其中任一根键作为基准键，将基准键调整在支架立筋板面中心分度线位置，其与相邻键槽的弦距应符合设计规定。

2）以磁轭冲片叠检内圆实测半径作为导向键径向工作面的安装半径，装调副立筋挂装测量工具后。将导向键径向中心线与立筋面板的径面中心至转子中心的距离 R（见图 2-3-1）与导向键径向工作面的安装半径 R' 控制偏差在 ± 0.03mm 以内；并测调导向键量柱Ⅱ、Ⅲ中心的半径，使两者之差小于 0.05mm；工具台板水平偏差小于 0.04mm/m。

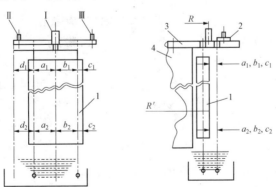

图 2-3-1　导向键测控工位

1—导向键；2—测量工具基准板；3—测量工具台板；4—立筋

3）以测量工具基准线为准，由调整定位工具调整基准导向键，使基准导向键的径向工作面中心半径满足，扭斜 a_1 与 c_1 和 a_2 与 c_2 之差不大于 0.02mm，径、切向垂直度偏差不大于 0.02mm/m，并作为其余导向键调整的基准。

4）安装过程中以基准键为准，调整其余导向键的半径和径、切向垂直度；并用千分尺检查相邻键间的弦距，各弦距偏差应在 ±0.25mm 以内，且平均弦距应使用实测半径平均值换算所得的弦距进行校核。

三、磁轭下端基层部件安装过程中的质量控制

（1）布置磁轭叠装支墩时，初步调整其楔子板或千斤顶顶面高程，使其相互高差不大于 1mm。

（2）以叠装冲片的内圆环，键槽面和基层部件的下平面作为基层部件调整的控制部位，并以磁轭的设计叠装定位部件为基准，对基层部件的工位进行调整，并符合下列要求：

1）在磁轭基层部件下端面沿圆周内、外侧，按磁极极位分段布点，用精密水准仪检查，要求达到同一截面水平偏差在 0.5mm 以内，沿整个圆周波浪度不大于 2mm，与支墩及支臂挂钩无间隙。

2）磁轭冲片内圆环与转子支架键槽板或导向键径向面的径向间隙、磁轭冲片键槽与磁轭键或径、切导向键的侧向间隙对称相等，偏差不应大于 0.05mm。

四、磁轭初始段底部冲片叠装质量要求

（1）在调整固定后的基层部件上，以定位销及（或）导向键定位，继续试叠磁轭冲片，边叠边整形，要求使层间孔位对正、内缘紧靠叠装定位件、外缘表面整齐。导向定位销与冲片孔的配合间隙应小于 0.10mm，长度不应短于 250mm。

（2）调整磁轭初始段底部冲片的圆度、同心度和下端面水平，应符合下列要求：

1）磁轭下端面的径向、切向水平，用精密水准仪检查，要求同一截面水平偏差在 0.5mm 以内，沿整个圆周波浪度不大于 2mm。

2）对于磁轭冲片叠装中由转子支臂或立筋面和磁轭键作径、切向定位的结构，其底部冲片内缘与支臂或立筋面的间隙不大于 0.20mm；磁轭冲片键槽与磁轭键的侧间隙应对称相等，相互偏差不大于 0.05mm。

3）对于磁轭冲片以临时导向键做径向、切向定位的结构，检测其外缘半径，应符合设计规定，且其最大、最小半径与设计半径之差不大于转子设计空气间隙的 ±3.5%。

4）按式（2-3-1）～式（2-3-4）计算磁轭对轴心线的同心度，其最大偏差应不大于设计空气间隙的 ±1.2%，且满足表 2-3-1 的规定。

表 2-3-1　　　　　　　　　　磁轭同心度偏差允许表

机组转速 n（r/min）	$n<100$	$100 \leqslant n<200$	$200 \leqslant n<300$	$300 \leqslant n<500$
偏心允许值（mm）	0.35	0.28	0.20	0.10

$$C_X = 2/n \sum_{i=1}^{n} R_i \cos Q_i \qquad (2-3-1)$$

$$C_Y = 2/n \sum_{i=1}^{n} R_i \sin Q_i \qquad (2-3-2)$$

$$R = \sqrt{(C_X^2 + C_Y^2)} \qquad (2-3-3)$$

$$Q = \arctan (C_Y/C_X) \qquad (2-3-4)$$

式中　C_X、C_Y——磁轭中心在转子中心直角坐标 X、Y 轴线上的偏移分量；

　　　R_i——各半径测点的读数值；

　　　Q_i——各半径测点分度线与坐标 X 轴的夹角；

　　　n——测点总数；

　　　i——半径测点编号，取 1，2，3，…，n；

　　　R——磁轭中心偏移量，mm；

　　　Q——磁轭中心偏移方位（与 X 轴线的夹角）。

五、磁轭冲片叠装的质量标准

磁轭冲片叠装应按制造厂要求分阶段进行磁轭冲片叠装圆度、垂直度等形位尺寸的检查与控制，磁轭叠装圆度、同心度过程控制检查规定见表 2-3-2。

表 2-3-2　　　　　　　　磁轭叠装圆度、同心度过程控制检查表

层段名称	圆度检查最大分段高度（mm）		检查项目（含相关项目）	质量要求
	立筋面与磁轭径向键定位	导向键定位		
初始段	200		(1) 圆度、同心度。 (2) 下端面水平度	(1) 圆度，实测最大最小半径与设计半径之差不大于设计空气间隙的 ±3.5%，同心度偏差不大于设计空气间隙的 ±1.2%。 (2) 下端面水平度，圆周水平偏差小于 2mm，同截面径向水平偏差小于 0.5mm，挂钩处无间隙
后续层段	每叠 200~250		(1) 磁轭内缘与立筋面或导向键的径向间隙。 (2) 磁轭键槽与磁轭键或导向键的侧间隙	(1) 对称相等，相互偏差小于 0.05mm。 (2) 对称相等，相互偏差小于 0.05mm
	每叠完一段	每叠 400~450 或一段	(1) 圆度、同心度。 (2) 径、切向垂直度。 (3) 下端面水平度	(1) 圆度、同心度：与第一段要求相同。 (2) 垂直度不大于设计空气间隙的 3%。 (3) 下端面水平度与初始段要求相同
	分段预压前、后 最终压紧前、后			

六、磁轭分段预压质量标准

（1）预压前其圆度、同心度，径、切向垂直度，以及磁轭下端面的径、切向水平度，应符合表 2-3-2 的有关要求。

（2）按厂家设计要求确定磁轭的预压分段高度，分段最大高度不应大于 800mm。

（3）磁轭每次分段预压压紧后的实际高度、圆度、垂直度，以及下端面水平度，应满足下列要求：

1）上、下断面的半径、圆度或同心度，应符合表 2-3-2 的要求。

2）在磁轭每极位测量其实测平均高度与本段的设计高度偏差应在 ±5mm 以内，并注意各段高度相互补偿；沿圆周方向高度差不大于 3mm；同一径向截面的内、外高度差不大于 2mm。

3）用手锤敲击检查，各压紧螺杆螺帽应无异常颤动，且手感应一致，磁轭端面应无空隙声。

4）用测圆架挂钢琴线的方法，对磁轭的径、切向垂直度均布测量至少 8 点，磁轭的径、切向垂直度的偏差不应大于设计空气间隙的 3%。

七、磁轭最终压紧质量标准

（1）磁轭冲片叠装至最终层位后，在各极位处检查磁轭内、外侧及中部的叠装高度。参考倒数第二段磁轭冲片预压前后的高度差数据，推算和确定磁轭最终压紧前应有的叠装高度或将采取的补偿、调整措施，使磁轭冲片最终叠装压紧后的平均高度、圆周方向高度差与同截面高度差符合设计要求。

（2）对于磁轭为冲片销定位、端压板结构。预装上端压板，并测定和处理冲片定位销相对端压板的最终高度，使其与端压板的上端面高度相匹配。

（3）投用磁轭螺孔孔数 100%的永久或临时压紧螺杆，应分布、对称、均匀拧紧螺杆至设计规定的力矩。

（4）检查磁轭的圆度、同心度、径向及切向垂直度和下端面水平度，应符合表 3-3-2 要求。全部压紧后，磁轭平均高度不得低于磁轭设计高度，同一径向截面上的内外高度偏差不应大于 5mm。沿圆周方向的高度偏差不应超过表 2-3-3 的规定。

表 2-3-3　　　　　　　　　　磁轭圆周方向高度允许偏差表

磁轭高度 h（mm）	h<1000	1000≤h<1500	1500≤h<2000	2000≤h<2500	h≥2500
偏差（mm）	−1～5	−1～7	−1～8	0～10	0～11

（5）磁轭由临时螺杆转换为永久螺杆或由原设备定位螺杆压紧检查合格后，检查

核实磁轭的压紧程度，应满足下列要求：

1）沿圆周对称抽查 10 根螺杆的伸长值，各螺杆的伸长值，应在设计允许差范围内。

2）沿圆周测定 10 根螺杆达设计伸长值时各自所需的力矩，再以各力矩的平均值，用测力扳手将全部螺杆进行拧紧检查，其最终拧紧力矩偏差不应大于测定力矩平均值的 10%。

【思考与练习】

磁轭由临时螺杆转换为永久螺杆压紧检查合格后，应满足哪些要求？

▲ 模块 4　水轮发电机转子磁极更新工艺和质量标准（ZY3600502004）

【模块描述】本模块介绍水轮发电机转子更新改造过程磁极更新工艺和质量标准。通过工艺标准讲解、验收点介绍，掌握水轮发电机转子磁极拆卸、安装过程的工艺和质量标准。

【模块内容】

一、磁极挂装前单个磁极应具备的质量要求

（1）磁极应符合下列要求：

1）磁极线圈与铁芯之间和线圈匝间，应无油污、导电粉尘等异物，切线圈和匝间绝缘应无损伤。

2）磁极"T"（鸽）尾部位铁芯应平直，全长弯曲不应大于 1mm。铁芯端压板应在铁芯的各安装结合面和在磁极外圆轴向中心线部位，不得凸出铁芯。

3）磁极阻尼环和磁极线圈连接线接头应平直，无弯折、裂纹。

（2）单个磁极挂装前的绝缘检查与耐压试验要求见表 2-4-1。

表 2-4-1　　　　　　　　单个磁极交流耐压标准及绝缘要求

部件名称		耐压标准（V）	绝缘电阻（MΩ）
单个磁极	挂装前	$10U_f+1500$，但不得低于 3000	≥5
	挂装后	$10U_f+1000$，但不得低于 2500	
集电环、引线、刷架		$10U_f+1000$，但不得低于 3000	≥5

注　U_f 为额定励磁电压，V。

（3）磁极挂装后对称方向不平衡质量允许偏差值见表2-4-2。

表2-4-2　　　　　　　　磁极挂装不平衡质量允许偏差表

磁轭与磁极的质量之和 G（t）	不同转速 n 下的磁极挂装不平衡质量允许偏差（kg）		
	$n<200\text{r/min}$	$200\text{r/min}\leqslant n<500\text{r/min}$	$n\geqslant500\text{r/min}$
$G<200$	6	3	2
$200\leqslant G<400$	8	4	2
$400\leqslant G<600$	10	5	3
$600\leqslant G<800$	12	6	4
$G\geqslant800$	14	7	4

（4）实测磁极铁芯长度，标定各磁极铁芯的标高中心控制点，标定偏差应小于0.5mm。

二、磁极挂装过程中质量控制

（1）磁极中心挂装高程偏差要求见表2-4-3。

表2-4-3　　　　　　　　磁极中心挂装高程偏差

磁极铁芯长度（m）	高程允许偏差（mm）
$\leqslant1.5$	±1.0
$1.5\sim2.0$	±1.5
>2.0	±2.0

（2）额定转速在300r/min及以上的水轮发电机转子，对称方向磁极挂装高程偏差不大于1.5mm。

三、磁极全部挂装完成后应满足的要求

（1）磁极挂装后检查转子圆度，各半径与设计半径之差不应大于设计空气间隙值的±4%。转子的整体偏心值应满足要求见表2-4-4，但最大不应大于设计空气间隙的1.5%。

表2-4-4　　　　　　　　转子整体偏心的允许值

机组转速 n（r/min）	$100<n$	$100\leqslant n<200$	$200\leqslant n<300$	$300\leqslant n<500$
偏心允许值（mm）	0.50	0.40	0.30	0.15

（2）按表 2–4–1 规定做单个磁极挂装后的交流耐压实验，应符合要求。

【思考与练习】

磁极全部挂装完成后应满足哪些要求？

▲ 模块 5　水轮发电机转子中心测圆架的安装及调整 （ZY3600501005）

【模块描述】本模块介绍中心测圆架的安装及调整过程。通过工艺讲解、操作过程介绍，掌握安装调整要领和标准。

【模块内容】

中心测圆架安装步骤与质量标准。

（1）转子测圆架的结构以准、轻、巧为好，要求其垂直、圆周运动平稳可靠、精度高，具有径向与轴向调整功能，测量调整范围满足现场工作需要。转子测圆示意图如图 2–5–1 所示。

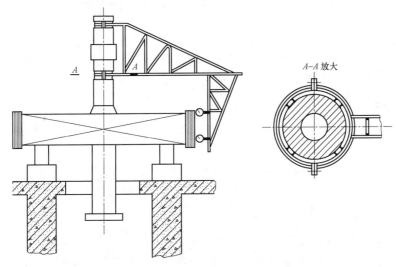

图 2–5–1　转子测圆示意图

（2）将经检查验收满足要求的中心测圆架吊入转子主轴上端，按设计图纸要求将其组合成一整体。测圆架应有足够的刚度和强度，弹性、塑性变形尽可能小，受外界环境、测圆架转动等因素影响小。

（3）调整转子测圆架，对立柱式，转筒式测圆架的立柱、转筒，使其满足下列要求：

1）测圆架的立柱（转筒）垂直度偏差不大于 0.02mm/m。

2）测圆架的立柱（转筒）与转子中心体联轴法兰的同心度偏差不大于 0.03mm/m，且测圆架的立柱和转筒的垂直度的偏斜方向应与中心体水平的偏斜方向一致。

3）调整测圆架测臂，使其在任意点的重复测量误差不大于 0.03mm/m，测臂旋转一周侧头轴向跳动不大于 0.15mm。

（4）在安装、使用过程中，定期调校测圆架的测量精度，使其满足要求。见表 2-5-1。

表 2-5-1 转子测圆架调校要求

调校时段	调校项目	精度要求
（1）转子支架组装或组焊半径、圆度验收检查。 （2）副立筋或立筋垫板配刨或加工。 （3）导向键安装定位。 （4）磁轭初始段叠装整形定位。 （5）磁轭分段预压及最终压紧圆度检查。 （6）磁轭热打键后圆度检查。 （7）转子磁极圆度验收检查	（1）立柱或中心轴垂直度。 （2）立柱或中心轴与转子法兰同心度。 （3）测臂测头沿圆周任一点重复测量误差。 （4）测臂测头沿圆周轴向跳动	（1）立柱或中心轴垂直度小于或等于 0.02mm/m。 （2）立柱与转子中心体法兰同心度小于或等于 0.03mm。 （3）重复测量误差小于或等于 0.03mm。 （4）轴向跳动小于或等于 0.15mm

注 1. 抱轴式测圆架可不做立柱垂直度、同心度的调校。

2. 调校转子测圆架前，转子中心体水平或主轴垂直度应校正合格。

【思考与练习】

调整转子测圆架，立柱式、转筒式测圆架的立柱、转筒，应满足什么要求？

◢ 模块6 水轮发电机转子磁轭叠片压紧系数计算 （ZY3600502006）

【模块描述】本模块介绍磁轭叠片压紧系数计算。磁轭占大中型水轮发电机总重 20%～30%，主要作用是产生转动惯量和固定磁极，这就要求磁轭在堆积时足够重视，每道工序仔细检查，以确保磁轭有足够的整体性和密实性，不允许有微小的位移和松动，以防运行时发生磁轭外侧下塌、整体滑移及磁轭松动下沉等严重质量事故。

【模块内容】

磁轭叠压系数计算方法。

磁轭铁片的压紧程度，通常用叠压系数来衡量。叠压系数不应小于99%。其计算方法有两种：

（1）用实际堆积重与计算堆积重之比计算：

$$K = \frac{G \times 100}{FnHr} \times 100\% \qquad (2\text{-}6\text{-}1)$$

式中　G——实际堆积铁片的全部质量，kg；

　　　F——每张铁片净面积，cm^2；

　　　n——每圈铁片张数；

　　　H——压紧后的铁片平均高度（不包括通风沟高），cm；

　　　r——铁片比重，可取 7.85×10^{-3}，kg/cm^3。

如果该铁片是由不同形状的铁片组成时（如有弹簧槽，小"T"尾槽等），则应分别计算。

$$K = \frac{(G_1 + G_2 + G_3 + \cdots + G_n) \times 100}{(F_1H_1 + F_2H_2 + F_3H_3 + \cdots + F_nH_n)nr} \times 100\% \qquad (2\text{-}6\text{-}2)$$

式中　G_1、G_2、G_3、$\cdots$、G_n——各种不同形状铁片的实际堆积自重，kg；

　　　F_1、F_2、F_3、$\cdots$、F_n——各种不同形状铁片的净面积，cm^2；

　　　H_1、H_2、H_3、$\cdots$、H_n——各种不同形状铁片的实际堆积高度，cm。

（2）用计算平均高度与压紧后实际平均高度之比计算：

$$K = \frac{h_1n_1 + h_2n_2 + \cdots + h_nn_n}{H_{\text{cp}}} \times 100\% \qquad (2\text{-}6\text{-}3)$$

式中　　　H_{CP}——铁片各段压紧后的实际平均高度，cm；

h_1、h_2、$\cdots$、h_n——各类铁片的单张平均厚度，cm；

n_1、n_2、$\cdots$、n_n——相应各类铁片的堆积层数。

第一种计算方法比较麻烦，但较第二种方法准确。各段压紧系数检查合格后，可用钢筋在已堆好的铁片两侧点焊拉紧，以防拆除压紧工具时弹起，造成下一段压紧工作的困难。

【思考与练习】

为保证磁轭是一个非常紧密的刚性整体，叠压系数一般规定为多少？

▲ 模块 7　水轮发电机转子磁轭螺杆伸长值计算方法（ZY3600502007）

【模块描述】本模块介绍磁轭螺杆伸长值计算方法。通过过程介绍、方法计算及现场操作，掌握磁轭螺杆伸长值测量及计算方法。

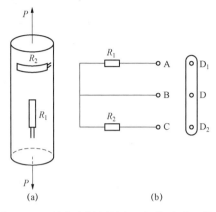

图 2-7-1 单点半桥测量穿心螺栓贴法及接线
(a) 贴法；(b) 接线

【模块内容】

磁轭螺杆伸长值计算方法。

（1）利用应变片测螺栓应力。这种方法一般适用于手动单个紧穿心螺栓。当拧紧螺帽时，应该使螺栓应力为 1200kg/cm²，可采用的测量方法如图 2-7-1 所示。

图 2-7-1（a）中 R_1 为测量片（电阻值为 100～600Ω），R_2 为温度补偿片。图 2-7-1（b）为应变仪的结线，D_1、D、D_2 为应变仪结线桥的三个端点，用三联片连上。这样，应变仪（如 YJ-5 型）的读数就等于应变量 ε。

其应力 σ 为：

$$\sigma = E\varepsilon \qquad (2-7-1)$$

式中　　σ——应力，MPa；

　　　　E——材料弹性模数，2.1×10^5MPa；

　　　　ε——应变量。

当 σ=1200kg/cm² 时，ε 可事先算得，于是，当拧紧螺帽时，一边检查 ε 值，一边注意用多长的扳手和用多大的力。当 ε 合格时，记下扳手长度和用力的大小，以后每个螺帽均以这个力矩拧动便可。

（2）利用油压装置拧紧穿心螺栓。可采用油压装置，使许多穿心螺栓（转子磁轭的 1/6～1/4）达到应力 1200kg/cm² 的要求。油压装置把高压油泵和许多油压千斤顶用管路连通起来组成一个整体，利用每一个油压千斤顶去拉一个穿心螺栓，其原理如图 2-7-2 所示。

连臂 3 一端支在支块 1 上，支块 1 放在机座上环上。连臂的中部通过双头联结螺帽拧在穿心螺栓上，连臂的另一端放在千斤顶柱头上。油泵启动后，柱塞 C 上升，以 A 为支点，B 点也上升，拔长穿心螺栓，也压紧了转子磁轭叠片。如按 1200kg/cm² 的应力计算，则拉伸力 P 为：

$$P = \frac{\pi}{4}d^2[\sigma] \qquad (2-7-2)$$

式中　　P——拉力，N；

　　　　d——螺纹内径，m；

　　　　$[\sigma]$——许用拉应力，1200kg/cm²=120×10⁶Pa。

由于杠杆传动，换算到千斤顶柱塞上的力 P' 为：

$$P' = \frac{b}{a}P \qquad (2-7-3)$$

换算到油泵压力表读数为：

$$P_{表} = \frac{P'}{\pi/4D^2} = \frac{b}{a} \cdot \frac{d^2[\sigma]}{D^2} \qquad (2-7-4)$$

式中　D——千斤顶活塞直径，m。

油泵启动后，监视压力表达到式（2-7-4）计算值时，表明螺栓拉应力已达许用值 1200kg/cm^2。例如：某电厂转子磁轭穿心螺杆 $d = 45\text{mm}$，千斤顶活塞直径 $D = 100\text{mm}$，$\frac{b}{a} = 0.5$，代入式（2-7-5）得：

$$P_{表} = 0.5 \times \frac{45^2 \times 120}{100^2} = 12.15 \ （\text{MPa}） \qquad (2-7-5)$$

拧紧穿心螺栓后，可将穿心螺杆的压紧螺母点焊牢固。

【思考与练习】

利用应变片测螺栓应力的计算方法是什么？

第三章

水轮发电机推力轴承更新改造

▲ 模块 1　推力头的拆卸、安装基本步骤（ZY3600503001）

【模块描述】本模块介绍水轮发电机刚性支柱式推力头的拆卸、安装基本步骤，通过拆装步骤介绍、案例分析，掌握桥机拔推力头、热套推力头等安装基本步骤。

【模块内容】

一、推力头的拆除、安装的基本步骤

（1）拆卸推力头与镜板的连接销钉与螺栓，做好推力头与镜板的相对位置记录。

（2）准备将机组的推力负荷转移到制动器上，用油泵顶起转子到一定高度，通过操作制动器锁定将定子的重量落到制动器上，然后排油，从而使推力头与镜板脱离。

（3）卸掉卡环的固定螺栓，先在一侧用吊车悬吊，将一个半环向外移出槽外吊走，再吊走下一个半环。

（4）若推力头与主轴采用间隙配合，拔推力头时，吊车主钩放下四根钢丝绳，用专用卡扣在推力头径向筋板孔对称挂好，并调整各钢丝绳紧度一致，主钩找正中心。若吊车的起吊力拔不出推力头时，可利用转子自重下沉的方法拔出推力头。

（5）当推力头与主轴为过渡配合时，在安装前需要将推力头加热，使其内径膨胀达到计算要求时，确保及时安装。

（6）安装前应将底面擦干净，找好中心和水平进行套轴，至推力头顶面与卡环槽下沿相平，为装卡环创造条件。

（7）为使推力头套轴顺利，在套轴前将推力头配合段的主轴表面涂以二硫化钼并放好连接键，当推力头下落快接近键头时，搬动推力头找正键槽位置之后再继续下落。

（8）连接好镜板与推力头之后，利用油泵顶起转子，将制动器锁定螺母拧下，将转子重量落到推力轴承上。

二、作业前准备

拆卸推力头应具备下列条件：

（1）推力轴承上部设备—转速继电器、同期水轮发电机、主副励磁机、栏杆及励

磁机走台等依次拆下吊走。

（2）推力头检修场地应宽敞且清洁干净。

（3）工器具：手锤、数字字头（打标记用）、重力扳手、1m钢板尺、300mm钢板尺、销钉拆卸工具、推力头专用吊装工具、钢丝绳、眼镜扳手。

（4）材料：二硫化钼、铜棒、绢布、金相砂纸、天然油石、三角刮刀、油壶、透平油、白布、面粉、塑料盆、酒精、塑料桶、塑料布、细毛毡、报纸、白布带、木板（防护用）等。

三、危险点分析及控制措施

（1）工作前，应将油槽内油污清扫干净，防止滑跌、磕伤现象发生。

（2）推力头与镜板分解后，吊推力头时，无关人员全部退出油槽。工作人员应用手扶持推力头外侧，严禁用手扶镜板下平面，防止镜板脱离挤伤手指。

（3）推力头及镜板吊运时，严禁在下方停留或行走，防止被其脱落砸伤。

（4）推力头及镜板放置支架要牢固、平稳，放置场地要结实水平，防止推力头及镜板放置后，由于地面倾斜或支架断裂等原因，使其倾倒的情况发生。

（5）推力油槽若较高，工作人员应搭设平台或用固定好的梯子上下，防止高处坠落的情况发生。

四、注意事项

（1）拆装推力头过程中，禁止将工器具或重物放置在镜板上，以防磕伤镜板。

（2）拆除下来的销钉、螺栓应处理干净，做好编号，妥善保管，防止丢失。

（3）推力头和镜板分解后，应及时检查处理销钉和螺栓孔并清扫干净，涂抹黄油或用油布封堵，以防锈蚀。

【思考与练习】

当推力头与主轴为过渡配合时，应如何拆装？

▲ 模块2　推力头的拆卸、安装工艺标准（ZY3600503002）

【模块描述】本模块介绍水轮发电机刚性支柱式推力头的拆卸、安装工艺标准。通过过程工艺介绍、案例分析及工艺标准讲解，掌握桥机拔推力头、热套推力头等安装工艺标准。

【模块内容】

推力头的拆卸、安装工艺标准。

推力头拆卸、安装应符合下列要求：

（1）推力头套入前调整镜板的高程和水平。在推力瓦面不涂润滑油的情况下测量其水平偏差应在 0.02mm/m 以内。高程应考虑在承重时机架的挠度值和弹性推力轴承的压缩值。

（2）推力头热套前，调整其在起吊状态下的水平。过渡配合的推力头热套时，推力头的加热温度以不超过 100℃ 为宜。

（3）推力头热套后，降至室温时才能安装卡环。卡环受力后，应检查卡环上、下受力面的间隙，用 0.02mm 的塞尺片检查不能通过；否则，应抽出处理，不得加垫。

（4）推力头与镜板连接时，连接螺栓的预紧力应符合下列要求。

1）连接螺栓如果有预紧力要求，其预紧力偏差不超过规定值的 ±10%。制造厂无明确要求时，预紧力不小于设计工作应力的 2 倍，且不超过材料屈服强度的 3/4。

2）安装细牙连接螺栓时，螺纹应涂润滑剂；连接螺栓应分次均匀紧固。

3）采用热态拧紧的螺栓，紧固后应在室温下抽查 20% 左右螺栓的预紧度。

4）各部件安装定位后，应按设计要求钻铰销钉孔并配装销钉。

5）螺栓、螺母、销钉均应按设计要求锁定牢固。

（5）推力头与镜板组合面不应有间隙，用 0.03mm 的塞尺片检查，不能通过。带导轴颈的推力头中心偏差不超过 003mm。

【思考与习】

推力头与镜板组合面间隙在连接螺栓紧固后应满足哪些要求？

◢ 模块 3 镜板研磨基本工艺要求（ZY3600503003）

【模块描述】本模块介绍镜板研磨、检修工艺。通过对工艺介绍、实操训练，掌握镜板检修基本内容和研磨基本工艺。

【模块内容】

一、镜板检修的基本步骤

（一）镜板检查

镜板检查包括镜板的外观检查；镜板表面有无损伤、变形；镜板表面光洁度是否合格；镜板与推力头配合法兰面有无损伤、锈蚀及变形等。

（二）镜板研磨

镜板研磨是指镜板镜面缺陷处理后或镜板表面光洁度不合格时，需要对其表面进行研磨抛光。

（三）镜板水平及高程调整

在机组初次安装或扩修回装时，需对镜板水平及高程进行校验调整。

二、镜板检修工艺标准

（一）镜板检查

（1）镜板表面光滑无损伤、无毛刺，若有损伤及刻痕，处理后应低于镜板平面。

（2）镜面光洁度合格（Ra0.2～0.4）。

（3）镜板与推力头配合法兰面光滑无损伤、锈蚀及变形，若有损伤及刻痕，处理后应低于镜板平面，且处理后需研磨抛光。

（二）镜板研磨

镜板研磨是指镜板镜面缺陷处理后或镜板表面光洁度不合格时，需要对其表面进行研磨抛光。镜板研磨的工艺标准为：

1. 标准

（1）镜面无缺陷，则用包有细毛毡（或呢子）和白布的平台作研具，涂用 W5～W10 粒度的氧化铬（绿膏）与煤油、猪油按适当比例调成并经绢布过滤后的研磨剂，进行研磨抛光直至满意为止。

（2）轻微伤痕，用天然油石磨光。

（3）镜面问题较严重。如镜面不平、锈蚀、有较深的伤痕等，应按厂家方案进行。

镜板研磨宜用研磨机进行，但不论用人工或机械，应注意均匀研磨，一般研具除公转外，还要有一定的自转。

2. 工艺

（1）将研磨机放置在牢固的水平地面上，并清扫干净。

（2）检查并调整镜板研磨机，要求研磨机主轴垂直度小于或等于 0.03mm/m，调整完成后固定研磨机。

（3）以研磨机主轴轴线为中心线，根据镜板直径大小，将四个支承座圆周均布并固紧在研磨机基础板上，用钢板尺或卷尺测量，要求四个支承座中心至主轴轴线距离偏差小于或等于 1mm。

（4）用钢板尺测量，根据镜板厚度及转臂调整高度粗调各支承座等高。检查并去除支承座表面上的毛刺、凸点等，用白布将支承座表面擦干净。

（5）将镜板倒置镜面向上放置在支撑座上，微调支撑座高度使四个支撑座均与镜板靠实。

（6）用白布沾酒精或汽油清洗镜面，再用白绸布擦干净。

（7）检查镜面有无变色发蓝，麻斑划痕等，并做好详细记录。

（8）以研磨机主轴轴线为基准，用钢板尺测量，找正镜板中轴线与研磨机主轴轴线的同轴度，要求偏差小于或等于 1mm；用框式水平仪校平镜面，要求偏差小于或等于 0.2mm/m。固定好支撑座并锁紧镜板外圆周边的四个径向调整螺栓，若镜板直径较大的镜板，需用四个径向调整螺栓将研磨机中心点在镜板中心内均分为 4 点或 8 点放置，以镜板整面研磨到为标准，并定时对称轮换调整研磨，且圆周轮换次数为整数次。杜绝有研磨不到或各位置研磨次数不同的情况发生。

（9）用毛毡等遮盖材料覆盖于镜板上以保护镜面，将转臂装入研磨机主轴，锁紧轴端定位螺钉。

（10）确定镜面研磨方案。

1）若镜面粗糙度小于 $Ra\,0.4$，无明显变色发蓝，麻斑划痕等缺陷，则只用 $2.5\mu m$ 的金刚石喷雾研磨剂抛光镜面即可。

2）若镜面粗糙度大于或等于 $Ra\,0.4$，有微伤痕（伤痕深度小于或等于 $5\sim10\mu m$）。则先用天然细油石将伤痕磨光，再用 W10 的白刚玉（WA）或绿色碳化硅（GC）对镜面进行研磨；然后分两次分别用 $7\mu m$ 和 $2.5\mu m$ 的金刚石喷雾研磨剂抛光镜面。

3）若镜面问题较严重，如镜面平面度超差，镜蚀，有较深的伤痕等，应及时送制造厂返修。要求：返修后的镜板上、下两平面的平行度小于或等于 0.04mm，镜面平面度小于或等于 0.01mm，粗糙度 $Ra\,0.2$。

（11）镜板研磨工艺。

1）将煤油、20 号机油按 1：1 的比例混合后，用绢布过滤。按 1：1 的比例将混合油和研磨微粉合成稠状，调匀。

2）去除镜面遮盖材料，再次用酒精或汽油、白布清洗镜面，并用白绸布擦干净。用毛刷将研磨剂较均匀地涂在镜面上。

3）用汽油或酒精、白布清洗研磨盘，并擦干净。用毛刷在研磨盘的工作面上较均匀涂上研磨剂。

4）将研磨盘轻轻地放置在镜面上，调好研磨盘位置，将芯轴通过转臂孔插入研磨盘中心孔。芯轴端面与研磨盘中心孔底面留 3～5mm 间隙，不能对研磨盘有压力，最后拧紧芯轴固定螺钉和防松螺母。用手转动抛光盘，应无卡阻现象。

5）按转臂逆时针转动方向启动研磨机，观察研磨盘绕芯轴匀速自转无停滞现象，旋向应是顺时针（研磨盘工作面上的沟槽能使研磨剂向内侧循环移动，与离心力作用相抵消）；观察研磨机转臂应转动平稳。

6）在研磨过程中，由专人看守及时添加研磨剂，防止干磨。镜面上的研磨剂不足时，用毛刷将研磨剂较均匀地沿镜面的径向呈若干条放射线撒在镜面上。每研磨 40～60min 后，需停机检查被研磨镜面的粗糙度。若未达到要求，开机继续研磨，直至去除镜面上深度小于 5～10μm 的微伤痕，镜面粗糙度小于 $Ra0.4$ 为止。

7）用组合式表面粗糙度样板检查镜面粗糙度达到小于 $Ra0.4$ 后。按顺序卸下芯轴、研磨盘。

8）用煤油、白布擦洗，去除镜面、研磨盘上微粉。再用酒精或汽油、白布彻底洗净、不得残留研磨微粉及脏物，用白绸布擦干后，进入镜板抛光程序。

（12）镜板抛光工艺。

1）将用于包抛光盘的金丝绒布和细呢子或细毛毡放在煤油、机油的混合油中湿透后，将其包裹住抛光盘底面，要求细呢子或细毛毡包在里层，金丝绒布包在外层，并将其沿抛光盘侧面绑紧。金丝绒布和细呢子或细毛毡应平整，与抛光盘底面贴合，不能有皱纹。在金丝绒布工作面上较均匀喷一层金刚石喷雾研磨剂。

2）去除镜面遮盖材料，再次用酒精或汽油、白布清洗镜面，并用白绸布擦干净。将包好的抛光盘轻轻地放置在镜面上，调好抛光盘位置，将芯轴通过转臂孔插入抛光盘中心孔。芯轴端面与抛光盘中心孔底面留 3～5mm 间隙，不能对抛光盘有压力，最后拧紧芯轴固定螺钉和防松螺母。用手转动抛光盘，应无卡阻现象。

3）将煤油、20 号机油按 1∶1 的比例混合后，用绢布过滤。用毛刷将煤油、机油的混合油较均匀撒在镜面上，然后在镜面上较均匀喷一层金刚石喷雾研磨剂。

4）按转臂逆时针转动方向启动研磨机，观察研磨机转臂应转动平稳，抛光盘绕芯轴匀速自转无停滞现象。

5）在抛光过程中，应注意观察。镜面上的混合抛光剂不足时，将煤油、机油的混合油较均匀地沿镜面的径向呈若干条放射线撒在镜面上后，再在混合油上喷一层金刚石喷雾研磨剂。

6）每抛光 30min 后，需停机检查被抛光镜面的粗糙度。用 7μm 金刚石喷雾研磨剂抛光的，镜面粗糙度比抛光前有明显降低即可；用 2.5μm 金刚石喷雾研磨剂抛光的，镜面粗糙度应达 $Ra0.2$ 为止。若未达到要求，开机继续抛光。

7）按顺序卸下芯轴、抛光盘。用煤油、白布擦洗，去除镜面、抛光盘上微粉。再用酒精或汽油、白布彻底洗净、用白绸布擦干。

8）检验，要求：用组合式表面粗糙度样板检查镜面粗糙度达 $Ra0.2$。并做好记录。

9）镜面涂上透平油，盖上描图纸或蜡纸待装。用毛毡等遮盖材料覆盖于镜板上以保护镜面，卸下转臂；松开镜板外圆周边的四个杠杆螺栓，卸下镜板。

（13）注意事项：

1）研磨、抛光过程中要注意清洁，镜板上不得掉落灰尘、水分或含有酸、碱、盐分的液体，以免损伤镜面。通常做法是搭建帐篷用于防护，尽量减少人员出入，因为开门或关门都会扬起灰尘。

2）研磨、抛光场地要有充足的照明，室温不得低于 15℃，并做好防火和保护措施。

3）盛磨料容器、盛油容器和盛研磨剂容器都要盖紧，严防灰尘掉入。金丝绒布和细呢子或细毛毡、白布、白绸布、绢布、毛刷等使用前都要求清洁，不得有一点粉尘。

4）镜面和研磨盘、抛光盘在研磨完成后转入抛光前和用 7μm 金刚石喷雾研磨剂抛光完成后转入用 2.5μm 金刚石喷雾研磨剂抛光前，都要彻底洗净、擦干，不得残留微粉及脏物。包抛光盘的金丝绒布和细呢子或细毛毡要更换新的。否则，会影响最终抛光效果。

5）吊装镜板、研磨盘、抛光盘时尽可能垫（盖）保护层，小心轻放，严防磕碰划伤。

6）在研磨、抛光过程中，应注意观察。如出现异常，应立即停机分析、处理。

7）如发现研磨盘的巴氏合金工作面因长期工作而磨损，平面度和表面粗糙度变差，应将其精车一刀，并进行超精加工。要求：巴氏合金工作面平面度 0.005mm，可用 500mm 刀口尺检查无间隙，透光长度不得超过接触全长的 1/5；表面粗糙度小于或等于 Ra0.4，工作面上应有足够深度和宽度的油槽。

8）不能在当天完成研磨和抛光工作的，必须在下班前洗净镜面、研磨盘或抛光盘上微粉，擦干，涂上透平油，盖上描图纸或蜡纸以防止镜面上生锈和落灰尘。

9）抛光好的镜面严禁用手触摸。如果手触摸了，应立即用酒精或汽油清洗干净，涂上透平油。

三、作业前准备

拆卸推力头应具备下列条件：

（1）研磨场地做好地面防护措施。

（2）检修场地应宽敞且清洁干净。

（3）设备及工器具：镜板研磨机组合式表面粗糙度样板、500mm 刀口尺（1 级）、200×200mm 框式水平仪（0.02mm/m）、300mm 钢板尺、1m 钢板尺、3m 卷尺、研磨盘（有巴氏合金层）、抛光盘、小磅秤（称磨料、油等用）、盛磨料容器（有盖的）、盛油容器（有盖的）、盛研磨剂容器（有盖的）、吊具、（镜板研磨机）专用扳手、活动扳手等钳工工具、毛刷。

（4）需用材料：天然细（M20）油石、白刚玉 MA（GB/T 2479—1996《普通磨料白刚玉》）或绿色碳化硅 GC（GB/T 2480—2008《普通磨料碳化硅》），要求粒度：M14、M10（GB 2477—1983《磨料粒度及其组成》），质量：各 10kg（粒度 M14 的作为备用材料）；酒精或汽油、煤油、20 号机油、金刚石喷雾研磨剂 10、7、5、2.5、1μm 各两瓶。（10、5、1μm 金刚石喷雾研磨剂作为备用材料）、金丝绒布、3mm 厚细呢子或细毛毡（包裹抛光盘用）、白布、白绸布（擦洗镜面用），绢布（过滤油用）、透平油、描图纸或蜡纸（镜面临时油封用）、毛毡等镜板遮盖材料（镜面防护用）。

四、危险点分析及控制措施

（1）工作前，应将场地污清扫干净，防止滑跌、磕伤现象发生。

（2）设备运转后，严禁用手扶镜板下平面，防止镜板挤伤手指。

（3）镜板吊运时，严禁在下方停留或行走，防止被其脱落砸伤。

（4）镜板放置支架要牢固、平稳，放置场地要结实水平，防止镜板放置后，由于地面倾斜或支架断裂等原因，使其倾倒的情况发生。

【思考与练习】

镜面研磨方案如何确定？

◢ 模块 4　推力轴承安装基本步骤（ZY3600503004）

【模块描述】本模块介绍刚性支柱式推力轴承、液压支柱式推力轴承、平衡块式推力轴承安装基本步骤。通过过程介绍、实操训练，掌握各种推力轴承安装基本内容。

【模块内容】

一、支撑部件的安装

（1）承重机架安装就位，其中心、水平、高程均已调整合格后，清扫油槽内部。

（2）清扫轴承座，尤其底部安装面。把清扫好的轴承座吊入安装，有绝缘垫的，所有绝缘物要烘干，预装时应编号，紧固螺栓。

（3）清扫推力瓦，检查个瓦位置应合适，对平衡块式轴承，还应检查下平衡块两边的调整垫块应符合预装要求。

二、镜板的安装调整

（1）镜板在吊装前要按规程规定进行研磨。在吊装到位时，用酒精清洗镜板和轴瓦，并在镜面涂抹透平油。

（2）镜板吊装位置的方位，要以已吊装的主轴的键槽或法兰联轴螺栓孔标记位置查对推力头吊装的方位后加以确定。

（3）镜板高程的确定，要考虑承重支架的挠度和弹簧油箱的压缩量等因素，镜板的水平调整要兼顾高程。

三、推力头的套装

安装前须将推力头加热，使其内径膨胀达到计算要求时，及时吊至主轴上方，将底部擦净，迅速找好中心和水平进行套轴，至推力头顶面与卡环槽下沿相平，为装卡环创造条件。为使推力头套轴顺利，在套轴前将与推力头配合段的主轴表面涂二硫化钼，并放好连接键，当推力头下落快接近键头时，搬动推力头找正位置后继续下落。

四、将转动部分重量转移到推力轴承上

水轮机转动部分与水轮发电机转动部分连接后用制动闸充放高压油来进行。先清除所有妨碍转动部分略微提升及下落到位的物件；抱紧上导瓦；对制动闸充油升压，使转子略微提起，待制动板稍一脱离锁定，就把制动闸锁定都降下；最后关闭油泵，缓慢撤去制动闸油压，使机组转动部分重量全部落在推力轴承上。

五、推力轴承的调整

（1）刚性支柱式推力轴承瓦的受力调整。

1）盘车前，用千分表监视镜板水平，初步调整瓦的受力，待机组轴线检查处理合格后，再对各推力瓦的受力进行最后调整。

2）在盘车前或盘车时，按规定的方法对镜板水平进行复查，并做必要的调整，使镜板水平合格，主轴处于垂直状态。

3）把转轴上盘车点调到方便导瓦安装的位置，顶起转子，清扫轴承，用酒精精洗镜板和轴瓦，擦干后落下转子，松开导瓦或工具瓦。

4）测量定子与转子空气间隙（或转轴与机架上调中心用的+x、+y、−x、−y 4 测点之距）和水轮机止漏环间隙，调整机组转动部分位于转动中心位置。

（2）采用人工锤击法调整推力瓦受力的步骤及工艺过程如下：

1）在水导处设置两互相垂直的千分表，监视主轴垂直状态的变化情况。

2）按机组大小合理选用锤子的重量和扳手长度，以锤击一下受力较好的支柱螺栓，主轴能在水导处偏移 0.010～0.020mm 为宜。

3）在水导和推力轴承间安装通信设备，分别由有经验的人员负责监测指挥和进行锤击工作。

4）用已选定的扳手和锤子，均匀用力地依次把支柱螺栓打紧；每打一圈后，应对受力小的和镜板相对低的方位的支柱螺栓进行酌量补打，使瓦的受力趋于均匀，并使镜板保持水平。这样锤击应进行若干遍（每次锤击力宜小，而遍数则宜多）。在最后三遍锤击时，每打一锤，水导处两块千分表读数变化值之和都应在 0.010～0.015mm 范围内；且最后一遍，每一锤击引起主轴倾斜变化值（即两块千分表读数变化值的矢量和）与其平均值之差不超过平均值的±10%。打完这遍后，千分表偏离原位不大于0.020mm，即认为推力瓦受力已调整合格。

（3）平衡块式推力轴承瓦的受力调整。

1）有支柱螺栓的平衡块推力轴承，一般在机组转动部分重量转换到推力轴承上后，在刚性状态下（即下平衡块两边垫块不拆），调整一下瓦的受力。

2）在按要求把转子调至机组中心位置后，采用规定的人工锤击法把各推力瓦受力调整均匀，但要求可低些，只要在打数退后，最后一遍时，每打一锤，水导处两块千

分表读数的变化值之和都在 0.002～0.010mm 范围内，就可认为已达到要求。受力调整好后，用锁片锁好支柱螺栓。

3）平衡块式推力轴承瓦的受力自调性能，与镜板工作面平度关系甚大，若盘车时发现镜板不平，应进行处理，并在处理合格后再按规定调一次受力。

4）刚性盘车结束后，顶起转子，拆掉下平衡块两侧的临时调整垫块，恢复推力轴承的弹性状态。落下转子，松开导瓦，复查转轮止漏环间隙和水轮发电机定、转子空气间隙并做记录。

（4）液压无支柱式推力轴承弹性油箱压缩量检查。

1）液压无支柱式推力轴承弹性油箱压缩量的检查，一般在弹性盘车后进行。这时主轴已位于中心并处于强迫垂直状态。

2）按规定安装测量表计和进行测定计算。各弹性油箱的压缩量，其偏差应符合设计要求。

3）如压缩量偏差不符合要求，首先应查明主轴垂直状态是否符合要求，并在允许范围内做适当调整，其次应测量瓦的厚度，看是否一致，如可能则做适当调换。这两项处理后仍不合格时，应会同制造厂查明原因，再采取措施。

4）弹性油箱压缩量检查合格后，须在 $+x$、$+y$、$-x$、$-y$ 4 点测量推力轴承座上表面至镜板间距离，并做记录。

（5）推力瓦压板、挡块等间隙的检查调整。

1）推力瓦最终调整定位后，应检查调整其压板、挡块与瓦的轴向、切向间隙。固定螺栓紧固后，有锁定片的要折起锁好。

2）弹性油箱的保护套与油箱底盘间隙，应调整至设计值。

3）检查液压支承的推力瓦底部与固定部件应有足够间隙，保证由于负荷增加引起推力瓦下沉后，其运行应有的灵活性不受影响。

（6）推力轴承外循环冷却系统的安装冷却器的安装。

采用板式换热器作油冷却器时，其分解、清扫、组装和试验应按下列要求进行。

1）各板片应用酒精清扫干净，检查各成型密封胶垫应无压偏和扭曲等缺陷，并用黏结剂（如 501 胶）把胶垫贴在板片合适的位置上。

2）在立式状态下，按图纸要求把板片组装起来。在用螺栓压紧过程中，板片应对齐，首尾间距均匀，压紧后的尺寸应符合设计要求。

3）耐压试验应按设计要求进行。一般先把油腔侧充油加压至 60% 油侧试验压力；关闭试验阀门，持续 30min，压力应无下降；再进行双侧试压，在水侧充水加压时，因板片变形关系油侧压力将自动提高，应注意水、油两侧压力的相互调节，使之都达到各自的试验压力，关闭试验阀门再持续 30min，各侧压力应无下降。

（7）油槽各部件的安装及注油。

1）轴瓦及轴承座清扫干净后装冷却器。冷却器铜管应擦洗干净，法兰应用耐油垫料。安装后按设计要求进行耐压试验，合格后安装隔油板、挡油罩，彻底清扫油槽后封盖。

2）抽屉式冷却器的油槽，先安装分油板、稳油板及盖板，进行内部清扫检查后，再安装冷却器。冷却器安装前应做耐压试验，安装时，把铜管等擦干净，与油槽把合的螺栓要依次对称上紧，最后连接进排水弯管。

3）密封盖安装时，其轴向及径向间隙应符合设计要求；铝质密封盖组合及固定螺栓须加平垫圈；密封应符合设计要求；毛毡装入沟槽后，既应与主轴接触密闭，又不应压得过紧，用 0.50mm 塞尺插入检查，应能轻松划通一圈。

4）内挡油管在轴承开始安装时未能安装的，应在油槽部件安完后挂装。

5）按设计要求安装轴承油位计，其油面线应与油槽的油位相符，高、低油位的发讯应调整准确。

6）悬吊式机组推力轴承总装完毕后，应按第三章模块 5（ZY3600503005）"四、推力轴承各部件绝缘测量"的规定检查总绝缘电阻，并符合要求。

7）润滑油的牌号应符合设计要求，经化验检查，油质符合国家有关规定（其中汽轮机油必须符合 GB 2537—1981《汽轮机油》的要求）后方可注入油槽，注油时应注意检查油槽有无渗漏，并应避免油直接冲到油积水装置的杯式电极；油面高度应符合设计要求，偏差一般不超过 ±5mm。

六、作业前准备

（1）推力油槽内已清扫干净，转子重量落于制动风闸上。

（2）检修场地应宽敞且清洁干净，地面与检修支架稳固。

（3）工器具：大锤、手锤、重力扳手、1m 钢板尺、销钉安装工具、镜板专用吊装工具、钢丝绳、眼镜扳手。

（4）材料：二硫化钼、铜棒、绢布、金相砂纸、天然油石、三角刮刀、油壶、透平油、白布、面粉、塑料盆、酒精、塑料桶、塑料布、细毛毡、报纸、白布带、木板（防护用）等。

七、危险点分析及控制措施

（1）工作前，应将油槽内油污清扫干净，防止滑跌、磕伤现象发生。

（2）推力头与镜板安装时，吊推力头时，无关人员全部退出油槽，工作人员应用手扶持推力头外侧，严禁用手扶镜板下平面，防止镜板脱离挤伤手指。

（3）推力头及镜板吊运时，工作人员严禁在下方停留或行走，防止被其脱落砸伤。

（4）推力头及镜板放置支架要牢固、平稳，放置场地要结实水平，防止推力头及镜板放置后，由于地面倾斜或支架断裂等原因，使其倾倒的情况发生。

（5）推力油槽若较高，工作人员应搭设平台或用固定好的梯子上下，防止高处坠落的情况发生。

八、注意事项

顶转子时，为防止转动部件与固定部件相碰撞，应测量并了解主轴中心情况和测量顶起高度，并注视油泵油压表在顶转子后有无突然上升现象，如发生这种现象，应立即停止油泵运行，进行检查。

【思考与练习】

推力轴承安装过程中需要顶转子，应该注意些什么？

◢ 模块 5　推力轴承安装工艺标准（ZY3600503005）

【模块描述】本模块介绍刚性支柱式推力轴承、液压支柱式推力轴承、平衡块式推力轴承安装工艺标准。通过过程工艺介绍、案例分析及工艺标准讲解，掌握推力轴承安装工艺标准。

【模块内容】

一、推力头安装应符合的要求

（1）推力头套入前调整镜板的高程和水平。在推力瓦面不涂润滑油的情况下测量其水平偏差应在 0.02mm/m 以内。高程应考虑在承重时机架的挠度值和弹性推力轴承的压缩值。

（2）推力头热套前，调整其在起吊状态下的水平。过度配合的推力头热套时，推力头的加热温度以不超过 100℃为宜。

（3）推力头热套后，降至室温时才能安装卡环。卡环受力后，应检查卡环上、下受力面的间隙，用 0.02mm 塞尺检查不能通过；否则，应抽出处理，不得加垫。

（4）推力头与轴螺栓连接时，连接螺栓的预紧力应符合要求。组合面不应有间隙，用 0.03mm 塞尺检查，不能通过。带导轴颈的推力头中心偏差不超过 0.03mm。

二、推力瓦调整应符合的要求

（1）推力瓦受力应在大轴处于垂直、镜板的高程和水平符合要求、转子和转轮处于中心位置时进行调整。

（2）一般用测量轴瓦托盘变形的方法调整刚性支撑推力轴承的受力。起落转子，各托盘变形值与平均变形值之差不超过平均变形值的±10%。

（3）采用锤击抗重螺钉的方法调整刚性支撑推力轴承受力时，在水轮机轴承处，用百分表监视大轴，锤击力应使大轴平均有 0.05～0.10mm 的倾斜，在相同锤击力下大轴倾斜的变化值与平均变化值之差不超过平均变化值的±10%。

（4）对于液压支柱式推力轴承，在靠近推力轴承的上、下两部导轴瓦抱紧情况下，起落转子，落下转子后松开导轴瓦时各弹性油箱压缩量偏差不大于 0.20mm。

（5）对于无支柱螺钉的液压推力轴承，各弹性油箱的压缩量，应符合设计规定。

（6）对于平衡块式推力轴承，应在平衡块固定的情况下，起落转子，测量托瓦或上平衡块的变形，其变形值应符合设计要求。设计无要求时，各托瓦或上平衡块的变形值与平均变形值之差，不超过平均变形值的±10%。

（7）对于弹性梁双支点结构的推力轴承，在镜板吊至推力瓦上后，调整镜板水平不大于 0.02mm/m。检查各推力瓦出油边与镜板应无间隙，各块瓦进油边两角与镜板的平均间隙之差不大于±20%。

（8）多弹簧支撑结构的推力轴承安装按制造厂要求进行。

（9）推力瓦最终调整定位后，推力瓦压板及挡板与瓦的轴向、切向间隙，推力瓦与镜板的径向相对位置，液压轴承的钢套与油箱底盘的轴向间隙值均应符合设计要求。

（10）为便于检查弹性油箱有无渗漏，当推力轴承已调整合格、机组转动部分落于推力轴承上时，须按十字线方向测量推力轴承座的上表面至镜板间的距离，并做记录。

三、冷却器耐压

（1）推力轴承冷却器在推力油槽外部耐压：一般试验压力为额定压力 2 倍，但不低于 0.4MPa，30min 无渗漏。

（2）推力轴承冷却器在推力油槽内部管理连接后耐压：一般试验压力为 1.25 倍实际工作压力，30min 无渗漏。

四、推力轴承各部件绝缘测量

使用 1000V 绝缘电阻表测量：

（1）推力轴承底座及支架安装后测量绝缘不小于 5MΩ。

（2）高压油顶起压油管路与推力瓦的接头连接前，单根测试绝缘不小于 10MΩ。

（3）推力轴承总装完毕顶起转子，注入润滑油前，温度在 10～30℃时绝缘不低于 1MΩ。

（4）推力轴承总装完毕顶起转子，注入润滑油后，温度在 10～30℃时不低于 0.5MΩ。

（5）推力轴承总装完毕转子落在推力轴承上，转动部分与固定部分的所有连接件暂拆时绝缘不低于 0.5MΩ。

（6）埋入式检温计注入润滑油前，测每个温度计芯线对推力瓦的绝缘电阻不低于 50MΩ。

【思考与练习】

推力冷却器耐压标准是什么？

模块6 推力轴承冷却器安装基本步骤（ZY3600503006）

【模块描述】本模块介绍推力轴承冷却器安装基本步骤。通过步骤介绍、实操训练，掌握推力轴承冷却器安装基本过程。以下内容还涉及外加循环油泵的及管路的安装和推力冷却系统的调试。

【模块内容】

本模块主要介绍推力轴承外循环冷却系统的安装。

一、冷却器的安装

（1）采用板式换热器作油冷却器时，其分解、清扫、组装和试验应按下列要求进行。

1）各板片应用酒精清扫干净，检查各成型密封胶垫应无压偏和扭曲等缺陷，并用黏结剂（如501胶）把胶垫贴在板片合适的位置上。

2）在立式状态下，按图纸要求把板片组装起来。在用螺栓压紧过程中，板片应对齐，首尾间距均匀，压紧后的尺寸应符合设计要求。

3）耐压试验应按设计要求进行。一般先把油腔侧充油加压至60%油侧试验压力；关闭试验阀门，持续30min，压力应无下降；再进行双侧试压，在水侧充水加压时，因板片变形关系油侧压力将自动提高，应注意水、油两侧压力的相互调节，使之都达到各自的试验压力，关闭试验阀门再持续30min，各侧压力应无下降。

（2）圆筒式和方箱式冷却器浸油面应擦拭或用油冲洗干净，并按设计规定进行严密性耐压试验。

（3）冷却器安装就位后，各管口位置偏差不大于5mm。

二、外加循环泵的安装

（1）油泵的分解清扫应按说明书的规定进行，并注意下列事项：

1）零件表面不准有毛刺、锈污和碰伤。

2）检查各零件的配合情况、动作行程均应符合图纸要求。

3）组装时各部件的滑动面，应涂以干净的透平油。

4）各部件内部过流面的油漆须完整，各油路应清洁畅通。

5）组装后，可动部分的动作应灵活平稳。

（2）油泵应按设计或图纸要求进行安装调试。

三、管道及附件安装

（1）按图纸要求配置管道；管螺纹接头宜用聚四氟乙烯生料带，拧紧时不得把密封材料挤入管内；法兰连接的密封势应符合设计要求，组合后两法兰应平行；元件接头的紫铜垫应退火后使用。

（2）测量油、水的流量计应进行率定，安装位置和方式应符合设计要求，进出口两侧直管段应不少于产品说明书规定的长度。

（3）按图纸要求安装压力表、温度计、示流信号器和滤油器等附件。

（4）有回油槽的外循环系统，其油槽内部浸油面耐油漆应完好；滤网应无破损；在渗漏试验合格后应清扫干净；系统中单向阀应做反向渗漏试验。

（5）配装冷却水管。按设计要求整定冷却水示流信号器或压力信号器。

四、油槽内有关部件的安装

（1）按设计要求安装喷油管和导流圈。

（2）检查镜板泵的泵孔角度应正确，粗糙度的 Ra 值不应大于 $16\mu m$，孔内应清洁；镜板外圆应与主轴同轴，盘车时检查，偏差不应超过设计规定值。

（3）镜板泵的集油槽应在机组轴线定位后安装；其间隙大小应符合设计要求，调整合格后钻铰销针孔，并连接输出管道。

五、系统的调整试验及运行

（1）当水轮发电机推力轴承具备充油条件时，应缓慢从油槽向外循环系统充油，检查各管道和元件应无渗漏。有外加泵的，应用手转动油泵，排除系统中空气。

（2）外加泵外循环系统应在系统各种运行工况下进行试运行 $15min$，记录油泵进、出口压力、油流量和滤油器前后压力；调整冷却器水压比油压小 $0.05MPa$ 左右；按油泵最大工作压力的 1.25 倍整定油泵的安全阀。

（3）油槽外管道系统一般应用压力滤油机进行油循环冲洗干净后才投入运行，尤其是镜板泵外循环系统。

六、作业前准备

（1）推力油槽内已清扫干净，转子重量落于制动风闸上，冷却器、管路、各元件率定完毕、清扫干净。

（2）检修场地应宽敞且清洁干净，地面与检修支架稳固。

（3）工器具：大锤、手锤、重力扳手、钢板尺、销钉安装工具、钢丝绳（吊带）、眼镜扳手、活扳手、布剪刀。

（4）材料：二硫化钼、铜棒、绢布、金相砂纸、天然油石、三角刮刀、油壶、透平油、白布、面粉、塑料盆、酒精、塑料桶、塑料布、细毛毡、报纸、白布带、木板（防护用）、橡皮板、生料带、密封胶等。

七、危险点分析及控制措施

（1）工作前，应将油槽内油污清扫干净，防止滑跌、磕伤现象发生。

（2）无关人员全部退出油槽，工作人员着装干净、整洁。严防杂物进入油系统。

（3）油泵、冷却器及管路吊运时，工作人员严禁在下方停留或行走，防止被其脱落砸伤。

（4）油泵、冷却器及管路支架要牢固、平稳，放置场地要结实水平，防止由于地面倾斜或支架断裂等原因，使其倾倒的情况发生。

（5）推力油槽若较高，工作人员应搭设平台或用固定好的梯子上下，防止高处坠落的情况发生。

（6）油泵、冷却器及管路及各元件安装后应固定牢靠，防止运行中振动造成松动。

【思考与练习】

油泵的分解清扫注意事项？

◢ 模块 7　推力轴承冷却器安装工艺标准（ZY3600503007）

【模块描述】本模块介绍推力轴承冷却器安装工艺标准。通过对冷却器安装过程工艺介绍、案例分析及工艺标准讲解，掌握推力轴承冷却器安装工艺标准和耐压试验要求。

【模块内容】

本模块主要介绍推力轴承外循环冷却系统的安装工艺标准。

一、冷却器的耐压试验

（1）采用板式换热器做油冷却器耐压试验时应按设计要求进行。一般先把油腔侧充油加压至 60%油腔侧试验压力；关闭试验阀门，持续 30min，压力应无下降；再进行双侧试压，在水侧充水加压时，因板片变形关系油腔侧压力将自动提高，应注意水、油两侧压力的相互调节，使之都达到各自的试验压力，关闭试验阀门再持续 30min，各侧压力应无下降。

（2）圆筒式和方箱式冷却器浸油面应擦拭或用油冲洗干净，并按设计规定进行严密性耐压试验。

二、油泵的分解清扫、安装应按说明书的规定进行，并注意下列事项

（1）零件表面不准有毛刺、锈污和碰伤。

（2）检查各零件的配合情况、动作行程均应符合图纸要求。

（3）组装时各部件的滑动面，应涂以干净的透平油。

（4）各部件内部过流面的油漆须完整，各油路应清洁畅通。

（5）组装后，可动部分的动作灵活平稳。

（6）油泵应按设计或图纸要求进行安装调试。

三、外循环系统的调整、试验及运行应注意下列事项

（1）应无渗漏。有外加泵的，应用手转动油泵，排除系统中空气。

（2）外加泵外循环系统应在系统各种运行工况下进行试运行 15min，记录油泵进、出口压力、油流量和滤油器前后压力；调整冷却器水压比油压小 0.05MPa 左右；按油泵最大工作压力的 1.25 倍整定油泵的安全阀。

（3）油槽外管道系统一般应用压力滤油机进行油循环冲洗干净后才投入运行，尤其是镜板泵外循环系统。

【思考与练习】

外循环系统的调整、试验及运行应注意哪些事项？

模块 8 镜板检修及工艺标准（ZY3600503008）

【模块描述】 本模块介绍镜板检修内容及工艺标准。通过过程工艺介绍、案例分析及工艺标准讲解，掌握镜板检修、水平高程调整工艺要求和研磨工艺标准。以下着重介绍镜板的分解安装、检查处理及防护保养措施。

【模块内容】

一、镜板的检修内容

（1）镜板的分解与安装。

（2）镜板的检查与处理。

（3）镜板的防护与存放。

二、作业前准备

（1）镜板的分解检查在水轮机轴与水轮发电机轴已分解，转子重量落于制动风闸上（悬吊式机组）或转子与推力头已分解且转子已吊离机坑（伞式机组）后进行。

（2）镜板检修场地应宽敞且清洁干净，地面与检修支架稳固。

（3）工器具：手锤、数字字头（打标记用）、重力扳手、1m 钢板尺、300mm 钢板尺、销钉拆卸工具、镜板专用吊装工具、钢丝绳、眼镜扳手、手动葫芦、钢丝绳、卡扣等。

（4）材料：铜棒、绢布、金相砂纸、天然油石、三角刮刀、油壶、透平油、白布、面粉、塑料盆、酒精、塑料桶、塑料布、细毛毡、报纸、白布带、木板（防护用）等。

三、危险点分析及控制措施

（1）工作前，应将油槽内油污清扫干净，防止滑跌、磕伤现象发生。

（2）推力头与镜板分解后，吊推力头时，无关人员全部退出油槽，工作人员应用手扶持推力头外侧，严禁用手扶镜板下平面，防止镜板脱离挤伤手指。

（3）推力头及镜板吊运时，工作人员严禁在下方停留或行走，防止被其脱落砸伤。

（4）推力头及镜板放置支架要牢固、平稳，放置场地要结实水平，防止推力头及镜板放置后，由于地面倾斜或支架断裂等原因，使其倾倒的情况发生。

（5）推力油槽若较高，工作人员应搭设平台或用固定好的梯子上下，防止高处坠落的情况发生。

四、检修过程及质量标准

镜板的分解与安装：

（1）用销钉拆卸工具，将推力头与镜板的定位销定拆除。

（2）用重力扳手将推力头与镜板的连接螺栓拧松。

（3）使所有螺栓均旋起 1~2mm，此时用桥机将推力头略微吊起 1~2mm（镜板不要脱离推力瓦）。

（4）检查镜板是否与推力头分开，若未分开，在+x，+y，−x，−y 4 个方向上，用紫铜棒轻轻敲打镜板背面，使之与推力头脱离。

（5）指挥桥机将推力头落下，将所有连接螺栓拆除后，用吊车将推力头吊走。

（6）镜板背面若有绝缘垫，将绝缘垫记好方位后，清扫干净妥善保管。

（7）检查镜板背面有无锈蚀、高点及毛刺等缺陷。

（8）若有高点和毛刺，则用三角刮刀将高点或毛刺去除，使之与平面相平或略低于平面，再用天然油石打磨后，用金相砂纸打磨光滑。

（9）镜板背面处理合格并清扫干净后，涂抹一层透平油并黏上一层报纸以防止氧化锈蚀。

（10）将镜板吊起翻身，在镜板放置平台上铺上一层塑料布和细毛毡，将镜板轻轻落稳。

（11）检查镜板镜面有无锈蚀、刮痕及灼伤点等缺陷，若有缺陷则用天然油石处理平整。

（12）处理合格后，检查其镜面光洁度是否合格（$<Ra0.4$），若不合格，参照本章模块 3（ZY3600503003）镜板研磨基本工艺要求中研磨方法进行研磨；若光洁度合格，则参照本章模块 3（ZY3600503003）镜板研磨基本工艺要求中抛光工艺进行抛光处理。

（13）抛光达到要求后，将镜面用面团黏走灰尘等杂物，再用酒精清扫干净后，涂抹一层透平油并黏上一层报纸以防止氧化锈蚀。

（14）在报纸上面铺盖几层细毛毡，并用塑料布包裹严实，用白布带绑扎牢固。再在上面铺上木板，放置落物损伤镜面。

（15）镜板的安装步骤与拆除步骤相反。

五、注意事项

（1）拆装镜板过程中，禁止将工器具或重物放置在镜板上，以防磕伤镜板。

（2）拆除下来的销钉、螺栓应处理干净，妥善保管，防止丢失。

（3）推力头和镜板分解后，应及时检查处理销钉和螺栓孔并清扫干净，涂抹黄油或用油布封堵，以防锈蚀。

（4）镜板抛光清扫干净后，严禁再用手直接触碰，以防汗液黏留腐蚀镜面。

（5）镜板回装对中时，严禁在推力瓦上滑动。如需调整方位，需用桥机吊离推力瓦面找准方位后再落回。并在落回前，对瓦面和镜面重新清扫。

【思考与练习】

（1）镜板拆装时应注意什么？

（2）如何判断镜面光洁度？

（3）镜板需要如何防护？

▲ 模块 9 镜板水平测量和调整（ZY3600503009）

【模块描述】本模块介绍液压无支柱式推力轴承、液压支柱式推力轴承水平和高程调整镜板水平测量和调整。通过对工艺介绍、标准讲解以及实操训练，掌握水轮发电机镜板水平、高程测量和调整工艺标准。

【模块内容】

一、检修内容

（1）水轮发电机镜板水平测量和调整。

（2）水轮发电机镜板高程测量和调整。

二、作业前准备（场地、条件、工器具和材料）

（1）镜板的水平和高程测量调整在承重机架安装调整完毕后进行。

（2）作业地点位于水轮发电机坑内进行。

（3）工器具：框式水平仪或合像水平仪、手锤、数字字头（打标记用）、专用扳手（调整支柱螺栓用）、1m 钢板尺、300mm 钢板尺、镜板专用吊装工具、钢丝绳、眼镜扳手、插口扳手、扁铲、剪刀、百分表、油光锉、塞尺、水准仪、标尺、卷尺、笔、纸、计算器等。

（4）材料：铜棒、绢布、金相砂纸、天然油石、三角刮刀、油壶、透平油、白布、面粉、塑料盆、酒精、塑料桶、塑料布、白布带等。

三、危险点分析及控制措施

（1）清扫推力轴承座等设备时，需戴手套进行，防止毛刺、铁屑刮伤手指。

（2）作业面若有孔洞，需用铁板盖好或设置遮栏，防止人员或工器具坠落。

（3）测量高程时，若高度超过 1.5m，需要搭设脚手架或设置牢固木梯，高处作业人员需佩戴安全带。

（4）吊运镜板时，工作人员应用手扶持上外侧，严禁用手扶镜板下平面，防止挤伤手指。

（5）镜板吊运时，工作人员严禁在下方停留或行走，防止被其脱落砸伤。

四、检修过程及质量标准（作业步骤）

（1）镜板水平调整前需校验机架水平小于 0.1mm/m。若机架水平超标，则在允许的情况下，尽量将机架水平调整至合格范围内。

（2）将机架与推力轴承座结合面仔细清扫干净并打磨毛刺及高点。

（3）清扫推力轴承座将底面结合法兰面用锉刀去除锈蚀、毛刺及高点。

（4）若有绝缘垫，则需把绝缘垫烘干后加入。

（5）把紧推力轴承座与机架结合螺栓，用塞尺检查结合缝，其间隙满足图纸要求（0.05mm 塞尺不能通过）。

（6）镜板水平调整时要兼顾高程。镜板高程以转子磁极中心高程略低于定子铁芯中心高程 1～2mm 为原则（此高程在机架安装时应已考虑）。

（7）根据图纸折算好推力瓦瓦面高程见折算式（3-9-1）和式（3-9-2），在推力轴承座上互成三角形放置 3 块推力瓦或成十字形放置 4 块推力瓦，用水准仪将放置好的推力瓦调整至折算高程（液压支柱式推力轴承镜板高程和水平的调整，一般在刚性状态，即把油箱保护套旋至底面的情况下进行）。

折算公式 1：以已吊装的主轴上卡环槽底面作为基准，高度按式（3-9-1）计算确定，一般用于悬吊式机组。

$$H=h+h_1-h_2-h_3+\delta+\delta_1 \qquad\qquad (3\text{-}9\text{-}1)$$

式中　H——主轴卡环槽底面至推力瓦面之距离，mm；

　　　h——实测推力头高度，mm；

　　　h_1——综合考虑转轮和转子轴向位置（包括转子支撑点由风闸转至推力瓦后而引起的磁轭下沉值）后确定的该轴应降低的值，mm；

　　　h_2——承重支架的扰度，mm；

　　　h_3——弹性油箱的压缩量，mm，一般为 1mm；

　　　δ——镜板与推力头之间的绝缘垫厚度，mm；

　　　δ_1——镜板的厚度，mm。

折算公式 2：以承重机架轴承座安装面作基准，高度按式（3-9-2）计算确定，一般用于伞式机组。

$$H=h-h_1+h_2+h_3-\delta \qquad\qquad (3-9-2)$$

式中　H——推力瓦面高程，mm；

　　　h——镜板背面的设计高程，mm；

　　　h_1——已安装的主轴和定子的高程，由转子及推力头的实测尺寸（大型机组还要考虑轮臂下沉量）综合核定的承重机架轴承座安装面的偏高值（偏低时为负值），mm；

　　　h_2——承重支架的挠度，mm；

　　　h_3——弹性油箱的压缩量，mm，一般为 1mm；

　　　δ——镜板的厚度，mm。

（8）将其余推力瓦清扫干净后放在支柱螺栓上，并调整高度略低于已调好的 3（或4）块瓦 1mm。

（9）将所有瓦面清洁干净后涂抹猪油或透平油，将镜板放置在瓦面上。测量镜板背面水平如图 3-9-1 所示，测量镜板背面水平偏差应在 0.02mm/m 以内。若水平超标，则调整支柱螺栓高度，使之满足要求。

例如：某机组推力轴承镜板安装时，用框式水平仪测得镜板最大水平偏差如图 3-9-1 所示。

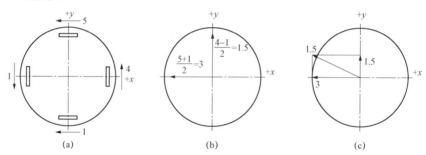

图 3-9-1　用框式水平仪直接测量镜板水平

（a）读数（调头测后算平均值），格；（b）求 x、y 方向水平，格；（c）镜板最大水平偏差，格

框式水平仪精度为 0.02mm/m，可得出最大水平偏差值为：5×0.02=0.10mm/m，其方位为第四象限偏 $-x$ 方向。由此用作图法可计算出各支柱螺栓的应调整量如图 3-9-2 所示。

（10）设千分表监视镜板，调整其余推力瓦，使其抬起靠紧镜板，抬起过程中镜板水平应无变化。复测水平合格后，用锁片锁紧支柱螺栓。

（11）液压支柱式推力轴承水平调整，若镜板和推力头连结后，推力头外缘还能放置方形水平仪，其镜板水平测量也可在弹性状态下进行（其旋转测量方法见第一章检修部分-镜板水平与推力瓦受力调整中的测量方法）。

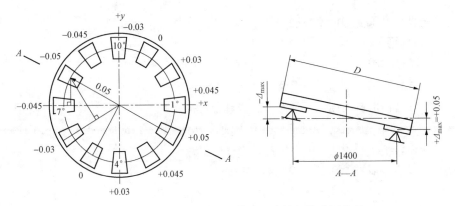

图 3-9-2 用作图法求得各推力瓦支柱螺栓应调整量

（12）液压无支柱式推力轴承的高程及水平调整困难应在承重机架安装时加以保证。镜板水平和高程在转动部分重量转移到推力轴承后，应再次校核，不合格时需要重新调整。

（13）调整合格后，将推力瓦、支柱螺栓支承与下机架对应位置上打上相同的字头标记。

五、注意事项

（1）调水平时，镜板要按照推力头预装方位放置。若需调整镜板方位时，应将镜板吊起调整，不允许在推力瓦上直接旋转镜板。

（2）用框式水平仪在镜板背面进行水平测量时，应将框式水平仪位置做好标记，以确保以后的水平测量均在同一位置。

（3）轴承支座与机架之间若有绝缘垫，则在推力水平与高程调整完毕及推力头与镜板联结后轴承支座安装完毕后进行绝缘测量，其数值应符合国标要求（在 500V 电压下，绝缘不小于 5MΩ），并做好防水防潮措施，防止绝缘性能降低。

【思考与练习】

（1）镜板水平如何调整？

（2）镜板高程如何调整？

（3）调整镜板水平高程过程中应注意什么？

模块 10 刚性支柱式推力轴承受力调整（ZY36005030010）

【模块描述】本模块介绍刚性支柱式推力轴承人工锤击调整受力法、百分表调整受力法、应变仪调整受力法。通过操作过程介绍、工艺标准讲解及案例分析，掌握刚性支柱式推力轴承受力调整方法。

【模块内容】

一、检修内容

刚性支柱式推力轴承受力调整。

二、作业前准备（场地、条件、工器具和材料）

（1）受力调整应在轴线处理合格且主轴处于垂直状态；镜板的高程和水平应符合要求；应在转子和转轮处于中心位置时进行调整。

（2）工作点在推力油槽内及水导轴颈处。

（3）工器具：手锤大小根据推力轴承大小选择）、专用扳手、插口扳手、活扳手、起牙、百分表、框式水平仪或合像水平仪、记录纸、笔、对讲机（一对）。

（4）材料：白布、面粉、塑料盆、酒精、塑料桶、塑料布、白布带等。

三、危险点分析及控制措施

（1）锤击时不要用力过猛，以免砸伤手脚和设备。

（2）作业区域内若有孔洞，需用铁板盖好或设置遮栏，防止人员或工器具坠落。

（3）推力油槽若较高，工作人员应搭设平台或用固定好的梯子上下，防止高处坠落的情况发生。

四、检修过程及质量标准（作业步骤）

（1）镜板高程及水调整完毕后，在盘车过程中，在镜板背面设置框式水平仪，用旋转测量法复查镜板水平并作略微调整至合格。

（2）待机组盘车后，且机组轴线检查处理合格后，再对各推力瓦的受力进行最后调整。

（3）将转子顶起 6～8mm，用酒精将镜板和推力瓦上的猪油清洗干净，擦干后涂抹一层透平油落下转子，松开导瓦或工具瓦。

（4）测量转子与定子空隙间隙和转轮止漏环间隙，将机组转动部分调整到转动中心。

（5）在水导轴颈处设置两块互为垂直的千分表并调零，监视主轴垂直状态的变化。

（6）按照机组的大小合理选择扳手的长度和手锤的重量，并在水导与推力轴承间安装通信设备，分别由有经验的人员负责监视指挥和进行锤击工作。

（7）在镜板背面设置框式水平仪，监视镜板最低方位水平变化。在推力头或其他合适位置设置一块轴向千分表并调零，以监视推力瓦受力调整后，转动部分的高程变化。

（8）用选好的锤子和扳手，逆时针均匀用力将支柱螺栓向上（使得推力瓦靠紧镜板）打1～2圈，较松的支柱螺栓可适当补打，使得每个支柱螺栓受力基本相同（以每锤击一下，水导处千分表走0.01～0.02mm为宜）后，在进行正式受力调整。

（9）水导处监视千分表的指挥人员，监视表指针变化，变化小的轴位通知补打，每圈打完后以两块千分表全部归零为准。

（10）每打一圈后，对应受力小或镜板相对低的方位的支柱螺栓进行酌情补打，使推力瓦受力均匀，并使镜板保持水平。

（11）这样锤击进行若干圈，当支柱螺栓全部受力均匀，且镜板相对低方位已调平不用再补打后，再打几圈，直至水导处千分表在每打一圈后回归原位，且指针均在0.01mm以内变化。最后一圈打完后，千分表偏离零位不大于0.02mm，则认为推力瓦受力已调整合格。

（12）复查转轮止漏环间隙、转子与定子空气间隙，镜板背面水平以及转动部分高程，均应在合格范围内，并做记录，见表3–10–1。

表 3–10–1　　　　　　　　　　锤击法调整推力瓦受力记录　　　　　　　　（mm）

次数	瓦号	1	2	3	…	n	垂直监视
1	+x 表读数						
	–y 表读数						
	主轴倾斜变化值						
2	+x 表读数						
	–y 表读数						
	主轴倾斜变化值						

（13）受力调好后，用锁定板反时针靠紧支柱螺栓六方头，锁好支柱螺栓。

（14）固定螺栓紧固后，应检查调整其压板、挡块与瓦的轴向、切向间隙为零。并将所有锁定片折起锁好。

五、注意事项

（1）清扫镜板及推力瓦面后，要仔细检查有无物品遗留，严禁将绢布或钢板尺遗留在推力瓦和镜板之间。

（2）锤击时，无论扳手位移长短，都要用力均匀。

（3）进行锤击的工作人员进行更换时，必须在打完一整圈后进行，严禁在中途换人。

【思考与练习】

（1）如何进行人工锤击法打推力瓦受力？

（2）如何判断推力瓦受力已调整合格？

（3）用锤击法调整推力瓦受力时应注意什么？

▲ 模块 11　液压支柱式推力轴承受力调整（ZY36005030011）

【**模块描述**】本模块介绍液压支柱式推力轴承百分表调整受力法、液压无支柱式推力轴承百分表调整受力法和液压支柱式推力轴承应变仪调整受力法。通过操作过程介绍、标准讲解以及案例分析，掌握液压支柱式推力轴承受力方法。

【**模块内容**】

一、检修内容

（1）液压支柱式推力轴承百分表调整受力法。

（2）液压无支柱式推力轴承百分表调整受力法。

（2）液压支柱式推力轴承应变仪调整受力法。

二、作业前准备（场地、条件、工器具和材料）

（1）受力调整应在主轴处于垂直状态；镜板的高程和水平符合要求；转子和转轮处于中心位置时进行调整。

（2）工作地点在推力油槽内。

（3）工器具：手锤、专用扳手、插口扳手、活扳手、起牙、百分表、框式水平仪或合像水平仪、记录纸、笔、对讲机（一对）。

（4）材料：白布、面粉、塑料盆、酒精、塑料桶、塑料布、白布带等。

三、危险点分析及控制措施

（1）顶起转子设置百分表时，要协调好，避免挤伤手脚和设备的情况发生。

（2）作业区域内若有孔洞，需用铁板盖好或设置遮栏，防止人员或工器具坠落。

（3）推力油槽若较高，工作人员应搭设平台或用固定好的梯子上下，防止高处坠落的情况发生。

（4）工作人员必须佩戴安全帽，以免磕伤头部。

四、检修过程及质量标准（作业步骤）

（一）液压支柱式推力轴承受力调整步骤

（1）液压支柱式推力轴承（弹性油箱）的受力调整，即各弹性油箱压缩均匀度调整，应在机组弹性盘车检查轴线前进行。

（2）调整时，主轴一般处于强迫垂直度状态，但也可处于自由状态（一般要求在转动部分重量转移到推力轴承后，能用水平仪直接测镜板水平）。

（3）测量转子与定子空隙间隙和转轮止漏环间隙，把机组转动部分调整到旋转中心位置。

（4）采用主轴处于强迫垂直状态调整时，在百分表监视下，把上导和水导的轴瓦或工具瓦涂猪油后抱紧主轴，间隙调整至 0.03～0.05mm；在以后调整过程中，导瓦一直抱着主轴。

采用主轴处于自由状态调整时，则只把上导十字方向的 4 块瓦抱紧，调整过程中，可一直抱着不动，也可在测量读数时暂时松开（即所谓全自由状态）。

（5）顶起转子，把弹性油箱的保护套旋起，使底部有 3mm 左右间隙。然后按图 3-11-1 布置百分表和测杆。测杆装在保护套外，平面朝下；百分表的测头与测杆接触，并有 2～3mm 压缩量；调整 A、B 两表的安装位置，使各瓦的 L_0 及 L 相同 [（a）方式布置] 或使 $L_1 = L_2$ [（b）方式布置]。记录 L_0 和 L 值，把各百分表长针对 "0"。

（6）落下转子。记录每只百分表的读数（带正负号）。当采用自由状态调整时，还应测量并记录镜板水平，记录表格形式见表 3-11-1。

（7）计算各弹性油箱中心的压缩量，按图 3-11-1（a）方式布置时：

$$\beta_i = B_I - (B_I - A_I)\frac{L_0}{L} \qquad (3-11-1)$$

式中　β_i——各弹性油箱中心（平均）的压缩量，mm；

A_I——各弹性油箱 A 百分表的读数（带正负号），mm；

B_I——各弹性油箱 B 百分表的读数（带正负号），mm；

L_0——油箱中心与 B 表的距离，mm；

L——A、B 两块百分表距离，mm。

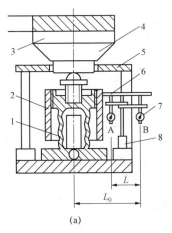 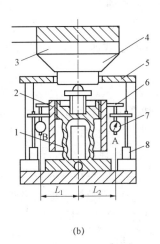

(a)　　　　　　　　　　　　　　(b)

图 3-11-1　百分表受力调整布置图

（a）百分表单侧布置；（b）百分表双侧布置

1—弹性油箱；2—套筒；3—薄瓦；4—托瓦；5—轴承支架；6—测杆；7 百分表；8—表座

按图 3–11–1（b）方式布置时：

$$\beta_{\mathrm{i}} = \frac{A_{\mathrm{I}} + B_{\mathrm{I}}}{2} \tag{3–11–2}$$

式中　β_{I}——各弹性油箱中心（平均）的压缩量，mm；

　　　A_{I}——各弹性油箱 A 百分表的读数（带正负号），mm；

　　　B_{I}——各弹性油箱 B 百分表的读数（带正负号），mm。

表 3–11–1　　　　　　**液压支柱式推力轴承弹性油箱受力调整记录**　　　　　（mm）

次数	瓦号	1	2	3	…	n	平均值
1	A 表读数						
	B 表读数						
	油箱压缩量						
	按受力应调量						
2	…						

（8）按弹性油箱压缩（受力）平均要求，计算各弹性油箱支柱螺栓的应调量：

$$\delta_{\mathrm{i}} = \beta_{\mathrm{cp}} - \beta_{\mathrm{i}} \tag{3–11–3}$$

式中　δ_{i}——各支柱螺栓按受力要求的应升（正值）降（负值）量，mm；

　　　β_{cp}——各弹性油箱中心压缩量的平均值，mm；

　　　β_{i}——各弹性油箱中心压缩量，mm。

（9）按下列公式计算调整时扳手应移动的弧长：

$$L = 2\pi R \times \frac{\delta_{\mathrm{i}} + \Delta I}{S} \tag{3–11–4}$$

式中　L——扳手柄应移动的弧长，mm；

　　　R——扳手柄上测弧长处的计算半径，mm；

　　　S——支柱螺栓的螺距，mm；

　　　δ_{i}——各支柱螺栓按受力要求的应升（正值）降（负值）量，mm；

　　　I——各支柱螺栓按镜板水平要求的应升（正值）降（负值）量，mm。

当强迫状态调整时，其 $\Delta I = 0$；当自由状态调整时，要按照下例中的方法进行确定。

例如：某机组推力轴承镜板安装时，用框式水平仪测得镜板最大水平偏差如图 3–11–2 所示。

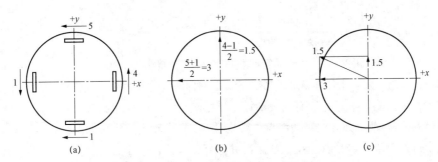

图 3-11-2　用框式水平仪直接测量镜板水平

（a）读数（调头测后算平均值），格；（b）求 x、y 方向水平，格；（c）镜板最大水平偏差，格

框式水平仪精度为 0.02mm/m，可得出最大水平偏差值为：5×0.02mm/m= 0.10mm/m，其方位为第四象限偏-x 方向。由此用作图法可计算出各推力瓦支柱螺栓的应调整量如图 3-11-3 所示。

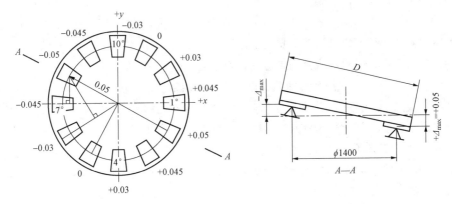

图 3-11-3　用作图法求得各推力瓦支柱螺栓应调整量

（10）顶起转子，按照所计算的移动弧长，用扳手调整各支柱螺栓（L 为正值时升高，为负值时降低），调整时调整量要偏小，不宜超过所调值。调完后将百分表全部调零。

（11）重复（6）至（10）步骤，经过多次调整，使各弹性油箱的中心压缩量偏差不大于 0.20mm，且满足镜板水平负荷要求（自由状态调整时），即认为该机组推力轴承受力调整合格。

（12）弹性油箱受力调整合格后，用锁片锁好支柱螺栓。

（13）机组盘车检查轴线合格后，应按照（2）～（7）步骤进行复查，若不合格，还需要按照以上步骤进行调整，直至合格为止。

（14）推力瓦最终调整定位后，应检查调整其压板、挡块与瓦的轴向、切向间隙为零。固定螺栓紧固后，有锁定片的要折起锁好。

（15）弹性油箱的保护套与油箱底盘间隙，应调整至设计值。

（16）检查液压支承的推力瓦底部与固定部件应有足够间隙，保证由于负荷增加引起推力瓦下沉后，其运行应有的灵活性不受影响。

（17）推力轴承弹性油箱最终调整合格后，在推力轴承座上表面的+x、+y、−x、−y 4个点上做好测点，测量其至镜板的距离并做好记录，以便于日后检查运行中弹性油箱的有无漏油。若复查时，这4个距离的总和不变，则可确定弹性油箱无渗漏。

（二）液压无支柱式推力轴承受力调整步骤

（1）液压无支柱式推力轴承弹性油箱压缩量的检查，一般在弹性盘车后进行。这时主轴已位于中心并处于强迫垂直状态。

（2）按照液压支柱式推力轴承中（5）～（7）规定安装测量表计和进行测定计算。各弹性油箱的压缩量，其偏差应符合设计要求。

（3）如压缩量偏差不符合要求，首先应查明主轴垂直状态是否符合要求，并在允许范围内做适当调整；其次应测量瓦的厚度，看是否一致，如可能则做适当调换。这两项处理后仍不合格时，应会同制造厂查明原因，再采取措施。

（4）弹性油箱的保护套与油箱底盘间隙，应调整至设计值。

（5）检查液压支承的推力瓦底部与固定部件应有足够间隙，保证由于负荷增加引起推力瓦下沉后，其运行应有的灵活性不受影响。

（6）推力轴承弹性油箱最终调整合格后，在推力轴承座上表面的+x、+y、−x、−y 4个点上做好测点，测量其至镜板的距离并做好记录，以便于日后检查运行中弹性油箱的有无漏油。若复查时，这4个距离的总和不变，则可确定弹性油箱无渗漏。

（三）应变仪调整受力法

采用应变仪测量，进行瓦的受力调整时，其步骤及工艺过程如下：

（1）各托盘正式安装前，在如图 3-11-4 所示贴应变片处，打磨光洁，用酒精或丙酮清洗干净，涂一层914黏结剂或万能胶，把应变片压实贴牢。

（2）待胶干后，用导线分别把4片工作和补偿应变片串联后组成半桥；引线用黏结剂作适当固定，以防拉脱应变片。

（3）制作一个支柱螺栓座如图 3-11-5 所示，放在压力机上，分别用每个推力瓦的支柱螺栓对其配套的托盘进行载荷与应变值关系的测定，标定时即可采用静态应变仪，也可采用动态应变仪和示波器。最大试验载荷一般为瓦的平均载荷的 1.5 倍，其间测点不少于 8 点。

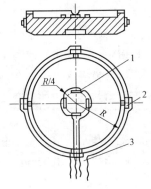

图 3–11–4　托盘上应变片的粘贴

1—工作片；2—补偿片；3—引线

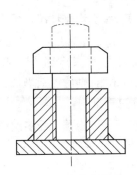

图 3–11–5　支柱螺栓座

（4）根据所测数据，绘制各托盘受力时的关系曲线，如图 3–11–6 所示，托盘经标定后正式安装。注意引线朝向外侧放置，以便接线。

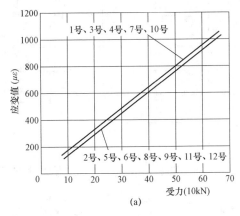

(a)

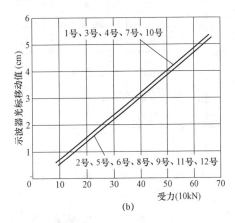

(b)

图 3–11–6　各托盘载荷与应变值曲线图

（a）用静态应变仪测定的关系曲线；（b）用动态应变仪和示波器测定的曲线

（5）推力瓦受力调整时，用同长度和线径的屏蔽导线把各托盘的应变片引线连接至应变仪。应变仪的接线方式应与标定时一样。为避免托盘本身出现温差，距托盘 1m 之内的灯泡等热源应在测受力前 1h 撤离。

（6）在水导处 x、y 方向上设置两只互相垂直的百分表监视主轴的垂直状态变化，或有条件时，用框式水平仪监视镜板背部水平。

（7）在确认转动部分落在推力轴承并处于自由状态后，用应变仪测量各托盘的应变值，对照其载荷与应变关系曲线，求出各瓦受力值，并记录。各瓦受力值记录表格形式见表 3–11–2。

（8）综合镜板水平情况，用应变仪测量监视，分别把受力低于平均值的推力瓦的支柱螺栓用锤击办法升起，使其受力值达到平均值。一般锤击升起顺序为三角形或四方形对称跳动进行。每遍把该顶起的瓦顶起后，检查镜板水平应符合要求，表偏差不大于 ±0.02mm，否则应做适当调整之后，用应变仪测量各托盘的应变值，查求各瓦的受力值，并记录。

（9）重复上一步骤，经多次调整，使各瓦的受力与平均值之差，不超过平均值的 ±10%，且镜板水平符合要求（或水导处百分表偏差不大于 ±0.02mm），即认为该推力轴承瓦受力调整合格。

表 3–11–2　　　　　　　　用应变仪调整推力瓦受力记录

次数		托盘号					平均值	垂直或水平监视
		1	2	3	…	n		
1	应变值（$\mu\varepsilon$）							
	载荷（10kN）							
2	应变值（$\mu\varepsilon$）							
	载荷（10kN）							
⋮								

五、注意事项

（1）设置百分表时，各测点的百分表与弹性油箱的距离要统一，以尽量减小测量误差。

（2）顶转子时，要设表监视，不要顶起过高，以防止转轮上冠与顶盖相撞。

【思考与练习】

（1）如何进行支柱螺栓式推力瓦受力调整？

（2）无支柱式弹性油箱如何调整推力瓦受力？

（3）如何用应变法对推力瓦进行受力调整？

◢ 模块 12　平衡块式推力轴承受力调整（ZY36005030012）

【模块描述】 本模块介绍平衡块式推力轴承受力调整的调整方法。通过工艺介绍、实操训练，了解平衡块式推力轴承受力调整方法。

【模块内容】

一、检修内容

平衡块式推力轴承受力的调整。

二、作业前准备（场地、条件、工器具和材料）

（1）受力调整应在主轴处于垂直状态；镜板的高程和水平符合要求；应在转子和转轮处于中心位置时进行调整。

（2）工作地点在推力油槽内。

（3）工器具：手锤、专用扳手、插口扳手、活扳手、起牙、百分表、框式水平仪或合像水平仪、记录纸、笔、对讲机（一对）、调整垫块等。

（4）材料：白布、面粉、塑料盆、酒精、塑料桶、塑料布、白布带等。

三、危险点分析及控制措施

（1）顶起转子设置百分表时，要协调好，避免挤伤手脚和设备的情况发生。

（2）作业区域内若有孔洞，需用铁板盖好或设置遮栏，防止人员或工器具坠落。

（3）推力油槽若较高，工作人员应搭设平台或用固定好的梯子上下，防止高处坠落的情况发生。

（4）工作人员必须佩戴安全帽，以免磕伤头部。

四、检修过程及质量标准（作业步骤）

（1）有支柱螺栓的平衡块推力轴承，一般在机组转动部分重量转换到推力轴承上后，在刚性状态下（即下平衡块两边垫块不拆）调整一下瓦的受力，平衡块式推力轴承安装调整示意图如图 3-12-1 所示。

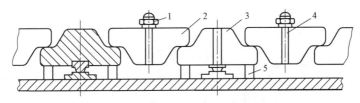

图 3-12-1 平衡块式推力轴承安装调整示意图

1—支柱螺栓；2—上平衡块；3—下平衡块；4—限位槽；5—临时调整垫块

（2）测量转轮止漏环间隙和定、转子空气间隙，把转动部分调至机组中心位置后，采用刚性支柱式推力轴承受力调整中的人工锤击法把各推力瓦受力调整均匀，但要求可低些，只要在打数圈后，最后一遍时，每打一锤，水导处两块千分表读数的变化值之和都在 0.002～0.010mm 范围内，就可认为已达到要求。受力调整好后，用锁片锁好支柱螺栓。

（3）平衡块式推力轴承瓦的受力自调性能，与镜板工作面平度关系甚大，若盘车时发现镜板不平，应进行处理，并在处理合格后再按（2）的规定调一次受力。

（4）刚性盘车结束后，顶起转子，拆掉下平衡块两侧的临时调整垫块，恢复推力轴承的弹性状态。落下转子，松开导瓦，复查转轮止漏环间隙和水轮发电机定、转子空气间隙应在合格范围内并做记录。

（5）推力瓦最终调整定位后，支柱螺栓紧固锁定片的要折起锁好。

五、注意事项

（1）清扫镜板及推力瓦面后，要仔细检查有无物品遗留，严禁将绢布或钢板尺遗留在推力瓦和镜板之间。

（2）锤击时，无论扳手位移长短，都要用力均匀。

（3）进行锤击的工作人员进行更换时，必须在打完一整圈后进行，严禁在中途换人。

【思考与练习】

（1）平衡块式推力瓦如何进行受力调整？

（2）平衡块式推力瓦进行受力调整时应注意什么？

（3）进行平衡块式推力瓦受力调整时有哪些危险点？

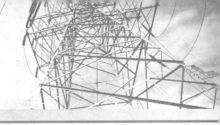

国家电网有限公司
技能人员专业培训教材 水轮发电机机械检修

第四章

水轮发电机导轴承更新改造

◢ 模块1 导轴承更新安装、间隙调整基本步骤（ZY3600504001）

【模块描述】本模块介绍导轴承更新过程中的一般安装要求和对导轴承安装间隙调整。通过步骤介绍、图文讲解，了解导轴承安装和间隙调整基本内容。以下内容还涉及导瓦研刮工序及质量标准。

【模块内容】

一、检修内容

（1）水轮发电机导轴承瓦研刮。

（2）水轮发电机导轴承瓦安装。

二、作业前准备（场地、条件、工器具和材料）

（1）机组轴线及推力瓦受力调整合格；水轮机止漏环间隙及水轮发电机空气间隙合格。

（2）工作地点在安装场地及导轴承油槽内。

（3）工器具：大锤、筒式轴承拆装工具、油槽底座拆装工具、手锤、专用扳手、插口扳手、活扳手、起牙、塞尺、千斤顶、小斜铁、小千斤顶、百分表、表座、弹簧刮刀、三角刮刀、金相砂纸、手动葫芦、支墩、枕木、铝箍、麻绳、撬棍、木板平台、钢支架、吊环、卡扣、牛尾巴、钢丝绳、断线钳子、天然油石、电缆盘、记录纸、笔、对讲机（一对）等。

（4）材料：塑料布、破布、毛毡、报纸、透平油、汽油、白布、面粉、塑料盆、酒精、塑料桶、塑料布、白布带、8号铁线、密封胶、橡胶盘根、铜皮等。

三、危险点分析及控制措施

（1）吊导轴瓦时，要协调好，避免挤伤手脚和损坏设备的情况发生。

（2）作业区域内若有孔洞，需用铁板盖好或设置遮栏，防止人员或工器具坠落。

（3）油槽若较高，工作人员应搭设平台或用固定好的梯子上下，防止高处坠落的情况发生。

（4）工作人员必须佩戴安全帽，以免磕伤头部。

四、检修过程及质量标准（作业步骤）

（一）分块瓦的研刮

（1）检查轴瓦应无脱壳、硬点、裂纹或密集气孔等缺陷，对个别硬点应剔除，如脱壳面积超过瓦面5%，则不宜采用。

（2）对厂家要求工地不要研刮的分块瓦，其瓦面应无碰伤，粗糙度的 Ra 值不应大于 0.8μm。

（3）进行分块瓦研刮的场地，应清洁、干燥、温度不直低于 5℃。

（4）分块瓦研刮时，主轴应横放，把轴颈调整水平，主轴要垫塞稳固，并根据轴颈的位置，搭设一个高低合适的牢靠的工作平台。实例如图 4-1-1 所示。

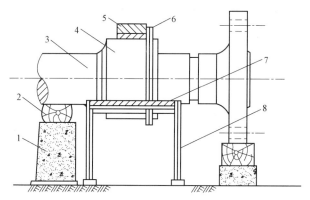

图 4-1-1　分块瓦研刮布置图

1—支墩；2—枕木；3—主轴；4—轴颈；5—分块瓦；
6—铝箍或软质绳箍；7—木板平台；8—钢支架

（5）根据瓦的轻重和现场的实际情况，配备合适的轴瓦吊运工具。

（6）将轴颈上防锈材料的清除，应用软质工具刮去油层，再用无水酒精或甲苯清洗。零部件加工面的防锈漆，一般使用脱漆剂之类的溶剂清除；用细毛毡（或呢子）和白布的平台作研具，涂用 M5～M10 粒度的氧化铬（绿膏）与煤油、猪油按适当比例调成并经绢布过滤后的研磨剂，进行研磨抛光直至满意为止；再根据轴瓦工作位置，在轴颈上设置导向挡块（如铝箍）或软质绳箍，如图 4-1-1 中 6。

（7）研瓦时，先用酒精或甲苯分别把瓦面和轴颈清洗干净并擦干，按轴瓦运行时的上下边位置，把瓦吊放到轴颈，并使瓦的一边靠紧导向挡块或绳箍，来回研磨 4～5 次，注意避免轴向窜动或歪扭。

（8）分块瓦的刮削视瓦面曲率半径的大小来选用刀具。一般曲率半径大时，可采用刮削推力瓦的弹簧刮刀；曲率半径小时，宜采用三角刮刀。

（9）分块瓦刮削一般分粗刮、细刮、精刮和排花四个阶段进行。粗刮采用铲削，细刮和精刮可用挑花刮削或修刮方法；排花采用挑三角或燕尾形刀花或拉条形刀花。当精刮采用挑花刮削时，可不进行排花。

（10）粗刮一般采用宽型平板刮刀，把瓦面上被研出的接触点（高点）普遍铲掉，刀痕宽长而深，且连成片。反复刮削数遍，使整个瓦面显出平整而光滑的接触状态。

（11）细刮时，易用弹簧刮刀，刀迹依照瓦面与轴颈研出的接触点分布，按一定方向依次把接触点刮去，刮平后再研，研后变换成与上次成 90°的方向再把接触点刮去。如此反复多次，直至瓦面接触点分布基本达到要求。

（12）精刮时，仍使用弹簧刮刀，反复找亮点和分挑大点刮削，使瓦面接触点达到瓦面每 $1cm^2$ 内有 $1\sim3$ 个接触点；瓦面局部不接触面积，每处不应大于轴瓦面积的 2%，但最大不超过 $16cm^2$，其总和不超过轴瓦面积的 5%。

（13）刀花花纹一般有三角形、鱼鳞形、燕尾形和扇形四种类型如图 4-1-2 所示，除扇形刀花外，其刮削都采用挑花方式。挑花的刀具应具有较好的弹性，一般使用 12mm 左右宽度的平头或弯头弹簧刮刀。挑花时刀刃要保持锋利，下刀要平稳，使刀花成缓弧状，不带旗杆；刮削出的刀花应光亮、无振痕和撕纹。刀花的大小要与瓦面大小协调；深度为 $0.01\sim0.03mm$。

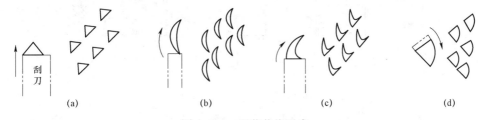

图 4-1-2　刀花花纹形式
（a）三角形；（b）鱼鳞形；（c）燕尾形；（d）扇形

（14）选用三角形刀花排花时，一般排 $2\sim3$ 遍，前后两次大致成 90°方向；选用燕尾形刀花时，一般为 2 遍，且互成 180°；选用扇形刀花时，一般为 1 遍，排花可划线分格进行。

（15）按图纸规定修刮进油边，一般可在 10mm 范围内刮成 0.5mm 的倒圆斜坡。

（16）实际装配检查瓦上的温度计孔，不合适时要做处理。

（17）研刮合格的轴瓦，去瓦面需涂抹凡士林并用纸覆盖妥善保管，且做好防磕碰措施。

（二）筒式瓦的研刮

（1）检查轴瓦无脱壳现象，必要时可用超声波检查，允许个别处脱壳间隙不超过 0.1mm，面积不超过瓦面的 1.5%，总和不超过 5%。

（2）检查瓦面应无碰伤，粗糙度 Ra 值不应大于 0.8μm。如有较严重碰伤，应进行修刮处理，若粗糙度超标，可在瓦面上排花刮削 2~3 遍。

（3）检查并修刮轴瓦上的油沟，使其方向、形状和尺寸符合设计要求，清扫进油盘上的进油孔，应通畅且无杂物。

（4）筒式瓦与主轴进行装配，如图 4-1-3 所示，用塞尺检查筒式瓦与轴颈上下端面的间隙 $\delta_上$、$\delta_下$、$\delta_左$、$\delta_右$。一般 $\delta_上$ 应为 0，$\delta_左$ 与 $\delta_右$ 应相等，$\delta_下$ 为轴承总间隙，其值应符合设计要求，且任意截面直径最大与最小值之差均不大于实测平均总间隙的 10%。

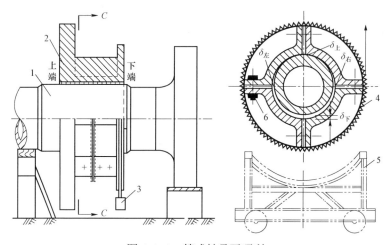

图 4-1-3　筒式轴承瓦研刮
1—主轴轴颈；2—筒式轴承；3—配重块；4—钢丝绳；5—刮瓦专用小车；6—轴承组合螺栓

（5）如间隙不符合要求，应进行车削加工或研刮处理。研刮工艺按规定进行。

（6）将主轴横放，两端垫稳，如图 4-1-3 所示。为了使轴瓦在研磨时能够均匀的不磨偏，应在轴承下部进行配重，轴颈上加导向挡块，并使钢丝绳的作用力尽可能通过轴瓦中心处。

（7）筒式轴瓦研刮采用三角刮刀进行。

（8）轴瓦和轴颈在研刮前应用刮刀将瓦面上的毛刺，硬点挑去，用金相砂纸将铁屑、毛刺去除，再用酒精或甲苯清洗干净并擦干。瓦的一半用专用小车运至轴下，另一半吊至轴上组合后，转动 2~3 圈，研后分解开并运至检修平台上进行刮削。如此反复，直至合格为止。

（9）筒式轴瓦的研刮，以保证轴承总间隙和圆柱度符合轴瓦与轴颈上下端面的间隙 $\delta_上$、$\delta_下$、$\delta_左$、$\delta_右$。一般 $\delta_上$ 应为 0，$\delta_左$ 与 $\delta_右$ 应相等，$\delta_下$ 为轴承总间隙，其值应符合设计要求，且任意截面直径最大与最小值之差均不大于实测平均总间隙的 10%的要求为主。瓦面的接触点要求可放在次要位置，一般在 2cm×2cm 面积上要有 3~5 点，有接触点的面积不少于轴瓦总面积的 75%。

（10）筒式瓦的刮削，即可采用挑花（三角刮刀或条形刀花）方式，也可采用修刮方法进行。待间隙及上点符合要求后，再排 2~3 遍刀花。

（11）清除轴承体非加工面上未清理干净的残存铸造夹渣，轴承体浸油部分的耐油漆应完好，否则应补刷。

（12）进行油位计、温度计及油嘴等附件的试装。有冷却水腔的应按实际工作压力，保持 8h 无渗漏现象来进行严密性耐压试验。

（三）导轴承的安装调整

（1）在机组轴线和推力瓦受力调整合格、水轮机止漏环间隙和水轮发电机空隙间隙符合要求，即旋转轴线已处于实际回转中心位置（若转轴稍有偏心，其值只要小于各导轴承在该方位应调的最小单侧间隙，安装工作也可以进行）。

（2）导轴承及水导轴承附近（或转轮下环上）分别设 x、y 方向两块百分表监视主轴中心位置，轴承调整合格后其主轴中心位置应保持不变。

（3）在百分表监视的情况下，在上导 x、y 正方向上用 4 个千斤顶将主轴上端固定，在水导处迷宫环或叶片与转轮室间隙处用 4~6 条小斜铁将主轴下端固定（固定好后，其附近百分表读数不变）。轴瓦安装结束后，再将千斤顶和小斜铁拆除。

（4）在上导和水导轴承固定部件 x、y 方向合适位置建立 4 个测点，测量主轴与它们的距离，记录后作为轴瓦安装调节结束后复查主轴中心位置的依据。

（5）撤掉轴颈上的毛毡、油纸，检查轴颈无毛刺、划痕，用酒精进行全面清扫后涂上一层干净的透平油。

（四）分块瓦的安装调整

（1）用酒精将轴承瓦进行全面清扫后，再次检查瓦面及瓦体无毛刺、损伤。将轴承瓦运至对应的安装位置。

（2）用轴瓦安装工具或手动葫芦将瓦吊起，再次用酒精清扫瓦面及瓦体，在瓦面上涂抹干净的透平油。用专用工具或手动葫芦将瓦缓缓落到瓦托上。

（3）待所有瓦全部落入后，用小千斤顶或小斜铁将同一直径上的导轴瓦对称地顶死在轴颈上（见图 4-1-4），顶完后百分表应不变。

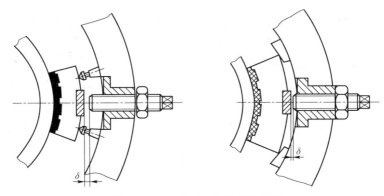

图 4-1-4 分块瓦间隙调整及测量

（4）计算出轴承各瓦应调整间隙。

（5）对于楔子板式的导轴承，应将楔子板成对先装入，按照给定的应调间隙根据楔子板斜率计算出楔子板提起量。调整好楔子板后，将锁定锁紧，有条件的可将楔子板顶到一侧，用塞尺检验间隙是否合格。

（6）对于加垫式的导轴承，用塞尺塞出支柱与瓦背间隙值，用其减去应调间隙值即为加垫值。根据加垫值做好平垫，将轴瓦吊起一定高度，将平垫加入后再落回即可（加垫法不好检验所调间隙，只能在全部导轴瓦调整完毕后，松开千斤顶，用顶轴的方法来检验）。

（7）对于支柱螺栓式的导轴承，需用塞尺按根据经验略小于应调间隙的厚度（一般小于 0.02～0.05mm，新支柱螺栓应再大些）垫在瓦背间隙处，旋动支柱螺栓顶住塞尺（力道以能抽出塞尺为准），将螺栓背帽拧靠，抽出塞尺，用插口扳手将背帽打紧，用塞尺复测间隙是否符合。

（8）调整完毕后需复测导轴瓦间隙是否合格（允许偏差不应超过±0.02mm），若不符合则重新调整。

（五）筒式瓦的安装调整

（1）将处理合格的筒式瓦用酒精全面清扫，并运至轴承附近。

（2）在油槽下方主轴两侧放两根等高的软木方，将两瓣轴承对称吊至两根木方的两端。

（3）将两瓣轴承对口处抬起，将下方木屑清扫干净，并垫上两块厚铜皮（防止用螺栓紧对口时将木方夹进对口）。再次清扫轴承瓦，并将瓦面涂抹干净的透平油。

（4）用连接螺栓将两瓣轴承拉近靠严，在两端穿上定位销定并打紧。穿上全部连接螺栓并打紧。用塞尺测量对口合缝无间隙（0.05mm 塞尺不能通过）。

（5）用专用工具将导轴承缓慢水平升起，当距离止口 20～50mm 时，带上全部连接螺栓，并用连接螺栓将轴承水平缓慢升入止口，带紧全部连接螺栓。

（6）进行间隙调整，一般采用塞尺测上下端十字方向各 4 点，即最大、最小间隙点及与其垂直方向的两平均间隙点。当各点实测间隙与分配应调间隙值之差在该点分配间隙值的±20%以内，且每点上下端实测间隙偏差不大于分配间隙的 10%，即认为间隙调整合格；如上下间隙之差偏大，应在轴承体与轴承座组合面加紫铜垫，以保证瓦面与轴颈平行；间隙初调合格后，把紧固定螺栓，再复测间隙，应符合上述要求。最后钻铰销钉孔，配装定位销。

（7）撤去木方，清扫油槽底座，在盘根槽内放好止油盘根。在挡油环上口处选对称 4 或 8 点各放一根白布带。

（8）用专用工具将油槽底座升起，当距离对口 20～50mm 时，带上全部连接螺栓，并用连接螺栓将油槽底座对口水平缓慢靠紧。抽动白布带，应无加紧现象，若有加紧现象则对油槽底座进行调整，直至全部白布带均能轻松抽动为止（初次安装时，应制作专用测量工具测量挡油环与主轴间隙，挡油环与主轴之间的间隙应参照模块 ZY3600504005 计算出轴承瓦应调整间隙比例分配）。带紧全部连接螺栓，并将白布带全部拉出。

五、注意事项

（1）清扫轴颈上防锈材料时绝不允许使用金属刮刀、钢丝刷和砂布之类的研磨物质进行清除工作。

（2）研刮瓦时，要做好防止瓦坠落措施。

（3）钻绞销钉孔时，要将油槽遮盖好，以防铁屑溅入油槽。

【思考与练习】

（1）分块瓦研刮标准是什么？

（2）筒式瓦研刮标准是什么？

（3）导轴瓦安装前应具备哪些条件？

（4）简述分块瓦安装步骤。

（5）简述筒式瓦的安装步骤。

 ## 模块 2　导轴承冷却器更新安装基本步骤（ZY3600504002）

【模块描述】 本模块介绍导轴承冷却器安装基本步骤。通过安装过程介绍、图文讲解，了解导轴承冷却器安装基本内容。

【模块内容】

一、检修内容

（1）水轮发电机导轴承冷却器安装。

（2）水轮发电机推力轴承冷却器安装。

二、作业前准备（场地、条件、工器具和材料）

（1）内循环轴承冷却器安装一般在机组轴线调整完毕、推力瓦受力调整及导轴承间隙调整合格（个别机组因结构不同需在导轴瓦间隙调整前安装）后进行。

（2）工作地点在推力（导轴承）油槽内。

（3）工器具：链式葫芦、千斤顶、内外径千分尺、特制小千斤顶、绝缘电阻表、小楔铁、手锤、插口扳手、活扳手、钢板尺、塞尺、密封垫等。

（4）材料：白布、面粉、塑料盆、塑料桶、塑料布、白布带、破布、铁线、汽油、砂布、酒精等。

三、危险点分析及控制措施

（1）作业区域内若有孔洞，需用铁板盖好或设置遮栏，防止人员或工器具坠落。

（2）推力油槽若较高，工作人员应搭设平台或用固定好的梯子上下，防止高处坠落的情况发生。

（3）工作人员必须佩戴安全帽，以免磕伤头部。

四、安装过程及质量标准（作业步骤）

（1）对冷却器进行检查清扫后做耐压试验。单个冷却器应按设计要求的试验压力进行耐压试验，设计无规定时，试验压力一般为工作压力的 2 倍，但不低于 0.4MPa，保持 60min，无渗漏现象。冷却管如有渗漏，应可靠封堵，但堵塞数量不得超过冷却器冷却管总根数的 15%，否则应更换。用面团和酒精将油槽及法兰口清扫干净。

（2）在轴承冷却器耐压试验合格后，全面清扫冷却器并将其吊至安装油槽。

（3）在所要连接法兰下方垫好塑料布和破布（防止残留水流出），按检修前（预装时）所做标记，找准法兰方位。

（4）将法兰密封垫用密封胶黏牢，连接法兰对口螺栓，并按安装工艺将螺栓对称均匀带紧。

（5）检查连接法兰对口合缝均匀、无偏位，并用塞尺检查法兰对口无间隙（整个圆周方向 0.05mm 塞尺不能通过）。

（6）待所有冷却器全部连接后，对冷却器进行整体严密性耐压试验。

（7）将冷却器充满水后，检查各法兰无渗漏。

（8）用手压泵将冷却器打压至额定压力（打压过程中需监视法兰有无渗漏，若有渗漏立即停止，并马上放水处理），保压 10min，压力表应无压降。

（9）检查各法兰及冷却器无渗漏后，打压至 1.25 倍额定压力，保压 30min，应无渗漏现象。

（10）耐压试验合格后，排掉冷却器内的水，清理掉油槽中的破布及塑料布，再次清理油槽，即可进入下一步安装工作。

（11）若不能立即进行下一步安装工作，需用塑料布将油槽遮盖好，防止异物落入。

（12）抽屉式冷却器的油槽，先安装分油板、稳油板及盖板，进行内部清扫检查后，再安装冷却器。冷却器安装前应做耐压试验，安装时，把铜管等擦干净，与油槽把合的螺栓要依次对称上紧，最后连接进排水弯管。

五、注意事项

（1）工作人员进入油槽工作需穿连体服，且不带与工作无关物品，所带工具应登记，工作完毕后带出注销。

（2）做好防跑水措施，以免使绝缘部件受潮而降低绝缘。

（3）吊运冷却器时，将冷却器内水排净，并在两端管口用塑料布绑扎牢固，以防管路内残留水流到油槽内。

（4）油槽盖板安装前，应再次测量轴承绝缘在合格范围。

（5）冷却器整体耐压后，一定要排掉冷却器中的水，以防冷却器管路结露，使绝缘部件受潮降低绝缘。

【思考与练习】

（1）导轴承冷却器的耐压标准是什么？

（2）简述导轴承冷却器的安装步骤。

（3）安装导轴承冷却器时应注意什么？

▲ 模块 3　导轴承更新安装工艺及质量标准（ZY3600504003）

【模块描述】 本模块介绍导轴承一般安装过程和标准。通过过程介绍、工艺标准讲解，掌握导轴承一般安装工艺和质量标准。

【模块内容】

工艺及质量标准：

（1）机组轴线及推力瓦受力调整合格。① 机组轴线调整合格：即盘车时测得机组主轴曲折不大于 0.04mm/m；② 推力瓦受力调整合格：是指每块推力瓦受力基本一致。可通过人共锤击调整受力法、百分表调整受力法及应变仪调整受力法调整推力瓦受力。

（2）水轮发电机止漏环间隙及水轮发电机空气间隙合格。① 转子位于定子中心，其定子与转子间上下端各测点空气间隙与平均间隙之差不应超过平均间隙的±10%；② 转轮位于止漏环中心，其转轮上下止漏环实测间隙与平均间隙之差不应超过平均间隙的±10%。

（3）有绝缘要求的分块式导轴瓦在最终安装时，绝缘电阻一般在 50MΩ 以上。一般为了防止轴电流烧损分块瓦面，对分块瓦都有绝缘要求，在全部安装后，单块瓦的绝缘电阻要大于 50MΩ，总绝缘电阻不小于 0.5MΩ。

（4）轴瓦安装应根据主轴中心位置并考虑盘车的摆度方向和大小进行间隙调整，安装总间隙应符合设计要求。① 主轴中心位置即转动部件移到固定部件中心后主轴在固定部件的中心的方位和距离；② 主轴盘车的摆度方向：若主轴有折弯，那么盘车时就会在水导处产生最大摆度，这个摆度相对于轴号位置是固定不变的，可由绘制摆度曲线求得。间隙调整时，要考虑主轴最大摆度方位及大小，使其在回转 180° 时，也能保证在轴承圆内。

（5）分块式导轴瓦间隙允许偏差不应大于 ±0.02mm，但相邻两块瓦的间隙与要求值的偏差不大于 0.02mm。间隙调整合格后，应可靠锁定。安装规范规定分块瓦间隙调整允许偏差不大于应调整值的 ±0.02mm，相邻两块瓦的间隙与要求值的偏差不大于 0.02mm，是指若 2 号瓦调整后，最终间隙比应调间隙大 0.02mm，那么其相邻的 1 号和 3 号瓦的间隙就不应再比应调间隙小。如：1 号瓦应调间隙为 0.10mm，2 号和 3 号瓦应调间隙均为 0.15mm；若 1 号瓦调整后间隙为 0.12mm，则 2 号、3 号瓦的最终间隙不能小于 0.15mm，这也是现场安装人员一般均按应调值 ±0.01mm 掌握的原因。

（6）主轴处于中心位置时，在 X、Y 十字方向，测量轴颈与瓦架加工面处的距离，并做记录。此数据可用于上导和水导固定后，复核主轴位置是否变化，也可为以后的检修提供参考。

【思考与练习】

（1）机组轴线调整合格的标准是什么？

（2）推力瓦受力调整合格的标准是什么？

（3）主轴处于中心位置时，测量主轴四个方位对固定部件距离有什么作用？

◢ 模块 4　导轴承冷却器更新安装工艺及质量标准
（ZY3600504004）

【模块描述】本模块介绍导轴承冷却器安装基本步骤、质量标准。通过安装过程介绍、质量标准讲解及实操训练，掌握导轴承冷却器安装质量标准和耐压标准。以下内容着重介绍导轴承冷却器耐压质量标准。

【模块内容】

导轴承冷却器，安装前应按设计要求进行耐水压试验，安装后按要求进行严密性试验。

对冷却器进行检查清扫后做耐压试验。单个冷却器应按设计要求的试验压力进行耐压试验，设计无规定时，试验压力一般为工作压力的 2 倍，但不低于 0.4MPa，保持 60min，无渗漏现象；安装后进行耐压试验时，试验压力为 1.25 倍的实际工作压力，保持 30min，无渗漏现象；进行严密性试验时，试验压力为实际工作压力，保持 8h，无渗漏现象。

【思考与练习】

（1）单个冷却器耐压试验是怎么规定的？

（2）冷却器安装后进行整体耐压试验时是怎么规定的？

（3）冷却器安装后进行严密性试验时，是怎么规定的？

▲ 模块 5　导轴承间隙调整方法（ZY3600504005）

【模块描述】本模块介绍水轮发电机导轴承安装过程间隙调整方法。通过举例介绍、实操训练及案例分析，掌握导轴承间隙调整计算。

【模块内容】

一、检修内容

水轮发电机导轴承间隙调整计算。

二、作业前准备（场地、条件、工器具和材料）

坐标纸、圆规、三角板、直尺、量角器、铅笔、橡皮等。

三、检修过程及质量标准（作业步骤）

（一）导轴承安装调整间隙的确定

（1）各导轴承的总间隙由设计规定（当设计值为单侧间隙时，总间隙为该值的两倍），而安装时单侧间隙的分配，应以转轴实际位置为测量基准，结合机组固定部分的支撑结构而定。

（2）当转轴处于实际回转中心时，悬式机组的上导轴承、伞式机组的下导轴承、以及采用弹性盘车时抱紧转轴的两部轴承（一般为水导轴承和上导轴承），其间隙为均匀调整；其他轴承应考虑转轴在该处的盘车摆度方位及大小进行间隙调整；但对于只有两部轴承的机组可以不考虑摆度而均匀调整间隙。各轴承瓦间隙分配为：

$$\delta_i = \frac{\delta}{2} - \frac{\phi_{max}}{2} \times \cos\alpha_i \qquad (4-5-1)$$

式中　δ_i——各瓦（或测点）的应调间隙，mm；

　　　δ——该轴承设计总间隙，其中筒式瓦和橡胶瓦轴承为实测值，mm；

ϕ_{max} ——该轴承处的最大净摆度，mm；

α_i ——各瓦抗重螺栓中心或测点与该处轴最大摆度点停留方位的夹角，（°）。

考虑摆度时轴承间隙的分配的实例如图 4-5-1 所示。

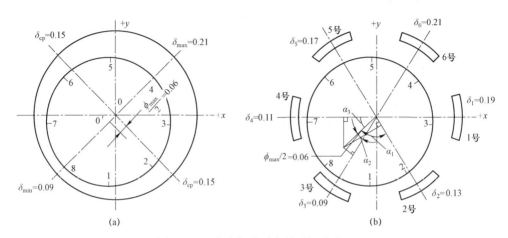

图 4-5-1　考虑摆度时各轴承间隙分配

（a）筒式瓦轴承间隙分配；（b）分块瓦轴承间隙分配

（3）当转轴与实际回转中心有少量偏心时，各轴承间隙应按照规定进行分配后，再做相应的增减，使主轴在运转后移至实际中心。如图 4-5-2 所示，各部轴承瓦或测点间隙的增减值为：

$$\Delta_i = \Delta_{max} \cos \beta_i \qquad (4-5-2)$$

式中　Δ_i ——各瓦或测点应增（负值）减（正值）量，mm；

　　　Δ_{max} ——转轴与实际回转中心的最大偏心值，mm；

　　　β_i ——各瓦抗重螺栓中心或测点与转轴偏心方位的夹角，（°）。

（4）若水导轴承在安装时已经预装定位或中心测定其与止漏环同心，而主轴在轴瓦内任意位置时，则水轮发电机导轴承间隙在定转子空气间隙值合格的情况下应按照水导轴瓦实测间隙来确定。一般在水导需要考虑摆度调间隙的情况下，可按下列图解法来进行分配，步骤如下：

1）根据盘车记录和主轴停留位置，以镜板处轴心位置为中心，取比例 M 作轴线水平投影。如图 4-5-3 所示，$M=1：0.01=100$，水导最大摆度点在轴号 8，其值为 0.20mm（倾斜值 $\alpha_c =0.10$mm），法兰处最大摆度点在轴号 1～8 之间，其值为 0.08mm（倾斜值 $\alpha_f =0.04$mm）。

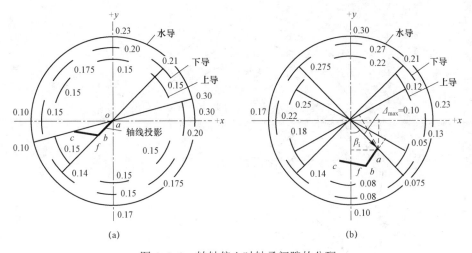

图 4-5-2　转轴偏心时轴承间隙的分配

（a）按转轴无偏心确定的轴承应调间隙；（b）考虑消除偏心影响的应调间隙

2）以各轴承单侧设计间隙取同一比例 M 为半径作出各轴承圆，如图 4-5-4 所示，并在各轴承圆上标注出各层轴承瓦的位置。

3）按照水导 x、y 方向实测的 4 点间隙值，计算出水导处轴心 c 在轴承圆中的位置。如水导实测间隙为 δ_{+x} =0.25mm；δ_{+y} =0.30mm；δ_{-x} =0.15mm；δ_{-y} =0.10mm，则水导轴心 c 在水导轴心圆中的坐标为：

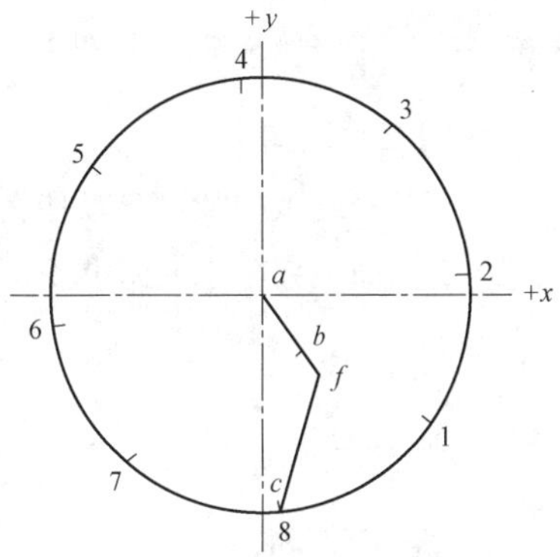

图 4-5-3　主轴停留位置及轴线水平投影

$$\chi_c = \left(\frac{\delta_{-x} - \delta_{+x}}{2} \right) M = \left(\frac{0.15 - 0.25}{2} \right) \times 100 = -5 \text{（mm）}$$

$$（4-5-3）$$

$$\gamma_c = \left(\frac{\delta_{-y} - \delta_{+y}}{2} \right) M = \left(\frac{0.10 - 0.30}{2} \right) \times 100 = -10 \text{（mm）} \qquad （4-5-4）$$

4）在水导轴承圆中按（χ_c，γ_c）坐标确定轴心 c 点位置，然后把图 4-5-3 中的轴线投影图平移到轴承圆中，得到 a、b、f、c 四点，其中 a 为上导处轴心，b 为下导处轴心。

5）由 a、b 点分别向上导和下导的各对瓦方向的直径上座垂线可得 a_1、a_2、a_3 和 b_1、b_2、b_3、b_4 等点，按比例量取些点到相对轴承圆瓦位点的距离，即为该瓦位应调整间隙。

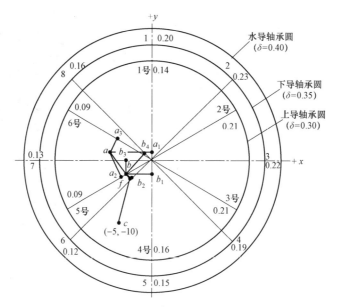

图 4-5-4 图解法求各轴承间隙分配

【思考与练习】

（1）导轴承间隙调整以什么为原则？

（2）简述导轴承间隙调整图解分配法。

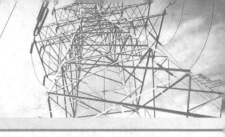
第五章

水轮发电机附属设备更新改造

▲ 模块1　水轮发电机集电装置更新基本步骤（ZY3600505001）

【模块描述】本模块介绍水轮发电机集电装置更新基本步骤。通过过程介绍、内容讲解及案例分析，了解水轮发电机集电装置更新基本内容。以下侧重于集电环改造的思路及方向。

【模块内容】

一、改造内容

（1）更换集电环。

（2）安装碳粉收集系统。

（3）改造电刷系统。

二、集电环改造的思路及方向

（1）更换集电环。

（2）将集电环环面加宽，有利于集电环环面的散热以及碳刷和刷握的安装。

（3）将集电环环面由平面改成螺旋形环面，由于平面环面在运行中容易在碳刷和环面形成微小的气膜（尤其是在上导油雾污染的情况下），不利于碳刷与环面充分接触。螺旋形环面使得碳刷与环面之间增加了透气性，有利于碳刷与环面充分接触（但要考虑碳刷接触总面积以及可能会造成碳刷磨损增加）。

（4）增大上下集电环间距，以防止机组突然抬机时，造成上下集电环之间短路，从而减小环面烧损的概率。

（5）减小碳刷数量，这样有利于集电环环面的散热以及碳刷的带电更换，也减少了维护量。至于碳刷接触总面积不足可考虑增大碳刷截面积来解决。

（6）改变碳刷的分布方式，目前碳刷的分布方式主要有整圆分布和双半圆分布两种。① 整圆分布是指上下两层碳刷均呈360°分布，其特点为：碳刷之间的安装空间大，有利于碳刷更换及环面的散热，电流分布均匀。但是由于空间全都较狭窄，不利于集电环面的清扫，而且一旦发生滑环打火不便于带电处理；② 双半圆分布是指上下两层碳刷分别为半圆并对称置于大轴两侧，其特点为：便于清扫和打磨滑环环面及带电处理滑环打火。不利于带电更换碳刷及环面散热，环面电流分布不均匀。置于如何选择改造方案，需要根据现场设备的布置空间及条件有针对性选择。

（7）安装碳粉收集系统，碳粉收集系统的作用在于能将碳粉收集到指定位置，以便于停机时处理；隔离碳粉油雾，减少集电环室炭垢的形成，减小对绝缘部件的影响，防止碳粉落入油槽而引起油质变坏；保护集电环系统，集电环上碳粉过多，尤其与上溢的油雾混合后，会在集电环环面形成一层薄膜，在一定程度上影响了碳刷和集电环环面的充分接触。碳粉收集系统示意图如图 5-1-1 所示。

（8）集电环安装的水平偏差一般不超过 2mm。

（9）集电环安装后应做 10 倍转子额定励磁电压+1000V（但不得低于 3000V）的交流耐压试验，其绝缘电阻应大于或等于 5MΩ。

（10）集电环的电刷安装后，在刷握内滑动应灵活，无卡阻现象；刷握距集电环表面应有 2～3mm 间隙；电刷与集电环的接触面，不应小于电刷截面积的 75%；弹簧压力应均匀。

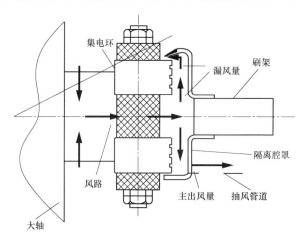

图 5-1-1　碳粉收集系统

（11）盘车时，集电环摆度应符合表 5-1-1 中要求。

表 5-1-1 集 电 环 摆 度

测量部位	摆度允许值				
	机组额定转速（r/min）				
	100	250	375	600	1000
集电环	绝对摆度（mm）				
	0.50	0.40	0.30	0.20	0.10

【思考与练习】

（1）集电环表面改成螺旋形表面有什么好处？

（2）碳刷分布方式有几种？各有什么优缺点？

（3）简述碳粉收集系统的作用。

◢ 模块2　水轮发电机制动器更新改造基本步骤（ZY3600505002）

【模块描述】本模块介绍水轮发电机制动器更新改造基本步骤。通过过程介绍、内容讲解及案例分析，了解制动器更新改造基本内容。以下内容还着重介绍制动器的形式、原理及优点。

【模块内容】

一、制动器形式及特点

1. 制动器结构

目前国内机械式制动器主要有气压复位式和双活塞式2种制动器。

（1）气压复式制动器主要由底座、缸体、活塞、托板、制动板（闸板）、夹板、挡块、大锁定螺母、衬套、半环键、卡环、"O"形橡胶密封环和定位销（或导向键）等零部件组成。在其外围布置两圈管路，一路用于制动和顶起，另一路用于复位，并与压力源及电磁配压阀等控制元件连接。机组在停机过程中，当转速下降到整定值时，电磁配压阀动作，自动同时向各制动器活塞下部（制动腔）送压缩空气，在气压的作用下，活塞、托板及制动板同时向上，使制动板与转子制动环板接触摩擦，使机组迅速减速；当转速降至零时，电磁配压阀动作，使活塞下部排气，同时又从缸体外侧下部的小横孔进气，气压作用于活塞粗径上部环形面积上（复归腔），将活塞迅速压下，然后复归腔自动排气；当需要顶转子时，由专用顶转子油泵将压力油打至制动腔，直至将转子顶起，当镜板与推力瓦分离时即可停止油泵，然后人工将大锁定螺母拧起，直至拧到托板下缘接触为止，再排去油压。这样，便把由推力轴承支撑的机组转动部分重量转移到制动器的缸体上。

（2）双活塞式制动器主要由上活塞、下活塞、上部活塞"O"形密封环、下部活塞"O"形密封环、托板、锁定螺母、制动板、挡块、夹板、弹性压板、活塞缺口投影线、扳把、复位弹簧、进气孔和缸体等零部件组成。

双活塞式制动器在操作上的突出特点是油气分家，即机组制动停机由缸体上的进气孔进气，克服弹簧的张力将上活塞顶起执行加闸动作，制动结束排气后，靠上活塞自重及复位弹簧克服"O"形密封圈与缸体的摩擦力而下落；当顶转子时，由底座径向孔给油压，作用在下活塞下平面而执行顶起动作，顶起操作结束且排油后，可由下活塞上部用气压将下活塞复位。

2. 双活塞式制动器的优点

（1）由于油气系统分开，气管路内部比较洁净，因而制动器所产生的机内油雾现象将明显好转。

（2）采用双活塞，其"O"形密封圈的压缩率——下层活塞可取上限，上层活塞可取下限。这样在顶转子时，由于下层活塞"O"形密封圈的压缩率大，则密封性能好、不漏油，保证了顶转子工作的质量。而在机组停机制动中，上层活塞"O"形密封圈其压缩率小，有利于上层活塞的自动复位。

（3）由于下活塞密封性能明显提高，故可以取消渗油管路，使得制动器管路要比气压复位式制动器简单。

3. 制动器活塞"O"形密封圈压缩率的确定

O 型密封圈的密封性主要与"O"形密封圈的质量、装配的压缩率及制动器缸体内壁的加工精度和光洁度有关。"O"形密封圈压缩率的公式如下：

$$W = \frac{d - h_1 - h_2}{d} \times 100\% \qquad (5\text{-}2\text{-}1)$$

式中　d——"O"形密封圈断面直径，mm；

　　　h_1——密封槽深，mm；

　　　h_2——活塞与缸壁间的平均间隙，mm。

一般"O"形密封圈的压缩率可选取在 3.5%～6.5%为宜，选择压缩率视缸壁加工精度和光洁度而定，精度和光洁度较高的压缩率可偏低选取，这样既能保证密封性能又有利于活塞复位。反之则需偏高选取。

二、制动器改造案例

过去采用牛皮碗活塞式制动器，由于皮碗老化容易漏油，采用"L"形橡胶皮碗式活塞，由于难以调整好与闸壳的配合，不是卡住就是漏油，经不起耐压试验，因此这种结构逐渐被"O"形胶圈的型式所取代。有的电站已将采用牛皮碗密封的制动器改为图 5-2-1 所示的结构。

这样的结构，漏油量少，耐压试验也合格。但是，仍然存在一个毛病—制动器给风时会吹出油雾，污染水轮发电机。因为采用油、气合用一个活塞的制动器（如图 5-2-1 所示），当用油顶起转子后，将油排出，但排不净；即使用压缩空气往外吹油，也会有剩余部分存在制动器中。于是在给风加闸时，经常会吹出油雾来，造成污染，降低了线圈的绝缘。此外，这种结构的制动器，在机坑内油和气使用同一管路，在机外靠切换三通阀操作，如果顶转子时操作失误，便会使制动柜内的压力表和接点继电器报废。为解决上述缺陷，有的电厂做了如下改进：将原来的单活塞改为双活塞，如图 5-2-2

所示。上面为制动活塞，当停机时，此活塞下面给风顶起闸瓦制动机组；下面的活塞是顶转子用的，制动时它不动。当顶转子时，压力油进入顶转子活塞的下部，它顶起上部活塞一起上升，将转子顶起。

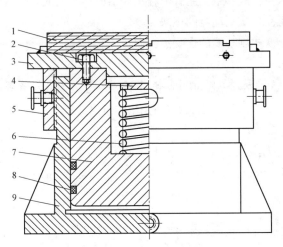

图 5-2-1 换成"O"形胶圈的制动器

1—闸瓦；2—螺钉；3—托板；4—挡板；5—大螺母；6—弹簧；

7—活塞；8—"O"形胶圈；9—闸座

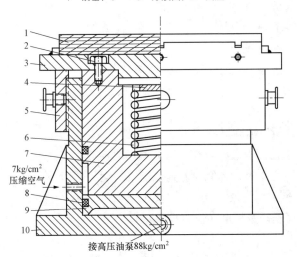

图 5-2-2 单活塞改为双活塞的制动器

1—闸瓦；2—螺钉；3—托板；4—挡板；5—大螺母；6—弹簧；7—活塞；

8—"O"形胶圈；9—油压活塞；10—闸座

由于采用"O"形胶圈代替"L"形皮碗，动作时，摩擦力小，密封效果较好。当然，这种改进还需要不断地完善。

【思考与练习】

（1）简述气压复位式和双活塞式两种制动器的结构组成。

（2）简述气压复位式制动器的优缺点。

（3）简述双活塞式制动器的优缺点。

▲ 模块3 水轮发电机空气冷却器更新改造基本步骤（ZY3600505003）

【模块描述】本模块介绍水轮发电机空气冷却器更新改造基本步骤。通过过程介绍、内容讲解及案例分析，了解水轮发电机空气冷却器更新改造基本内容。以下侧重于冷却器改造方法。

【模块内容】

一、检修内容

（1）冷却器改造方式。

（2）更换铜管法。

二、作业前准备（场地、条件、工器具和材料）

（1）工作地点在检修场地。

（2）工器具：链式葫芦、千斤顶、木方、胀管器、直角尺、小楔铁、梅花扳手、手锤、插口扳手、活扳手、钢板尺、塞尺、密封垫。

（3）材料：白布、塑料盆、塑料桶、塑料布、白布带、破布、铁线、汽油、砂布、酒精等。

三、危险点分析及控制措施

（1）作业区域内若有孔洞，需用铁板盖好或设置遮栏，防止人员或工器具坠落。

（2）吊运冷却器或冷却器翻身时，应配合好避免砸伤手脚。

（3）工作人员必须佩戴安全帽，以免磕伤头部。

四、检修过程及质量标准（作业步骤）

目前冷却器改造无非是更换铜管、更换冷却器、冷却方式由内循环改为外循环等几种方法。① 冷却方式改变费用较高，难度也大，除非是原有导轴承油槽因空间问题无法改造外，一般都不会采用；② 更换冷却器则多是由于原有冷却器多数损坏的太多或由于设计问题原有冷却器冷却效果不好，需要增加铜管直径，通过增加铜管表面积来提高冷却效果；③ 更换铜管法则是冷却器改造中常见的，一般在拆装、吊运过程中不慎损坏一根或几根铜管、由于制造质量、材质、锈蚀等原因少数铜管在耐压时发生破裂。这是就会用到更换铜管法。下面就着重介绍更换铜管的方法。

无论是油冷却器还是空气冷却器的检修，大都为以下四步：

（1）清洗。对于油冷却器只需擦干净铜管外表。空气冷却器铜管的外表上附有细铜丝，沾满了灰尘和油污，将它在表5-3-1配方的碱水中清洗。

先把空气冷却器放入80℃左右的碱水中浸泡并晃动10～15min，吊出后再放在热水槽中晃动30min，然后吊出。用清水反复冲洗，直至干时不在铜管外出现白碱痕迹时为合格。这种方法的优点是清洗较干净。缺点是碱水会使冷却器上的橡皮盘根损坏。

表5-3-1　　　　　　　　　　碱 水 溶 液 配 方

成　分	重　量（%）
无水碳酸钠（面碱）	1.5
氢氧化钠（火碱）	2.0
正磷酸钙	1.0
水玻璃	0.5
水	95.0

（2）耐压试验。一般用0.3MPa的水压，在30min内不渗漏为合格。常用手压泵打压，注意将冷却器中的空气排净。如果技术供水的水压足够的话，也可用此水源进行耐压试验。

（3）铜管更换（胀管工艺）。通过耐压试验，发现个别管有轻微渗漏可在管内壁涂环氧树脂或重新胀一下管头。渗漏严重的铜管，可以换新的，先剖开胀口，将坏管取下，然后放入新管进行胀管工艺。

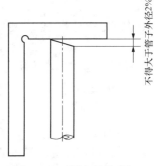

不得大于管子外径2%

图5-3-1　用角尺检查切口

胀管的步骤如下：

1）冷却器的铜管（紫铜或黄铜）下料长度应符合要求。要检查切口平面与管子中心的垂直度（见图5-3-1）。

2）把管孔毛刺清除、管外径擦光。

3）选择合于管子通径的胀管器，并检查胀管器是否合格（见图5-3-2）。

4）对于黄铜管，为防止胀裂，可事先进行退火处理（或在锡锅里蘸一下，搪锡处理）。对于紫铜管可以冷胀，用符合铜管通径尺寸的胀管器，把铜管的管头牢靠地胀在冷却器的端板内孔上。黄铜易生锈，好腐蚀，常漏水，应更换紫铜管。

空气冷却器的铜管，国产机组大部分难以将该管取出，往往将此管两头堵上使它断开。如果损坏的铜管太多，就要换整个的空气冷却器。

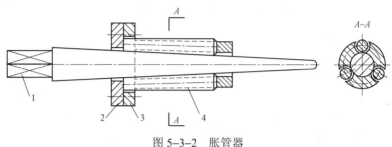

图 5-3-2 胀管器

1—心轴；2—压盖；3—外壳；4—滚柱

（4）再次耐压试验。当胀管之后，还要进行一次耐压试验，以检查胀管质量。如不合格，可重新胀管。

【思考与练习】

（1）冷却器检修分为哪几步？

（2）空气冷却器耐压试验的标准是什么？

（3）简述胀管的步骤。

▲ 模块 4 水轮发电机永磁机更新改造基本步骤（ZY3600505004）

【模块描述】本模块介绍了水轮发电机的永磁机改造基本步骤。通过过程介绍、内容讲解及案例分析，了解水轮发电机永磁机改造基本内容。

【模块内容】

目前永磁机在大中型水电站应用越来越少，其本身除了轴承和连轴法兰更换外，没有其他机械改造内容。在此不再累述。

【思考与练习】

（1）说明永磁机的组成。

（2）说明永磁机的作用。

▲ 模块 5 水轮发电机励磁更新改造基本步骤（ZY3600505005）

【模块描述】本模块介绍水轮发电机励磁机更新基本步骤。通过过程介绍、内容讲解及案例分析，了解水轮发电机励磁机更新基本内容。以下着重介绍水轮发电机组励磁系统的现状及今后发展。

【模块内容】

水轮发电机励磁装置，是水轮发电机控制系统的重要组成部分，其主要任务是通过调节发电机励磁绕组的直流电流。在机组正常运行时，控制发电机机端电压恒定，满足发电机正常发电的需要，同时控制发电机组间无功功率的合理分配；在电力系统出现故障时，通过强增、强减励磁电流，提高电力系统运行的动态稳定性。近年来我国水电站励磁系统的设计、开发和制造等已取得非常明显进步，无论是从励磁方式的选择、设备选型，还是励磁控制调节手段与十年前相比均发生了重大的变化。可控硅自并励励磁方式、干式励磁变压器得到了普遍采用，数字式励磁调节和控制已逐步取代模拟式励磁调节和控制方式。

一、励磁方式

可控硅励磁系统的励磁方式可分为他励和自励两大类。他励方式又可分为交流励磁机带静止可控硅方式和无刷励磁方式。他励方式的励磁电源完全独立，不受电力系统扰动的影响，励磁顶值电压与短路点无关。由于无刷励磁方式无滑动接触部分，维护工作量小，抗恶劣环境，但存在转子电流、电压等参数无法直接监视等问题。总之，他励方式需增加励磁发电机并增加主厂房高度或长度。因此，在新建的大中型水电站很少采用此种励磁方式。自励方式又可分为自复励和自并励方式。自复励方式又分为直流侧叠加自复励和交流侧叠加自复励，每种叠加方式又分为串联和并联两种，各种自复励方式及其性能均有所不同，但均存在励磁变压器和变流器占地面积大、接线复杂、维护工作量大等缺点。因此，在新建的大中小型水电站中几乎很少采用。

目前应用最广泛的可控硅自并励励磁方式有如下优点：设备和接线比较简单、可靠性高、造价相对较低、励磁变压器安装位置不受限制、不需励磁用的交流发电机、缩短了机组的长度或高度，励磁调节速度快等。过去对这种励磁方式主要有两点担忧：① 发电机近端三相短路时能否满足强励要求，机组是否会失磁；② 由于短路电流的衰减，带时限的继电保护是否拒动。

对此具体分析如下：

（1）现代大中型发电机大都采用单元接线方式在此方式下，励磁交流电源失去的可能情况是机端三相短路，但转子励磁回路的时间常数较大，加上快速的继电保护和断路器可迅速地切除故障，即便是发生在发电机保护区外的故障，设置合适的保护亦可快速动作而切机，此时不强励可减轻机组冲击对发电机有利。另外，由于大中型发电机出口普遍采用离相封闭母线，机端短路概率很少。

（2）还有一种情况是升压变压器高压侧三相短路，系统暂态稳定极限下降和低压闭锁过流后备保护无法动作。通过研究分析和实际应用证明前者因故障瞬间发电相电势将维持不变，若采用快速的继电保护和断路器对系统影响不是太大；后者则通过选择合理的保护方式来解决，如采压带记忆低压过流保护装置以防继电保护的拒动。

因此，人们所担心的问题已在技术上得到解决。目前该励磁方式在国内外大中小型水电站发电机上得到了普遍采用，如国外的大古力、伊泰普，国内的三峡、二滩等电站。

二、励磁变压器

在水电站中，励磁变压器的形式主要有油浸式和干式两大类。油浸式励磁变压器价格相对便宜，但防火性能较差，如布置在厂房内则需要考虑相应的消防措施，且维护工作量大。因此，水电站中采用油浸式励磁变压器已越来越少。干式变压器具有良好的防火性能对设备安装场地无特殊的要求，因此被广泛用作励磁变压器。在干式励磁变压器中，环氧浇注式励磁变压器因其绝缘及防潮等性能好而被普遍采用。近年来，由于新型绝缘材料的开发及应用、制造和工艺技术的进展，使干式变压器的性能有了极大的改善，其运行特性也更安全、可靠，并符合环保的要求。在励磁变压器副边，由于可控硅换流原因，存在一定的高次谐波，主要含有 3、5、7、9、11 等奇次谐波。通常将励磁变压器的副边接成三角形以消除 3、9 次谐波的影响，同时在励磁变压器容量选择时，留有一定的裕度（据介绍如西门子公司为 15%、ABB 公司为 20%），以减少上述高次谐波对励磁变压器引起的发热、震动等危害。另外，在设计时应考虑采用低损耗硅钢片和设计磁密取低一些等办法来克服不利影响。目前，国内已开始对励磁变压器谐波影响进行定量分析研究。励磁变压器的工况不同于一般的电力整流变压器，对于一些大型及特大型机组，由于电力系统稳定的要求，通常励磁顶值电压倍数较高（2.5～3 倍），在机组空载或低载情况下，可控硅的导通角较小，此时整流电压波形严重畸变，谐波分量增加，从而增加励磁变的震动、损耗及温升。国内也曾发生过励磁变因容量选择不当而损坏的事例。

另外励磁变压器的绝缘等级选择一直是人们争论的热点。根据变压器选用绝缘材料的不同，干式变压器可分为环氧树脂类（浇注型和缠包型）和 NOMEX（r）（敞开型和包封型）2 类干式变压器。所谓 NOMEX（r）类绝缘材料，指美国杜邦公司生产的芳香聚酰胺绝缘材料和层压板，是一种高品质的具有独特的电气及机械性能的绝缘材料。环氧树脂干式变压器包括有浇注型和缠包型 2 种绝缘方式。目前环氧树脂浇注型干式变压器已可以制造到电压达 35kV、容量达 20MVA 和绝缘等级达 F 级的产品，在当前是一种应用较广泛的品种。对于 NOMEX（r）类敞开型干式变压器，一般其低压绕组多采用箔式或多根并绕层式结构，而高压绕组为饼式结构，绕组可采用真空浸渍或真空压力浸渍工艺流程，其绝缘等级可达 H 级或 C 级。目前，国内外通常选用 F 级绝缘或 H 级绝缘两种方式，其允许温升均为 80K。至于在工程设计中如何确定，主要是一个综合经济比较问题。如果励磁变容量裕度较大，系统要求的励磁顶值电压倍数不高，使得运行温升不超过规定值，则选择 F 级绝缘也是可以的。在国外进口的产品中也出现过超规定温升运行的事例。如清江隔河岩电站的励磁变设计为 H 级绝缘、允许温升 80K，但实际运行温升达 100K 左右，因此，对一些特别重要的电站，运行工况不是十分有利的情况下，留有一定裕度是必要的。

三、功率整流器

1. 可控硅励磁

在中小型水电站中，可以选择三相半控桥或三相全控桥整流方式。采用三相全控桥方式可以实现逆变，可不跳灭磁开关实现正常停机灭磁。三相半控桥方式控制相对简单一些，在国内外仍普遍应用于中小型水电站。而大中型以上机组几乎均采用三相全控桥方式。

对于大中型电站，励磁功率回路通常设计成冗余方式。第一种是热备用方式，即多个桥路并联同时工作，其中一个或两个桥路因故障退出运行时，其余桥路仍能承担全部或部分工况下的工作，国内外均采用这种方式；第二种是冷备用方式，正常时仅主桥路工作，主桥路故障退出运行时，备用桥路自动投入工作。这种方式在国外也常采用（如瑞典 ABB 公司）。为简便起见对小型电站可不必考虑冗余设置。

2. IGBT 开关励磁

90 年代后，一种新型功率半导体器件（isolated gate bipolartiansistors，IGBT）开始用作发电机励磁功率元件，称为 IGBT 开关式励磁系统。这种励磁系统与可控硅励磁比较，有以下一些优点：

（1）控制简单。在可控硅励磁中，每个整流桥需要控制 6 个可控硅，为此需要 6 套同步、移相、脉冲形成及脉冲功放电路。而开关励磁的调节只需控制 1 只 IGBT 就可以。

（2）可显著降低励磁变压器的容量。

（3）显著降低励磁回路的过电压水平。

IGBT 开关励磁在中小机组上已有应用。1993 年武汉洪山电工研究所首次将 IGBT 应用于励磁控制中，其 HI、KT 系列开关励磁调节器，已成功应用在 100～200MW 机组的励磁系统上。

四、灭磁及过电压保护

目前，可控硅励磁系统的过电压保护主要采取以下措施：

（1）对来自励磁变高压侧过电压，如经高低压线圈耦合的大气过电压或雷击过电压，通过设在励磁变高低线圈间的金属屏蔽加以保护。

（2）对可控硅换相引起的励磁变低压侧过电压和高次谐波，采用非线性电阻过压保护及反向阻断式阻容回路加以吸收。

（3）对可控硅换相引起的可控硅元件上的过电压和高次谐波，采用复合式或分散式阻容回路加以吸收。

（4）对整流器直流侧或转子回路过电压，则采用可控硅跨接器加非线性电阻加以限制。

五、励磁调节

1. 数字励磁调节器的特点

硬件结构简单可靠；通过软件实现各种调节控制功能；人机界面友好，运行维护方便；较强的通信功能。

2. 数字励磁调节器结构

（1）单微机调节器由单微机及相应的输入输出回路组成，有 1 个自动调节通道（AV 助）和 1 个手动调节通道（FC 助），这种形式在中小型水电站中应用较多。国外也有少数公司（如瑞典 ABB）认为自身产品质量可靠，可以应用在大型水轮发电机组上。

（2）双微机调节器由双套微机和各自完全独立的输入输出通道构成 2 个自动调节通道（AVR）和 2 个手动通道（FCR）。正常 1 个工作，另 1 个处于热备用状态，彼此间用通讯的方式实现跟踪功能，当主通道故障时，备用通道自动无扰动接替主通道工作。这种结构形式通常用于大中型水轮发电机组，以确保机组的连续稳定运行。

（3）多微机调节器目前主要有两种：① 以多微机构成多自动调节通道，比较典型的是三通道，工作输出采用 3 取 2 的表决方式；② 由多微机构成两个自动通道，多个微机间依据不同功能有不同分工，相互间以通讯方式传递跟踪及各种信息。

3. 控制规律方式

古典励磁控制方式；强力式励磁调节方式；线性最优励磁控制方式；非线性励磁控制方式；自适应励磁控制方式；智能励磁控制方式；综合的励磁控制方式。

各种励磁控制方式都有各自的优点和不足，每种控制方式在解决某一方面的问题时有着良好的效果，但是往往在设计或控制过程中都有难以解决的问题。因此，如果将这些控制方法结合起来，最大限度地发挥这些控制方法的优点，并尽量避免它们的不足，将会把电力系统的励磁控制推到一个全新的阶段。

综合控制可分为两个方面：① 智能控制和现代控制理论的结合；② 各种智能控制理论之间的交叉结合。

目前在电力系统励磁控制中研究的热点是神经网络与专家系统的结合，模糊控制与专家系统的结合，神经网络与模糊控制的结合，遗传算法与它们之间的结合等等。虽然综合控制在励磁控制中的研究刚刚起步，但是可以看出，对于电力系统这个复杂的非线性大系统而言，综合控制有着巨大的发展潜力。

六、起励及电气制动

1. 起励方式

同步发电机的起励方式主要有他励起励和残压起励两种方式。目前大多数水轮发电机组采用他励方式，即采用电站直流电源起励和厂用电交流电源整流后起励方式；对中小型水轮发电机组而言，由于起励电流较小（通常为空载励磁电流的 10%～15%），对电站直流系统不会造成大的负担，因此采用直流起励方式较为普遍；对于大型机组，在有电气制动的机组中，往往利用经电气制动变降压整流后的电源进行起励，即交流起励方式。

2. 电气制动

小型水轮发电机组，通常只采用机械制动方式停机。机械制动投入在较高的转速下，因摩擦产生的热能和承受的机械应力较大，产生的粉尘和烟雾较多。而电气制动虽然无上述弊端但它只能用于正常停机，而且存在失败的可能。所以大中型水轮发电机组通常都采用电气制动加机械制动的混合制动停机方式。

目前电气制动较为普遍的方式有两种：一种是采用单独的电气制动装置，包括电气制动开关、制动变压器、不可控整流装置等都是独立的；另一种是所谓的柔性电气制动方式，除电气制动开关、电气制动变压器外，整流装置、操作回路和灭磁单元均与发电机组的励磁系统合用。第一种方式完全独立于机组励磁系统，独立性强、接线简单、工作可靠，但制动力矩不可调；第二种方式与机组励磁系统合二为一，使得电气制动过程成为可控过程。制动转矩的大小可调整，实现柔性制动效果，还能为机组提供短路升流和短路干燥手段，但控制和接线相对复杂一些。目前这种电气制动方式在天生桥一级电站已投入使用。

七、可编程计算机控制Ⅱ型水轮发电机励磁装置

可编程计算机控制器型水轮发电机励磁装置采用多处理器结构，其 I/O 处理器主要负责独立于 CPU 的数据传输工作，而双口控制器主要负责网络及系统的管理，它们既互相独立，又互相关联，从而使主 CPU 资源得到了合理使用，同时又最大限度地提高了整个系统的速度。由于控制器硬件各类功能已经模块化，开发人员只需根据励磁系统的要求选取各类功能的模块，进而将它们连在一起便可构成励磁控制器的硬件平台，这种方式缩短了产品的开发周期，有利于实现系统的通用化、标准化和硬件升级与扩展，大大提高了装置的可靠性。

励磁装置中的励磁调节器直接用 PCC 内部高速计数器测频率并实现单相同步信号的捕获，使测频的精度和可靠性都得到保证；用 PCC 内部高速输出模块直接产生六相触发脉冲控制可控硅导通角，原理及硬件电路简单可靠；功率因数的测量采用瞬时测量电压与电流之间的相位差而计算得到，因而占用资源少，简单可靠；均流方式采用双桥轮流导通的均流方式；控制策略采用基于模糊规则的适应式变参数 PID 调节算法；通信接口可以选配 Can，ModBus，PROFRBUS–DP 等现场总线。

励磁装置中的功率部分采用热管散热器进行散热，散热效率大大提高。

▲ 模块 6 水轮发电机集电装置更新改造工艺和标准
（ZY3600505006）

【**模块描述**】本模块介绍水轮发电机集电装置更新工艺和标准。通过过程介绍、质量标准讲解及案例分析，了解水轮发电机集电装置更新工艺和标准。

【**模块内容**】

工艺标准：

（1）集电环安装的水平偏差一般不超过 2mm。此处所说的水平偏差是指集电环整个圆周同一水平面的高程相差不大于 2mm。

（2）集电环的有关电气试验应符合规定。集电环安装后应做 10 倍转子额定励磁电压+1000V（但不得低于 3000V）的交流耐压试验，其绝缘电阻应大于或等于 5MΩ。

（3）集电环的电刷在刷握内滑动应灵活，无卡阻现象；刷握距集电环表面应有 2～3mm 间隙；电刷与集电环的接触面，不应小于电刷截面的 75%；弹簧压力应均匀。刷架安装前，应将所有电刷装进刷握，检查各个电刷在刷握内滑动应灵活，无卡阻现象，否则应处理刷握；按动电刷检查弹簧压力应均匀，否则应更换。刷架调整后，所有刷握距集电环表面均应有 2～3mm 间隙；安装上电刷检查电刷与集电环的接触面，不应小于电刷截面的 75%，否则应用砂纸磨平或调整刷握，使其接触面积合格。

【**思考与练习**】

（1）集电环安装的水平偏差有何要求？

（2）集电环的有关电气试验有何要求？

（3）安装集电环电刷时有何要求？

▲ 模块 7 水轮发电机制动器更新改造工艺和标准
（ZY3600505007）

【**模块描述**】本模块介绍水轮发电机制动器更新工艺和标准。通过过程介绍、质量标准讲解及案例分析，了解制动器更新工艺和标准。

【**模块内容**】

工艺标准：

（1）制动器应按设计要求进行严密性耐压试验，保持 30min，压力下降不超过 3%。弹簧复位结构的制动器，在卸压后活塞应能自动复位。制动器检修（查）回装后，要对制动器进行耐压试验，试验压力为出厂设计压力，持续保压 30min，压力下降不超过设计压力的 3%即为合格。有弹簧复归的制动器，在泄压后，活塞能够自动复位。

（2）制动器顶面安装高程偏差不应超过±1mm，与转子制动环板之间的间隙偏差，应在设计值的±20%范围内。制动器安装时，需要校核制动器顶面标高，最高和最低标高均不超过设计高程 1mm，若超出则需要调换安装位置或采取加垫、处理基础面等方法使其达到合格。当转子安装完毕，推力瓦受力调整合格后，应校核制动器闸板端部与转子制动换板之间的间隙值，应在设计间隙值的 20%范围内，若超标应采取措施将其调整到合格范围内。

（3）制动系统管路应按设计要求进行严密性耐压试验。制动系统管路连接好后，应进行严密性耐压试验，试验压力为实际工作压力的 1.25 倍，保压 30min 应无渗漏现象。

（4）制动器应通入压缩空气做起落试验，检查制动器动作的灵活性及制动器的行程是否符合要求。制动系统管路严密性耐压试验合格后，需做制动器动作试验，制动器动作应灵活，无卡涩；活塞行程应符合设计要求（行程检验应在制动器严密性试验时校核）。

【思考与练习】

（1）制动器严密性试验有何要求？

（2）如何对制动管路进行严密性耐压试验？

（3）制动器安装过程中，若出现高程超标应该如何处理？

▲ 模块 8　水轮发电机空气冷却器更新改造工艺和标准（ZY3600505008）

【模块描述】本模块介绍水轮发电机空气冷却器更新工艺和标准。通过过程介绍、质量标准讲解及案例分析，了解水轮发电机空气冷却器更新工艺和标准。

【模块内容】

工艺标准：

（1）单个冷却器在安装前应按 GB 8564《水轮发电机组安装技术规范》的要求做耐水压试验。空气冷却器在分解检查（修）清扫后，安装前应对单个冷却器按设计要求的试验压力进行耐水压试验，设计无规定时，试验压力一般为工作压力的 2 倍，但不低于 0.4MPa，保持 30min，无渗漏现象。

（2）空气冷却器的支架安装，在高度方向允许偏差±10mm，圆周方向允许偏差±6mm。按设计要求进行焊接或连接。空气冷却器的支架在安装时，上下允许偏差为图纸上设计值的±10mm，左右方向允许偏差为设计值的±6mm。空气冷却器的支架与定子机座的连接按照图纸上设计的要求焊接或用螺栓把合。

（3）机组内部容易产生冷凝水的管路，应采取防结露措施。由于机组内部在运行时温度较高，布置在定子内部的水管路以及与室外大气相通的补气管路（北方冬季时）极易在管路外表面形成冷凝水。冷凝水流到定转子上，容易使其绝缘性能降低，严重时还会造成短路。所以在机组内部布置的水管路及补气管路外表均需做隔温层，以防止管壁结露的发生。

【思考与练习】

（1）单个冷却器安装前的耐压试验有何要求？

（2）空气冷却器支架安装时允许偏差为多少？

（3）机组内部水管路为何要做防结露措施？

◢ 模块 9 水轮发电机永磁机更新改造工艺和标准 （ZY3600505009）

【模块描述】本模块介绍水轮发电机永磁机更新改造工艺和标准。通过过程介绍、质量标准讲解及案例分析，了解水轮发电机永磁机更新工艺和标准。

【模块内容】

工艺标准：

永磁水轮发电机应与机组同心，各空气间隙与平均空气间隙之差，不应超过平均空气间隙的±5%；机座装配后，对地绝缘电阻一般不小于0.3MΩ。

永磁水轮发电机安装后，永磁机的各测量部位的空气间隙值与平均空气间隙值之差，不超过平均间隙值的±5%；永磁机机座安装完毕后，应测量对地绝缘，其绝缘电阻不小于0.3MΩ。

【思考与练习】

（1）永磁水轮发电机安装时对其空气间隙有何要求？

（2）永磁水轮发电机机座安装后，其对地绝缘是如何规定的？

◢ 模块 10 水轮发电机励磁机更新改造工艺和标准 （ZY36005050010）

【模块描述】本模块介绍水轮发电机励磁机更新改造工艺和标准。通过过程介绍、质量标准讲解及案例分析，了解水轮发电机励磁机更新工艺和标准。

【模块内容】

工艺标准：

（1）分瓣励磁机定子组合时，铁芯合缝处不应加绝缘纸垫；机座组合缝间隙符合要求。

分瓣励磁机定子组合时，铁芯合缝处若加绝缘纸垫会组合阻碍电磁通路；机座组合缝间隙用 0.05mm 塞尺不能通过。

（2）检查主磁极和换向极铁芯的内圆，各被测半径与平均半径之差，不应大于设计空气间隙的± 0.25%；各磁极中心距（弦距）偏差，不应大于 2mm。

励磁机到货后，应检查主磁极和换向极铁芯的内圆，各被测半径与平均半径之差，不大于设计空气间隙的±0.25%；各磁极中心距（弦距）偏差，不大于 2mm。

（3）励磁机定子，在机组中心调整合格后再调整定位。主极和换向磁极的各被测空气间隙与平均空气间隙之差，不应超过平均空气间隙值的±5%。

励磁机定子，在机组中心调整合格后再调整定位，以免机组中心调整时，使励磁机中心变差。主极和换向磁极的各被测空气间隙与平均空气间隙之差，不应超过平均空气间隙值的±5%。

（4）电刷在刷握内滑动应灵活，无卡阻现象；同一组电刷应与相应整流子片对正，刷握距整流子表面应有 2～3mm 间隙，各组刷握间距差，应小于 1.5mm。电刷与整流子的接触面，不应小于电刷截面的 75%；弹簧压力应均匀。

电刷在刷握内滑动应灵活，无卡阻现象，否则应处理；同一组电刷应与相应整流子片对正，刷握距整流子表面应有 2～3mm 间隙，各组刷握间距差，应小于 1.5mm。电刷与整流子的接触面，不应小于电刷截面的 75%，否则应处理；弹簧压力应均匀。

（5）整流子各片间的绝缘应低于整流子表面 1～1.5mm。

整流子各片间的绝缘应低于整流子表面 1～1.5mm，以防受热膨胀后高出整流子表面，使电刷磨损严重，增加电刷打火概率。

【思考与练习】

（1）励磁机中心调整的标准是什么？

（2）为什么整流子各片间的绝缘应低于整流子表面 1～1.5mm？

（3）碳刷安装合格的标准是什么？

第二部分

水轮发电机机械设备检修工艺

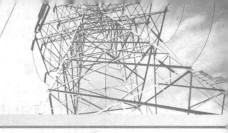

第六章

水轮发电机定子与机架检修

▲ 模块 1 水轮发电机上、下部机架的检查（ZY3600401001）

【模块描述】本模块介绍水轮发电机上、下部机架的检查主要内容。通过内容介绍、图文结合，了解水轮发电机一般检修状态下固定部件的检修内容。

【模块内容】

标准化作业管理卡见表 6-1-1。

表 6-1-1　　　　　　　　　标 准 化 作 业 管 理 卡

项目名称	水轮发电机上、下部机架检查清扫			检修单位	机械工程处水轮发电机班
工 器 具 及 材 料 准 备					
序号	名称	规格	数量	单位	用途
1	抹布		5	kg	清扫
2	金属洗涤剂		2	袋	清扫
3	塑料桶或铁桶		2	只	装水
4	胶皮手套		3	副	清扫
5	清水		100	L	清扫
6					

人员配备	主专责	
	检修工	
	起重工	
	电焊工	
检修方法和步骤	（1）检查上机架外观是否有疑象，机架基础板面应无高点、毛刺、并清扫干净。 （2）用塑料桶装大半桶水，倒入金属洗涤剂，清扫人员戴上胶皮手套，用抹布蘸水清洗上机架直至干净为止	
危险点及控制措施	（1）防止高空坠落。 （2）防止洗涤液溅入眼睛。如不慎溅入，应用清水冲洗至少 2min	
时间	检修工作开始时间	年　　月　　日
	检修工作结束时间	年　　月　　日
检修负责人：	班长技术员：　　　审核：　　　批准：	

一、水轮发电机机架结构简介

水轮发电机机架有荷重机架和非荷重机架两种形式。荷重机架要承受转动部分的重量和水推力，因此荷重机架的支腿往往设计成工字梁或框架形才有很大的刚度。如图 6-1-1 所示，推力油槽就座在承重机架内。如悬吊型机组的上机架或伞型机组的下机架。

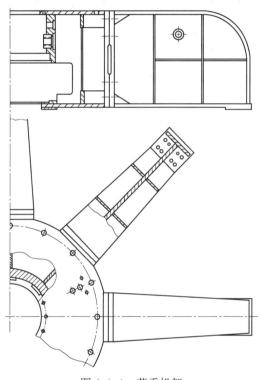

图 6-1-1　荷重机架

非荷重机架不承受转动部分的轴向力，因此，它的支腿往往设计成轻型结构。导轴承油槽在其中间（见图 6-1-2）。有的伞型机组为防止上晃，在上机架的支腿端部与基坑之间采用千斤顶顶住。

二、水轮发电机机架检修项目与质量标准

水轮发电机机架的机械检修内容不多，主要包括机架拆装、水平与中心测量及处理等。

（1）机架轴承座的水平测量，误差应小于 0.04mm/m。

（2）机架轴承座的高程测量，误差按水轮机法兰盘找正，偏差值应小于 1.5mm。

（3）机架中心测量，偏差应小于 1.0mm。

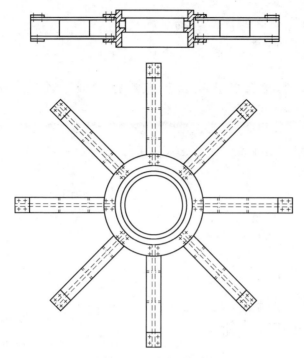

图 6-1-2 非荷重机架

（4）机架振动测量，振动应在规定范围之内。

三、水轮发电机机架的检查

（1）机架与定子结合螺栓、销钉及结构焊缝检查。销钉无松动，结构焊缝与螺帽点焊无开焊，消火水管不松动，且经通风试验畅通无阻。

（2）上机架装复前应完成检查、清扫、刷漆。检查、清扫、刷漆包括固定螺栓、销钉、各支臂结合面的修理、清扫；机架附件的检查、清扫，并按规定刷漆；挡风板结构的检查、处理；径向支承装置的检查、清扫。

（3）上机架装复就位后，应检查水平、高程、中心，检查合格后，应先回装销钉，再紧固螺栓。待盘车机组轴线调整合格后，调整机架径向支承装置符合设计要求。

（4）下机架装复前完成机架清扫、刷漆。检查金属结构，清扫修理结合面、销钉、销孔、螺栓。

（5）必要时，在机组拆卸前可检查测量承重机架的静挠度值，静挠度值应符合设计要求。

【思考与练习】

（1）说明荷重机架的作用。

（2）说明机架的检修项目与质量标准。

（3）说明机架的检查内容。

▲ 模块 2 水轮发电机定子一般检修项目（ZY3600401002）

【模块描述】本模块介绍水轮发电机定子检修一般检修项目。通过内容介绍、图文结合，掌握水轮发电机定子检修各项目的主要内容和一般注意事项。以下内容还着重介绍定子主要组成部件。

【模块内容】

一、水轮发电机定子结构简介

当大、中型立式水轮发电机的定子直径超过 4m 时，定子的机座均采用分瓣组合式。定子由机座、铁芯和线圈等组成如图 6-2-1 所示。

大、中型立式水轮发电机的机座是圆环形的，由厚钢板分层焊接而成，用地脚螺栓通过基础垫板固接在混凝土基础上。个别定子是浮动在基础板上的，这样可在定子热膨胀时自由外伸，定子可保持整圆形，而避免呈梅花状。

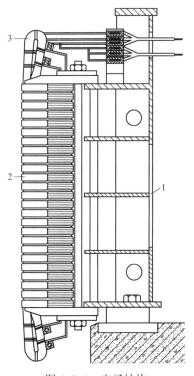

图 6-2-1 定子结构
1—机座；2—铁芯；3—线圈

水力机组转动部分的重量、推力轴承、上机架的重量和水轮机的轴向水推力通过机座传给基础。水轮发电机定子铁芯硅钢片通过定位筋定位，并由齿压板、穿心螺栓固定在机座上。

铁芯由导磁性良好的厚为 0.35～0.5mm 的扇形硅钢片叠压而成。为防止产生涡流损耗，各层硅钢片均涂有绝缘漆。扇形硅钢片背部有鸠尾槽与焊在机座上的定位筋相连；前面开有许多矩形槽以放入绕组。铁芯由穿心螺栓通过上、下端的齿压板，紧压在机座中环板上。为了将水轮发电机内部产生的热量带走，沿铁芯高度每隔 40～45mm 分段用工字形衬条隔成幅向通风沟作为通风之用。目前，不少水电站在现场进行定子叠片，叠成整圆形，以减少振动。

定子绕组是由许多根包有绝缘（股间绝缘）的扁铜线组成。在线圈外部包有绝缘强度很高的主绝缘（对地绝缘），为了防止电晕放电，线圈外表还涂有半导体漆或带有防晕层。线圈（分波形和迭形两种）嵌入定子铁芯的下线槽内，用槽楔固定。端部用绑带（绳）扎在支持环上。为了测量铁芯、线圈及冷热风的温度，还要在定子内部的某些部位，如线圈底层及层间埋设电阻温度计。

二、水轮发电机定子检修项目与质量标准

（1）定子铁芯合缝间隙检查、测量。定子铁芯合缝局部间隙为 0.2mm 的长度不大于定子铁芯合缝全长的 2%。

（2）定子铁芯的圆度测量与处理。定子铁芯各半径与平均半径之差不应大于设计空气间隙的 ±4%。

（3）铁芯及线圈检查。铁芯组合应严密，无铁锈，齿压板不松动；线圈应完整，绝缘无破损、胀起及开裂等现象，线圈表面无油垢。

（4）定子振动。定子振动应在规定范围之内。

三、水轮发电机定子检查项目及要求

（1）检查定子基础板螺栓、销钉和定子合缝处的状况，达到以下要求：

1）基础螺栓应紧固，螺母点焊处无开裂，销钉无窜位。

2）分瓣定子组合后，机座组合缝间隙用 0.05mm 塞尺检查，在螺栓周围不应通过。

3）定子机座与基础板的接触面积检查。合缝间隙用 0.05mm 塞尺检查，不能通过，允许有局部间隙；用 0.1mm 塞尺检查，深度不应超过组合面宽度的 1/3，总长不应超过周长的 20%；组合螺栓及销钉周围不应有间隙，组合缝处的安装面错牙一般不超过0.10mm。

（2）检查定子铁芯衬条、定位筋应无松动、开焊。齿压板压指与定于铁芯间应无间隙。压紧螺栓应紧固，螺母点焊处无开裂。

（3）水轮发电机空气间隙测量。水轮发电机空气间隙测量要求各点实测间隙的最大值或最小值与实测平均间隙之差同实测平均间隙之比不大于 ±8% 为合格。

（4）必要时挂钢琴线测量定子铁芯中心与圆度。要求定子铁芯圆度（为各半径与平均半径之差）不应大于设计空气间隙值的 ±4%。一般沿铁芯高度方向每隔 1m 距离选择一个测量断面，每个测量断面不小于 12 个测点，每瓣每个测量断面不小于 3 点，接缝处必须有测点。中心偏差不大于 1.0mm（与水轮机下固定止漏环中心比较）。

（5）挡风板（引风板）检查。挡风板（引风板）的连接螺栓应紧固，防松设施完好；挡风板（引风板）的连接板的连接焊缝无开裂；挡风板（引风板）本体无裂纹，无异常变形。

（6）水轮发电机消防水管及其他附件连接牢固，喷水孔不堵塞。

（7）检查穿心螺栓，应力值是否达到 120MPa。

【思考与练习】

（1）说明定子的作用与组成。

（2）说明定子检修项目有哪些。

（3）说明定子检修质量标准。

▲ 模块 3 水轮发电机空气间隙测量（ZY3600401003）

【模块描述】本模块介绍水轮发电机空气间隙测量方法。通过举例讲解、质量要求讲解及实操训练，掌握水轮发电机空气间隙测量计算方法和质量要求。

【模块内容】

标准化作业管理卡见表 6-3-1。

表 6-3-1 标 准 化 作 业 管 理 卡

项目名称	水轮发电机空气间隙测量			检修单位	机械工程处水轮发电机班	
工 器 具 及 材 料 准 备						
序号	名称	规格	数量	单位	用途	
1	游标卡尺	150mm	1	把	测量数据	
2	木楔尺	200mm	1	把	塞间隙	
3	电筒		1	把	照明	
4	粉笔	彩色	10	支	涂抹木楔尺斜面	
5	记录本		1	本	记录数据	
6	笔		1	支	记录数据	
7						
8						
人员配备	主专责					
	检修工					
	起重工					
	电焊工					
检修方法和步骤	（1）木楔尺的斜面涂以彩色粉笔灰，使斜面对着定子铁芯插入，以一定力量压紧，拔出后用游标尺测量木楔尺斜面刻痕处的厚度，即为该处间隙。 （2）测量位置应在各磁极极掌的中间，应测磁极上下两圈，并做好记录					

续表

危险点及控制措施	测量人员除了测量必需工具外，不得携带其他零碎物品，防止异物落入定、转子空隙				
时间	检修工作开始时间		年　　月　　日		
	检修工作结束时间		年　　月　　日		
检修负责人：		班长技术员：	审核：		批准：

一、概述

（1）测量间隙的部位，如图6-3-1所示。

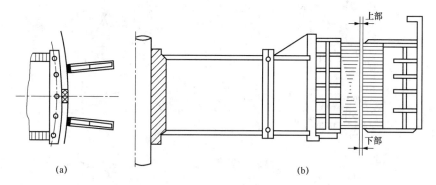

(a)　　　　　　　　　　　　　　　(b)

图6-3-1　空气间隙测量部位

（2）测量水轮发电机空气间隙目的。水轮发电机空气间隙是指转子磁极外圆与定子铁芯内圆的间距而言，每台机组均有设计间隙值。实际上，大型水轮发电机都是凸极式的，由于加工与安装的质量不同，以及运行中可能产生的变化，会使各个磁极与定子铁芯的间距有所不同。每次大修时在吊转子之前均应测出并记录水轮发电机空气间隙，看空气间隙是否合乎规定数值，并以此数据作为依据，帮助查找振动、摆度的起因。

二、测量水轮发电机空气间隙

（1）把木楔尺的斜面涂满粉笔灰，将斜面对着定子铁芯表面插入，当插不动的时候，拔出木楔尺，用游标卡尺量取木楔尺上有擦痕处的厚度，这个厚度即是此处的空气间隙值。做好记录，如图6-3-2所示。

（2）一般地说，大中型机组应测转子上、下两处的间隙值，在磁极较多的情况下，可以每隔一极测一点间隙。

（3）水轮发电机空气间隙质量标准。水轮发电机空气间隙要求各测点实测间隙与实测平均间隙的偏差不得超过实测平均间隙的±10%，即：

$$\left|\delta_i - \delta_p\right| \leqslant \delta_p \times 10\% \tag{6-3-1}$$

式中 δ_i——某点实测空气间隙，mm；

δ_p——实测空气间隙的平均值，mm。

三、水轮发电机空气间隙测量分析计算案例

某机空气间隙的实测结果如图 6-3-2 所示。

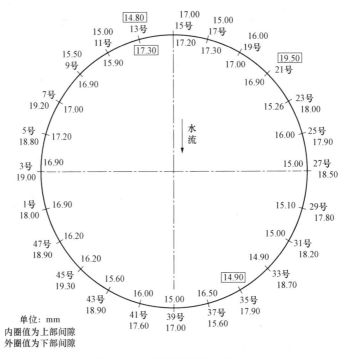

图 6-3-2 空气间隙测量记录

由水轮发电机空气间隙质量标准，式（6-3-1）可得水轮发电机空气间隙合格范围为：

$$90\%\delta_p \leqslant \delta_i \leqslant 110\%\delta_p \tag{6-3-2}$$

由图 6-3-2 的例中可知：上部平均间隙 δ_{sp}=16.10mm，故水轮发电机上部空气间隙合格范围为：

$$14.49 \leqslant \delta_{si} \leqslant 17.71 \tag{6-3-3}$$

故水轮发电机上部空气间隙为全部合格。

下部平均间隙 δ_{xp}=17.60mm，故水轮发电机下部空气间隙合格范围为：

$$15.84 \leqslant \delta_{xi} \leqslant 19.36 \tag{6-3-4}$$

故水轮发电机下部空气间隙 9 号、11 号、13 号、17 号、37 号以及 21 号为不合格，其中 9 号、11 号、13 号、17 号、37 号偏小，21 号偏大。

对于这个缺陷，应在转子测圆、定子测圆以及机组中心测量后，一并进行分析和处理。一般情况下，个别点不合格是允许的。

【思考与练习】

（1）说明水轮发电机空气间隙测量的部位。

（2）说明水轮发电机空气间隙的质量标准。

（3）如何测量水轮发电机空气间隙？

◢ 模块 4 水轮发电机定子铁芯拉紧螺杆的检查
（ZY3600401004）

【模块描述】本模块介绍定子铁芯拉紧螺杆的检查内容。通过检查内容简要介绍、要点讲解及实操训练，掌握定子铁芯拉紧螺杆的检查的基本要求。

【模块内容】

标准化作业管理卡见表 6–4–1。

表 6–4–1　　　　　　　　标 准 化 作 业 管 理 卡

项目名称	定子穿心螺杆检查处理				检修单位	机械工程处发电机班
工 器 具 及 材 料 准 备						
序号	名称	规格	数量	单位	用途	
1	大锤	18 磅	1	把	处理螺栓	
2	工具扳手		1	套	处理螺栓	
3	电焊设备		1	套	点焊	
4						
5						
6						
7						
8						
人员配备	主专责					
	检修工					
	起重工					
	电焊工					

续表

检修方法和步骤	（1）检查定子铁芯衬条定位筋应不松动无开焊的现象，否则应补焊固定。 （2）定子铁芯有松动且其穿心螺杆应力不足 120MPa 时应进行穿心螺杆打紧处理可选择 2～3 根螺杆打紧试验，并测量其应力，在掌握其打紧力的条件下才能对所有穿心螺杆进行紧固			
危险点及控制措施	焊接期间需做好防火措施			
时间	检修工作开始时间	年 月 日		
	检修工作结束时间	年 月 日		
检修负责人：	班长技术员：	审核：		批准：

对定子进行检修时，首先应进行几项检查工作，如：检查定位筋是否松动，定位筋与托板、托板与机座圆环结合处有无开焊现象。由于定位筋的尺寸和位置是保证铁芯圆度的首要条件，所以发现定位筋松动或位移应立即恢复原位补焊固定；检查通风铁芯衬条是否松动，铁芯是否松动，定子铁芯拉紧螺杆应力值是否达到 120MPa。如果发现铁芯松动或进行更换压指等项目时，必须重新对定子铁芯拉紧螺杆应力进行检查，常用方法有两种：

（1）利用应变片测螺栓应力。常用单点半桥测量法，这种方法一般适用于手动单个紧定子铁芯拉紧螺杆。当拧紧螺帽时，应该使螺栓应力为 120MPa，可采用测量方法如图 6-4-1 所示。

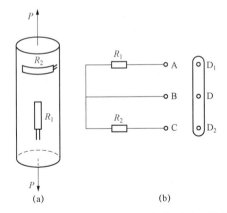

图 6-4-1 单点半桥测量穿心螺栓贴法及接线

R_1 为测量片（电阻值为 100～600Ω），R_2 为温度补偿片，如图 6-4-1（a）所示。应变仪的结线如图 6-4-1（b）所示，D_1、D、D_2 为应变仪结线桥的三个端点，用三联片连上。这样，应变仪（如 YJ-5 型）的读数就等于应变量 ε。

其应力 σ 为：

$$\sigma = E \cdot \varepsilon \qquad\qquad (6\text{-}4\text{-}1)$$

式中　σ——应力，MPa；

　　　E——材料弹性模数，取 2.1×10^5MPa；

　　　ε——应变量。

当 $\sigma=120$MPa 时，ε 可事先算得。于是，当拧紧螺帽时，一边检查 ε 值，一边注意用多长的扳手和用多大的力。当 ε 合格时，记下扳手长度和用力的大小，以后每个螺帽均以这个力矩拧动便可。

（2）利用油压装置拧紧定子铁芯拉紧螺杆。在定子铁芯叠装工作的最后，要将定子铁芯拉紧螺杆拧紧。这时可采用油压装置，使许多定子铁芯拉紧螺杆（如定子铁芯的 1/6～1/4）达到应力 120MPa 的要求。该装置把高压油泵和许多油压千斤顶用管路连通起来组成一个整体，利用每一个油压千斤顶去拉一个定子铁芯拉紧螺杆，如图 6-4-2 所示。

连臂 3 一端支在支块 1 上，支块 1 放在机座上环上。连臂的中部通过双头连接螺帽拧在定子铁芯拉紧螺杆上，连臂的另一端放在千斤顶柱头上。油泵启动后，柱塞 C 上升，以 A 为支点，B 点也上升。拔长定子铁芯拉紧螺杆，也压紧了定子铁芯叠片。如按 120MPa 的应力计算，则拉伸力 P 为：

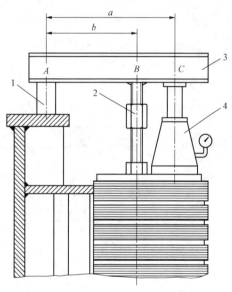

图 6-4-2　用油压装置紧定子铁芯拉紧螺杆
1—支块；2—双头螺帽；3—连臂；4—千斤顶

$$P = \frac{\pi}{4}d^2[\sigma] \qquad\qquad (6\text{-}4\text{-}2)$$

式中　P——拉力，N；

　　　d——螺纹内径，m；

　　　$[\sigma]$——许用拉应力，120MPa=120×10^6Pa。

由于杠杆传动，换算到千斤顶柱塞上的力 P' 为：

$$P' = \frac{b}{a}P \qquad\qquad (6\text{-}4\text{-}3)$$

换算到油泵压力表读数为：

$$P_{表} = \frac{P'}{\frac{\pi}{4}D^2} = \frac{b}{a} \cdot \frac{d^2[\sigma]}{D^2} \qquad (6\text{-}4\text{-}4)$$

式中 　D——千斤顶活塞直径，m。

油泵启动后，监视压力表达到式（6-4-4）计算值时，表明螺栓拉应力已达许用值 120MPa。例如：某电厂定子铁芯拉紧螺杆 d=45mm，千斤顶活塞直径 D=100mm，$\frac{b}{a}=0.5$，代入式（6-4-4）得：

$$P_{表} = 0.5 \times \frac{45^2 \times 120}{100^2} = 12.15\,\text{MPa} \qquad (6\text{-}4\text{-}5)$$

拧紧定子铁芯拉紧螺杆后，如个别铁芯端部松动时，可在齿压板和铁芯之间加一定厚度的槽形铁垫，并点焊于压齿端点。

【思考与练习】

（1）为什么要对定子铁芯拉紧螺杆应力进行检查？

（2）说明定子铁芯拉紧螺杆应力检查的方法。

（3）利用油压装置拧紧定子铁芯拉紧螺杆，如何计算拉伸力？

▲ 模块5 　水轮发电机定子铁芯局部松动原因分析及处理方法（ZY3600401005）

【模块描述】本模块介绍有效铁芯度变松的特征、铁芯局部松动原因的分析和一般处理方法。通过方法介绍、要点讲解，掌握对定子铁芯局部松动原因的分析及处理。

【模块内容】

标准化作业管理卡见表 6-5-1。

表 6-5-1 　　　　　　　　　　　标 准 化 作 业 管 理 卡

项目名称	定子铁芯检查处理		检修单位	机械工程处发电机班	
工 器 具 及 材 料 准 备					
序号	名称	规格	数量	单位	用途
1	手锤	2磅	3	把	锤击螺帽
2	大锤	18磅	1	把	紧固螺栓
3	工具扳手		1	套	紧固螺栓
4	电焊设备		1	套	点焊
5	气焊		1	套	清除焊口
6					
7					
8					

续表

人员配备	主专责	
	检修工	
	起重工	
	电焊工	
检修方法和步骤	（1）当个别铁芯端部松动时，可在压指与硅钢片间加一定厚度的槽形不锈钢垫。 （2）垫端应与压指点焊固定，然后打紧穿心螺栓，打紧力应符合规程要求。若压指板下的铁芯均有松动，则可在压指板后部与定子外壳之间加垫调整	
危险点及控制措施	（1）焊接期间，需严格做好防火措施。 （2）如松动处较多，可考虑使用风扳机。 （3）防止高空坠落	
时间	检修工作开始时间	年　　月　　日
	检修工作结束时间	年　　月　　日
检修负责人：	班长技术员：	审核：　　　　　　　　批准：

一、冷态振动处理

有的机组由于定子铁芯合缝不严或铁芯松动，当启动至空载，励磁投入后，在交变磁场的作用下，可能产生振动。这种振动的轴向分量极小，而沿着径向和切向的分量却很大。其振幅随温度的变化而变化。如某机在室温 30℃时启动（冷态），切向振幅双向值为 0.11mm，人站在水轮发电机上或水轮发电机附近地板上有发麻的感觉。随着带负荷引起线圈温度上升，铁芯温度也上升，至 60℃时双向振幅骤降至 0.01mm。这种现象与合缝间隙的变化规律相一致，因此称这种现象为冷态振动。为消除冷态振动，要在铁芯合缝处加垫，消除间隙，增加刚度（如果定子铁芯在现场叠片时，一般不用加垫）。

（1）加垫前，测出定子铁芯合缝及机座合缝的间隙。

（2）一般采用双面涂有绝缘漆的青壳纸做垫。垫的厚度可比间隙值大 0.5mm 左右（考虑其压缩量）。

（3）先拔出定子基础销钉，再拆除定子对缝结合螺栓，后松开定子基础螺钉。

（4）加垫时，为防止铁芯圆度变化，应先用铁楔打开直径方向的两个合缝，加好垫后，紧上把合螺帽，打入基础销；再把另一直径方向的合缝打开加垫紧好。最后再把基础螺钉拧上，并再一次拧紧把合螺帽。

（5）测量定子外壳合缝间隙，除局部外，以 0.05mm 塞尺塞不进为合格。如有可能，挂钢琴线测定子圆度，看其是否超差。如有超差，应重新处理。

二、定子调圆

定子铁芯的圆度、波浪度均有严格要求，制造厂预装时，必须保证质量。由于运输、吊运可能产生变形，另外，在电厂多年运行后也可能由于电磁力、机械力的作用，使结构损坏而产生变形。一般只要叠片时，将通风沟内的工字型衬条排在一条垂线上，定子铁芯不会出现波浪度。

一般地说，定子的圆度（即最大直径与最小直径的差值）不得超过空气间隙的 10%，如超过此值将会引起磁拉力不均衡和水轮发电机参数的变坏。但实际上，许多电厂的水轮发电机定子圆度均不理想，运转起来，电流的波形，磁拉力、振动等方面情况尚好，故可以不处理定子圆度。

当定子圆度偏差很大，对安全运行造成影响时，必须进行处理。

（1）重新堆积铁芯。这是根本的一着。此项是扩大性大修的重点项目。当定子线圈、硅钢片全拆出后（操平、登记、分组编号、妥善保存），利用挂钢琴线办法（或用测圆架），测出定位筋的圆度。如直径出入较大，应拆下定位筋、托板，重新找正并焊牢；如需处理的尺寸较小，可直接锉削、刮削定位筋，从而保证圆度。在此基础上重新叠片，注意保证铁芯圆度等公差要求。

（2）用千斤顶顶圆。当定子机座四周是混凝土墙或基坑时，在强度允许条件下，视其定子结构的可能，采用在机座的四周，根据铁芯不圆度情况，用千斤顶顶圆。

（3）用花兰螺栓拉圆。如定子的位定筋与铁芯的径向间隙在 0.70mm 时，即可采用拉的方法。要在机坑墙和定子机座上装数个花兰螺栓，从各方向沿定子上、中、下三层拉机座，以达到调圆目的。某机定子中部拉圆后的圆度如图 6-5-1 所示。

其空气间隙值为 15mm，最大直径的测值为 0.56+0.21=0.77；最小直径的测值为 0.20+（-0.16）=0.04。其相对误差为 $\frac{0.77-0.04}{15}=4.9\%<10\%$，此定子圆度合格。

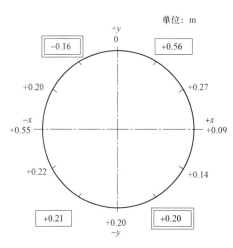

图 6-5-1 定子测圆数值

【思考与练习】

（1）定子为什么会发生冷态振动？

（2）如何处理定子冷态振动？

（3）如何处理定子的圆度？

▲ 模块6　水轮发电机定子铁芯安装措施及技术要求
（ZY3600401006）

【模块描述】本模块介绍水轮发电机定子施工前准备、定子组合、铁芯叠装、铁损试验全过程介绍。通过过程介绍、质量要点讲解及实操训练，掌握定子铁芯安装全过程工艺和技术要求。

【模块内容】

巨型机组的定子，分瓣运输仍有困难时，铁芯可以像转子一样在工地进行整体叠装，这样既解决了分瓣困难，又提高了设备的质量（如整体叠装的定子没有铁芯合缝间隙问题，因而消除了合缝处的振动、噪声、发热、线槽超宽等现象）。

定子机座可由制造厂到货或在工地拼焊而成。整体叠装所需的硅钢片一般由制造厂提供。

一、定位筋装配

（1）装配定位筋前的准备。

1）将定子机座安放在牢固的基础上并找好水平。机座水平以叠压硅钢片的下环为基准，不平度控制在4mm以内。

2）安装定子测圆中心柱，其中心与机座中心偏差应小于1mm。由于中心柱是测量全部叠装铁芯内径的轴心，故垂直偏差应尽量小些。

3）用锉刀修除定位筋鸽尾部分的毛刺。

4）在全长范围内校直定位筋，使其不平度不大于0.16mm。

5）利用中心柱检查机座下环上的每个拉紧螺孔位置，使其直径偏差不大于1.5mm。

（2）预装定位筋。首先确定第一根筋的位置，确定时可利用机座上的撑管或螺孔定位，如图6-6-1所示，使其中心线偏差不大于1mm。然后将所有定位筋下端（机座下环之上）划出中心线，将托板嵌入定位筋后一一就位。就位时在托板和机座环之间应开焊接坡口，筋与下环之间应预留间隙。顶部托板用特制"C"形线夹夹紧，其余各层托板采用平头千斤顶临时固定，如图6-6-2所示。

以预先划好的中心线为准，调整定位筋的径向和周向垂直度，使其在0.05m/m以内，然后再点焊定位筋与托板配合面的两侧。点焊后应复查定位筋的垂直度，将每根筋与其托板进行粗焊。最后把千斤顶和"C"形线夹松开，将定位筋（带托板）取下（取下前应在机座上打标记）。

（3）筋与托板焊接和校直。将预装过的定位筋和托板进行焊接时，必须保证角焊缝的质量，焊后应对不平度进行校直。

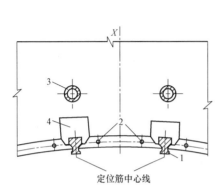
图 6-6-1　定位筋布置图
1—定位筋；2—拉紧螺杆孔；3—撑管；4—托板

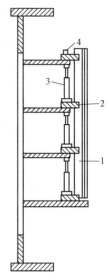
图 6-6-2　定位筋临时固定布置图
1—定位筋；2—托板；3—平头千斤顶；
4—特制"C"形线夹

（4）回装第一根定位筋。

将与托板焊接的第一根定位筋放回原位，借助于"C"形线夹、棋子板等工具临时加以固定，然后反复检查和调整使该筋方位符合下列要求：

1）垂直偏差小于 0.05mm/m 以内。

2）中心偏差小于 1mm 以内。

3）半径偏差 $^{+0.20}_{+0}$ mm 以内。

最后将该筋上所有托板左右两侧点焊于机座各环上。点焊后检查定位筋方位仍应符合上述要求。

（5）装其余定位筋。在装完第一根定位筋后，接着间隔而有规律地装一部分定位筋（约全部装筋量的 1/4～1/3），这样安排会发挥更好的效果。如图 6-6-3 所示，在一个具有四环的定子机座上，先装筋 1/3（即每间隔两筋位置先装上一筋），其施工程序如下。

1）以第一根定位筋为 1 号，隔开 2 号、3 号筋位，装 4 号。

2）用托架上的螺钉调节装筋样板的水平，使其偏差小于 0.08mm/m。

3）按照装 1 号筋的方法和要求，调整 4 号筋的周向垂直度。

4）以 1 号筋为基准，利用中心柱和内径千分尺测具测量 4 号筋的相对半径值，使其偏差小于 $^{+0.20}_{+0}$ mm。

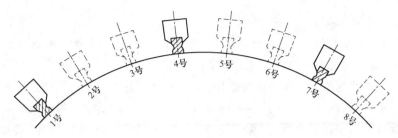

图 6-6-3　间隔装筋示意图

5）检查托板与机座环间的间隙、筋的周向垂直度和半径尺寸。半径尺寸仅在上下装筋样板处（第二环、第三环处）各测一点，符合要求后将筋点焊在第二环、三环上。

6）同样程序和方法装 7 号、10 号、13 号、……。为了避免累积误差，每装一根筋后，上下样板应换位一次。已装各筋弦距差不应超过 0.3mm，如超过此值，每差 1mm 应铲掉三根筋，使差值平均分配到这些间距中，再重新找正进行点焊。检查定位筋鸽尾中心线与底环拉紧螺杆孔的相对尺寸，使其最小偏差小于 3mm。

7）同样程序和方法装其余的 2/3 筋。

8）当全部筋点焊在第二环、三环之后，测量第一环、四环处各筋弦距和半径并进行调整，合格后将托板点焊在机座第一环、四环上。

（6）托板焊接。将托板焊接于机座各环上，焊接前后应注意校核弦距和半径尺寸。每根筋的半径可检查 7 点（部位在环和环间），定位筋内圆半径偏差应在 $^{+0.20}_{-0}$ mm 以内。弦距可检查两点，使偏差应在 0.3mm 以内。

（7）修整。如筋位半径尺寸太小，可将筋的内圆用砂轮磨去一部分；若筋位半径尺寸太大，可以在筋的鸽尾斜面上磨去一部分，使筋向中心移动一些；弦距如不符合要求，则视具体情况进行处理。

二、定位筋焊接

为了减少焊接变形，一般先焊中间各环，后焊上、下环。如具有四环的机座，其焊接顺序应为：第三环、第二环、第四环、第一环。各托板焊接顺序可先左后右或先右后左，但整台必须一致。托板周向焊接顺序应符合图纸规定。

所有机座环上的径向焊缝均焊完一层后，才允许开始焊第二层。

径向焊缝每焊完一层应检查一次弦距及径向尺寸，待全部筋搭焊完毕再检查一次弦距及径向尺寸，不合格者及时处理。

三、定子硅钢片叠压工艺

（1）准备工作。清除上、下齿压板的油污，修理压指上的毛刺，在上齿压板有齿的一面涂刷绝缘灰磁漆，晾干 24h。

清洗永久拉紧螺杆，检查螺杆与螺母丝拍应无损伤，其光杆部分应刷绝缘灰磁漆。清理机座下环，用压缩空气吹净并铲除焊疤，清除污油等。

（2）装下齿压板。用定子冲片做样板，调整下齿压板，使压指与定子冲片的中心线偏差不大于 2mm，压指的端部应缩进冲片齿端，而后将下齿压板搭焊在下环上。搭焊时应调整压指高程，使其相互间偏差不大于 2mm。最后按图纸要求进行焊接。

（3）硅钢片叠装和预压。

1）用人工或机械按图纸堆叠一段定子扇形片（其中应包括一层通风槽铁片），用整形棒将此段加以整形，另外在每张扇形片范围内放两根槽形样棒。经检查无问题后，可将扇形片继续堆叠至一个压紧段。堆叠时需注意以下几点：① 冲片记号槽应一致；② 有折边、卷角、断齿、裂纹、污垢的冲片不应叠入；③ 叠片应靠紧定位筋内圆，每叠一段用整形棒整形一次，随着叠片高度的增加须将槽形样棒逐渐上升；④ 根据对冲片叠压系数的要求，计算出每段叠片层数和高度范围。

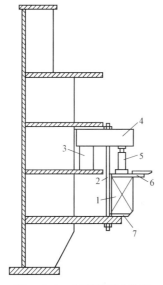

2）根据压装工具的具体情况，对于叠装扇形片可分段预压，每块齿压板上放一台油压千斤顶，分段预压示意图如图 6-6-4 所示。压紧过程中应使千斤顶受力均匀，经预压后，硅钢片厚度为 0.5mm 时，叠压系数应大于 0.94；平均高度与设计偏差在 ±4mm 以内；圆周方向的波浪度不大于 8mm。

每次分段预压应注意下列几点：① 压紧前应在铁芯全长范围内整形；② 在千斤顶下的第一层不得放通风槽片；③ 槽形样棒不得露出铁芯之上。

千斤顶实际承压能力，应不超过冲片单位压力的允许值（1.2～1.5MPa 以内）。第一

图 6-6-4　分段预压示意图
1—铁芯；2—临时拉紧螺杆；3—垫块；4—工字梁；
5—油压千斤顶；6—上齿压板；7—下齿压板

段预压完毕，应拆除预压工具，继续堆叠扇形片，然后再进行第二段的压紧。堆叠和预压次数，应根据工具的压紧能力和压紧系数、波浪度的要求具体确定。

3）定子扇形片全部堆叠完毕，进行最后压紧，如图 6-6-5 所示。由于高度的变化，须更换不同长度的垫块和临时拉紧螺杆。千斤顶承受的压力必须比前几次大，才能保

证整个铁芯的高度和波浪度。当达到要求后，可逐个拆除千斤顶，按图纸安放齿压板并调整水平，穿上永久拉紧螺杆，并初步把紧。待上齿压板全部换上后，应轮流循环把紧几圈。在压紧状态下，检查并调整上齿压板，使其各压指与冲片齿的中心一致并保持应有的水平。最后拧紧拉紧螺杆，使铁芯高度、波浪度、压紧系数全部达到要求后，再点焊压紧螺母。待铁损试验合格后，割除和磨平拉紧螺杆的多余部分。

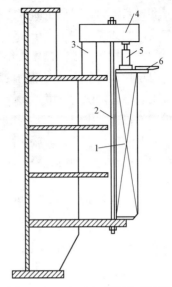

图 6-6-5　定子扇形片最后压紧
1—铁芯；2—临时拉紧螺杆；3—垫块；
4—工字梁；5—油压千斤顶；6—上齿压板

【思考与练习】

（1）如何进行定位筋装配？

（2）如何进行定位筋焊接？

（3）说明定子硅钢片叠压准备工作。

（4）如何装下齿压板？

（5）说明定子硅钢片叠装和预压工艺。

▲ 模块 7　水轮发电机定子槽楔松动处理（ZY3600401007）

【模块描述】本模块介绍定子退槽楔、安装新槽楔的工艺。通过方法介绍、要点讲解及案例分析，掌握槽楔松动处理常见方法。

【模块内容】

一、打入槽楔应符合以下要求：

（1）槽楔应与绕组及铁芯齿槽配合紧密。

（2）槽楔打入后铁芯上下端的槽楔应无空隙。其余每块有空隙的长度，不应超过槽楔长度的 50%，否则应加垫条塞实。

（3）槽楔不应凸出铁芯，槽楔的通风口应与铁芯通风沟一致，其伸出铁芯上下端面的长度及绑扎，应符合设计要求。

二、槽楔的检查及处理

1. 定子槽楔的检查

定子线棒必须紧紧地固定在铁芯的槽内以线圈的振动，线棒在槽内的移动和磨损的累积会导致线棒的过早的损坏，因此检查槽楔的紧固度是非常有必要的。影响槽棒紧度的因素有以下几点：下线棒和装槽楔过程中的各种因素、在正常运行工况下的机械运动和过负荷运行时产生的应力超过设计限值。

检查时，如果出现不大于 25%、在任何槽内，两根相邻的全槽楔不得有松动和每槽的上端部槽楔和下端部槽楔不得松动这三种情况的任何一种就要更换槽楔并要查明原因。退出槽楔并仔细检查槽内的填充物来确定发生变化的原因并解决问题。重新打槽楔并检查整槽槽楔的紧度。

槽楔的检查：我们定子线棒每一槽有 1 块底部槽楔、19 块中间槽楔和 1 块顶部槽楔。用一个 50g 的榔头，轻轻地敲击槽楔的中部，如果是紧固的槽楔，敲击时，就会有实心密实的声音；如果是松动的槽楔，敲击时就会有空哑声。检查记录填写在相关表格内。

2. 退出需要更换的槽楔

对于松动的槽楔有退出来，重新打入新的槽楔。退槽楔使用铜榔头、平头扁铲，不得打伤铁芯或顶层线棒。先把底部的槽楔退出来，再一段一段地从下往上全部退出来。

3. 槽楔装配

将槽内清扫干净，测量槽内电阻。在上层线棒的外层垫一层 0.8mm 上层垫条，垫条尽可能是整条的（如果是两根接起来的，中间的接头部位用 AQ23C4A2 胶带将中间垫条的两面黏牢，并弄平整），波状弹簧垫条装在上层垫条和槽楔之间。上层垫条和波状弹簧垫条要比定子铁芯的端部要长出 30mm。

从上往下将槽楔放入，槽楔安装顺序应从下端部开始向上安装。在打第一块槽楔（底部槽楔）时要保证铁芯的通风槽和槽楔的通风块对齐。

每槽槽楔和滑块的安装。滑块打进去是为了保证：线棒紧紧地固定在槽内；将弹簧垫条最小压缩到 65% 或压到 100%（压平）。

每个滑块靠槽楔的面要涂一层 GE 有机硅胶 RTV100，注意不要涂到靠到波状弹簧垫条的一侧。

波状弹簧从底部开始安装，在打滑块之间在每个波状弹簧之间留大约 13mm 的间隙来调整。

如果铁芯的通风槽和槽楔的通风沟不在同一直线的话，可采取的措施：如果槽楔太长，调整槽楔的长度；如果槽楔太短，在两个槽楔之间加垫块（垫块是从槽楔上锯下来的），这个垫块里不需要滑块。这个垫块要黏在铁芯的沟槽里，但如果相差太大一定要将槽楔取出，重新装配。

打入的滑块后槽楔应紧固，打紧后的槽楔不可超出铁芯表面。

铲除超长垫条时，应加保护垫条，不得损伤线棒绝缘。

检查槽楔是否装紧，用小榔头检查有或用 0.5mm 的塞尺从侧面不能塞入，或用小铁榔头敲无空哑声。

【思考与练习】

（1）打入槽楔应符合哪些要求？

（2）如何退出需要更换的槽楔？

（3）如何检查槽楔是否装紧？

第七章

水轮发电机转子检修

▲ 模块 1　水轮发电机转子一般检修项目（ZY3600402001）

【模块描述】本模块介绍水轮发电机转子及其挡风板一般检修项目内容。通过内容介绍、图文结合，了解水轮发电机转子一般检修内容。以下内容还着重介绍转子主要组成部件。

【模块内容】

一、水轮发电机转子的结构简介

水轮发电机转子的结构图如图 7-1-1 所示。

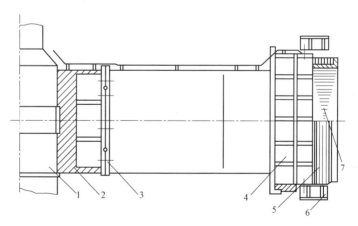

图 7-1-1　水轮发电机转子结构图

1—主轴；2—转子中心体（轮毂）；3—转子支臂（轮臂）；4—磁轭（轮环）；

5—磁极线圈；6—风扇；7—磁极铁芯

水轮发电机转子是由主轴、转子支架（包括轮毂和轮臂）、磁轭（轮环）和磁极等组成。当励磁电流通过磁极线圈时，由于转子旋转而形成旋转磁场，使定子线圈产生感应电势，其引出线接上负载即产生电流。

主轴通常由高强度钢整体铸成，或由铸造法兰和锻造轴身焊接而成。主轴是传送水轮机输来的扭矩，并承受转子的重量（包括水轮机转轮的重量）和轴向水推力。

转子支架主要用途是固定磁轭，将扭矩传递过来。大型机组的转子由于尺寸大，运输不便，可将转子支架分为中心体和支臂两部分。中心体（轮毂）为高强度钢铸造件，热套在轴上。当伞型机组采用无轴结构时，又利用中心体当中间轴其下部与水轮机轴用法兰连接，其上方用法兰与励磁机轴相连。

磁轭（轮环）的作用是固定磁极，并保证以很小的铁损构成磁路的一部分。大中型水轮发电机的磁轭由 3～6mm 厚的钢板冲成扇形片，交错堆积而成。磁轭的下端固有制动环，以备停机加闸用。磁轭有很大的转动惯量，以满足调节保证的需要。磁轭与轮臂通过磁轭键（轮环键）配合。

磁极由铁芯、线圈和阻尼条组成，是产生磁场的重要部件。它的尾部做成"T"形结构，用键固定在磁轭的"T"形槽或鸠尾槽内。在磁极的背面还受到压在磁轭中的两排弹簧的作用，以防止线圈松动。铁芯一般用 1～1.5mm 厚的钢板冲片堆成，两端压以极靴压板，用双头螺栓紧固。线圈一般为扁铜线，立绕在绝缘套筒上，匝间有绝缘。阻尼条由铜棒和铜环组成，铜棒插在磁极孔中，上下端在极靴上用阻尼环固接，并用青铜片制成的软接头将磁极间的阻尼绕组搭接在一起，形成纵横阻尼绕组。

风扇多为离心式或旋桨式的，固定在轮环上，起产生风压风作用，以利水轮发电机冷却。目前，大直径转子均用磁极旋转产生风压，取消了风扇。

二、水轮发电机转子检修项目与质量标准

悬式机组 A 级（扩大性）检修时，转子检修的项目主要有：水轮发电机空气间隙的测定、转子起吊前的准备工作和吊出、转子测圆、磁极拆装、磁轭键打紧、转子吊入等。

（1）转子圆度，各半径与平均半径之差，不得超过设计空气间隙的±4%。

（2）磁极铁芯中心高程，允许误差不大于±2mm（水斗式机组应为±1mm）。

（3）转子对定子相对高差，磁极中心低于定子铁芯中心的平均高差，其值应为铁芯有效长度的 0.4%以内。

（4）水轮发电机空气间隙，各点实测间隙与实测平均间隙值偏差不得超过实测平均间隙值的±8%。

（5）转子在机坑内的检查，应符合如下要求：

1）检查转子结构焊缝，各组合螺栓点焊好、无松动。

2）转子挡风板焊缝无开裂和开焊，风扇应无裂纹。

3）磁极键和磁轭键无松动，点焊无开裂。

（6）转子吊出后应进行清扫、检查。检修后应达到以下要求：

1）转子各结构焊缝，各把合螺栓点焊处完好，无开裂和松动。转子挡风板和各焊缝处无开裂和开焊，风扇应无裂纹。

2）制动环无裂纹，固定制动环螺栓头部应低于制动环制动面2～3mm。制动环接缝处的错牙不得大于1mm。轮臂和中心体的接合面应无间隙。

3）磁极健和磁轭键无松动，点焊无开裂。

4）转子通风沟和其他隐蔽部件上无异物。

5）喷漆质量达到要求。

【思考与练习】

（1）说明转子作用与组成。

（2）说明转子在机坑内的检查应符合哪些要求。

（3）说明转子检修的主要项目。

▲ 模块 2　转子磁极的拆装（ZY3600402002）

【模块描述】本模块介绍转子磁极拆装前的准备工作、拆磁极的工序、装磁极的过程内容。通过过程简要介绍、图文结合，了解转子磁极拆装的步骤和工艺要求。

【模块内容】

标准化作业管理卡见表7-2-1。

表7-2-1　　　　　　　　标 准 化 作 业 管 理 卡

项目名称	磁极检查		检修单位	机械工程处发电机班	
工 器 具 及 材 料 准 备					
序号	名称	规格	数量	单位	用途
1	手锤	2磅	1	把	敲击磁极键
2	手电筒		1	把	照明
3	直尺	500mm	1	把	测量
4					
5					

续表

人员配备	主专责	
	检修工	
	起重工	
	电焊工	
检修方法和步骤	（1）磁极键上端露出长度应为200～250mm，下端应不露出轮环面。 （2）小键上端点焊处应无开焊，敲击时，其音生硬清脆，无松动现象。 （3）磁极铁芯与转子铁芯结合面应无间隙	
危险点及控制措施	作业位置系高空作业区间，检修人员需精力集中，防止高处坠落	
时间	检修工作开始时间	年 月 日
	检修工作结束时间	年 月 日
检修负责人：	班长技术员：	审核： 批准：

为了处理转子圆度或更换磁极线圈绝缘等工作项目，要进行磁极吊出和修后吊入工作。

一、磁极吊出

如果吊出磁极工作是在水轮发电机基坑内进行时，应事先将磁极上端的水轮发电机盖板、上部挡风板、支持角钢、上部消火水管等部件吊出，还要把位于磁极下端有碍吊出磁极的部件，如下部挡风板等拆去。再把磁极上、下端风扇、"T"形槽盖板拆去，铲开磁极键头部的点焊处，打开阻尼环接头和线圈接头。吊磁极时应注意：

（1）为拔键省力，在吊出前20～30min，从磁极键上部（键头）倒入煤油，以浸润两键结合面的铅油。

（2）在磁极下端用千斤顶和木块，将磁极顶住，如图7-2-1所示。

（3）将已挂在主钩中的拔键器卡住磁极键的大头，找正主钩位置，慢慢地向上吊起。由于静摩擦力较大，起吊时容易发生突然拔脱，因此要用绳子拉住拔键器。当把大头键拔出一段后，用卡子把两键一起卡住吊出，用布条编号，妥善保管。

（4）把该磁极的两对磁极键拔出后，在磁极线圈上、下部罩上半圆柱形的防护罩，系上钢丝绳，将磁极稍稍吊起一点。

（5）对于老式机组，此时需用撬棍将磁极上端往外别，然后用两片薄钢皮插入磁极线圈绝缘板背面，挡住弹簧。现在有的机组已加以改进，将磁极背面与磁轭结合部位加一个垫铁，这样，在磁极吊装过程中不必插钢皮，可以简化操作。

找正吊钩位置，慢慢吊出磁极，并将磁极平放在软木上。

（6）取出磁极弹簧，查好数加以保管。

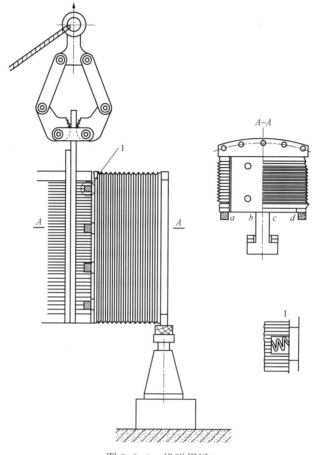

图 7-2-1 拔磁极键

二、磁极吊入

（1）安装前，检查磁轭"T"形槽内无障碍物，磁极"T"形尾部清理干净。

（2）在磁轭"T"形槽下端位置放好专用垫块和千斤顶，如图 7-2-2 所示。

按号将小键大头在下，斜面朝外，放在"T"形槽内，并落在垫块的小方块上。当需要调节键的高度时，可由改变千斤顶的高度来进行。

（3）用吊钩找正位置，慢慢地垂直落下至磁极"T"形尾下端面，距磁极标高铁块 1.0mm 时为止。

（4）将两根大键斜面上涂上铅油，薄端向下，斜面朝里，按号各自与小键配对插入键槽。用大锤交替将大键打下，最后放上打键工具（见图 7-2-3），直打至两根键端面基本平齐为止。打紧后，若大键端部松动，应拔出检查两键配合面的接触情况，发

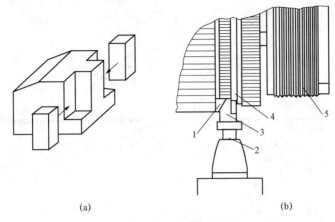

图 7-2-2　磁极吊入时顶键的位置和工具

（a）专用垫板；（b）顶键位置

1—磁极标高小铁块；2—千斤顶；3—专用垫块；4—小键；5—磁极

现个别高点应进行锉削和用砂布打光。经过多次修理，使配合面接触长度占全长的 70%以上。如仅端部接触不好，可在端部加垫处理。垫片应加在小键背面，其头部折弯。

（5）检查键的下端不应露出轮环面，键上端应露出一定的长度，并将两键点焊在一起。

（6）磁极中心高程允许误差，相对于轮辐中心高度不大于±2mm（水斗式水轮发电机为±1mm）。这一点可测磁极标高铁块与磁极"T"形尾之间的间隙来保证，如图 7-2-2 所示。

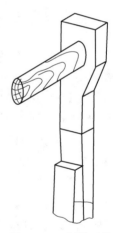

图 7-2-3　打键工具

三、对磁极凹入或凸出的处理

磁极吊装后，进行转子测圆时，可能发现有个别的磁极凸出或凹入，其处理部位见图 7-2-1 中 A-A 剖视之中的 ab 与 cd 处。如果磁极凸出，则将磁轭在 ab 与 cd 处修磨去一层（应将铁屑清扫干净）；如果磁极凹入，可在磁极与磁轭接触面 ab 与 cd 处加垫，重新组装直至圆度合格为止。但是，如果对磁轭"T"形槽处修磨时，要考虑此处磁轭的强度，不可任意磨去许多，以防转动时，离心力使磁极飞出，造成事故。

【思考与练习】

（1）说明磁极吊出的方法步骤。

（2）说明磁极吊入的方法步骤。

（3）磁极凹入或凸出时如何处理？

模块 3 磁极键的修配（ZY3600402003）

【**模块描述**】本模块介绍磁极小键配对和研磨工艺。通过工艺介绍、要点讲解及实操训练，掌握磁极安装过程小键研磨和安装调整工艺要求。

【**模块内容**】

一、磁极键的修配

（1）配键前，应用汽油、砂布等将两键结合面清扫干净并打光毛刺。

（2）将一对键按装配位置夹在台虎钳上，分别测量 5～10 点厚度，并用刮刀、锉刀修理，使其厚度误差控制在 0.20mm 之内。

二、磁极键的装配调整工艺

（1）先将两根短键放入磁极的 T 尾两侧，注意键的大头向下、斜面朝外，下部键头落于专用小垫铁上。

（2）将两根长键的斜面均匀地涂上一薄层白铅油，按小头向下、斜面朝里对号插入键槽。

（3）为防止将键头打坏，在长键头上可放一个类似垫锤样的打键专用工具。当安装的磁极不多时，可用大锤打键；如果安装的磁极数量较多乃至全部，为提高工作效率起见，可考虑使用风动工具大键。

（4）新键第一次打入键槽后，需拔出检查其紧密接触的长度应不小于磁极 T 尾长度的 70% 且两端无松动现象，否则应修配后再重新打入，直至合格为止。对拔出的旧键也应检查其紧密接触的长度是否合格。外观检查，可摇动键的上下端，如感到有松动但有打不进去，这说明键太厚，也需重新拔出并通过修配后再打入；如果在键的上、下部不太长的距离内可考虑在短键背后加垫的办法来处理，并将垫片露头部分折倒。

（5）为下次机组大修拔键的方便，长键的上端留出 200mm 左右的长度，磁极下部露出的键头割到与磁轭底面平齐即可。

（6）将对键点焊，然后装好键槽盖板和风扇。

【**思考与练习**】

（1）如何进行磁极键的修配？

（2）说明磁极键的装配调整工艺。

◢ 模块 4　转子测圆架安装（ZY3600402004）

【模块描述】本模块介绍转子测圆架安装调整过程和要求。通过安装过程介绍、测量方法讲解及实际操作，掌握测圆架调整过程和技术要求。

【模块内容】

标准化作业管理卡见表 7-4-1。

表 7-4-1　　　　　　　　　　标 准 化 作 业 管 理 卡

项目名称	转子测圆架安装	检修单位	机械工程处发电机班

工 器 具 准 备

序号	名称	规格	数量	单位	用途
1	套筒扳子	46	1	把	安装测圆架端板螺栓
2	大锤	18 磅	1	把	锤击扳手
3	百分表	0～10mm	3	块	调整测圆架中心
4	安全带		1	根	安全保护
5	活扳手	12 寸	1	把	安装螺栓
6	百分表架			套	固定百分表

人员配备	主专责	
	检修工	
	起重工	
	电焊工	

检修方法和步骤	(1) 将顶轴重新正式安装。 (2) 将测圆架吊上工作位置，将其上端板与轴头利用螺栓连接紧固。 (3) 在测圆架上下两个位置对主轴各设一套百分度表，其测量圆周位置应平滑无棱角。 (4) 缓慢按一个方向旋转测圆架，监视上下两块百分度表数值，其最大摆度值应小于 10 道。 (5) 如摆度过大，应将上端锁定螺栓轻微旋松，用大锤敲击测圆架端板，以达到调整中心的目的，然后旋紧螺栓，重新旋转测圆架，观察其摆度值。 (6) 根据数值，多次调整测圆架中心，使其复测误差不大于 0.20mm
危险点及控制措施	(1) 轴头工作人员身处高空作业区，精神需高度集中，防止高空坠落。 (2) 下部工作人员，需做好安全维护工作，防止因高空坠物而造成人员损伤
时间	检修工作开始时间　　　　　　　年　　月　　日 检修工作结束时间　　　　　　　年　　月　　日

检修负责人：	班长技术员：	审核：	批准：

转子被吊出并放置在支墩上后，可以进行测圆工作。其准备工作如下：

（1）吊装测圆架。测圆架由桁架结构的悬臂和立架以及上下两个可分解为两瓣的滑动轴承组成，如图 7-4-1 所示。

用吊车将测圆架（将轴承的另一半拿掉）吊起，使上、下轴承卡在推力卡环和滑环的凹槽中，并涂上润滑脂。将轴组合好，要求测圆架转动灵活，不别劲。

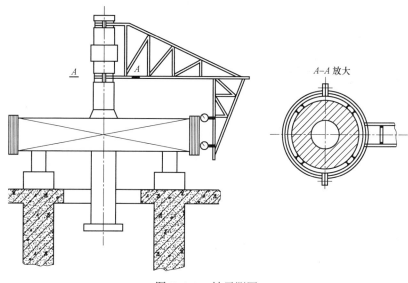

图 7-4-1 转子测圆

（2）布置测点。通常在每个磁极上布置两个测点。在测圆立架上、下，选两个适当位置，每处装上一个划针盘（划针距磁极两端距离为磁极高度的 1/10 左右），划针在旋转时，划在每个磁极上一条痕迹与磁极纵向中心线的交点即为测量位置。以此点为中心划一个 20mm×20mm 的方块，刮去漆并用砂纸打光。

（3）检查测圆架的精确性。将百分表对准一个磁极调 "O"，旋转一圈后，看看百分表能否回到±0.10mm 内（这是测圆架本身误差），上述工作完成便可进行测量。

【思考与练习】

（1）说明测圆架的结构。

（2）说明如何布置测点。

（3）说明对测圆架的要求。

▲ 模块 5　转子圆度测量（ZY3600402005）

【模块描述】本模块介绍转子圆度测量测点的布置和测量过程方法。通过方法讲解、标准解读，掌握用测圆架测量转子圆度的测量、计算方法和圆度技术标准。

【模块内容】

标准化作业管理卡见表 7-5-1。

表 7-5-1　　　　　　　　　　标 准 化 作 业 管 理 卡

项目名称	转子圆度测量		检修单位		机械工程处发电机班	
工 器 具 及 材 料 准 备						
序号	名称	规格	数量	单位	用途	
1	测圆架		1	套	圆度测量	
2	百分表	0～10mm	2	块	圆度测量	
3	卡板		2	个	保护百分表	
4	百分表架		2	套	固定百分表	
5						
6						
7						
人员配备	主专责					
	检修工					
	起重工					
	电焊工					
检修方法和步骤	（1）测量时，测圆架不应靠近热源处停留过久，以防其受热局部变形。 （2）设置于磁极表面的测点，在其上下端各设一点，测点应在磁极纵向中线上，测点表面的漆应清除干净，测点面积可为 2cm² 见方。 （3）测量过程中，测圆架应向一个方向转动且平稳，每测完一个磁极，应把百分表测杆拉回，用卡板卡住，以防百分表测杆被碰撞变形或损坏。 （4）转子磁极圆度要求：其大小半径之差不大于发电机实测平均空气间隙的 10%。 （5）每次测量应不少于两遍，开始调零的磁极最后应重测一次，以检查测圆架的测量误差					
危险点及控制措施	防止高空坠落					
时间	检修工作开始时间			年　　月　　日		
	检修工作结束时间			年　　月　　日		
检修负责人：		班长技术员：		审核：		批准：

　　为了检查机组运行过程中转子圆度是否发生变化，大修时，应进行转子测圆工作。

　　（1）转子磁极圆度测量。由两人均匀用力转动测圆架。上下有专人读表并记录。首先，使百分表对准某磁极调"0"，当测下一个磁极前，要将百分表测杆拉回卡住，以免转动时碰坏百分表；当转至下一个磁极的测点时，放开测杆，并记下读数；然后以此方法，逐个按同一方向测出其他各点读数并做好记录，见表 7-5-2（也可用画圆法记录）。照此测 2~3 周，记下 2~3 次的读数。

　　测量中要注意转动测圆架时不要转过头往回转，这样会使误差增大。

表 7-5-2　　　　　　　　　　转子磁极上（下）测圆记录　　　　　　　　　（0.01mm）

磁极测点	1	2	3	4	5	6	7	8	9	10	11	12	13	14	…	n
磁极半径测值																
转子磁极圆度																

测量者：　　　　　　　　　　　记录者：　　　　　　　　　　　时间：

　　（2）转子磁极圆度计算。计算转子磁极的平均半径，其计算公式：

$$R_\mathrm{P} = \frac{1}{n}(R_1 + R_2 + R_3 + \cdots + R_n) \qquad (7\text{-}5\text{-}1)$$

式中　　n——转子的磁极个数。

　　计算转子磁极的圆度，其计算公式：

$$\delta_\mathrm{c} = R_\mathrm{i} - R_\mathrm{P} \qquad (7\text{-}5\text{-}2)$$

如表 7-5-1 所示。

　　（3）转子磁极圆度的质量标准是：各半径与平均半径之差不应超过设计空气间隙值的±5%，即：

$$\left| R_\mathrm{i} - R_\mathrm{p} \right| \leqslant \delta_\mathrm{ks} \times 5\% \qquad (7\text{-}5\text{-}3)$$

式中　　R_i——各点半径测值，mm；

　　　　R_p——各点半径测值的平均值，mm；

　　　　δ_ks——设计空气间隙值，mm。

　　如果转子圆度不合格，则视具体情况处理（凹入或凸出的）磁极或磁轭的磁轭键（轮环键）。

【思考与练习】

　　（1）说明转子磁极圆度测量的方法步骤。

　　（2）如何计算转子磁极的圆度。

　　（3）说明转子磁极圆度的质量标准。

◢ 模块 6   转子圆度调整（ZY3600402006）

【模块描述】本模块介绍转子圆度调整的具体方法。通过图例介绍，掌握不同情况下转子圆度调整方法。

【模块内容】

根据拆卸磁极前的转子圆度测量结果，经计算后确认有几处、几种情况不合格，查清原因并制定出相应调整或处理方案。

（1）如个别磁极因较明显地凸出而造成该磁极处的转子圆度不合格，须检查一下磁极铁芯与磁轭是否已经相接触。如尚有间隙时，可通过再打紧磁极键的办法使该磁极向里位移；如有间隙而磁极键又打不进去，可考虑采用减薄磁极绕组绝缘垫厚度的办法进行处理。

（2）如果转子存在局部凹陷椭圆，即依次几个磁极处的转子半径偏小时，可考虑通过打紧该部位的磁轭键（或更换新的磁轭键），使该局部磁轭外张的办法来解决。

（3）如个别磁极因较明显地凹入而造成该磁极处的转子圆度不合格，可采取修配磁极键使其两键径向厚度减薄并在磁极背部加垫的方法进行处理。

（4）圆度处理方案做好后，做好记载，待拔完磁极并检修完毕后重新挂装过程中同时进行圆度调整。处理完之后，再进行一次转子圆度测量，看处理的效果如何，直至合格为止。

【思考与练习】

（1）如个别磁极因较明显地凸出而造成该磁极处的转子圆度不合格如何处理？

（2）如果转子存在局部凹陷椭圆而造成该磁极处的转子圆度不合格如何处理？

（3）如个别磁极因较明显地凹入而造成该磁极处的转子圆度不合格如何处理？

◣ 模块 7   磁轭冷打键（ZY3600402007）

【模块描述】本模块介绍转子磁轭冷打键的工艺流程。通过过程讲解及实际操作，掌握磁轭冷打键的过程工艺。

【模块内容】

磁轭冷打键的方法。在对键侧面用划针画一横线作为热打键的起始记号，并按长键斜面的斜率把所计算的打键紧量换算成打入的深度，以该深度在长键侧面再划一条终止线。其换算公式为

$$\Delta L = \frac{\delta_{dj}}{K_{XL}} (mm) \qquad (7-7-1)$$

式中 ΔL——长键将要打入的长度，mm；

δ_{dj}——热打键单侧紧量，mm；

K_{XL}——大键斜面的斜率，通常为 1/200。

在冷打键之前，应用压缩空气吹净键槽。先将短键靠近磁轭侧就位，再将大键斜面均匀涂以白铅油（朝外）插入支臂与短键之间，配合转子圆度调整先打入磁极凹入方位的磁轭键，然后用 10kg 大锤打紧其余磁轭键。

【思考与练习】

（1）磁轭冷打键如何计算长键打入的深度？

（2）如何进行磁轭冷打键？

◢ 模块 8　磁轭的加热方式（ZY3600402008）

【模块描述】本模块介绍转子磁轭铜损法、铁损法、电热法与综合法。通过知识讲解、图文结合，了解常见磁轭的加热方式。

【模块内容】

磁轭加热方法通常有铜损法、铁损法、电热法和综合法四种。

（1）铜损法。即利用已装好的磁极，将其绕组串联通以直流电源，通入的电流约为额定励磁电流的 50%~70%，绕组温升将热量传导给磁轭使其加热。但由于绕组温升受其绝缘等级的限制，故一般用于热打磁轭键时磁轭相对于支臂的计算温升不大于 30° 为宜。

（2）铁损法。所谓铁损法，就是利用通电线圈在磁轭钢片中产生电涡流而使其自身发热的方法。这种方法应用比较普遍，适用于加热温升 80° 左右。可以用直流电，也可以用交流电。

（3）电热法。所谓电热法，是在磁轭下面、通风沟内以及磁轭键槽内等处用各种形状的电炉一同加热，机组应用较多。

（4）综合法。所谓综合法，一般为铜损法与电热法相结合或者铁损法与电热法相结合来加热磁轭的方法。

【思考与练习】

（1）什么是磁轭加热的铜损法？

（2）什么是磁轭加热的铁损法？

（3）什么是磁轭加热的综合法？

模块 9 磁轭热打键 (ZY3600402009)

【模块描述】本模块介绍转子磁轭加温和热打键工艺。通过过程讲解、实操训练，掌握磁轭热打键的过程工艺。

【模块内容】

由于机组频繁地启动（特别是调峰电站），使转子与主轴承受交变的脉冲力的低频冲击。时间长了会使螺栓松动，焊缝开焊，转子下沉，磁轭键松动。检修转子时应注意检查上述各项并做好处理。

一、检查连接螺栓及焊缝

某机轮毂焊缝位置如图 7-9-1 所示，同型三台机组焊缝开焊的情况见表 7-9-1。

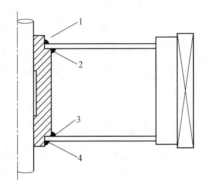

图 7-9-1 转子轮毂焊缝位置

表 7-9-1 焊 缝 开 焊 情 况

机组	焊缝（mm）			
	1	2	3	4
8 号机	1150	30	无	900
7 号机	3800	无	无	2300
6 号机	3400	无	无	3800

产生焊缝开焊的原因是机组频繁启动产生的交变应力超过焊缝的疲劳极限（结构设计也存在缺陷）。

对于开焊的地方要用电弧刨吹去，开成 V 形坡口，然后用电热加温至 90℃ 左右，进行堆焊。检查挡风板是否裂缝或是否有开焊的焊缝。

对于轮毂与轮臂的连接螺栓，也要用小锤敲击，检查是否松动，有松动应用大锤打紧。

二、检查磁轭松动及下沉情况，热打键

由于磁轭键打得不紧，致使运行中磁轭发生下沉、径向和切向移动。例如，某机组磁轭下沉超过 1mm，这就要重新拧紧穿心螺栓，并检查螺栓不得伸出制动环。检查制动闸板的螺栓和螺帽，须凹入摩擦面 2mm 以上；制动闸板的接头按旋转方向后一块不得高于前一块。

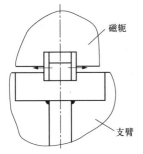

图 7-9-2　磁轭与支臂相对切向位移

又如，某机组在启动停机过程中，测得磁轭与支臂相对切向位移达 0.88mm，如图 7-9-2 所示。当磁轭键切向移动时，必然引起磁轭与轮臂松动，机组的动平衡即可破坏，也引起空气间隙的变化而导致磁拉力不均衡。

用热打键的方法可以克服磁轭松动。

（1）热打键的加热温度。对于采用径向键（见图 7-9-2）固定结构的磁轭，为了保证在低于分离转速时磁轭与支臂间仍有一定的过盈量，加热温度应达到使磁轭的径向膨胀量与分离转速时所产生的径向变形量相等。

分离转速 n_f 等于：

$$n_f = (1+\beta)n_H \quad \text{r/min} \tag{7-9-1}$$

式中　β——允许的机组转速上升率，由电站调节保证计算中给出；

n_H——机组的额定转速，r/min。

磁轭加热温度（指磁轭与轮臂的温差）Δt，可按下式计算：

$$\Delta t = \frac{\delta\left[1-\left(\dfrac{R_1}{R_2}\right)^2\right]}{734\times10^{-6}\left[1-\left(\dfrac{R_1}{R_2}\right)^3\right]R_3} \cdot \text{℃} \tag{7-9-2}$$

式中　δ——热打键时单边配合过盈量，等于分离转速时磁轭键槽处的径向膨胀量，cm；

R_1——磁轭内缘的内切圆半径，cm；

R_2——磁轭外缘的内切圆半径，cm。

δ 值的计算较复杂，δ 由分离转速下磁轭（包括磁极）在离心力作用下的径向变形增量与轮臂、圆盘、轮毂的径向变形增量的差值决定。简单估算时，可用下式计算：

$$\delta = K_{ce}\left(\frac{n_f}{100}\right)^2 \tag{7-9-3}$$

$$K_{ce} = (C_{cj} + C_{ce})\lambda_{ce} \qquad (7\text{-}9\text{-}4)$$

式中　K_{ce}——磁轭变形系数；

　　　C_{cj}——磁极每百转的离心力，$C_{cj}=0.112G_{cj}\times R_{cj}$；

　　　G_{cj}——磁极总重，kg；

　　　R_{cj}——磁极重心半径；

　　　C_{ce}——磁轭每百转的离心力，$C_{ce}=0.112G_{ce}\times R_{ce}$；

　　　G_{ce}——磁轭总重。

$$R_{ce} = \frac{2}{3} \times \frac{1 - \left(\dfrac{D_1}{D_2}\right)^3}{1 - \left(\dfrac{D_1}{D_2}\right)^2} \cdot R_2 \qquad (7\text{-}9\text{-}5)$$

式中　λ_{ce}——磁轭径向柔度。

$$\lambda_{ce} = \beta \frac{\Lambda_{med}}{L} \times 10^{-9}$$

面积减弱系数：

$$\beta = 1 + \frac{F_1 + F_2 + \cdots + F_n}{F_0}$$

$$F_0 = \pi(R_2^2 - R_1^2)$$

式中　F_1、F_2、F_3、$\cdots$、F_n——平面图上磁轭冲片中，轮臂铁槽、鸠尾槽、压紧螺杆

　　　　　　　　　　　　孔、铁片接缝等所占面积，cm²；

　　　　　　　　F_0——磁轭圆周面积，cm²；

　　　　　　　　L——不计通风沟的磁轭高度，cm；

　　　　　　Λ_{med}——由 $\alpha = \dfrac{R_1}{R_2}$ 比值查图 7-9-3。

一般热打键时取 $\delta_{max}=1.25\delta$ 代入式（7-9-2）中。

（2）加热方法。通常是采用直流电焊机的正负极接在磁极线圈上，通入电流约为额定励磁电流的 50%～70%。用篷布等保温层覆盖磁极与磁轭。如果磁轭下部温度较低，应在此处设置电热并设石棉布保温。为防止轮臂与磁轭的温度一起上升，应在轮臂之间设淋水管和通以压缩空气，以降低轮臂温度。

（3）热打键方法。加温前，将磁轭穿心螺栓拧紧。加温至磁轭温度与轮臂相差为计算值时，把键放入或用大锤打紧。有的电厂用冷打键的方法，用卷扬机把 1000N 重锤从高 3m 处落下，锤击磁轭键。各磁轭键应轮流打击，并兼顾转子圆度要求，直至打不动为止。

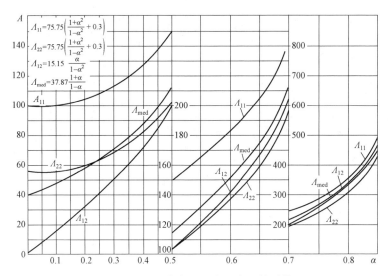

图 7-9-3 圆盘内外径向柔度计算系数

【思考与练习】

（1） 如何计算热打键的加热温度？

（2） 如何防止轮臂与磁轭的温度一起上升？

（3） 热打键如何兼顾转子圆度要求？

第八章

水轮发电机推力轴承检修

▲ 模块 1　推力轴承的结构及作用（ZY3600403001）

【模块描述】本模块介绍刚性螺钉支柱式轴承结构。通过图例讲解、对比，了解推力轴承在水轮发电机组中的作用。

【模块内容】

一、推力轴承概述

（一）推力轴承的作用和地位

推力轴承的作用，是承受整个水轮发电机组转动部分的重量以及水轮机的轴向水推力，并将这些力传递给荷重机架。推力轴承工作性能的好坏，直接影响着机组的安全、稳定运行，因此推力轴承被水电科技工作者称之为机组的"心脏"，可见，推力轴承在机组中所处的地位是何等重要。我国目前推力轴承的最大负荷为三峡机组，达到58 000kN。

（二）对推力轴承的基本技术要求

在推力轴承设计中，要遵循一些有理论根据并经过实践考验的必要原则，对其各种参数进行合理的搭配。一个性能良好的推力轴承的基本技术要求是：

（1）在机组启动过程中，能迅速建立起油膜。

（2）应能在运行中达到各块推力瓦受力均衡。

（3）各块推力瓦的最大温升及平均温升满足设计要求，并且各瓦之间的温差较小。

（4）在各种工况下运行，能维持正常运行所必需的最小油膜厚度，以确保润滑良好。

（5）密封良好、油路畅通且气泡少。

（6）冷却效果均衡且效率高。

（7）瓦面的热变形和机械变形在允许的范围内。

（8）推力损耗较低等要求。

（三）推力轴承的类型及适应条件

目前，国内外已有 10 多种推力轴承结构，分类的方法主要根据其支承结构、油的循环冷却方式以及推力瓦的冷却方式等。由于支承结构是不断探索提高推力轴承适应性能的关键，所以，按支承结构划分推力轴承类型的方法是主要的分类方法。

按支承结构分类，当前有刚性支承、弹性油箱支承、平衡块支承、平衡梁支承、弹性垫支承、弹簧支承、活塞支承以及弹性圆盘支承等。

刚性支承又有单排瓦结构和双排瓦结构之分。刚性支柱式单排瓦结构是一种传统结构形式，我国 20 世纪 60 年代以前普遍采用这种结构，多用于中、小型机组和部分较大容量机组（如柘溪水电厂的 75MW 机组便是采用了此种结构形式）；双排瓦结构，国内尚无应用。苏联的铁门电站 175MW 和萨彦舒申斯克水电厂的 650MW 机组采用了此种结构。

平衡块支承亦称为多支点可动式结构，是由相互搭接的铰支梁支承，应用杠杆原理传递不均匀受力，各推力瓦的受力可自行调整，从而使各瓦推力负荷趋于均衡。故其承载能力比刚性支柱式有明显提高。平衡块支承的特点是，结构简单，有利于油流，适于中低速大、中型水力机组。我国东方电机厂自 1971 年以来开始生产使用，丹江口的 150MW 机组和葛洲坝的 170MW 机组中就有这种结构形式。

弹性油箱支承，国内主要有单波纹、三波纹和四波纹等支承结构。当前，国内机组的推力负荷 $F > 1000$kN 时，多采用这种结构（如刘家峡、白山水电厂的机组）。国外还有一种双层弹性油箱支承结构，即把推力轴承一分为二，变成两个推力轴承串装在主轴上，上、下两层弹性油箱用油管相连，以均衡各瓦的推力负荷。在巨型机组中，为了提高推力轴承工作的可靠性，可以考虑采用这种双层液压支柱式结构。

二、刚性支柱式推力轴承

刚性支柱式推力轴承便于加工制造，运行可靠；缺点是各瓦受力不均，约相差 10%。刚性支柱式推力轴承的受力限制在 4MPa 以下。

（一）刚性支柱式推力轴承的基本结构

刚性支柱式内循环推力轴承的基本结构，如图 8-1-1 所示。从图中所示的半剖、旋转剖和阶梯剖图可以看出，刚性支柱式内循环推力轴承的主要结构部件有卡环 2、推力头 3、镜板 15、推力瓦 16、托盘 18、扛重螺钉（支柱螺钉）13、推力支座 14、推力支架 11、推力油槽 7、油槽盖板 6、挡油管 4、立式冷却器 9 等 20 多个部件组成。

刚性支柱式外循环推力轴承的基本结构与刚性支柱式内循环推力轴承结构的主要区别是：在镜板及推力瓦内侧有一导流圈，导流圈相当于油泵的吸油管，并能防止推力瓦内径和瓦间进油区的冷油被抽走以及减少泵入口处负压对瓦间油流状态的不利影响；镜板内钻有径向或后倾式甩油孔，相当于一个泵轮；镜板外围固定一个断面为矩形的环状集油槽，相当于泵壳及泵的出口扩散短管，使镜板甩油孔出口的油压力升高，

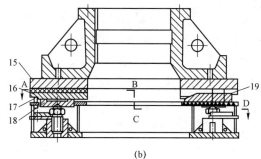

(a)

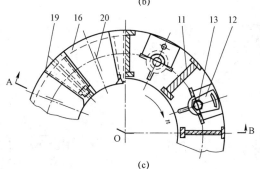

(b)

(c)

图 8-1-1　刚性支柱式推力轴承结构

（a）半剖图；（b）AOB 旋转剖视；（c）ABCD 阶梯剖视

1—主轴；2—卡环；3—推力头；4—挡油管；5—油槽盖密封；6—油槽盖板；7—推力油槽；8—稳压板；

9—冷却器；10—隔油板；11—推力支架；12—锁定块；13—扛重螺钉；14—支座；15—镜板；

16—推力瓦；17—挡瓦螺栓；18—托盘；19—挡瓦板；20—推力瓦支撑点

造成一定的扬程而将热油自行排至冷却器，经滤油器之后进入油槽内供油环管，直接向推力瓦的进油边喷冷油来达到润滑和冷却的目的；还有几个监测仪表和给油、排油管路，其余结构部件与刚性支柱式内循环推力轴承大同小异。

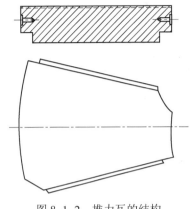

图 8-1-2　推力瓦的结构

（二）刚性支柱式推力轴承的主要结构部件

1. 推力瓦

（1）推力瓦的类型。目前，推力瓦的种类主要有传统型普通瓦、双层瓦、水冷瓦、铜底钨金瓦、新轴承合金瓦及梯形绝热瓦等。近年来弹性金属塑料覆面的推力瓦已被推广应用，这种瓦具有强度高、耐高温、表面光滑、不需要刮瓦、安装方便、寿命长等优点，并有取代钨金瓦的趋势。推力瓦的顶视为扇形，如图 8-1-2 所示。

（2）推力瓦结构特点。

1）普通瓦：在中、小型水轮发电机组中被广泛应用。其顶视亦为扇形。一般在 60～120mm 厚的钢质瓦坯表面加工出纵横鸽尾槽或方形槽，然后浇铸钨金，如图 8-1-3 所示。钨金的优点是：熔点低、质软、有一定的弹性和耐磨性。用钨金作瓦面的好处是：钨金瓦面熔点低，当与镜板发生擦伤故障或烧损时，可保护镜板；钨金质软，易修刮，有利于形成油膜；钨金有一定弹性，可承受运行中的部分冲击力；钨金较好的耐磨性能，可增加推力瓦的使用寿命。

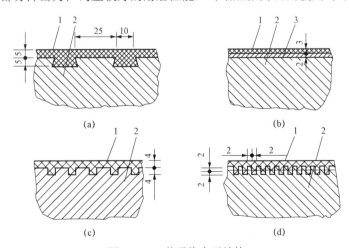

图 8-1-3　普通推力瓦结构

（a）鸽尾；（b）铜底；（c）方形槽；（d）小方槽

1—轴承合金；2—钢质瓦坯；3—铜层

　　当前，瓦面钨金厚度有减薄的趋势。现在，国内瓦面钨金厚度已由过去的 10mm 以上减为 5mm 左右，而瑞典 ASEA 公司生产的推力瓦，瓦体上不开沟槽，钨金厚度只有 2mm。为了有利于形成起动油膜，瓦的周边修成圆角（如半径 r=5mm），进油边修出弧坡（如坡长 L=10mm），如图 8-1-4 所示。在制造加工过程中，将推力瓦的左上角和右下角切去一小块并修成圆弧，如图 8-1-5 所示，目的是减小推力瓦进、出油区的油流阻力。

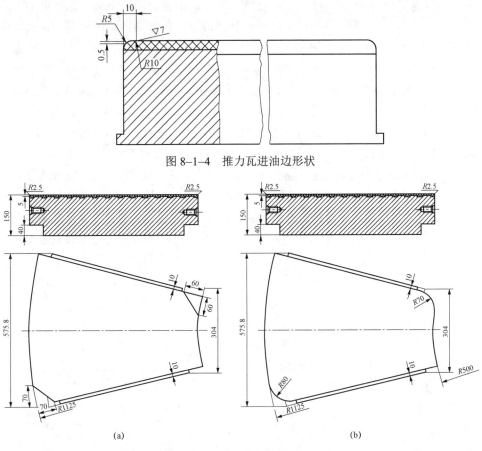

图 8-1-4　推力瓦进油边形状

(a)　　　　　　　　　　　　　　(b)

图 8-1-5　推力瓦切角

　　2）双层瓦：双层瓦由两部分组合而成，上件是浇有钨金的薄瓦，约 50mm 厚；下件是刚度较大的厚托瓦，如图 8-1-6 所示。由于轴瓦较薄，沿瓦的厚度方向温度变化较小，使瓦的热变形下降，又由于托瓦的刚度较大，从而减小了轴瓦的机械变形。双层瓦适用于轴承尺寸较大和润滑参数较高的推力轴承，如我国白山水电厂单机出力

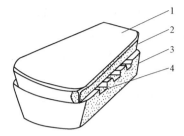

图 8-1-6 双层瓦结构示意图
1—钨金；2—薄瓦；3—托瓦；4—冷却油沟

300MW 的混流式水力机组就是双层瓦结构。

3）铜底钨金瓦：铜底钨金瓦是一种性能优良的新型结构。在钢质瓦体上铺焊一层 3mm 厚的紫铜，在紫铜基底上再浇铸钨金。由于紫铜导热性能良好，其线胀系数介于钢和钨金之间，因此散热性能比普通瓦好得多。又由于钨金与紫铜是等厚度均匀结合，因此不必在瓦体上加工沟槽，从而消除了由于热膨胀而引起的瓦面钨金"鼓包"和局部脱壳现象，这种结构适于 PV 值较高的大负荷推力轴承。我国 20 世纪 70 年代后期开始研制并投入使用。

4）新轴承合金瓦：新轴承合金瓦是由青铜粉和聚四氟乙烯等新轴承合金材料烧结而成的。新轴承合金瓦特点是：摩擦系数小且耐高温，可以改善轴承的启动性能和提高轴承的承载能力。国内已在 PV 值较低的小型径向轴承上试用。国外已在推力负荷 F= 1300kN，平均周速 V_a=12m/s，压力=9.0MPa 的推力轴承上应用。

5）水冷瓦：水冷瓦即是在瓦体内通入循环冷却水，将瓦面的大部分热量带走，提高了推力瓦的承载能力。水冷瓦适用于低速、大容量、大推力负荷或 PV 值等润滑参数高的高速大容量水轮发电机的推力轴承。水冷瓦是在双层瓦基础上发展起来的一种很有前途的新型结构。我国葛洲坝水电厂 12.5MW 机组一律采用了三波纹液压支柱式双层水冷瓦结构。

6）梯形绝热瓦：梯形绝热瓦结构形式约在 70 年代后期在国外出现。所谓"梯形"是指周向断面形状而言，用耐油橡胶将瓦底和两侧或者将 5 个非工作面包起来，其优点是：可使瓦体内的温度梯度大为降低；使瓦间及进入油楔的气泡减少，如图 8-1-7 所示。

2. 镜板

镜板多用 45 号锻钢制成，镜板将推力负

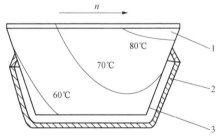

图 8-1-7 梯形绝热瓦示意图
1—轴瓦；2—钢壳；3—绝热材料

荷传递到推力瓦上，是推力轴承很关键的部件之一，因此，对镜板的技术要求十分严格。比如，表面光洁度要在▽9 及以上；镜板外径大于 4m 时的上、下面平行度公差控制在 0.04mm 以内，镜板外径为 1~4m 时的上、下面平行度公差控制在 0.03mm 以内，镜板外径小于 1m 时的上、下面平行度公差控制在 0.01mm 以内；镜板两平面的硬度值为 180~229HB，镜面硬度差不超过 30HB，并应有很高的刚度，防止运行中产生波浪变形。绝不允许镜面有伤痕、硬点和灰尘，否则很可能造成研瓦或烧瓦事故。

镜板精度如图 8-1-8 所示。

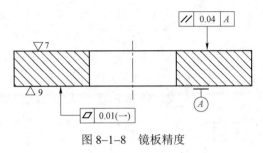

图 8-1-8　镜板精度

小容量水轮发电机的推力头下表面可兼作镜板，而大、中型机组的镜板均与推力头分件制造。很特殊的情况下，才采用镜板分瓣结构。

3. 推力头

推力头通常用键和卡环固定在主轴上，随轴一起旋转。推力头的作用是，承受并传递机组的轴向负荷及其转矩。推力头的类型，其中有 L 型如图 8-1-9 所示，该型多用于推力轴承单独装置在一个油槽内的悬型机组；靴型，如图 8-1-10 所示，该型多用于推力轴承与上部导轴承合用一个油槽的悬型机组；还有轮毂型，如图 8-1-11 所示，由于该型推力头与水轮发电机转子轮毂铸成或铸焊成一体，所以叫作轮毂型推力头。毂型推力头适用于伞型水轮发电机。

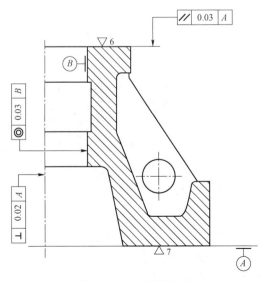

图 8-1-9　L 型推力头

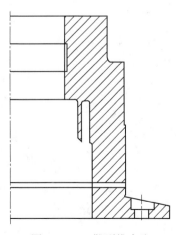

图 8-1-10　靴型推力头

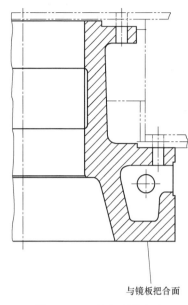

图 8-1-11　轮毂型推力头

推力头应有足够的强度和刚度，以承受轴向力引起的弯矩，而不致产生有害的变形和损坏。除轮毂型之外，推力头与主轴均用平键连接，采用基轴制过渡配合，多用热套安装。

推力头的材质，过去多用 ZG30，现在多用 ZG20SiMn。推力头的上、下平面光洁度一般为▽6，上、下面的平行度和内孔结合面的同心度，一般约控制在 0.03mm 以内。

4. 托盘

除双层瓦结构外，推力瓦多采用托盘支承。托盘在轴向负荷作用下，瓦面发生凹字变形，这有可能与瓦面凸起的热变形相抵消，从而使推力瓦的变形有所减小。此外，托盘的轴向柔度在运行中还有一定的均衡负荷作用，其形状像个圆盘，盘边均布豁口。托盘的材质，以前用 45 号锻钢，现在多用 40Cr、30Cr 等优质合金钢。托盘支承结构如图 8-1-12 所示。

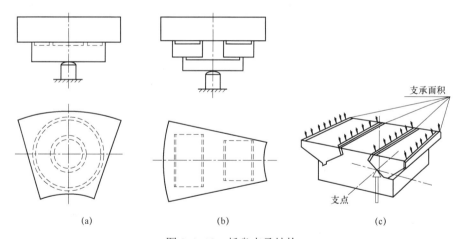

图 8-1-12　托盘支承结构

（a）多缘单支点支承；（b）单支四线梁支承；（d）四线梁支承

5. 支柱螺钉及锁紧装置

支柱螺钉俗称扛重螺栓，其作用是承受推力瓦分担的轴向推力并将其传递到推力支座上。支柱螺钉的头部为 $R=1000mm$ 的球面，淬火处理，硬度须达到 HRC40～50，光洁度应在▽7 及以上，尾部为二级精度的细牙螺纹。为提高螺纹的抗剪应力，增大安全系数，其材质多由以前的 35 号锻钢改为 30Cr 合金钢。

对扛重螺钉的技术要求如图 8-1-13 所示。

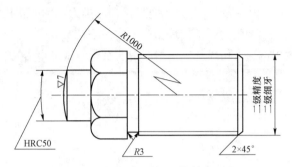

图 8-1-13　对扛重螺钉的技术要求

当推力瓦受力调整后，将支柱螺钉帽用锁定板 1、固定螺栓 2 及锁片 3 紧固定位，防止机组在运行中支柱螺钉 4 松动。支柱螺钉 4 的上部螺帽有两种形式——六角帽和齿帽，如图 8-1-14 所示。

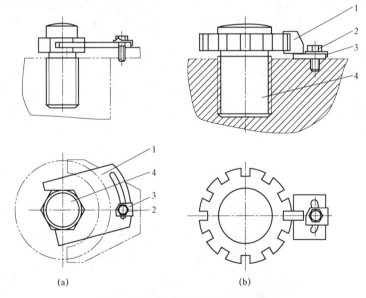

(a)　　　　　　　　　　　　(b)

图 8-1-14　支柱螺钉及其锁紧装置

(a) 结构之一；(b) 结构之二

1—锁定板；2—固定螺栓；3—锁片；4—支柱螺钉

6. 油密封装置

甩油问题，是推力轴承常见的缺陷之一，如果油槽密封不良或密封不合理，不但浪费润滑油，还容易污染水轮发电机线圈，加速绝缘损坏以及在油槽内产生气泡等。

（1）油槽盖密封。油槽盖密封有迷宫式、气封迷宫式及梳齿式等结构形式，分别如图 8-1-15～图 8-1-17 所示。迷宫式密封，在与推力头侧面相接触的部位开 4～6 个环槽，增加渗漏甩油的阻力，上部迷宫槽内常装毛毡对内密封，对外防尘。气封式迷宫是在迷宫环槽中部通入压缩空气，用一定的空气静压阻止油气混合物外溢。

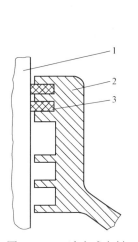

图 8-1-15　迷宫式密封

1—旋转件；2—油槽盖；3—羊毛毡

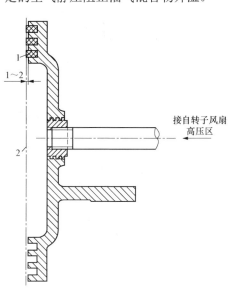

图 8-1-16　气封式迷宫

1—毛毡；2—旋转件表面

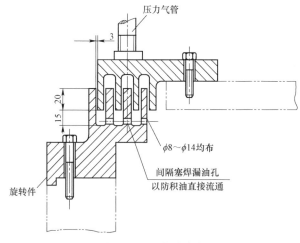

图 8-1-17　梳齿密封

（2）阻旋装置。所谓阻旋装置是纵断面为倒截锥或 L 形、封闭面靠近镜板或推力头外缘的一种薄壁罩结构。阻旋装置的作用是将油与旋转件隔开，不与推力头、镜板一起旋转，或者说油不被搅动，这样可减少气泡和油雾，消除油的抛物面，使油面相对平稳。对于内循环冷却，需要旋转件的黏滞泵作用，所以，只在油气混合区装设阻旋装置；对于外循环冷却，用该装置时应将旋转件完全封闭。

（3）气闼。气闼装在油槽盖上，其作用是使油槽与厂房大气连通，提高挡油管区域的密封效果，对防止或减少漏油、甩油有一定作用。气闼的结构如图 8-1-18 所示，内部隔板可将油气凝滴回流。

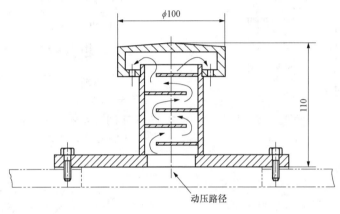

图 8-1-18　气闼结构图

（4）挡油管密封。挡油管密封的作用，是构成环形油槽并使油不外溢。挡油管密封装在油槽底板的内缘，根据不同的推力轴承有多种结构形式结构形式。单层挡油管密如图 8-1-19 所示，适于中、低速机组，油面至管口的距离，一般大于 150mm；还有双层挡油管密，如图 8-1-20 所示，即由单层管的上部外围再装焊一个短管构成，该短管起到阻旋稳流作用。如在短管下部封底并开几个小孔与油槽相通，则短管里的油几乎不受槽内油流波动的影响，从而可减少或消除甩油现象；还有三层挡油管密封，如图 8-1-21 所示，即在单层管上部外围再装焊两个带底（底上有小孔）的圆筒，如推力头有凸裙与之配合，将会使油气的动压头大大削弱，防止甩油的效果更好；斜油沟密封如图 8-1-22 所示，在旋转件油面上和油面下分别加工两个斜面向上和斜面向下的沟槽，油沟起着迷宫作用，减小油的动压头。在离心力作用下，油面下的油沿沟槽斜面下滑。油面上的油或油雾沿斜面向上移至沟内，在沟槽局部阻力作用下，聚集成油滴落下，不致向上浸延。

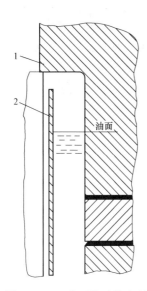

图 8-1-19 单层挡油管密封

1—推力头；2—挡油管

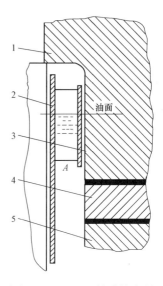

图 8-1-20 双层挡油管密封

1—推力头；2—挡油管；3—小间隙；

4—镜板；5—推力瓦

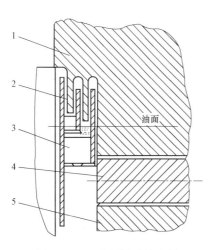

图 8-1-21 多层挡油管密封

1—推力头；2—小间隙；3—挡油管；

4—镜板；5—推力瓦

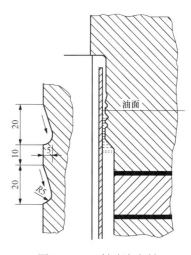

图 8-1-22 斜油沟密封

（5）补气装置。造成从挡油管上部甩油的另一主要原因，是挡油管下部往往处于水轮发电机风路的负压区。补气方式通常有两种：一是在推力头对着挡油管上口开几个补气孔，如图 8-1-23（a）所示；另一种是用管路将挡油管下部负压区与水轮发电机盖板外的大气连通，如图 8-1-23（b）所示。

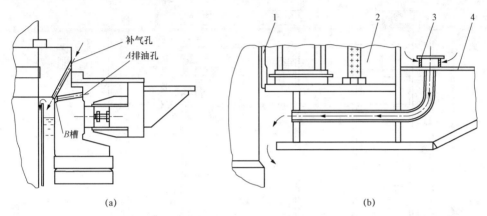

（a）   （b）

图 8-1-23 补气装置

（a）上部补气；（b）下部补气

1—挡油管；2—油槽；3—补气孔（4 处）；4—上盖板（风罩）

7. 推力油槽油冷却器

内循环推力轴承多采用立式冷却器、卧式冷却器以及抽屉式冷却器；外循环推力轴承多采用方箱式油冷却器，如图 8-1-24 所示。

三、弹性支柱式推力轴承

弹性支柱式推力轴承运行可靠，各瓦受力均匀，约相差 5% 以内。弹性支柱式推力轴承的受力可达 6MPa，但加工困难，组装调试均较复杂。

弹性支柱式推力轴承与刚性支柱式推力轴承的区别在于"支柱"部分。另外，大型水轮发电机组的弹性支柱式推力轴承往往配备有双层且水冷的推力瓦结构，有的还加一套高压油顶起装置，其余部分与刚性支柱式推力轴承大同小异。

弹性支柱式推力轴承仍然有支柱（扛重）螺钉，弹性支柱式推力轴承与刚性支柱式推力轴承的区别在于弹性支柱式推力轴承的支柱螺钉装在弹性油箱的顶座上，而刚性支柱式推力轴承的支柱螺钉装在刚性支座上。弹性支柱式推力轴承的主要特点在于弹性油箱。下面主要介绍弹性油箱的组成、构造及工作原理。

1. 弹性油箱的组成和构造

弹性油箱有单波纹、三波纹和四波纹等结构。虽然单波纹的弹性较多波纹的差（若提高调整精度，也可满足较高的均匀度），但结构较简单，可节省材料和加工工时，正逐步推广应用。

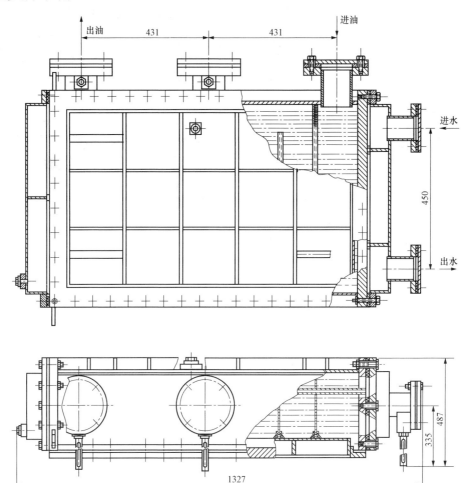

图 8-1-24　方箱式油冷却器

弹性油箱（三波纹）的构造，如图 8-1-25 所示，主要由底盘 2，弹性油箱 3 支铁 4，顶座 5，保护套 7，塞环 6，"O" 形橡胶密封圈 8，止回阀 1（图示位置为阶梯剖）、止回阀保护罩及连接螺栓 9 等组成。

弹性油箱承受着机组的轴向推力负荷，油箱内排气充油。弹性油箱 3 与底盘 2 的连接通常有两种方式：一是焊接结构，通过底盘 2 的油沟互相连通；二是装配结构，即螺栓连接，油箱之间用钢管从外部连通。整个油压系统是连通的而且又是牢固、严密密封的。当支柱螺钉承重以后，利用弹性油箱的轴向弹性变形以及通过油压传递使

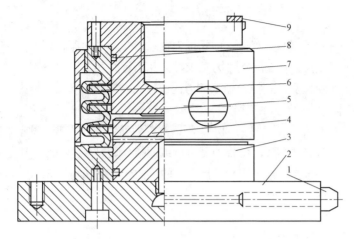

图 8-1-25 弹性油箱（三波纹）构造

1—止回阀；2—底盘；3—弹性油箱；4—支铁；5—顶座；6—塞环；7—保护套；
8—"O"形橡胶密封圈；9—连接螺栓

各块推力瓦受力均匀。油箱内支铁 4 的作用：一是它占有很大的空间，减少了充油量，从而可减小由于温度变化而引起的油箱附加应力；二是当油箱一旦出现漏油事故时，它可以承受轴向负荷，不至于造成整个支撑结构的瓦解。弹性油箱的上部外缘旋有保护套（罩）7，它的作用是防止油箱受到意外的机械损伤以及在机组安装、检修过程中对推力瓦受力进行调整时，使其与底盘的接触变为刚性支撑。油箱的波纹内装有塞环 6（也叫环形垫铁），作用也是为了减少充油量。

油箱壁的波纹数量，是根据受力状态和负荷均匀度的需要确定的。当安装时油箱的刚性调整精度达到 ±0.10mm 时，三波纹弹性油箱便可以满足 3% 负荷均匀度的要求。如果均匀度要求不变，则四波纹弹性油箱的调整精度可降低一些。

2. 弹性支柱式推力轴承的性能特点

我国自 1967 年由哈尔滨电机厂首先开始制造，已陆续在推力负荷 $F>9800\text{kN}$ 的水轮发电机组中应用。弹性支柱式推力轴承与传统型刚性支柱式推力轴承相比，有以下三个优越性。

（1）自调能力强。弹性支柱式推力轴承，能在很大程度上自行调整推力瓦间的负荷，使各块推力瓦的承载不均匀度缩小到 3% 以内。而刚性支柱式推力轴承，各块推力瓦承载不均匀度达 20% 左右。

（2）推力瓦的单位压力高。在相同条件下，刚性支柱式推力轴承推力瓦的单位压力一般在 4MPa 以下，而弹性支柱式推力轴承推力瓦的单位压力一般可达 5.6MPa 以上，即弹性支柱式推力轴承推力瓦的单位压力比刚性支柱式推力轴承推力瓦的单位压力平均高出 40%。

（3）推力瓦温升较低。刚性支柱式推力轴承运行时平均瓦温为 50～55℃，瓦间温差一般为 5～8℃；而弹性支柱式推力轴承推力瓦运行时瓦温为 40～48℃，瓦间温差一般为 1～3℃。即弹性支柱式推力轴承推力瓦运行瓦温比刚性支柱式推力轴承推力瓦运行瓦温平均下降 7～10℃，瓦间温差下降 4～5℃。

（4）改进型弹性支柱式推力轴承。所谓改进型弹性支柱式推力轴承，既取消弹性支柱式推力轴承的支柱螺钉，将推力瓦直接或间接（通过一个垫环）平放在弹性油箱上。这样改进后，与原结构相比较，推力瓦的最大变形量减小了 67%，最小油膜厚度增加了 20%，承载能力有所提高，平均瓦温及最高瓦温均有所降低。又使结构简化、安装检修更加方便。

四、平衡块式推力轴承

平衡块式推力轴承由船舶的推进器轴承而引进，各瓦不用调整受力，缺点是铰链点太多，线接触不好，不易达到预期效果，瓦的受力小于 4MPa。自 1971 年以来，我国东方电机厂开始生产平衡块式推力轴承，并已应用于南水水电厂机组（推力负荷 F=2200kN，机组额定转速 n_e=375r/min）、下回龙山水电厂机组（F=5400kN，n_e=136.4r/min）、长湖水电厂机组（F=7400kN，n_e=150r/min）、丹江口水电厂机组（F=1370kN，n_e=100r/min）以及葛洲坝水电厂轴流转桨式单机出力为 170MW 机组（F=37 300kN，n_e=54.6r/min，周速 V=9.87m/s）。经多台机组多年运行实践的证明，这种推力轴承运行是稳定的，性能是良好的。

1. 平衡块式推力轴承的基本构造

平衡块式推力轴承有三种结构形式，即普通平衡块式，带有升高垫的平衡块式以及平衡板式。以普通平衡块式推力轴承为例，如图 8-1-26 所示，它主要由推力支座 1、平衡块限位销钉 2、下平衡块 3、挡瓦螺钉 4、推力瓦限位板 5、薄瓦 6、托瓦 7、支柱螺钉（扛重螺钉）8、上平衡块 9、抗磨板 11、抗磨块 10 和支柱螺钉的锁定装置 12 等组成。普通平衡块式推力轴承的连接关系是，支柱螺钉 8 固定在上平衡块 9 上，上平衡块 9 下部两侧各镶嵌有一条状（半圆形横断面）抗磨块 10，与下平衡块 3 的上部两侧条状（矩形横断面）抗磨板 11 呈线接触，下平衡块 3 下部径向中部的条状（半圆形横断面）抗磨块 10 与装在推力支座底板 1 上的抗磨板 11 呈线接触，其余构造与上两种（刚性支柱、弹性支柱）推力轴承大同小异。

2. 平衡块式推力轴承的特点及作用原理

平衡块式推力轴承与弹性支柱式推力轴承相比，突出特点有：

（1）结构简单，加工容易，安装、检修方便，运行中有利于润滑油的流动，在承受不均匀负荷时有较高的自调能力（与弹性支柱式推力轴承不相上下）。

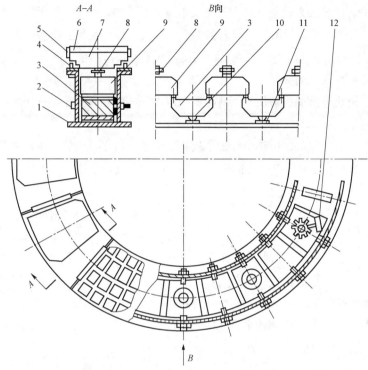

图 8-1-26　普通平衡块式推力轴承结构

1—推力支座；2—限位销钉；3—下平衡块；4—挡瓦螺钉；5—限位板；6—薄瓦；7—托瓦；
8—扛重螺钉；9—上平衡块；10—抗磨块；11—抗磨板；12—锁定装置

（2）对材质要求比弹性油箱低，平衡块式推力轴承材质可用普通碳素钢，上、下平衡块的抗磨块要用铬钢，经热处理后其硬度一般要大于 50HRC，表面粗糙度要达到▽7 及以上。抗磨板经热处理后，其硬度比抗磨块低些，一般为 45HRC，而粗糙度要求与抗磨块一样。

（3）平衡块式推力轴承用平衡块代替了固定支座和弹性油箱，所以在安装时用垫块和楔子板将扛重螺钉的球面支撑点高程调成一致后，无特殊情况，每次机组大修后不需要专门进行推力瓦受力调整工作。

（4）平衡块的灵敏度随着机组转速的升高而有所降低。在运行中，由于限位销钉精度的影响，使压应力很高的铰支点（线）出现滑动摩擦现象，安装时，用三支点法调镜板水平。但起落转子后，仍然有个别扛重螺钉存在着中心高度变幅较大的现象（如有的达 1.0mm）。这说明：在静态时平衡块倾斜有多种状态均能使镜板达到水平，平衡块的倾斜并不会引起推力瓦的倾斜，这种推力轴承的运行同样是可靠的。

（5）平衡块式推力轴承其推力瓦可采用双层瓦结构，也可采用水冷瓦及高压油顶起装置。平衡块式推力轴承的支撑为多支点可动式结构，是相互搭接的铰支梁支撑形式，应用杠杆的原理传递不均匀受力，而使各瓦推力负荷趋于平衡。

3. 组装中的注意问题

（1）平衡块下部的抗磨块与其对应的抗磨板间接触是否严密，有无局部偏磨及空隙存在。

（2）在组装过程中，用垫块和楔子板将下平衡块调平，当放上平衡块时，两侧的下平衡块下部可能出现一些托空间隙，暂时不用急于调楔子板，等上平衡块装完后统一检查处理。

（3）通过起落转子，用百分表测量上平衡块下部中心部位（对应支柱螺钉处）与推力支座底板的上平面间的垂直距离，与平均变幅值比较，如有个别或几个突出的偏大偏小值，根据变幅大小和方向经计算后可拧动扛重螺钉进行微调，变幅基本均匀即可。想把上平衡块的垂直变幅调成绝对一致，既麻烦又不现实，因为各平衡块的刚度实际上会有一定出入的。

（4）测量上平衡块中部的垂直变幅与监测镜板水平同时进行，互为参照。

此外，还有弹性垫式推力轴承、弹簧式推力轴承等，使用的并不很多。无论何种推力轴承，在推力头、镜板、推力瓦等检修项目上无大差异，只是在调整受力方法上有所不同。

【思考与练习】

（1）说明推力轴承的作用。

（2）说明推力轴承的分类及技术要求。

（3）说明刚性螺钉支柱式推力轴承的组成。

（4）说明弹性支柱式推力轴承的结构特点。

（5）说明平衡块式推力轴承的结构特点。

▲ 模块 2　推力轴承一般检修项目与检修工艺
（ZY3600403002）

【模块描述】本模块介绍推力轴承检修中油槽排油、冷却器分解清扫耐压、镜板标高测量、镜板检查、推力轴承弹性油箱压缩量的测量、推力瓦的检查和修刮等项目一般检修工艺。通过工艺介绍、实物训练，掌握推力轴承一般检修工艺。

【模块内容】

一、推力轴承检修项目

（一）标准项目

（1）推力轴承转动部分、轴承座及油检查。

（2）推力轴承支承结构检查试验、受力调整。

（3）镜板及轴领表面修理检查。

（4）轴瓦检查及修理、水冷瓦通道除垢及水管水压试验。

（5）弹性金属塑料瓦表面检查，磨损量测量。

（6）导轴瓦间隙测量、调整，导轴承（包括轴承轴领）各部检查、清扫。

（7）轴承绝缘检查处理。

（8）轴承温度计拆装试验，绝缘电阻测量。

（9）润滑油处理。

（10）油冷却器检查和水压试验，油、水管道清扫和水压试验。

（11）高压油顶起装置清扫检查。

（12）防油雾装置检查。

（二）特殊项目

（1）镜板研磨。

（2）轴瓦更换。

（3）油冷却器更换。

（4）推力头、卡环、镜板检查处理。

（5）推力油槽密封结构改进。

二、推力轴承检修工艺要求

（1）推力轴承充排油前应接通排充油管，并检查排油、充油管阀应处的位置，确认无误后方可进行。对于推力轴承和导轴承不共用一个油槽的结构，导轴承与推力轴承不允许同时充排油，以防跑油。

（2）在分解推力轴承冷却器排充油管、进排水管法兰时，应先将油水排尽，分解后应及时将各排充油管法兰管口和进排水管法兰管口封堵好，以防进入杂物。

（3）推力轴承冷却器水压试验：单个冷却器应按设计要求的试验压力进行耐压试验，设计无规定时，试验压力一般为工作压力的 2 倍，但不低于 0.4MPa，保持 60min，无渗漏现象。装复后应进行严密性耐压试验，试验压力为 1.25 倍实用额定工作压力，保持 30min，无渗漏现象。冷却管如有渗漏，应可靠封堵，但堵塞数量不得超过冷却器冷却管总根数的 15%，否则应更换。

（4）对于液压支承结构的推力轴承，测量镜板摩擦面与支架间的距离并与原始安装记录相比较。

（5）检修不吊转子情况下，推力瓦抽出前应将推力瓦与高压油顶起装置油管间的连接头拆开、温度计连接线拆开。然后将转子顶起旋上制动器锁定或在制动器处装千斤顶支承，使推力瓦与镜板脱开，推力瓦连板、推力瓦瓦钩拆除，将转子重量落在制动器上之后，可将推力瓦顺着键由油槽抽瓦孔向外抽出。严禁在抽出一块或数块推力瓦的时候将机组转动部分的重量转移到推力轴承上。推力瓦全部吊出时，严禁在瓦面上放置重物和带棱角的物体，防止划伤推力瓦面，严禁弹性金属塑料瓦瓦面与瓦面直接接触堆放。必须接触堆放时，瓦面上要涂上凡士林并用硬纸板隔开。

（6）推力瓦修刮前应先检查瓦面有无硬点、脱壳或坑孔。对局部硬点必须剔出，坑孔边缘应修刮成坡弧；脱壳应占推力瓦面积的5%以下，且以油室的出油孔为中心半径100mm的范围内不得有脱壳现象，否则应更换新推力瓦。推力瓦修刮时应对其表面局部磨平处的修刮为重点，普遍挑花为辅。对于有研刮要求的新更换推力瓦应经过粗刮、刮平、中部刮低和分格刮花四个阶段进行，并应实施盘车研刮。

（7）弹性金属塑料瓦表面严禁修刮和研磨。检查瓦面磨损情况，有关参数和性能要求应满足DL/T 622—2012《立式水轮发电机弹性金属塑料推力轴瓦技术条件》的有关规定。

（8）推力瓦和托瓦接触面的检查一般在推力瓦修刮前进行。在更换新推力瓦时，应先研刮推力瓦和托瓦的接触面，二者的组合接触面应在80%以上。

（9）拆卸推力头与镜板的连接销钉、螺栓，做好相对记号并记录，将推力头与镜板分别吊出。推力头安放在方木上。镜板吊出并翻转使镜面朝上放于研磨平台上，镜面上应涂一层润滑油，贴上一层蜡纸并加盖毛毡，周围加遮栏以防磕碰。

（10）推力轴承分解过程应检查：

1）推力头上下组合面接触良好。

2）油槽盖的密封是否良好，检查磨损程度，以便确定是否更换。

3）油槽底部有无杂质。

4）油槽内壁油漆有无脱落。

5）推力瓦的磨损情况。

6）抗重螺栓的锁定有无松动和断裂现象。

（11）液压支承结构的推力弹性油箱及底盘，其各部焊缝应仔细检查，确保无渗漏，抗重螺栓头光滑无麻点。绝缘垫板、销钉和螺栓的绝缘套垫应进行干燥，瓦架油箱组装后应用1000V绝缘电阻表检查绝缘，其对地绝缘电阻阻值不得小于5MΩ。油槽最后清扫处理完毕后应顶起转子，在推力瓦与镜板不相接触的条件下，测其绝缘电阻值不应小于1MΩ。

（12）推力油槽应彻底清扫检查，耐油漆完整。装复推力冷却器、挡油筒（槽）后进行煤油渗漏试验，6h无渗漏现象。

（13）推力瓦温度计的绝缘测定。要求每个温度计对推力瓦绝缘电阻值不小于 50MΩ，总电阻值不小于 0.5MΩ。

（14）推力瓦调整定位后，应检查连板、瓦钩与推力瓦的轴向、切向间隙，固定螺栓紧固，锁定锁片。

（15）检查液压支承结构的推力瓦底部与固定部件之间应有足够间隙，保证由于负荷增加引起推力瓦下沉，其运行应有的灵活性不受影响。弹性油箱的保护套与油箱底盘间间隙，应调至设计值。

（16）推力瓦的检修研刮应符合下列要求：

1）推力瓦检修研刮应采用与镜板和研磨平台研磨的方法，必要时可采用盘车研瓦方法。

2）刀花排列应均匀整齐，刀花应相对错开。刀花面积应控制在 0.15～0.25cm² 以内。刀花最深点应基本控制在下刀处和刀花中部之间。刀花最深处控制在 0.03～0.05mm 之间。下刀处应为缓弧，不应有棱角和毛刺。

3）推力瓦面接触点不应少于 2～3 点/cm²。

4）推力瓦面局部不接触面积，每处不应大于推力瓦面积的 2%，但最大不超过 16cm²，其总和不应超过推力瓦面积的 5%。

5）进油边按设计要求刮削，无规定时，可在 10～15mm 范围内刮成深 0.5mm 的倒圆斜坡。

6）刚性支柱式推力瓦面的刮低，可在支柱螺栓周围占总面积 1/3～1/2 的部位，先刮低 0.01～0.02mm，然后再缩小范围，从另一个方向再刮低 0.01～0.02mm。无支柱螺栓的轴瓦可不刮低。

（17）镜板的研磨工艺应符合下列要求：

1）镜板镜面的研磨可在专门搭起的研磨棚内进行，以防止落下异物划伤镜面。

2）镜板放在研磨机上应调整好镜极的水平和中心，其水平偏差不大于 0.05mm/m，其中心与研磨中心差不大于 10mm。

3）研磨平板不应有毛刺和高点，并包上厚度不大于 3mm 的细毛毡，再外包工业用，二者应分别绑扎牢靠。

4）镜板的抛光材料采用粒度为 M5～M10 的氧化铬（Cr_2O_3）研磨膏 1∶2 的重量比用煤油稀释，用细绸过滤后备用。在研磨最后阶段，可在研磨膏液内加30%的猪油，以提高镜面的光洁度。

5）研磨前，可用天然油石除去镜板上的划痕和高点，天然油石只能沿圆周方向研磨，严禁径向研磨。

6）更换研磨液或清扫镜板面时，只能用白布和白绸缎，严禁用棉纱和破布。工作人员禁止戴手套。

7）镜板研磨合格后，镜面的最后清扫应用无水酒精作清洗液。镜面用细绸布擦净，待酒精挥发后涂上猪油、中性凡士林或透平油等进行保护。

【思考与练习】

（1）推力轴承检修有哪些标准项目？

（2）推力轴承检修有哪些特殊项目？

（3）说明推力轴承检修工艺要求。

◢ 模块 3 卡环的安装工艺（ZY3600403003）

【**模块描述**】本模块介绍水轮发电机推力头热套前后卡环检修安装工艺。通过过程介绍、要点讲解，掌握卡环安装工艺。

【**模块内容**】

（1）拆卸推力头的卡环。拆下卡环上的螺钉。在卡环合口处插入斜铁，用悬在吊钩上的吊锤把斜铁打入（见图8–3–1）。若拆卡环比较费劲，则采用空气锤将推力头向下对称锤击数次即可。将一卡环用斜铁打出凹槽，吊走，剩下一个卡环垫上铝垫用吊锤打出，然后吊走。

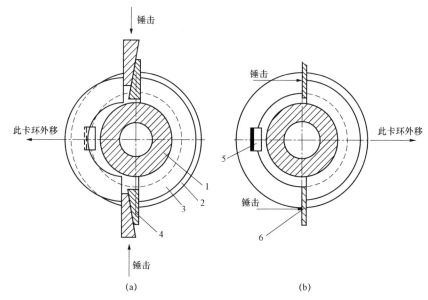

图 8–3–1 推力头卡环拆卸

1—主轴；2—推力头；3—卡环；4—斜铁；5—键；6—铝垫

（2）安装推力头的卡环。待推力头安装完毕，其温度接近室温，清扫合格后，将卡环对号安装，并打紧固定螺栓。将机组转动部分重量转移到推力轴承上后，即卡环受力后，应检查卡环与主轴卡环槽的轴向间隙，用 0.03mm 塞尺检查不能通过，间隙过大时应抽出卡环处理，不得加垫。

【思考与练习】
（1）说明拆卸推力头的卡环的工艺方法。
（2）说明安装推力头的卡环的工艺方法。

模块 4 推力头的拆装工艺及加温技术要求
（ZY3600403004）

【模块描述】本模块介绍推力头的拆卸、推力头的吊入安装过程。通过过程介绍、工艺要点讲解及图文结合，掌握电热法热套加温技术和推力安装工艺。
【模块内容】
标准化作业管理卡见表 8-4-1。

表 8-4-1 标 准 化 作 业 管 理 卡

项目名称	推力头分解		检修单位	机械工程处发电机班
工 器 具 及 材 料 准 备				
序号	名称	规格	数量	单位	用途

序号	名称	规格	数量	单位	用途
1	分解推力头专用工具		1	套	拆卸推力头
2	钎棍		2	根	拆卸螺栓
3	螺丝刀		2	把	拆卸螺栓
4	抹布		1	kg	清扫
5	汽油	93 号	1	L	清扫
6	白布带		1	卷	固定键体
7	大锤	18 磅	1	把	拆卸螺栓
8	固定扳头	M46	1	套	拆卸螺栓
9	透平油		1	L	防腐
10	笔		1	支	记录
11	记录本		1	本	记录
12	高压油泵		1	台	顶转子

续表

人员配备	主专责	
	检修工	
	起重工	
	电焊工	
检修方法和步骤	分解推力头的条件：转子已顶起，并落于制动器上。 （1）拆除推力卡环固定螺栓后，用大锤锤击推力头支筋处装上专用吊具，挂上钢丝绳起升主钩将推力头慢慢拔出当推力头升至一定高度时可用白布带绑住主轴键后将推力头吊出。 （2）做好各部记录。 （3）将各部零件及现场清扫干净	
危险点及控制措施	（1）检修人员与起重人员需密切配合，防止意外受伤。 （2）防止高空坠落	
时间	检修工作开始时间	年　　月　　日
	检修工作结束时间	年　　月　　日

检修负责人：	班长技术员：	审核：	批准：

大修中，常常要检查镜板的锈蚀情况并进行研磨，检查推力头并进行清扫。于是，整个推力轴承要进行拆卸和安装工作。许多测试项目都在推力头拆装这道工序下配合进行。

首先，要将油槽中的油排回油库，注意管路连接和阀门开闭位置，打开通气孔，严防跑油。拆下膨胀型温度计并进行试验（误差允许值为±4℃），不合格的要更换。然后，分解油槽，当吊走冷却器时，在管路法兰口中应打入木塞，以防漏水，清扫油槽。

为了防止轴电流，在推力油槽与支座间放有绝缘垫（伞型机组无此项）。启动高压油泵，使风闸顶起转子，用1000V绝缘电阻表测推力支座对地绝缘电阻不小于1MΩ。当油槽充油后，绝缘电阻不小于0.3MΩ。如果绝缘值不符合要求，应检查绝缘垫是否受潮及轴瓦测温装置引线绝缘是否良好。

检查各螺栓是否松动，各瓦温度计是否损坏，绝缘是否良好，推力瓦与镜板接触好坏，有无磨损。

根据推力头与主轴的配合情况决定拆卸方法。国产机组大部分推力头材料为ZG20MnSi，与主轴采用过渡配合D/gc。其公差为0.02～0.08mm或配车。在这种情况下，其拆装方法如下：

一、推力头拆卸

由于推力头内孔与轴的配合公差甚小，为了在吊出时不别劲，使主轴处于垂直状态是很必要的。这就要求各风闸闸瓦受力均匀。

1. 将制动器（风闸）各闸瓦调至同一平面

为了测得各制动器闸瓦的高差，首先给风，使各闸瓦紧贴制动环。对于用凸环锁定的风闸（见图 8-4-1），测出凸环顶面与每个闸瓦底面之间的距离 e 值后排风。由于闸瓦摩擦损失程度不同，使得各闸瓦高度不一致（即各闸瓦 e 值不相同）。为了使转子顶起同一高度，采用在闸瓦上加垫处理的方法，每块闸瓦加垫厚度：

$$H=B-e \qquad\qquad (8-4-1)$$

式中　H——加垫厚，mm；

　　　B——转子预定上升高度，mm；

　　　e——凸环顶面与闸瓦底面之间的距离，mm。

然后在闸瓦上加垫找平。

启动油泵，顶起转子，几个人同时把凸环搬至锁定位置，然后排油，使转子落在风闸上。此时水轮发电机转子升至同一高度 B，推力头已悬空。对于锁紧螺母型风闸，只要在顶起转子后，将各锁紧螺母拧靠在风闸托板上即可。

2. 取下推力头的卡环

拆下卡环上的螺钉。在卡环合口处插入斜铁，用悬在吊钩上的吊锤把斜铁打入（见图 8-4-1）。若拆卡环比较费劲，则采用空气锤将推力头向下对称锤击数次即可。

将一卡环用斜铁打出凹槽，吊走。剩下一个卡环垫上铝垫用吊锤打出，然后吊走。

3. 拔出推力头

由于推力头与主轴采用过渡配合，头一、二次拔推力头时要用下面的方法。

拆下推力头与镜板的连接螺钉，用钢丝

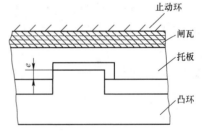

图 8-4-1　用凸环锁定的风闸上测各瓦高差

绳将推力头挂在主钩上并稍稍拉紧。启动油泵顶起转子，在互成 90°方向的推力头与镜板之间加上 4 个铝垫，然后排油。主轴随转子下降，而推力头却被垫住，因而被拔出一段距离。这样反复几次，每次加垫的厚度控制在 6～10mm 之内，渐渐拔出推力头，直至能用主钩吊出推力头为止。当拔过几次之后，推力头与主轴配合较松，就可以用吊车直接将推力头拔出。

二、推力头吊入安装

（1）加热推力头，得到规定的内孔膨胀量。国产水轮发电机推力头均采用过渡配合，间隙在 0.02～0.08mm。必须事先对推力头进行加热，才能套入主轴。通常采用电热法。

1）加热温度。

$$T_{\max}=T_0+\Delta T \qquad\qquad (8-4-2)$$

式中　T_{max} ——最高加热温度，℃；

　　　T_0 ——室温，℃；

　　　ΔT ——温升，℃，用下式计算：

$$\Delta T = \frac{K}{\alpha D} \tag{8-4-3}$$

式中　K ——推力头内孔膨胀量，为了便于套轴，一般取 0.3～0.5mm；

　　　α ——膨胀系数，对于钢材，$\alpha = 11 \times 10^{-6} / ℃$；

　　　D ——推力头内孔直径，mm。

2）电热总容量。

$$P = \frac{K_0 G \Delta T C}{A t} \tag{8-4-4}$$

式中　P ——电热容量，kW；

　　　K_0 ——热损失系数，采用保温箱时，可取 K_0=2～2.5；

　　　G ——推力头质量，kg；

　　　ΔT ——加热温升，℃；

　　　C ——钢材热容量，C=0.12 大卡/（kg·℃）；

　　　A ——热功当量，A=0.24℃/大卡；

　　　t ——加热时间，s，一般 t=4～6h。

例如，某机推力轴承重 8000kg，D=790mm，K=0.40mm，t=6h，室温 T_0=25℃，K_0 取 2.5。

计算：

$$\Delta T = \frac{0.40}{11 \times 10^{-6} \times 790} = 46 \ （℃） \tag{8-4-5}$$

$$T_{max} = 46℃ + 25℃ = 71 （℃） \tag{8-4-6}$$

$$P = \frac{2.5 \times 8000 \times 71 \times 0.12}{0.24 \times 6 \times 3600} = 33 （kW） \tag{8-4-7}$$

当推力头在加温箱内加热至其上端螺孔内的温度计已达 70℃时，可以吊出安装。

（2）初步调好镜板水平，吊入推力头。用三块推力瓦调镜板至水平，按原来位置放好，再把镜板表面及推力头底面与内孔擦干净，在主轴配合表面涂炭精或二硫化钼，把键放好。

将推力头吊起，找好水平和中心，套入主轴，装上卡环，均匀拧紧螺钉，然后找正镜板位置，打入定位销，拧紧连接螺钉。

（3）顶起转子，将风闸的凸环或锁定螺母落下或恢复原位，使转子落在推力瓦上。

国外有的机组的推力头采用间隙配合，对于这种结构，只要卡环拿掉后，解除吊出推力头的障碍物，便可用吊车起吊推力头了。自然，这种结构的推力头在安装时也不用加热，其他步骤与前相同。

【思考与练习】

（1）如何将制动器（风闸）各闸瓦调至同一平面？

（2）如何取下推力头的卡环？

（3）如何拔出推力头？

（4）如何计算加热推力头的温度？

◢ 模块 5　巴氏合金推力瓦的修刮（ZY3600403005）

【模块描述】 本模块介绍巴氏合金推力瓦的修刮工艺和标准要求。通过知识要点讲解、方法介绍及图文结合，掌握刮刮姿势和工艺。

【模块内容】

一、推力瓦的刮削

当顶起转子后，拧下挡瓦螺栓，即可用把手拧在推力瓦侧面的螺孔内，将瓦抽出，吊走。检查推力瓦表面的磨损情况，如有轴电流烧伤处，就将周围刮得稍低一些并找平。检查推力瓦背面与托盘的接触面是否磨损，尤其要着重检查扛重螺钉球面与托盘的接触面是否良好，并妥善保管。一般情况下，推力瓦只有局部被磨平，只要增补刮花就行，达到 $3 \sim 5$ 点/cm²，刮花形式为三角形交错排列。如果推力瓦磨损严重，就应重新刮削。

1. 刮削工具与材料

（1）平刮刀。平刮刀一般用废锉刀在砂轮上磨成，宜粗刮时用。

（2）钩形刮刀。钩形刮刀用弹簧钢制成刀身，头部焊一段工具钢，刀刃锋利，刀身富有弹性，宜精刮时用。

（3）显示剂。显示剂为红粉、黑铅粉与机油或酒精混合。

（4）抹布。

（5）平台。可用镜板作为平台。

2. 刮瓦注意事项

刀锋对着高点，右手握刀柄，左手握刀身，距刀端一拳左右。左手前臂与上身躯干不大于 $70°$，四指卷握在刀身上，大拇指压在刀身正面，刮时左手下压，右手前推，随即左手上抬，这样可刮去高点。如果需要大刮时，可将刀柄顶在小腹上，双手握刀身，用小腹向前推，双手下压后抬，这样力量大，刮得深并能持久。

刮瓦时，要注意刀刃锋利，经常磨刀。刮第一遍和第二遍时，刀花应互相垂直。

高点出现的规律大都是少一多一少一多，这是正常的。

检查刮瓦质量时，可用一块开有 10mm×10mm 方孔的纸板，放在推力瓦表面上，要求每平方厘米接触点为 3～5 个。每块瓦局部不接触面积，每处不得大于轴瓦面积的 2%，其总和不得超过轴瓦面积的 5%。

3. 刮瓦的顺序

刮瓦工作应按粗刮、细刮、精刮和刮花的顺序进行。

（1）粗刮时，刮的深度在 0.01mm 以上。刮的刀迹要宽，刀迹要连成一片，不要重复。

（2）细刮时，刀迹应依点子分布，按一定方向依次刮去，不可东跳西跳。

（3）精刮时，刀刃必须常磨，保持锋利，找点子刮削。

（4）刮花的目的是为了在接触间隙内存有少量的油，有利于油膜的形成，造成好的润滑条件。

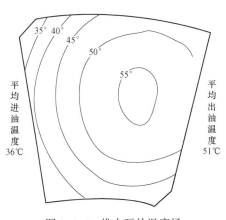

图 8-5-1 推力瓦的温度场

对于支柱式推力轴瓦（厚瓦）应最后在支承中心附近地区刮低 0.01～0.02mm。这是因为轴瓦表面上的轴承合金（如 Б83）膨胀系数为瓦体（钢材）的一半，受热后应力差大，再加上推力瓦的温度场（见图 8-5-1）分布，也促使支承中心处的瓦面变形增大而鼓起，容易被磨损而造成烧瓦现象。为此，刮花后，以扛重螺栓的中心所在的圆周线为准，在每侧沿轴瓦径向长度各 1/4 的扇形面上，先刮低 0.01mm，然后，刀花换成 90° 于径向长度各 1/6 的扇形面上，再刮低 0.01mm。

对于薄瓦可以不刮低。

最后，根据图纸要求，刮好进油边。

许多电厂发生过烧瓦现象或钨金与钢坯脱壳等缺陷。轻微者可用熔焊的方法处理，严重者，需要重新挂瓦。

二、推力瓦浇铸钨金

推力瓦有三种形式。

（1）普通瓦：即在钢坯上浇铸钨金（其中钢坯厚度在 100mm 以上的称厚瓦；厚度在 60mm 以下的称薄瓦）。

（2）铜底瓦：在钢坯上先用铜带铺焊机铺焊一层纯铜，加工铜面后，再浇钨金。优点：改善钨金与瓦的黏合性能；取消了鸽尾槽，使钨金厚度一致，热膨胀均匀，克服了在运行中由于不同厚度的膨胀所产生的环形带，与镜板接触良好；改善瓦的热变形应力集中，这是因为铜的膨胀系数正好介于钨金和钢之间，可以缓冲两者的应力差。缺点：成本高。

（3）水冷瓦：通过在瓦的钢坯上钻孔通水或用埋入紫铜管网通水的方法将热量带走。优点：瓦温大大降低，提高了可靠性。缺点：工艺复杂。目前还不够成熟，有待提高。

挂钨金这道工序很重要，其工艺如下：

（1）材料。推力瓦常用 ChSnSb11–6 相当于 Б83，此材料是专有厂家生产的钨金锭。其主要化学成分见表 8–5–1。

表 8–5–1　　　　　　　　ChSnSb11–6（Б83）化学成分　　　　　　　（%）

成分	Sn	Pb	Sb	Cu	杂质
含量	82~84		10^{+2}	5.5~6.5	0.55

焊剂：氯化铵 1 份，氯化锌 12.5 份，氯化锡 1 份，盐酸 0.5 份，水 23.6 份混合制成。

（2）热电偶控制的熔锅，其温度在 430~460℃；预热炉、搪锡炉其温度在 300~350℃。

（3）将干净的瓦坯放入预热炉中加温至 300~350℃，有热电偶控制最好，如无有热电偶要凭直观（即用几滴水倒在瓦坯上的时候，如水滴在原地马上蒸发就表明已够温度）。

（4）将预热好的瓦坯拿到炉外刷一层焊剂，立刻将瓦坯放入锡锅搪锡，要均匀全部搪上一层锡以便挂瓦。

（5）平台上放好胎具（见图 8–5–2）。将搪好锡的瓦坯清扫干净放入胎具中，四周垫以石棉纸。浇铸钨金，此时钨金溶液呈孔雀蓝色。

（6）浇铸钨金后，用水管向胎具

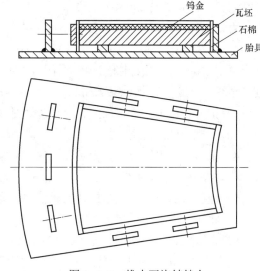

图 8–5–2　推力瓦浇铸钨金

四周冲水冷却，同时用从熔炉里拿出来的烙铁不断加热上层钨金表面，保证钨金补缩，以防止因外表冷却而凝固致使里层出现气孔和夹渣。

（7）质量检查。如果上述各项的温度适宜，动作迅速的话，钨金瓦的质量不会出现问题。浇铸钨金之后，应检查瓦面有无气泡等缺陷，检查钨金与瓦坯有无脱壳处，要求脱壳面积不超过总面积的 5%，且不应集中于一处。

【思考与练习】

（1）推力瓦刮削工具与材料有哪些？

（2）推力瓦刮瓦注意事项有哪些？

（3）推力瓦刮瓦的顺序怎样？

▲ 模块 6 弹性金属塑料瓦的修理（ZY3600403006）

【模块描述】 本模块介绍推力弹性金属塑料瓦修理工艺。通过知识要点讲解、实物训练，掌握弹性金属塑料瓦一般检修工艺。以下内容还重点介绍瓦的技术条件。

【模块内容】

一、弹性金属塑料瓦的技术条件

（1）基本术语。

1）弹性金属塑料复合层。弹性金属塑料复合层是指由弹性金属丝（一般为青铜丝）与氟塑料在一定温度条件和高压力下压制而成的具有一定弹性模量的复合材料，其弹性金属丝已部分镶嵌在氟塑料之中。通过加压钎焊方式，将弹性金属塑料复合层焊接在推力轴瓦的钢制瓦坯上，该复合层称为弹性金属塑料覆盖层。

2）弹性金属塑料推力轴瓦（可简称塑料瓦）。弹性金属塑料推力轴瓦是指具有弹性金属塑料覆盖层的钢制推力轴瓦，称为弹性金属塑料推力轴瓦，其覆盖层外表面的纯氟塑料层厚度一般为 1.5～2.5mm。

3）推力轴瓦进油边。推力轴瓦进油边是指推力瓦面顺镜板转动方向的迎合面边界，称为推力轴瓦进油边。

4）推力轴瓦出油边。推力轴瓦出油边是指推力瓦面顺镜板转动方向的离合面边界，称为推力轴瓦出油边。

5）油膜。油膜厚度是指旋转的镜板与推力瓦面之间形成的一层有压力的油隔离层，称为油膜。

6）油膜厚度。油膜厚度是指推力瓦面某一点的油隔离层厚度。它与镜板、推力瓦间的相对运动速度、油的黏度、瓦面平均比压等因素有关，单位为 μm。

7）油膜压力。油膜压力是指镜板与推力瓦面间油隔离层的压力。它与油膜厚度和推力负荷等因素有关，亦称动压油膜压力。

8）静压油膜压力。静压油膜压力指单独由高压油顶起装置所形成的镜板与推力瓦面间油隔离层的内压力，此时镜板与推力瓦间无相对运动。

9）油膜温度。油膜温度指用摄氏度（℃）来表示的推力瓦面某一点的油隔离层温度，其温度变化用开尔文（K）表示。

10）瓦体温度。瓦体温度指用摄氏度（℃）来表示的推力瓦钢制瓦坯上相应测点的温度，其温度变化用开尔文（K）表示。

11）瓦面平均比压 p。瓦面平均比压 p 是指总推力负荷平均分配在每一块推力轴瓦有效面积上的单位压力（压强），单位为 MPa。

12）相对线速度。相对线速度指在推力轴瓦径向平均半径上的相对圆周速度，单位为 m/s。

13）pv 值。pv 值表征推力轴瓦运行比能的重要参数，是平均比压 p 与相对线速度 v 之乘积，单位为 MPam/s。

14）周向偏心距。周向偏心距是指推力轴瓦支承中心与瓦面有效面积的几何中心在圆周方向的距离（弧长），单位为 mm。

15）周向偏心率。周向偏心率是指周向偏心距与通过轴瓦支承中心的周向有效长度之比，为无量纲量。

（2）弹性金属塑料推力轴瓦应能在下列使用条件下连续安全可靠运行：

1）符合水电站所在海拔高程。

2）适用于推力轴承的不同支承方式和不同润滑油循环冷却方式。

3）轴承润滑油牌号为 L–TSA32 或 L–TSA46 汽轮机油。

4）推力轴承油槽水冷却器或外循环水冷却器进水温度不超过 28℃（对我国北方地区，可不超过 25℃）。

5）装有弹性金属塑料推力轴瓦的推力轴承不应再设置高压油顶起装置和瓦体水冷却系统，也不必设置防止轴电流的轴承绝缘系统。

（3）塑料瓦应适用于推力轴承镜板的下列工况条件。

1）镜板工作面的粗糙度不大于 $Ra0.4$，背面不大于 $Ra1.6$。

2）镜板工作表面的平面度：

a. 对于刚性支承的推力轴承不大于 0.04mm。

b. 对于液压支承的推力轴承不大于 0.06mm。

3）镜板两平面平行度不大于 0.05mm。

4）镜板硬度（HB 值）不低于 200，其硬度差值小于 30。

（4）塑料瓦应适用于推力轴承的下列工况条件：

1）刚性支承的推力轴承，轴瓦间荷载分布的均匀度在 20%之内。

2）液压支承的推力轴承，其弹性油箱静态压缩量偏差不大于 0.3mm。

3）轴瓦装置的周向偏心率为 6%～9%。

4）轴承油槽润滑油的清洁度应符合有关规定。

（5）弹险金属塑料推力轴瓦在规定的范围内应能长期连续运行，其技术性能应满足下列要求：

1）推力轴承的瓦面平均比压 p 不超过 6.5MPa，轴向荷载一般不超过 50MN。

2）推力油槽内热油温度不超过 50℃。

3）推力瓦瓦体温度不超过 55℃，机组运行中电阻温度计报警和停机整定值可分别比正常运行温度高 10～15K 和 15～20K。

4）相对线速度不超过 40m/s。

5）允许停机 30 天内无须顶转子，可直接启动开机。

6）允许在油槽油温为 5℃及以上时启动，允许机组停机后立即进行热启动。

7）允许机组转速在额定转速的 10%以下进行制动，机组运行中的停机制动转速可另行规定。

8）在导水叶不漏水条件下，允许不施加制动进行惰性停机，但此种停机一年之内不宜超过 3 次。

（6）弹性金属塑料推力轴瓦允许在飞逸转速工况下运行 5min 而不发生损坏，在轴向荷载超过额定荷载 110%的工况下应能正常运行。

（7）安装在轴流转桨式水轮发电机组上的弹性金属塑料推力轴瓦，应能承受机组空载工况下或负荷突变引起的抬机冲击而不致损坏。

（8）当机组每次盘车不超过 10 圈时，弹性金属塑料推力轴瓦不应磨损，但必须在瓦面上涂抹清洁的汽轮机油。

（9）弹性金属塑料推力轴瓦在油槽冷却器漏水不超过总油量 5%的情况下，仍可允许短时运行，但运行时间不得超过 4h。

（10）当推力轴承油冷却器的冷却水中断时，若瓦体温度不超过 55℃、推力油槽的热油温度不超过 50℃，塑料瓦应仍能继续运行，其允许运行时间由制造厂确定。

（11）轴瓦塑料表面的磨损，可通过在推力瓦出油边沿径向均匀布置的刻有同心圆环槽的标记来检定（一般沿径向布置 2～4 个同心圆环槽）。初期运行 3000h 的磨损量不超过 0.10mm，以后每 5 年不超过 0.10mm。

（12）弹性金属塑料推力轴瓦的设计，应考虑在正常工况或事故工况下运行时，不会对镜板工作表面造成损害。

（13）在每年运行时间 5000h 以上和开停机 1200 次以下的情况下，弹性金属塑料推力轴瓦的使用年限不少于 25 年。

（14）制造厂应根据经用户审查的水轮发电机组及其推力轴承的各项技术参数及结构尺寸，按照专门的工艺技术和生产条件加工。

（15）弹性金属塑料复合层所用的氟塑料必须整块压制，不允许采用拼接方式，其纯氟塑料层厚度一般为 1.5～2.5mm，外观检查塑料层内不应有夹渣分层、表面裂纹和明显气孔，若采用添加剂时，瓦面颜色和光泽应均匀一致。

（16）弹性金属塑料复合层与推力轴瓦的钢制瓦坯的结合应密实、牢固，允许的局部空洞、脱壳和结合不良缺陷不应超过表 8-6-1 的规定，但复合层与瓦坯的四周不允许有脱壳和缺损，断面切割应光滑、平整。

表 8-6-1　　　　　　　　　　塑料瓦面结合质标准

瓦面积（cm²）	容许单个缺陷最大面积（cm²）	允许缺陷总个数	容许缺陷总面积占瓦面积的百分数（%）
≤500	≤16	2	≤4
>500～1000	≤25	2	≤4
>1000～1500	≤25	3	≤4
>1500～2000	≤36	4	≤4
>2000～3000	≤36	5	≤4
>3000	≤36	6	≤3

（17）瓦面形状应符合设计要求，并在制造厂内加工完成，用户在安装、检修维护时不进行修刮。检查塑料瓦瓦面形状和各部厚度尺寸应符合制造厂设计规定。

（18）轴瓦更换，已运行的水轮发电机组，要将其推力轴瓦更换为弹性金属塑料推力瓦时，其轴承结构尺寸一般不作改变。当必须作局部变动时，由供方与买方协商决定，并在合同的技术条件中明确规定。

（19）测温元件。弹性金属塑料推力轴瓦应在每块瓦内装设 1 个电阻型温度计，整套轴瓦至少应装 2～4 个带电触点或开关量输出的电阻温度计。所埋设的测温元件应能测出运行工况时最热区域内的瓦体温度。在油槽内应装有分别测量冷油和热油温度的电阻型温度计，其中测量热油的温度计不应少于 2 个。

二、推力弹性金属塑料瓦修理

推力弹性金属塑料瓦修理主要是进行检查，弹性金属塑料瓦表面严禁修刮和研磨。检查瓦面磨损情况及弹性金属丝（一般为青铜丝）有否露出氟塑料覆盖层。轴瓦塑料表面的磨损，可通过在推力瓦出油边沿径向均匀布置的刻有同心圆环槽的标记来检定（一般沿径向布置 2～4 个同心圆环槽）。初期运行 3000h 的磨损量不超过 0.10mm，以后每 5 年不超过 0.10mm。弹性金属塑料复合层与推力轴瓦的钢制瓦坯的结合应密实、牢固，允许的局部空洞、脱壳和结合不良缺陷不应超过标准的规定，但复合层与瓦坯的四周不允许有脱壳和缺损，断面切割应光滑、平整。

【思考与练习】

（1）解释弹性金属塑料瓦的技术条件。

（2）说明推力弹性金属塑料瓦修理的内容。

◢ 模块 7 镜板的研磨（ZY3600403007）

【模块描述】本模块介绍推力镜板的研磨方法。通过标准要点介绍、实物训练，掌握镜板研磨过程的工艺要求。

【模块内容】

标准化作业管理卡见表 8-7-1。

表 8-7-1 标 准 化 作 业 管 理 卡

项目名称	镜板研磨			检修单位	机械工程处发电机班
工 器 具 及 材 料 准 备					
序号	名称	规格	数量	单位	用途
1	研磨膏		10	kg	磨镜板
2	煤油		10	kg	磨镜板
3	猪油		10	kg	磨镜板
4	绢布		1	m²	清扫
5	汽油	93#	10	L	清扫
6	毛毡		8	m²	垫镜板
7	呢子布		4	m²	磨镜板
8	研磨机		1	台	磨镜板
9	彩条布		20	m³	垫研磨机
10	插头	四项	1	个	接电源
11	抹布		12	kg	清扫
12	木锯末		10	kg	防护
13	木方			根	垫镜板
14	塑料		12	m²	清扫

续表

人员配备	主专责	
	检修工	
	起重工	
	电焊工	
检修方法和步骤	（1）镜面的清洗应用纯苯或无水酒精溶液用绢布擦拭。 （2）将研磨膏粉碎，按重量1∶1用煤油稀释。 （3）用双层绢布滤过，方可使用。 （4）机械化研磨镜板时，先在机械化研磨镜板的装置上放两根长木方铺设毛毡。 （5）将镜板面向上找正中心位置落于木方上。 （6）在镜板四周的地面上铺设彩条布放置木锯末和塑料布等防护用品。 （7）将两个研磨盘包上呢子放于镜面并浇入研磨膏溶液。 （8）由顺着机组回转方向旋转的横梁带动。 （9）启动前检查镜面无杂物，研磨时间以4～8h为宜，定期添加研磨膏溶液，保证研磨质量	
危险点及控制措施	（1）镜板研磨期间，镜板表面除研磨剂外，不得有其他杂物。 （2）防止镜板表面出现划痕，造成损伤。 （3）防止伤人	
时间	检修工作开始时间	年　　月　　日
	检修工作结束时间	年　　月　　日

检修负责人：	班长技术员：	审核：	批准：

　　这两个重要零件的检修工作应该认真做好。因为，推力轴承要保证在油润滑条件下运行，必须使出油边的最小油膜厚度符合设计值（例如我国各大型立式水轮发电机推力轴承的最小油膜厚度一般均在 0.07mm 左右），这就要求镜板的平面度小于0.03mm，要求推力瓦的平面度也要与之相近才行。如果镜板与推力瓦的平面度不好，其偏差超过了最小油膜厚度会破坏油膜，推力轴承就会在半干摩擦或干摩擦状态下运行，造成烧瓦事故。此外，推力瓦的受力也与它本身的平面度直接相关，只有接触面积大，才能使推力瓦承受较大的压力，如果推力瓦凹凸不平有局部高点，受力集中，也会发生推力瓦被损坏的事故。可见，研磨镜板和刮削推力瓦是水轮发电机大修时的必不可少的项目。

一、镜板的研磨

　　镜板的形状很简单，只是一个圆环，但镜板的尺寸精度（平行度、平直度）和表面粗糙度（在 $Ra0.10\mu m$ 以上即光洁度在▽10以上），都是在水轮发电机各零件中最高的。大修时，如发现镜板严重破坏（如被磨偏，被磨出深沟或锈蚀、表面发毛等），由于发电厂没有加工设备，要送往制造厂进行精车研磨或珩磨处理。一般情况下应在厂内进行简单的研磨处理，其研磨装置如图8-7-1所示。转臂1系用槽钢制成，由减速装置5带动它顺着机组回转方向转动，转速控制在6～7r/min。圆平台2可沿着径向调整位置，外包有呢子或毛毡；镜板 3 平放于支架 4 上。

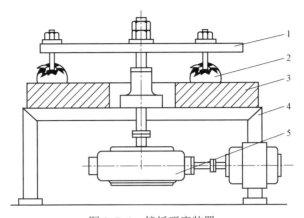

图 8-7-1 　镜板研磨装置

1—转臂；2—圆平台；3—镜板；4—支架；5—减速器

将镜板用纯苯或无水酒精液清洗，用绢布擦干。研磨抛光材料用 $M_5 \sim M_{10}$ 粒度的三氧化二铬（Cr_2O_3），每 1kg 可用 1kg 煤油加 1kg 猪油稀释。经绢布过滤后，倒在镜面上，由专人负责照料研磨工作，直到研磨光亮为止。

这种方法简便、省工，能把黏在镜板上的钨金颗粒磨掉，也能提高镜板的粗糙度（光洁度）。缺点是难以防尘，有时磨料有砂粒，会把镜板磨出沟，特别是在交叉作业时，空中过往吊车，就更容易带来灰尘，要设法防止。

磨光后的镜板表面涂以猪油或其他不含水无酸碱的油脂，用描图纸盖上，再盖上毛毡，镜面朝上，水平放置。

二、镜板与推力头之间的止油处理

过去有些机组（特别是苏联机组）的推力轴承，镜板很薄，镜板与推力头的结合面又浸入油中。如图 8-7-2 所示。

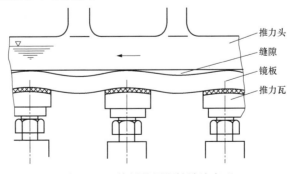

图 8-7-2 　镜板的周期性波浪变形

由于推力头与主轴采取过渡配合，主轴的摆度便直接传到推力头与镜板上，镜板很薄，它在推力瓦的作用下，产生了周期性的波浪变形。从图8-7-2中可以看出，镜板在两推力瓦之间的位置处，镜板与推力头之间有了缝隙。这一现象在盘车时可以观察到。当这位置转到推力瓦上时，缝隙就被压合。当出现缝隙时，由于体积突然扩大，产生真空，油被吸入而生成汽泡（气穴）；当压合时，汽泡突然收缩，加速积聚，形成高能撞击镜板表面而溃灭重又产生汽泡，形成了气穴过程，引起了空蚀破坏，使镜板结合面出现了麻点、坑穴，减少了受力面，进而扩大了空蚀区。这种恶性循环，不但破坏了轴线，而且促成了摆度的增大。

有时，为了调整轴线，不刮推力头，在镜板与推力头之间加垫，当发生空蚀破坏时，同样也损坏了垫，造成轴线变坏。

为了克服这一缺点，某电厂曾在推力头与镜板之间采用加圆盘根的处理方法，其位置如图8-7-3所示。加盘根之前，应将被空蚀破坏的镜板车削和磨平，表面粗糙度不得低于 $Ra0.40\mu m$（光洁度▽8），两面的平行度不大于0.05mm。

应该注意，在加盘根前盘车，使摆度合格。加盘根后再进行一次盘车，其摆度没有多大变化时，才可以使用。

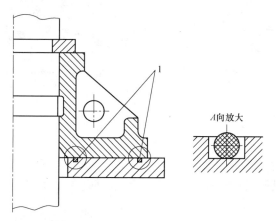

图8-7-3 推力头与镜板之间加圆盘根止漏结构

三、镜板水平的测量与调整

一般性大修在不调整扛重螺钉高度时，可不测镜板水平，只在调整推力瓦受力时顺便调整水平即可。如在大修中动了各扛重螺钉，就要调整镜板的水平。

目前，对镜板水平度的测量方法暂无统一规定。

过去，在推力头套入前，先用三块推力瓦调整镜板水平（实际上，这只表明镜板的背面是水平的，而其工作面并不一定是水平的）。然后，推力头套入，把其他瓦调至靠紧镜板表面。显然，这时镜板的水平度只能反映推力头套入前的情况。当推力头套入以后，水轮发电机转子的重量会使得承重的机架产生挠度（有时可达 3～5mm）。推力油槽的水平随着机架的下沉会发生变化；由于承重，镜板自身也有变形，这就使得镜板的水平肯定会发生变化。例如，某电站在大修时，推力头套入前，用精度为 0.02mm/m·格的方形水平仪测得镜板在−y 偏+x18°方位上高 0.032mm/m；推力头套入并承重之后再测镜板水平（此机组镜板比推力头直径大，因此，方形水平仪的测量位置可以不变），发现水平度变为在−x 偏+y33°方位上高 0.014mm/m，由此可见，镜板的水平度变化是很大的。

为了比较准确地反映出机组在无外力干扰下运行中的镜板倾斜情况，可在盘车时测镜板的水平度，其方法如下：

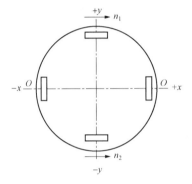

图 8-7-4 水平仪切向放置时测镜板水平

1. 测量方法

把方型水平仪放在推力头上或放在盘车架上，大致将其操平，达到能看出气泡移动的范围即可。根据被放置的平面的大小，水平仪可以沿着径向放置，也可以沿着切向放置，如图 8-7-4 和图 8-7-5（a）所示。由于放置的方向不同，计算的方法也不相同。

在盘车过程中，每转过 45°或者在每块推力瓦的相应位置停一下，记下水平仪的读数。

2. 计算方法

图 8-7-4 所示的记录，假定方形水平仪的误差为 0。

−x，+x 处的水平仪读数反映出镜板在 y 方向的水平度 S_y=0，倾斜值为 0；+y，−y 处水平仪的读数反映出镜板在+x 方向高，−x 方向低，其水平度为：

$$S_x = \frac{1}{2}(S_{x1} + S_{x2}) = \frac{1}{2}(n_1\varDelta + n_2\varDelta) \text{（mm/m）} \qquad （8-7-1）$$

其高低之差（镜板倾斜值）：

$$h = S_x \cdot D \text{（mm）} \qquad （8-7-2）$$

式中　h——镜板某一方向的高差，mm；

　n_1、n_2——相隔 180°方向上的水平仪偏移格数（事先假定气泡向某一方向移动为正方向）；

　$\varDelta$——水平仪的精度；

　D——推力头直径，m。

如果按图 8-7-15（a）所示，按径向放置水平仪，那么每一处的水平仪读数就反映出此方向的水平情况。为了要求出最大水平度方位与大小，将相隔 180° 的两读数按公式（8-7-3）计算：

$$n = \frac{n_i + n_{i+180°}}{2} \qquad\qquad (8-7-3)$$

式中　　n——折算某方向的水平度（用格数表示）；

n_i，$n_{i+180°}$——某点和与它相隔 180° 的点的读数，格。

图 8-7-5（a）中的测量值可折算成镜板的水平度如图 8-7-5（b）所示。我们用图中五个点的读数可以在方格纸上（以方位号为横坐标，以水平度的格数为纵坐标），画出近似的正弦曲线，如图 8-7-5（c）所示。

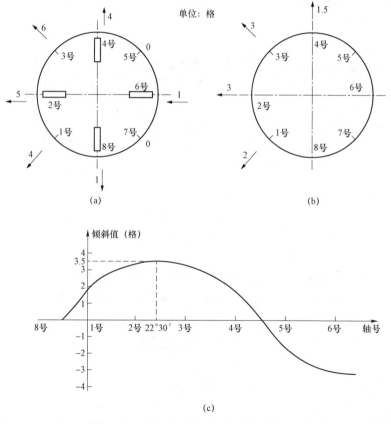

图 8-7-5　水平仪径向放置时测镜板水平

（a）测量记录；（b）折算后水平度；（c）镜板水平变化曲线

从曲线中可以得出，最大水平度方位在 2 偏 3 号 22°30′方位（高），水平度为 3.5 格。

【思考与练习】

（1）说明镜板的研磨工艺。

（2）说明镜板与推力头之间的止油处理方法。

（3）如何测量镜板的水平？

模块 8　刚性支柱式推力轴承受力调整（ZY3600403008）

【模块描述】本模块介绍刚性支柱式推力轴承人工锤击调整受力法、百分表调整受力法、应变仪调整受力法。通过操作过程介绍、案例分析及实物训练，掌握刚性支柱式推力轴承受力调整方法。

【模块内容】

推力轴承检修后，其高程应符合转子高程的要求；其水平度（即是镜板的水平度）应在 0.02~0.03mm/m 以内；推力卡环在受力后，用 0.03mm 的塞尺检查，有间隙的长度不得超过圆周的 20%，并且不得集中在一处。推力瓦受力应均匀。

一、推力瓦受力调整

推力瓦的数目一般在 8~12 块。它们的受力情况属于超静定问题。如果哪块瓦调整得不好，在运行中就可能承受很大压力（如大于 6MPa）而被损坏，造成事故停机。因此，推力瓦受力调整必须仔细进行。

推力瓦受力调整这步工作是在轴线测量、轴线处理及轴线调整之后进行的。此时，经过盘车，处理好的轴线已经调至合格位置，镜板水平度也在 0.03mm/m 之内（对于弹性油箱推力轴承，是通过"打刚性"的方法，即事先把各弹性油箱的保护套打至与油箱底座靠紧，然后调整扛重螺钉，使镜板初调水平；对于平衡块式推力轴承，可事先用垫将下平衡块垫死，用互成 120°的三个扛重螺钉支撑的推力瓦初调好镜板水平，然后再将其余扛重螺钉支撑的推力瓦顶靠至镜板表面上即可。

由于推力轴承结构不同，其推力瓦受力调整的方法也不相同。

1. 打受力法

刚性支承的推力轴承采用此法的较多。

用大锤依次把各瓦扛重螺钉打紧，最后使各扛重螺钉紧度一致，达到受力均匀。

旧的方法是：每打一锤，测一下该螺钉卡板的位移值（见图 8-8-1）。受力小的可多打一锤。在打了几遍之后，保持镜板水平在规定的范围内。

每打一锤，各瓦卡板位移值的最大差值小于 1mm，可认为各推力瓦受力均衡。

这种方法虽简单，但测量误差大又不方便。

后来改为：在水导处互成 90°方向设百分表顶于轴上，在打受力时，由于被打螺栓吃劲，会使大轴在水导处有所指示。打几遍之后，每打一锤，水导处两个百分表读数和都在 0.01～0.02mm，打完一圈之后，百分表又回 0，可以认为各推力瓦受力均衡。此方法较前种方法简便准确。

2. 应变仪法

把应变片贴在推力瓦托盘应变值较大的地方，如图 8-8-2 中 R/4 处。根据应变值大小来调整扛重螺钉高度，以达到受力均衡。

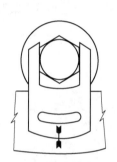
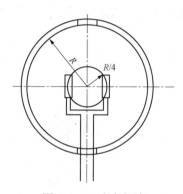

图 8-8-1　扛重螺钉旋转位移测量图　　　　图 8-8-2　应变仪法

贴片位置距中心越近，应变值越大，但误差也越大。同一半径沿环向对称的两应变片串联，可消除偏心的影响。按着半桥结线引入应变仪的接线盒中。

假如事先已对每个托盘进行标定（受力与变形的关系曲线），就可以进行受力调整。首先顶起转子，各瓦均不受力，调好各测点零位，将三块推力瓦先调水平，转子落下后，整个转动部分重量落在这三块瓦上，测得每块瓦的应变值可查得每块瓦受的力，将三块受力和被总瓦数均开，便求得每块瓦受力值并查出每块瓦的应变值。按此值去调每块瓦。用应变仪监视每块瓦的变形，多次调整使各瓦受力均匀。这种方法精确度高，调好后，各瓦温度相差 2～3℃。但是，对贴应变片的技术要求甚高，工期也较长。

【思考与练习】

（1）说明推力瓦受力调整的前提条件。

（2）如何进行推力瓦打受力？

（3）为什么要进行推力瓦受力调整？

◢ 模块 9　液压支柱式推力轴承受力调整（ZY3600403009）

【**模块描述**】本模块介绍液压支柱式推力轴承百分表调整受力法、应变仪调整受力法。通过操作过程介绍、案例分析及实物训练，掌握液压支柱式推力轴承受力方法。

【**模块内容**】

对于具有弹性油箱的推力轴承，为使各油箱压缩变形差值在规定范围内，以保证油箱波纹根部应力在允许范围之内。在推力瓦受力调整时，应根据转子落下和顶起的情况和各推力油箱的变形量，调节扛重螺钉的高度，以达到受力均衡。

百分表法，如图 8-9-1 所示，测得转子落下与升起时每个油箱的变形量，求得各油箱的平均变形量 δ_{cp}。

$$\delta_{cp} = \frac{\delta_1 + \delta_2 + \cdots + \delta_n}{n} \qquad (8\text{-}9\text{-}1)$$

式中　　　　δ_{cp}——各油箱变形量的平均值，mm；

δ_1、δ_2、$\cdots$、δ_n——每个油箱中心的变形量，mm；

n——推力瓦数。

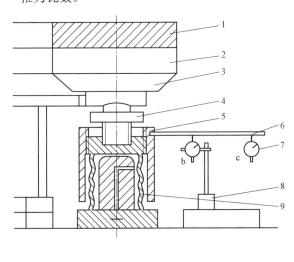

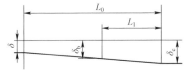

图 8-9-1　百分表法

1—镜板；2—薄瓦；3—托瓦；4—抗重螺钉；5—保护套；6—测杆；7—百分表；8—磁性表座；9—弹性油箱

为了比较准确地测出弹性油箱中心的变形量δ，考虑到弹性油箱倾斜的影响，应设两块百分表。从图 8-9-1 中可以看出：

$$\delta = \delta_{\text{c}} - (\delta_{\text{c}} - \delta_{\text{b}})\frac{L_0}{L_1} \qquad (8\text{-}9\text{-}2)$$

式中　δ——弹性油箱中心的变形量，mm；

　　δ_{c}、δ_{b}——c 表、b 表的测值，mm；

　　　L_0——油箱中心距 c 表的距离，mm；

　　　L_1——b 表与 c 表的距离，mm。

以某 1~2 个油箱变形量大的为调整对象。计算该油箱的（$\delta \sim \delta_{\text{cp}}$）值，如果此值为正值，应将其扛重螺钉往低调；如果此值为负值，应将其扛重螺钉往高处调节。由于各油箱之间液压相连，一个推力瓦升高会使附近的推力瓦下降，因此每次调整时不要升得太高，可视油箱变形量的大小，调整值取（$\delta \sim \delta_{\text{cp}}$）的 1/2 或 1/4 便可。各油箱变形量与平均变形量之差在 20%以内为合格。

最后，还要测量挡板间隙和卡板间隙，分别将其调整至规定数值。

【思考与练习】

（1）如何测出弹性油箱中心的变形量？

（2）如何调整扛重螺钉？

（3）说明液压支柱式推力轴承调整受力的质量标准。

▲ 模块 10　平衡块式推力轴承受力调整（ZY3600403010）

【模块描述】本模块介绍平衡块式推力轴承受力调整的调整方法。通过工艺介绍、要点讲解及实物训练，了解平衡块式推力轴承受力调整方法。

【模块内容】

平衡块式推力轴承与刚性支柱式或液压支柱式推力轴承的不同点，主要是用平衡块代替了固定支座或弹性油箱。安装时，先将上、下平衡块进行清扫，对其棱角上的毛刺、突起，用进行适当的修整。然后将下平衡块一一就位，就位后用临时楔子板分别垫在下平衡块底面的两条平垫下部，使平衡块稳定不动，再将上平衡块一一就位。接着将支柱螺栓分别拧在每个平衡块的螺孔上，在三角方向选定三只支柱螺栓，初调镜板高程和水平后，吊装已清扫好的推力头，再将其余支柱螺栓顶靠。其他部件安装参照刚性支柱式。

平衡块式推力轴承不需调整受力。将平衡块下部的临时楔子板抽出，则平衡块受力将自行调整。

【思考与练习】

（1）说明平衡块式推力轴承安装方法。

（2）平衡块式推力轴承为何不需调整受力？

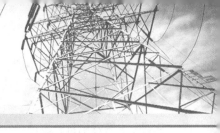

第九章

水轮发电机导轴承检修

▲ 模块1　导轴承结构及作用（ZY3600404001）

【模块描述】本模块介绍水轮发电机的导轴承结构。通过图例讲解、实物对应，掌握导轴承在机组中的作用。

【模块内容】

一、概述

1. 水轮发电机导轴承的作用与分类

立式水轮发电机导轴承的作用是：使水轮发电机保持在一定的中心位置运转并承受径向力。这种径向力主要是转子本身的静不平衡，动不平衡，磁拉力的不均匀，动水流的不均衡和空蚀真空所产生的震动，以及水轮发电机在非常工况下运行时所产生的震动，使机组主轴在轴承的间隙范围内稳定运转。

水轮发电机的导轴承属于浸油式滑动轴承，多采用分块扇形摆动瓦结构。导轴承的布置方式和数目，与水轮发电机的容量，额定转速以及结构形式等因素有关。比如，伞式水轮发电机只采用一个导轴承，而悬式水轮发电机多数采用两个导轴承。导轴承的安放位置，通常安装在机架中心体的油槽内。

水轮发电机的导轴承按导轴承的结构形式分类，有浸油分块瓦式导轴承和稀油润滑筒式导轴承两种，浸油分块瓦式导轴承又有支柱螺钉式和楔子板式（即调整块式）两种。目前，国内大多数大型水电厂的水轮发电机均采用浸油分块瓦式导轴承；筒式导轴承已很少采用，只在中、小型水轮机导轴承上和卧式机组上应用；楔子板式分块瓦导轴承于1983年末在大化水电厂的水轮发电机上首次采用。

水轮发电机的导轴承按油槽使用分为两种形式：一种是具有单独油槽的导轴承，它适用于大、中容量的悬式水轮发电机和半伞式水轮发电机的上部导轴承；另一种是与推力轴承合用一个油槽的导轴承，它适用于全伞式水轮发电机的下部导轴承以及中、小容量悬式水轮发电机的上部导轴承。

水轮发电机的导轴承按相对位置分为两种形式：位于转子上方的上导轴承和位于

转子下方的下导轴承。

水轮发电机的浸油分块瓦式导轴承主要优点：

（1）轴瓦间隙的调整比较灵活和方便，安装、检修单位比较欢迎这种结构。

（2）适应机架变形的能力较强，对机架的刚度要求相对可以低些。

（3）瓦与轴接触面小，瓦温不易上升，润滑条件亦较好，运行中受力均匀，有自调位能力。

（4）零件较轻，制造容易，安装方便。

油浸式分块瓦导轴承，对主轴外径大于 1m 的大型轴承、伞型机组中水轮机与水轮发电机共用一根轴时，应优先采用。

这种轴承，有个别甩油现象，可视甩油部位和原因作相应处理，原则上讲，多用补气和遮挡办法解决。

2. 水轮发电机的导轴承的基本技术要求

一个性能良好的导轴承的主要标志是：

（1）能形成足够的工作油膜厚度。

（2）瓦温在允许范围内，一般在 50℃ 左右。

（3）循环油路畅通，冷却效果好。

（4）油槽油面和轴瓦间隙满足设计要求。

（5）密封结构合理，不甩油。

（6）结构简单，便于安装和检修等。

二、支柱螺钉式分块瓦导轴承

1. 稀油润滑支柱螺钉式分块瓦导轴承的结构

稀油润滑支柱螺钉式分块瓦导轴承主要由轴领、导轴瓦、托板、调整螺钉、轴承体、油槽、轴承盖板、冷却器、挡油管、观察窗、油槽密封和轴领密封等部件组成，如图 9-1-1 所示。

轴领多为锻钢制成，用热套或焊接方式固定在主轴上。轴领的上部有呼吸孔，以平衡轴领内外侧的压力，是消除轴领甩油的措施之一；轴领的下部有润滑进油孔，进油孔的数目与孔径和轴领形成的油的动压头有关，而动压头与机组的转速和轴领尺寸有关。动压头太大，会造成油流飞溅并产生大量气泡，不但会造成甩油现象还会影响热传导；动压头太小，会使润滑油位太低，油流缓动以及瓦温偏高等。上述不良现象可通过变更轴领进油孔的数目、孔径以及孔的方向等进行试验性调整。

在 30 号铸钢（ZG30）的瓦体上浇注铅基轴承合金，在瓦背槽中心镶一块铬钢垫，该铬钢垫与调整螺钉头接触。为形成润滑油楔，调整螺钉支撑点偏离瓦的俯视几何中心（顺着主轴旋转方向）一小段距离，叫作瓦的支撑点偏心值，该值一般为轴瓦宽度

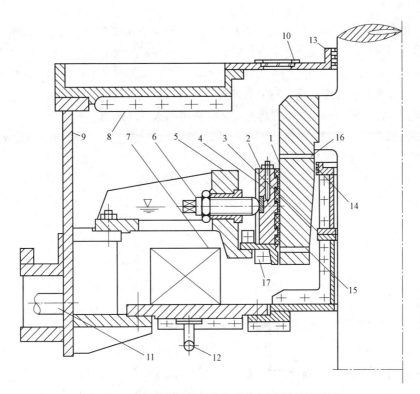

图 9-1-1　稀油润滑支柱螺钉分块瓦式导轴承结构

1—主轴轴领；2—分块轴瓦；3—挡油管；4—温度信号器；5—轴承体；6—调整螺钉；7—冷却器；8—轴承盖；

9—油槽；10—观察窗；11—油管；12—水管；13—油槽密封；14—轴领密封；15—甩油孔；

16—呼吸孔；17—托板

的 5%左右，如图 9-1-2 所示。瓦体的背部自上而下开偏心矩形槽（对瓦顶视对称中心而言），在槽内对应钨金纵向对称地嵌装一浅槽矩形瓦背支座（简称瓦座），上下用两个螺钉固定在瓦背上，在瓦背与瓦座之间夹有由环氧玻璃布热压成型的槽型绝缘垫，瓦座的固定螺钉也加有绝缘套和绝缘垫圈。轴瓦的下部置于托板上（有的直接置于轴承座圈的法兰上），轴瓦下端面与托板之间视需要也有加绝缘板的，绝缘板里缘与轴领的间隙约在 0.5mm。瓦迎着旋转方向的一侧及下部边缘刮有倒角，有利于油流循环和降低瓦温。瓦的单侧间隙，一般为 0.10~0.20mm，根据设计要求及轴线调整计算

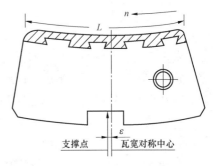

图 9-1-2　导轴承瓦支撑点偏心值

而定。轴瓦间隙调好后，用背帽锁紧并点焊。一般半数瓦装有信号温度计，另半数瓦装有电阻温度计，或每块瓦均装有电阻温度计，可根据机组重要程度由设计决定。

轴承体与轴承支架如用法兰连接，根据需要也有夹绝缘垫的，以切断轴电流的回路。轴承体为环状分瓣结构，有立向筋板和带孔洞的水平筋板，内圈固定调整螺钉及顶瓦螺丝孔，外圈用螺栓和销钉固定在油箱内壁的水平环形法兰上。

冷却器的位置有的装于轴瓦下方的油槽底面上，有的装于轴领径向外侧。冷却器水管材质现已普遍应用紫铜。

2. 稀油自循环支柱螺钉式分块瓦导轴承的工作原理

实践证明，轴承浸油深度对循环油量影响不大，从安全运行角度考虑，导轴瓦浸

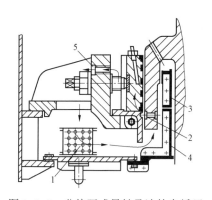

图 9-1-3　分块瓦式导轴承油的自循环

1—冷却器；2—通油孔；3—上部挡油箱；

4—下部挡油箱；5—顶瓦孔（兼作排油孔）

在油中 1/3 即可。所谓润滑油的自循环是这样的：如图 9-1-3 所示，轴领带动油旋转，在离心力的作用下，形成一定的油动压头，使油进入轴领下部油孔，一部分油进入瓦间，一部分油进入轴瓦与轴领的间隙，从瓦侧及瓦上部出来的热油向外流，经顶瓦螺丝孔转向轴承体空洞向下，通过冷却器降温后向里流（其中包含对流作用），再经轴领进油孔向上，如此循环往复，达到润滑、冷却轴瓦的目的。有的轴流式水轮机轴承油箱内不设冷却器，而是利用下支持盖里侧三角空腔（指断面形状）作为外油箱，通过进、排油管与内油箱相连，从而外油箱的油借助于过流量可取得自然冷却的效果。

3. 支柱螺钉式分块瓦导轴承主要部件的结构

（1）导轴承瓦。分块瓦式导轴承瓦分为钨金瓦和弹性金属塑料瓦。弹性金属塑料导轴瓦国内已研制成功并应用于大型水轮发电机，如水口水电厂 200MW 轴流式机组等；钨金瓦又分为研刮瓦和免刮瓦两种。目前新建机组均采用免刮式钨金导轴瓦，减轻了检修、维护工作量。上述三种形式的导轴瓦其瓦体结构、间隙调整方式、润滑方式、冷却方式、外形尺寸等均基本相同。

水轮发电机一般多采用分块扇形摆动瓦结构（见图 9-1-4），通常瓦的摩擦表面积为滑转子摩擦表面积的 70%～80%，瓦的支撑偏心值 d_0 为轴瓦宽度 L 的 4%～5%。

瓦坯一般采用 30 号铸钢（ZG30）铸成整圆，加工鸽尾槽，然后分割成若干等份，每份留有加工余量。

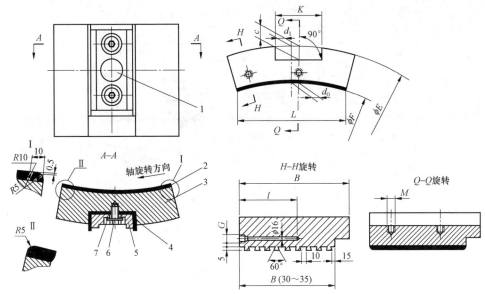

图 9-1-4　导轴承瓦结构

1—铬钢块；2—轴承合金；3—瓦坯；4—槽型绝缘；5—瓦座；
6—固定螺钉和垫圈；7—绝缘垫和套管

轴承合金多采用铅基轴承合金 ZChpbsb16-16-2，基本化学成分有锡 Sn、锑 Sb、铜 Cu，其余为铅 Pb。"16-16-2"分别表示为 Sn、Sb、Cu 含量的百分数，其余 65% 以上为 Pb 及不足 1% 的微量杂质。

采用槽形绝缘、绝缘套管和绝缘垫圈结构，可以防止轴电流通过导轴承瓦，导轴承瓦垫板也采用了绝缘垫结构。槽形绝缘由 0.1mm 厚的环氧玻璃布热压成型，其厚度 h 为 2.5～3.0mm。

瓦座采用 A3 钢板制成，最薄处的厚度通常取 5～10mm，高速水轮发电机取 25mm。

铬钢块的材质为 30Cr 圆钢，其硬度为 HRC35～40，比支柱螺钉的硬度低 HRC3～5。

（2）支柱螺钉。支柱螺钉（见图 9-1-5）用 35 号圆钢或锻钢（也可用 30Cr 圆钢）制成，其螺纹为普通细牙二级精度。支柱螺钉头部的加工球面半径 R 为 1000mm，球面硬度为 HRC40～45。

（3）套筒。套筒（见图 9-1-6）用 35 号圆钢制成，其螺纹为普通细牙二级精度。套筒与座圈孔的配合公差为 dc4。

（4）座圈。轴承座圈（见图 9-1-7）的材质为 30 号铸钢（ZG30），铸后退火，焊前加工。座圈与套筒配合孔公差为 D4。座圈上有调节瓦间隙用的顶丝螺孔。

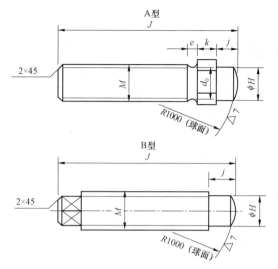

图 9-1-5 支柱螺钉

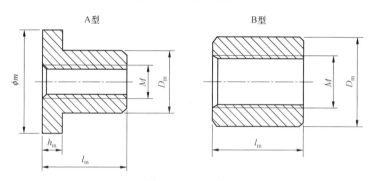

图 9-1-6 套筒

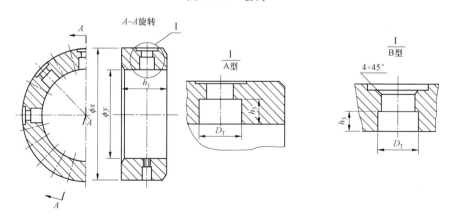

图 9-1-7 轴承座圈

（5）轴领（滑转子）（见图9-1-8）。轴领的材质为30号铸钢（ZG30），轴领内径的轴向长度应与挡油管的高度相适应。滑转子热套于轴上，并与轴一起加工。

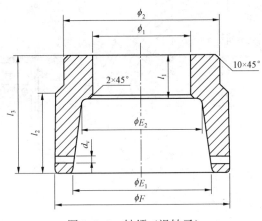

图9-1-8 轴领（滑转子）

（6）油冷却器。油冷却器的分类：

1）半环式油冷却器（见图9-1-9）。半环式油冷却器制造复杂、冷却用水量较大。

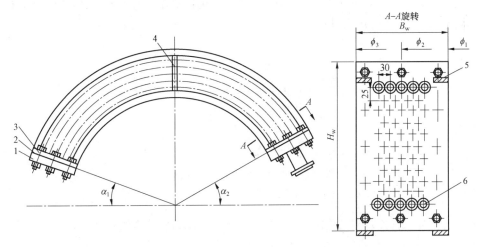

图9-1-9 半环式油冷却器

1—水箱盖；2—橡皮垫；3—胀管承管板；4—承管板；5—加固环；6—冷却管

2）盘香式油冷却器（见图9-1-10）。盘香式油冷却器没有水箱，制造较简单，但过水阻力较大，冷却用水量小。

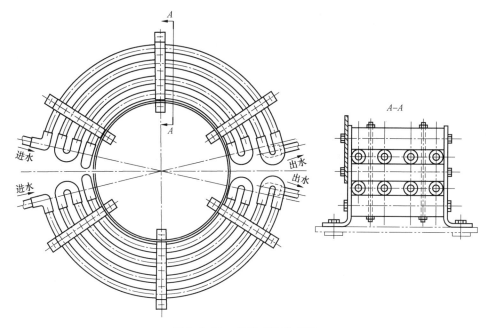

图 9-1-10 盘香式油冷却器

3）弹簧式油冷却器（见图 9-1-11）。弹簧式油冷却器没有水箱，制造较简单，但过水阻力较大，冷却用水量小。

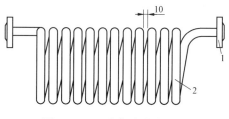

图 9-1-11 弹簧式油冷却器
1—连接法兰；2—冷却管

4）抽屉式油冷却器（见图 9-1-12）。抽屉式油冷却器结构便于检修拆装，特别适用于油槽上部空间位置较小的伞式水轮发电机。

5）箱式油冷却器（见图 9-1-13）。

冷却器的设计要求：

（1）冷却管材质为 ϕ19/17 紫铜管，应避免采用易脱锌腐蚀的黄铜管。冷却管与承管板一般采用胀管法进行固定密封。

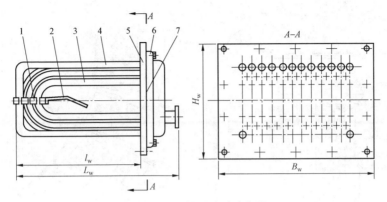

图 9-1-12　抽屉式油冷却器

1—管夹；2—挡油板；3—冷却管；4—加固管；5—承管板；6—水箱盖；7—橡皮垫

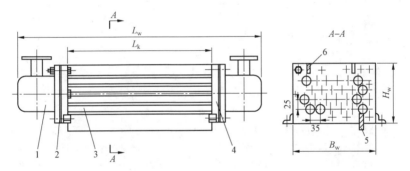

图 9-1-13　箱式油冷却器

1—水箱盖；2—橡皮垫；3—冷却管；4—胀管承管板；5—挡油板；6—加固板

（2）油槽内全部冷却器的冷却管长度按轴承每千瓦损耗 3～6m 选择。

（3）严禁油冷却器漏水，以免影响润滑油质量。在制造厂，对每个冷却器进行 0.5MPa、30min 的水压试验。工作水压一般为 0.1～0.2MPa，冷却水量按水速 1～1.5m/s 估算。

三、楔子板式分块瓦导轴承

1. 稀油润滑楔子板式（亦称调整块式）分块瓦导轴承结构

如图 9-1-14 所示，与支柱螺钉式分块瓦导轴承结构相比，它的突出特点是用楔子板（调整块）代替了支柱螺钉，其余组成部件基本类似。它主要由轴领 9、导轴承瓦 16、调整块 17、轴瓦座 18、轴承座 14、挡油圈 1、轴承盖板 6、有机玻璃盖板（观察窗）4、盖板密封油毛毡 7、密封压板 8、冷却水管 2、冷却器 23、油位信号计 3、内挡油圈 10、外挡油环 12、定位螺钉 19、调整块顶部压紧螺钉 5 等部件组成。

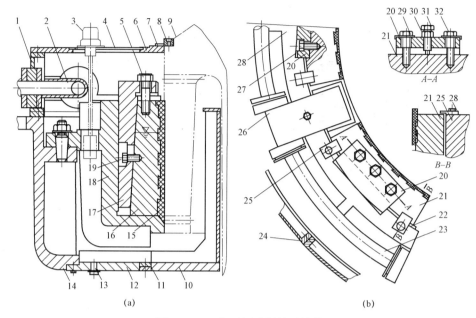

图 9-1-14 楔子板式导轴承结构

(a) 纵剖面图 (b) 俯视图

1、24—挡油圈；2、23—冷却水管；3—油位信号计；4—有机玻璃盖板；5、32—压紧螺钉；6—轴承盖；

7—毛毡油封；8—油封压板；9—主轴轴领；10—内挡油圈；11—耐油橡皮圈；12—外挡油环；

13—排油孔丝堵；14—轴承座；15—锡基合金瓦衬；16、21—分块轴瓦；17、20—调整块；

18、28—轴瓦座；19、27—定位螺钉；22—调整间隙用小楔子板；25—轴瓦压板；

26—冷却器；29—锁定片；30—背帽；31—顶丝

如图 9-1-15 所示，调整块 4（即楔子板）里侧平面嵌入瓦背矩形槽内，其外侧弧面与轴承座圈 6 呈窄条状接触，在轴瓦 5 高度的中部，有两个水平布置穿过调整块 4 的定位螺钉 3，把调整块与轴瓦连为一体，调整块 4 的上部水平板用两个压紧螺钉（即调节螺钉）固定在轴瓦的上端面，两个螺钉的中部有一个顶紧螺钉［即顶丝，见图 9-1-14（b）的 A-A 剖视］，供拆装及定位之用；如图 9-1-14（a）所示，轴瓦 16 的纵断面为上窄下宽，调整块 17 的纵断面为上宽下窄，彼此成楔状配合。这种结构的楔子板起到了传统结构的支柱螺钉的作用，并且有小量的自由度。楔子板侧边置于轴承座圈的矩形槽内，起到了限制轴瓦周向位移的作用。轴瓦的下部放在轴承座下部的水平环板上，每块瓦上部有两个压板，以防其轴向窜动。楔子板背部弧面与轴承座内壁的接触宽度，一般控制在 5mm 以内，这个条状接触面积太小，出于制造及安装的误差，如有接触不良，使楔子板造成局部应力过高而发生变形，影响轴瓦间隙的稳定性；接触面积偏大，又会降低轴瓦间隙调整的灵活性。

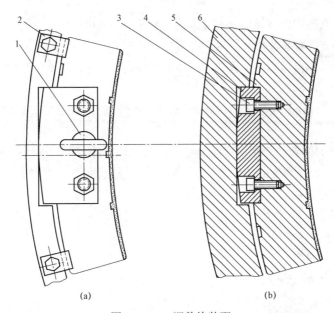

图 9-1-15　调整块装配

（a）装配俯视图；（b）定为螺钉处的水平剖视图

1—带吊环的顶紧螺钉；2—压板；3—定位螺钉；4—调整块；5—轴瓦；6—轴承座圈

导轴瓦间隙调整时，将楔子板 4 向下楔紧使导轴瓦 2 顶靠轴领，然后将要求的径向间隙换算成调节螺杆 3 的轴向上升距离，将该距离再换算成调节螺母旋转的圈数即可。然后锁紧背帽、拧紧压紧螺钉。

2. 稀油自循环楔子板式（亦称调整块式）分块瓦导轴承结构特点

稀油自循环楔子板式（亦称调整块式）分块瓦导轴承与支柱螺钉式分块瓦导轴承相比，这种导轴承的优点是：

（1）无支柱螺钉，增加了径向刚度。

（2）结构简单，加工容易，有利于轴承制造质量的提高。

（3）调整后的轴瓦间隙不易改变，有利于机组的稳定运行。

（4）所占空间小，布置紧凑，安装、检修方便。

支柱螺钉分块瓦导轴承，由于螺钉头为球面接触，故轴瓦的自调能力较强。但支柱螺钉与瓦背垫块 4 接触面积较小，接触应力高，当轴承的径向作用力很大时，轴瓦容易发生变形，间隙被破坏。支柱螺钉式分块瓦导轴承的间隙调整比楔子板式导轴承方便些。

【思考与练习】

（1）说明水轮发电机导轴承的作用。

（2）说明水轮发电机导轴承的基本技术要求。

（3）说明支柱螺钉分块瓦导轴承的组成。

（4）说明稀油自循环楔子板式（亦称调整块式）分块瓦导轴承结构特点。

▲ 模块 2 导轴承一般检修项目与检修工艺（ZY3600404002）

【模块描述】本模块介绍导轴承检修中油槽排油、冷却器分解清扫耐压、轴瓦的检查、绝缘测量、冷却器拆装等项目的一般检修工艺。通过工艺介绍、实物训练及工艺要领讲解，掌握导轴承检修内容和工艺。

【模块内容】

一、导轴承检修项目

（一）标准项目

（1）导轴承转动部分、轴承座及油槽检查。

（2）导轴承支承结构检查试验、受力调整。

（3）轴领表面修理检查。

（4）轴瓦检查及修理。

（5）弹性金属塑料瓦表面检查，磨损量测量。

（6）导轴瓦间隙测量、调整，导轴承（包括轴承轴领）各部检查，清扫。

（7）轴承绝缘检查处理。

（8）轴承温度计拆装试验，绝缘电阻测量。

（9）润滑油处理。

（10）油冷却器检查和水压试验，油、水管道清扫和水压试验。

（11）防油雾装置检查。

（二）特殊项目

（1）轴瓦更换。

（2）油冷却器更换。

（3）轴领检查处理。

（4）油槽密封结构改进。

二、导轴承检修工艺一般要求

（1）导轴承充排油前应接通排充油管，并检查排油、充油管阀应处的位置，确认无误后方可进行。对于推力轴承和导轴承不共用一个油槽的结构，导轴承与推力轴承不允许同时充排油，以防跑油。

（2）导轴承分解时，均要进行轴位测定，测量和校核的误差不超过 0.02mm。

（3）测量导轴瓦间隙，并做好记录。

（4）分解、检查、处理、清洗导轴承各部件。

（5）安装时，导轴承中心一般应依据机组中心测定结果而定。要求导轴承轴位和机组中心测定的结果误差应在 0.02mm 以内。

（6）导轴瓦修刮工艺方法和要求，参照推力瓦的检修研刮要求有关规定执行，并应符合下列要求：

1）导轴瓦面接触点不应少于 1～3 点/cm²，且导轴瓦的接触面积达整个瓦面积的85%以上。

2）每块导轴瓦的局部面积不应大于 5%。

3）导轴瓦的抗重块与导轴瓦背面的垫块座、抗重螺母与螺母支座之间应接触严密。导轴瓦抗重块表面应光洁、无麻点和斑坑。

4）轴瓦绝缘应分块用 1000V 绝缘电阻表测量瓦和抗重块间的绝缘电阻值应不小于 5MΩ。导轴承座圈与导轴瓦的绝缘垫以及导轴承座圈与上机架绝缘垫的对地绝缘均用 1000V 绝缘电阻表测量，绝缘电阻值应不低于 5MΩ，导轴瓦温度计绝缘不小于 50MΩ。

（7）导轴瓦装复应符合下列要求：·

1）轴瓦装复应在机组轴线及推力瓦受力调整合格后，水轮发电机止漏环间隙及水轮发电机空气间隙均符合要求，即机组轴线处于实际回转中心位置的条件下进行。为了方便复查轴承中心位置，应在轴承固定部分合适地方建立测点，并记录有关数据。

2）导轴瓦装配后，间隙调整应根据主轴中心位置，并考虑盘车的摆度方位和大小进行间隙调整，安装总间隙应符合设计要求。对采用液压支柱式推力轴承的水轮发电机，其中一部导轴承轴瓦间隙的调整可不必考虑摆度值，可按设计值均匀调整。

3）导轴瓦间隙调整前，必须检查所有轴瓦是否已顶紧靠在轴领上。

4）分块式导轴瓦间隙允许偏差不应超过±0.02mm。

（8）导轴领表面应光亮，对局部轴电流烧损或划痕可先用天然油石磨去毛刺，再用细毛毡，研磨膏研磨抛光。轴领清扫时，必须清扫外表面及油孔。轴领外表面最后清扫应使用白布或丝绸和纯净的甲苯或无水乙醇。

（9）导轴承座圈与导轴瓦绝缘板共两层，两层接缝应不在导轴瓦上。绝缘板的曲率半径应与轴领半径基本相等。绝缘板与轴领间的间隙在轴位确定后调至 0.5mm。

（10）导轴承装复后应符合下列要求：

1）导轴承油槽清扫后进行煤油渗漏试验，至少保持 4h，应无渗漏现象。

2）油质应合格，油位高度应符合设计要求，偏差不超过±10mm。

3）导轴承冷却器应按设计要求的试验压力进行耐压试验，设计无规定时，试验压力一般为工作压力的两倍，但不得低于 0.4MPa，保证 60min，无渗漏现象。

（11）弹性金属塑料导轴瓦的检修应符合下列要求：

1）弹性金属塑料导轴瓦表面严禁修刮和研磨。检查瓦面磨损情况及弹性金属丝（一般为青铜丝）有否露出氟塑料覆盖层。其他方面检查可参照有关规定执行。

2）由于弹性金属塑料导轴瓦塑料瓦面硬度低，检修中注意划伤和磕碰。

3）弹性金属塑料导轴承检修中应清扫油槽，要精心滤油，润滑油的清洁度应符合有关规定。

【思考与练习】

（1）导轴承检修标准项目有哪些？

（2）导轴承检修特殊项目有哪些？

（3）说明导轴承检修工艺要求。

▲ 模块 3 导轴承的拆装工艺（ZY3600404003）

【模块描述】本模块介绍导轴承的常见拆装工艺。通过图例讲解、实物训练，掌握导轴承的拆装过程。

【模块内容】

标准化作业管理卡见表 9-3-1。

表 9-3-1　　　　　　　　　标 准 化 作 业 管 理 卡

项目名称	导轴承拆装		检修单位	机械工程处发电机班	
工 器 具 及 材 料 准 备					
序号	名称	规格	数量	单位	用途
1	扳手	10寸	3	把	分解油槽盖螺栓
2	纯酸瓷漆		0.1	L	做记号
3	工具袋		1	个	装螺栓
4	螺丝刀		1	把	分解油槽盖
5	手锤	2磅	1	把	分解油槽盖
6	撬棍		1	根	分解油槽盖
7	酒精		2	L	清扫
8	白布		1	m²	清扫
9	手电筒		1	把	检查

续表

序号	名称	规格	数量	单位	用途
10	天然油石		1	块	修理
11	金相砂纸		50	张	修理
12	扳手	10寸	3	把	装配螺栓
13	钎棍		1	根	调整螺丝间距
14	耐油胶板	4mm	2	m²	油槽密封
15	剪子		1	把	裁剪胶板
16	划规	大	1	把	划样

人员配备	主专责	
	检修工	
	起重工	
	电焊工	

检修方法和步骤	一、上导油槽盖分解 （1）用油漆做好记号。 （2）用扳手将油槽盖螺栓松开。 （3）将油槽盖螺栓装入工具袋。 （4）将油槽盖拆下。 二、上导轴领、轴颈检查抛光 （1）用白布蘸酒精将其轴领清扫干净。 （2）用手电检查。 （3）局部轴电流烧损痕迹应研磨抛光。 三、上导油槽盖装配 （1）用油漆做好记号。 （2）用扳手将油槽盖螺栓松开。 （3）将油槽盖螺栓装入工具袋。 （4）将油槽盖拆下

危险点及控制措施	（1）防止工具、螺栓落入油槽中。 （2）防止碰伤冷却器铜管。 （3）局部轴电流痕迹应抛光。 （4）瓦面光洁无毛刺。 （5）油槽安装期间，检修人员与起重人员需密切配合，防止意外砸伤。 （6）防止异物落入油槽

时间	检修工作开始时间	年　　月　　日
	检修工作结束时间	年　　月　　日

检修负责人：	班长技术员：	审核：	批准：

一、导轴承的拆卸

拆轴承时，先把油排净，油位信号器取下，测温连线拆下，轴承密封盖及盘根都拆出，温度计拆下，拆出轴承盖；松开轴瓦支柱螺钉背帽和螺杆，吊出轴瓦妥善地摆在木板上；拔出轴承体的定位销并做好记号；松开连接螺栓，吊走轴承体；先松开螺栓，放下挡油圈，拔出定位销，记下标记；松开螺栓，吊走油槽，分解冷却器。对冷却器进行耐压试验。

二、导轴承的安装

安装的顺序与拆开刚好相反。先把挡油圈上下组合好，运至轴领位置，找好它与轴领的间隙，然后吊入油槽，使之与挡油圈组装在一起。其余各部件在安装前一定要清洗干净，安装时不得碰动主轴。至于分块瓦轴承的间隙如何调整要根据机组中心线及轴线的具体情况而定。

导轴承装复应符合下列要求：

（1）机组轴线及推力瓦受力调整合格。

（2）水轮发电机止漏环间隙、水轮发电机空气间隙合格。

（3）分块式导轴承的每块导轴瓦在最终安装时，绝缘电阻在 50MΩ 以上，总绝缘电阻不小于 0.5MΩ。

（4）导轴瓦安装，应根据主轴中心位置并考虑盘车的摆度方位和大小进行间隙调整，安装总间隙应符合设计要求。对采用弹性推力轴承的水轮发电机，其中一部导轴瓦间隙的调整可不必考虑摆度值。

（5）分块式导轴瓦间隙调整允许偏差不应大于 ±0.02mm。

（6）油槽安装应符合有关规定。

1）油槽应按要求做煤油渗漏试验。

2）油槽冷却器应按要求做耐压试验。

3）油槽内转动部分与固定部分的轴向间隙，应满足顶转子要求，其径向间隙应符合设计规定，沟槽式密封毛毡装入槽内应有 1mm 左右的压缩量。

4）挡油筒外圆应与机组同心，中心偏差不大于 0.3～1.0mm。

5）油槽油面高度应符合设计要求，偏差不大于 ±5mm。润滑油的牌号应符合设计要求，注油前检查油质，应符合 GB 11120—2011《涡轮机油》中的有关规定。

【思考与练习】

（1）说明导轴承的拆卸工艺。

（2）说明导轴承的安装工艺。

（3）说明油槽安装工艺要求。

模块 4 导轴承油冷却器检修（ZY3600404004）

【模块描述】本模块介绍导轴承油冷却器检修。通过对导轴承油冷却器的分解、组装、试验过程的介绍及实物训练，掌握导轴承冷却期的检修过程的技术工艺要求。

【模块内容】

标准化作业管理卡见表 9-4-1。

表 9-4-1　　　　　　　标 准 化 作 业 管 理 卡

项目名称	上导油冷却器耐压与清扫			检修单位	机械工程处发电机班	
工 器 具 及 材 料 准 备						
序号	名称	规格	数量	单位	用途	
1	螺栓	M12	8	个	连接法兰	
2	扳手	12寸	2	把	紧固螺栓	
3	胶皮	5mm	0.5	m²	密封	
4	胶皮管		30	m	耐压	
5	手电筒		1	把	照明	
6	抹布		1	kg	清扫	
7	面		1	斤	清扫	
8	水		30	L	和面	
	板螺丝刀	小	2	把	清扫	
人员配备	主专责					
	检修工					
	起重工					
	电焊工					
检修方法和步骤	（1）与运行人员联系好，用备用水耐压。 （2）用 0.3MPa 水耐压 30min 应无渗漏。 （3）用抹布将冷却器擦拭干净。 （4）用面进行进一步清扫					
危险点及控制措施	（1）防止跑水。 （2）防止磕碰铜管。 （3）注意不要碰伤铜管					
时间	检修工作开始时间		年　　　月　　　日			
	检修工作结束时间		年　　　月　　　日			
检修负责人：		班长技术员：		审核：		批准：

一、油冷却器吊出清扫

（1）拆除油冷却器冷却水管路，注意做好防水措施。

（2）拆除冷却器固定螺杆，检查冷却器在自由状态。

（3）使用软索起吊油冷却器，不得发生碰撞等异常。

（4）冷却器内部由清洗公司进行酸洗，外部采用高压空气及 SS-50 型清洗剂进行清洗。

（5）冷却器内部做内窥镜检查，外部目测检查，合格后摆放在安全区域并做好防尘措施。

二、油冷却器检修工艺要求

（1）在分解推力轴承冷却器排充油管、进排水管法兰时，应先将油水排尽，分解后应及时将各排充油管法兰管口和进排水管法兰管口封堵好，以防进入杂物。

（2）推力轴承冷却器水压试验：单个冷却器应按设计要求的试验压力进行耐压试验，设计无规定时，试验压力一般为工作压力的 2 倍，但不低于 0.4MPa，保持 60min，无渗漏现象。装复后应进行严密性耐压试验，试验压力为 1.25 倍实用额定工作压力，保持 30min，无渗漏现象。冷却管如有渗漏，应可靠封堵，但堵塞数量不得超过冷却器冷却管总根数的 15%，否则应更换。

（3）导轴承装复后应符合下列要求：

1）导轴承油槽清扫后进行煤油渗漏试验，至少保持 4h，应无渗漏现象。

2）油质应合格，油位高度应符合设计要求，偏差不超过 10mm。

3）导轴承冷却器应按设计要求的试验压力进行耐压试验，设计无规定时，试验压力一般为工作压力的两倍，但不得低于 0.4MPa，保证 60min，无渗漏现象。

【思考与练习】

（1）说明油冷却器吊出清扫要求。

（2）说明油冷却器检修工艺要求。

▲ 模块 5 导轴承间隙测量（ZY3600404005）

【模块描述】本模块介绍筒式导轴承和分块导轴承间隙测量方法。通过方法介绍、图例讲解及实物训练，掌握导轴承中心调整方法。

【模块内容】

油润滑导轴承按其油循环的方式，以前均采用油泵供油的强循环形式，近年来改为自循环式。

自循环油润滑的分块瓦式导轴承，经过冷却器的冷油由轴颈下边的甩油孔沿着轴瓦螺旋上升，旋转的热油通过六块瓦之间的空隙落回冷却器。轴瓦落在轴瓦座上，其背面被扛重螺栓顶在合金垫块上，轴瓦座通过螺栓和定位销固定在瓦座上。

　　这种轴承主要优点是轴瓦分块，间隙可调，并有一定的自调能力，运行可靠，制造、安装均很方便，对顶盖的刚度要求较低。它的缺点是主轴上要套装轴领，使得制造复杂一些，造价也稍高。

　　分块瓦轴承大修项目有：① 轴承间隙测量与调整；② 轴瓦刮研（有时还要重新挂瓦）；③ 轴承拆装等。

　　1. 轴承间隙测量

　　当轴承油槽里的油排出后，将油位信号计取下，温度计连线拆下，轴承密封盖及盘根均拆下后，可测间隙。

　　由于轴瓦是可动的，所以，测量时采用顶瓦的方法，如图 9-5-1 所示。在轴承上方的主轴互成 90° 的地方设两块百分表，以监视轴的位移情况（主轴不应有位移）。

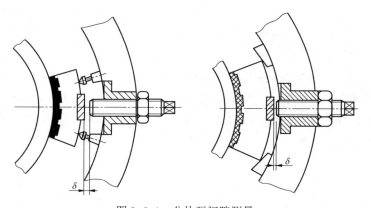

图 9-5-1　分块瓦间隙测量

　　在位于 180° 两边的两块轴瓦上，同时用小千斤顶从轴瓦背后两侧或用楔子板从轴瓦背后的上下左右四个角上轻轻地把轴瓦推靠在主轴的轴领上，用塞尺检查各块轴瓦瓦背和支柱螺钉头部的间隙 δ 并做好记录。

　　某机大修时轴承间隙的实测记录各间隙和符合图纸规定的数值，如图 9-5-2 所示。如实测值不符合要求，做好记录，回装时要重新调整。在顶瓦时要注意百分表读数的变化，一定不能把轴移动。

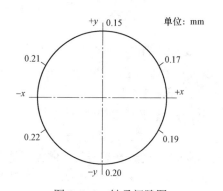

图 9-5-2　轴承间隙图

2. 轴承间隙调整

轴承间隙调整是在轴承回装时进行,此时机组轴线调整以及推力瓦受力调整合格。轴承各轴瓦间隙已经确定。

(1) 装设百分表。在主轴适当的位置的 X、Y 方向(互成 90°)的地方装设两块百分表,以监视主轴的位移情况。

(2) 固定主轴。在转轮处 $\pm X$、$\pm Y$ 用楔铁将转轮固定或在水导处 $\pm X$、$\pm Y$ 用千斤顶将主轴固定。

(3) 推轴瓦。将所有导轴瓦统一按机组旋转方向进行推靠于主轴轴领表面。

(4) 顶轴瓦。用顶瓦螺栓或小千斤顶或楔子板(上下左右四个角上)从轴瓦背后的两侧轻轻地把轴瓦顶靠在主轴的轴领上,如图 9-5-1 所示。操作时要在位于 180°两边的两块轴瓦上同时进行,在顶瓦时要注意百分表读数的变化,一定不能把轴移动。如此,将所有的导轴瓦顶靠于主轴轴领上。

(5) 调整轴瓦间隙。用塞尺调整支柱螺钉球面与瓦背面的间隙,使其符合计算(给定)的轴瓦间隙值,然后把支持螺钉的螺母锁住,再次复查间隙,合格后,即可进行下一个轴瓦调整工作。

(6) 复查轴瓦间隙。最后复查各轴瓦间隙,与计算(给定)值误差在 ±0.01mm 为合格。所有瓦均调好后,折螺母锁定片的角,装导轴瓦上压板,导轴瓦上压板与导轴瓦的间隙应保持在 0.30~0.5mm 之间。最后清扫油槽内部,安装轴承其他零部件。

【思考与练习】

(1) 如何进行轴承间隙测量?

(2) 如何进行轴承间隙调整?

(3) 轴承间隙测量与调整有什么区别?

◢ 模块 6 导轴瓦研刮工艺标准(ZY3600404006)

【模块描述】本模块介绍水轮发电机导轴瓦研刮工艺标准。通过筒式导轴承和分块导轴承研刮工艺标准的介绍,掌握水轮发电机导轴承研刮工艺标准。

【模块内容】

一、轴瓦研磨和刮削

将支柱螺钉的背帽松开,再旋松支柱螺钉,吊出轴瓦放在垫有木板的地面上。检查轴瓦的合金(一般导轴瓦的瓦衬是铸钢 ZG30,而轴瓦是用 ChSnSb11-6 锡基锡锑合金浇涛)与瓦衬的结合情况。局部脱壳时,一般肉眼难以发现,大部分脱壳时,轴衬与钨金就分成两处了。这时应重新挂瓦(有关挂瓦内容可参见第十一章水轮发电机轴承检修的内容）。

检查轴瓦表面磨损情况，通常轴瓦磨损并不严重，除少数高点被磨去瓦花之外，余下部分瓦花仍然存在。这时，用平刮刀刮去高点，并重新挑花。挑花是为了便于存油利于油膜的形成。刀花可以是方形、三角形、燕尾形等，行与行之间要彼此交错，刀花面积以 20mm^2 左右为好，大约刀花被刮去的深度为 0.01mm 左右。由于它比没刮的地方稍稍低一点，而容易存油，有利于油膜的形成，保证润滑。

当轴瓦的局部地区由于摩擦出现条状沟或由于轴电流使钨金被破坏时，轻微者可用刮刀将毛刺刮去，修整平滑，严重者可以采用熔焊（即钎焊）的办法。进行钨金熔焊时，应备有：

（1）电炉子和焊锡锅各一个，温度控制在 460～470℃（合金液体呈孔雀兰颜色），供加热电烙铁用。

（2）烙铁两把，第一次用尖头烙铁，尺寸为 50×80×40mm（长×高×宽），第二次用平头烙铁。

（3）焊料最好与钨金材料相同（如 ChSnSb11-6）。

（4）焊接剂由氯化铵 1 份、氯化锌 12.5 份、氯化锡 1.5 份、盐酸 0.5 份、水 23.6 份混合制成。

焊接时应采用分段间隔的方法如图 9-6-1 所示，这样焊接可以避免局部地区温度过高，产生热胀脱壳现象。焊时要注意焊头与被焊面垂直，焊头化入被焊面之后，用焊锡在烙铁侧面化一点熔下焊上。

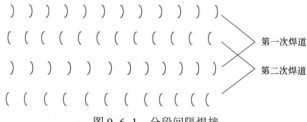

图 9-6-1　分段间隔焊接

焊最后一次时，用宽头烙铁，不用焊料，只把瓦表面整平滑一些，使焊肉比原来平面高出 1～2mm。

对分块式的弧形瓦在焊接之后，用样板刀把焊过的瓦表面刮成近似原来曲面的形状，再进行研磨和刮削。

要求焊后不产生夹渣、无气孔，更不容许脱壳。一般情况下检修轴瓦时，只做刮花处理，很少进行研磨。在大面积熔焊后，要进行研磨。这是为了使轴领与轴瓦有良好的配合，要保证轴瓦表面有很高的粗糙度（光洁度），一般在 Ra0.40μm（▽8）左右，而这个工作用机械加工是不易达到要求的。由于大轴已装上，其他部件只能立放，因此在研磨时要在轴瓦相对轴领位置的下面做一个用角铁围成的托架以固定研瓦的位置。

用酒精和抹布将轴领擦洗干净，将轴瓦表面均匀地抹一层红丹抱在轴领（颈）上研磨几次，再把瓦提出来，刮去高点，反复进行几次。

注意前后两次刮花的方向要互相垂直。直到轴瓦的接触面达到 90%，每平方厘米内至少有两个点子左右为合格。最后用三角刮刀刮进油、出油边。

二、垫块接触点刮研

垫块均用热处理的方法以提高其碳钢的硬度，垫块表面呈圆弧形，与支柱螺钉头部的接触点可以通过刮研的方法调整，以保证良好的接触应力和螺栓受力，并能保证轴瓦间隙的准确性。进行调整时，先间隔地把几块瓦轻轻地顶住轴领，用百分表监视不使轴发生位移，再用红丹抹在其余垫块表面，轻轻打紧支柱螺钉，再退出来检查垫块表面接触情况，一般以半径 5mm 为合适。如接触不良，可用细锉或刮刀修刮垫块，直至合格为止。

三、分块式（或筒式）导轴承的挂瓦

分块式导轴承的挂瓦工艺与推力瓦的挂瓦相同，只不过模具改为分块瓦（或筒式瓦）的形状罢了。分块瓦浇铸钨金的胎具如图 9-6-2 所示。

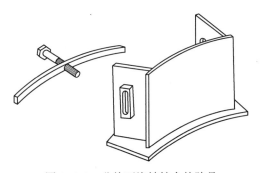

图 9-6-2 分块瓦浇铸钨金的胎具

【思考与练习】

（1）如何进行轴瓦研磨和刮削？

（2）说明轴瓦修补的熔焊工艺。

（3）如何进行垫块接触点刮研？

第十章

水轮发电机附属设备检修

▲ 模块 1　水轮发电机空气冷却器的结构及作用
（ZY3600405001）

【模块描述】本模块介绍水轮发电机空气冷却器的基本结构和作用。通过知识要点讲解及图例讲解，达到了解水轮发电机空气冷却器基本结构及作用。

【模块内容】

中、大容量水轮发电机，一般都装设空气冷却器，空气冷却器也称为热交换器。水轮发电机内的热空气，通过空气冷却器进行冷却，温度降低后，进入水轮发电机内部冷却铁芯和绕组。然后再经空气冷却器冷却，再进入水轮发电机内部，如此循环不已，将水轮发电机的电气损耗和通风损耗所产生的热量通过空气冷却器的冷却水带走。

当冷却水温度为 25℃时，每千瓦损耗每小时约需水量为 0.2～0.4m³。当冷却水温低于或高于 25℃时，空气冷却器的冷却水量可相应的减小或增加。

热空气可通过暖风窗（管道）引至水轮机室和水轮发电机室，供厂房冬季取暖用。利用水轮发电机的热空气取暖时，必须将相应的新鲜空气送入水轮发电机内，以平衡放出的热空气。空气冷却器与暖风窗装置如图 10-1-1 所示。

一、空气冷却器

空气冷却器由多根冷却水管，上、下承管板、密封橡皮垫和上、下水箱等零部件组成，如图 10-1-2 所示。

一般情况下，空气冷却器通过支架（冷却器支架系钢板焊接结构）固定在机座壁上，且沿圆周等距分布，也可用螺栓直接将空气冷却器固紧在机座壁上；还有用四个滚轮支撑冷却器的重量，冷却器紧靠机座壁，用压板压紧的结构。对于单路轴向通风系统的双水内冷水轮发电机，有将空气冷却器置于转子下面的下机架支臂之间的布置形式。

各个冷却器采用并联方式通过阀门连接至环形进出水管上。这样，当某一个冷却器发生故障时，可以将其单独关闭而不影响其他冷却器的运行。也有采用两个冷却器串联后再互相并联的连接方式。

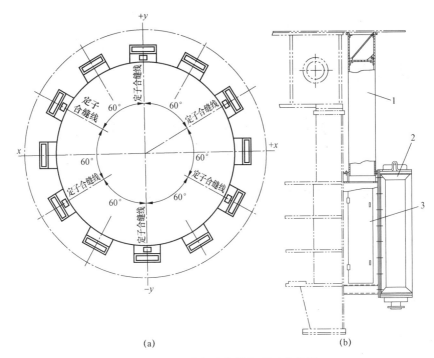

图 10-1-1 空气冷却器与暖风窗装置

（a）空气冷却器与暖风窗装置布置示意图；（b）空气冷却器与暖风窗装置

1—暖风窗；2—空气冷却器；3—空气冷却器支架

中、大容量水轮发电机，一般装设 8 或 12 个空气冷却器，空气冷却器的散热余量取 10%～15%为宜。这样，当某一个冷却器检修时，其他冷却器仍能带走全部损耗，不会影响水轮发电机的正常运行。

水轮发电机的空气冷却器的冷却水管通常为立式放置，但是，也有冷却水管为水平放置的。这需要根据用户的要求而定。两种放置方式的空气冷却器，在参数计算及结构设计方面没有什么区别。

空气冷却器的系列化，可减少品种、简化工艺装备，提高产品质量、缩短生产周期，降低生产成本。

1. 水轮发电机用空气冷却器（KRI 型）结构形式

（1）空气冷却器的型号。KRI 型空气冷却器的冷却水管通常为立式放置，冷却器用螺栓固定于机座壁的出风口上。空气冷却器的型号由类型代号和规格代号两部分组成。

类型代号用汉语拼音大写字母和罗马字表示：

第一个字母"K"代表"空气冷却器"；

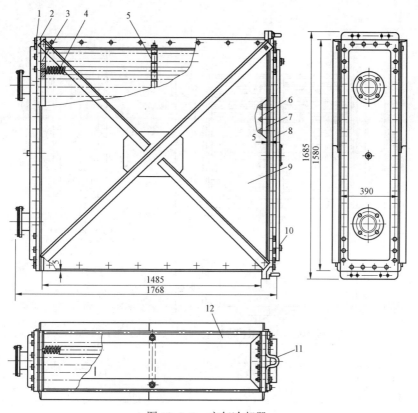

图 10-1-2 空气冷却器

1—下水箱盖；2—下橡皮垫；3—下承管板；4—冷却管；5—管夹块；6—上承管板；
7—上橡皮垫；8—上水箱盖；9—护板；10—螺塞；11—吊攀；12—支架壁

第二个字母"R"代表"绕簧式"；

罗马字"I"为空气冷却器型式代号。

规格代号用阿拉伯数字表示：

第一组数字表示冷却水管数目：排数×每排管数（或每排平均管数）；

第二组数字表示冷却水管有效长度（mm）。

例如：空气冷却器的型号为 KRI6×26-1200，表示立式安装的绕簧式"I"型空气冷却器，冷却水管为 6 排，每排管数为 26 根，冷却水管有效长度为 1200mm。

（2）KRI 型空气冷却器的安装尺寸和外形尺寸（见图 10-1-3）。

（3）冷却管。冷却管由 ϕ19/17 黄铜管（为防止黄铜管因脱锌受损，可采用紫铜管）外绕以螺旋铜丝圈而成。螺旋铜丝圈又称为叶片，由 ϕ0.69 紫铜线绕成方形弹簧状，然后再扁绕于黄铜管上，并用锡焊牢（见图 10-1-4）。技术要求如下：

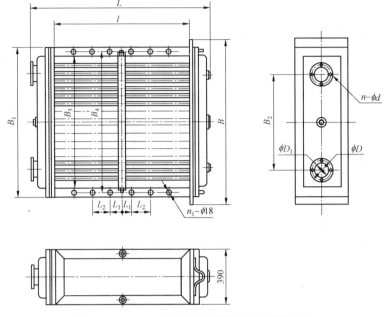

图 10-1-3 KRI 型空气冷却器安装和外形尺寸

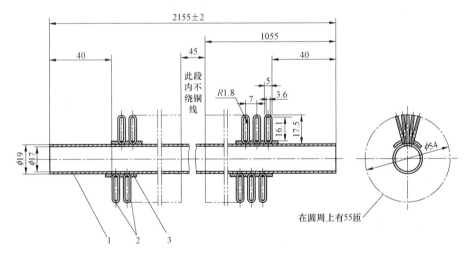

图 10-1-4 绕簧式冷却水管
1—黄铜管；2—绕簧铜丝；3—焊条

1）铜管表面不得有严重损伤和锈痕。绕制前以 3 倍工作压力进行水压试验，不得有渗漏现象。

2）绕簧直径允差为±1mm。

3）绕簧与铜管的锡焊应牢固，每米管长不得有两圈松动。

（4）承管板。承管板是冷却器的骨架，用以固定冷却水管，用 A3 钢板加工而成（见图 10-1-5）。承管板的技术要求如下：

1）为保证承管板与水箱盖接触密封性能良好，承管板表面光洁度应不低于 4，边缘不得有毛刺，胀接的孔不得有贯通性刻痕。

2）承管板加工后，表面进行镀锌处理。

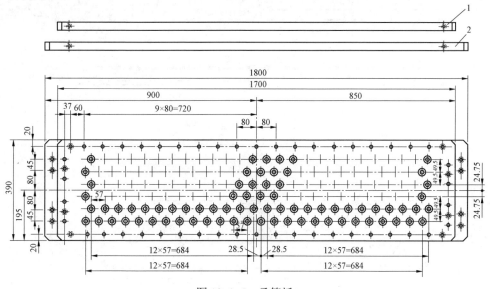

图 10-1-5 承管板

1—下承管板；2—上承管板

（5）水箱盖。上、下水箱盖与承管板组成冷却器的上、下水箱。水箱与冷却水管构成冷却水通路。水箱盖为钢板焊接结构（见图 10-1-6、图 10-1-7）。水箱盖的技术要求如下：

1）水箱盖与橡皮垫接触表面的光洁度为 4，边缘不得有毛刺。

2）考虑到安装时水箱盖的互换性与通用性，水箱盖进水、出水法兰的中心距允差为 ±1mm；水箱盖加工面对法兰平面的不平行度不得大于法兰外径的 1/100，最大不大于 2mm。

（6）空气冷却器的组装。

1）冷却水管与承管板采用胀接法连接，即扩口式密封结构。

2）冷却水管胀接后，扩大过渡区不得有明显棱角。

3）组装后的冷却器对角线允差不得大于 5mm，外形长度允差 ±5mm。

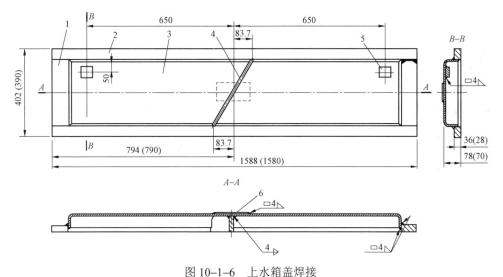

图 10-1-6 上水箱盖焊接

1—A3 钢板；2—A3 钢板；3—盖板；4 隔板；5—B3 钢板；6—B3 钢板

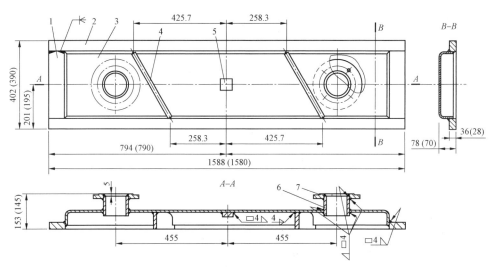

图 10-1-7 下水箱盖焊接

1—A3 钢板；2—A3 钢板；3—盖板；4—隔板；5—B3 钢板；6—无缝钢管；7—法兰

4）全部组装完毕，以 2 倍的工作压力进行水压试验，历时 30min 不渗漏。

5）水压试验后，应排除全部积水。

6）除冷却水管、承管板外，其余表面涂防锈漆，外表面喷涂灰色漆。

2. 铝制 ϕ44 挤片式空气冷却器

采用铝制挤片式空气冷却器，是节约铜的途径之一。

　　铝制挤片式冷却水管用纯铝轧制，工艺简单，生产效率高，成本低；运行时冷却器清洁整齐，维修方便；风阻比$\phi44$绕簧铜管约低 20%，但传热性能比绕簧铜管低15%～20%；防腐蚀和耐磨损性能不及绕簧铜管。铝制挤片式冷却水管如图 10-1-8所示。

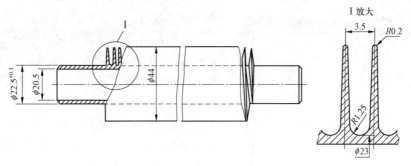

图 10-1-8　铝制挤片式冷却水管

3. 轧制双金属管空气冷却器

　　双金属管系采用软黄铜（或紫铜）管与纯铝挤压轧制而成。工艺简单，成本较低，节省紫铜；风阻低，耐水蚀性能好；运行时清洁整齐，维修方便；单位面积的散热性能较绕簧管稍低。铝制挤片式冷却水管如图 10-1-9 所示。

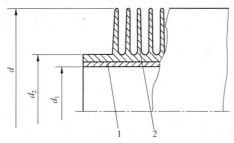

图 10-1-9　铝制挤片式冷却水管

1—黄（紫）铜管；2—铝翼

4. 空气冷却器漏水、堵塞的原因及其消除措施

　　（1）由于冷却水中正、负离子的化学作用，使得冷却水管（黄铜管）因脱锌而被腐蚀，造成漏水。腐蚀程度与冷却水水质有关，如冷却水的硬度较大，可以考虑采用紫铜管。如果在管口胀接处发生漏水，则是胀接不牢，运行中由于振动而松动加之化学腐蚀的缘故。

　　（2）水轮发电机的空气冷却器，一般都直接引用水库里的水作为冷却水，水中的泥沙、杂草、鱼虾及蚌壳等，淤集结垢堵塞水管。一般采用钢丝刷通刷。如果冷却水泥沙含量较大，空气冷却器的水箱可采用反冲洗结构，其上、下水箱盖结构形式和焊接、加工分别如图 10-1-6 和图 10-1-7 所示。

二、暖风窗

根据电站取暖的需要，有些电站要求在水轮发电机上装设暖风窗，向厂房放热风供冬季取暖用。

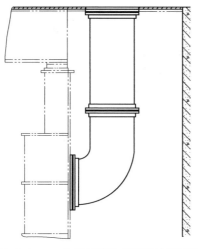

暖风窗结构。暖风窗系钢板与角钢焊接的筒状部件，其横截面多呈矩形。根据布置的需要，暖风窗可设计为直筒结构或弯曲筒状结构；入风口与出风口可以是等截面的，也可以不等截面。暖风窗的入风口可以从机座壁上开口（见图 10-1-10），也可以从空气冷却器支架上方开口引出热空气。

图 10-1-10 从机座壁引出暖风的暖风窗及其消除措施。

【思考与练习】

（1）说明空气冷却器与暖风窗装置的作用。

（2）说明空气冷却器的组成。

（3）说明空气冷却器漏水、堵塞的原因

▲ 模块 2 水轮发电机空气冷却器检修（ZY3600405002）

【模块描述】本模块介绍水轮发电机空气冷却器的大修检修工艺。通过工艺标准介绍及实物训练，掌握水轮发电机空气冷却器检修工艺。

【模块内容】

标准化作业管理卡见表 10-2-1。

表 10-2-1　　　　　　　　标准化作业管理卡

项目名称	空气冷却器拆除、分解与安装		检修单位		机械工程处发电机班	
工器具及材料准备						
序号	名称	规格	数量	单位	用途	
1	钢丝绳		2	根	吊冷却器	
2	活扳手	12 寸	2	把	拆冷却器固定螺栓	
3	彩条布		30	m²	放置冷却器	

续表

序号	名称	规格	数量	单位	用途
4	纯酸磁漆		0.5	L	做标记
5	梅花扳手	24～27	2	把	拆螺栓
6	手锤	2磅	1	把	分解管路
7	板螺丝刀	大	1	把	分解管路
8	剪刀		1	把	制作垫
9	平板橡皮	厚4mm	3	m²	密封
10	防锈底漆		1	桶	端盖内部涂漆
11	扁铲		2	把	端盖内部去锈
12	风管		20	m	铜管内部清扫
13	抹布		10	kg	铜管内部清扫
14	毛刷		2	把	涂漆用
15	撬棍	小	2	把	分解端盖
16	塑料布		10	m²	铺垫底部

人员配备	主专责	
	检修工	
	起重工	
	电焊工	

检修方法和步骤	一、空气冷却器拆除 （1）先用油漆把冷却器做上编号。 （2）解管路连接螺栓，并将管路移至一旁。 （3）分解冷却器固定螺栓，每边留两颗螺栓不分解，防止冷却器倾倒。 （4）起重人员挂好个钢丝绳，并使吊车起吊予紧。 （5）分解剩余螺栓。将冷却器吊出放置指定位置。 二、空气冷却器分解 进行空气冷却器分解检修时，端盖内部应去锈涂漆，铜管内部可用高压气吹扫或用布条来回擦拭。 三、空气冷却器安装 （1）先用吊车将空气冷却器按编号吊入，把冷却器螺栓先带紧，找正后用活扳手对其进行紧固。 （2）连接好管路并加好垫

危险点及控制措施	（1）空气冷却器吊装期间，需防止人员挤伤。 （2）吊装期间冷却器不得与其他部件碰撞，防止冷却器受损。 （3）防止高空坠物。 （4）分解时防止冷却器倾倒。 （5）端盖分解期间，需防止重物砸伤。 （6）防止碰伤冷却器铜管

时间	检修工作开始时间	年 月 日
	检修工作结束时间	年 月 日

检修负责人：	班长技术员：	审核：	批准：

水力机组有导轴承（包括上导、下导和水导）的油槽和推力轴承油槽（有的水轮发电机上导与推力在同一个油槽中）；冷却器又分油冷却器和空气冷却器，下面着重介绍检修中有关油槽及冷却器共性的内容。

一、空气冷却器系统检修工艺要求

（1）空气冷却器吊出前应先将下端进排水管法兰螺栓全部拆除。空气冷却器与定子的连接螺栓拆除 2/3 左右，用桥式起重机挂妥钢丝绳后，将其余螺栓全部拆除，吊出空气冷却器。空气冷却器和端盖应统一编号。检查空气冷却器和定子外壳结合面所垫的毛毡或胶皮板条应完好，防止热风泄漏。

（2）空气冷却器水箱盖分解后，应去锈并涂刷防锈漆，铜管内的泥垢和水垢，应用圆柱形毛刷通刷干净。空气冷却器外部油污的清洗，可在现场专门设立的两个清洗槽中进行。冲洗液用稀释的金属洗净剂，并加温 50～80℃，将空气冷却器吊入洗净剂槽中浸泡及搅动 0～15min，再吊入热水槽中搅 20～30min 后吊出，用清水冲洗干净。

（3）单个空气冷却器应按设计要求的试验压力进行耐压试验，设计无规定时，试验压力一般为工作压力的 2 倍，但不低于 0.4MPa，保持 60min，无渗漏现象。装复后进行严密性耐压试验，试验压力为 1.25 倍实用额定工作压力，保持 30min 无渗漏现象。

（4）空气冷却器如发现有渗漏应查找原因。如铜管和承管板胀合不好，可以复胀。如铜管本身泄漏，可两头用楔塞堵死，但堵塞铜管的根数不得超过总根数的 10%～15%，否则应更新空气冷却器。

二、油槽的清洗

油槽排油前，应保证排油路上各阀门位置正确并打开通气孔。排油后，仍然还会残存在槽内一定的油或沉积物质，这些杂质如不清出会极大地影响整个油槽中汽轮机油的各项指标（如含水率、灰分、酸、碱性等），造成油的变质，损坏轴瓦与镜板。因此，清洗油槽是必要的。

清洗前，应拆出油冷却器和挡油板。拆挡油板时，应检查标记，防止装入时发生返工现象。拆冷却器时，在排水管下方预先放一只水桶接漏水，否则，水流入油槽易将绝缘垫潮湿。当吊冷却器时，要用木塞将排水口堵严。冷却器拆除后，用木塞将油槽内各油、水管口堵上，以防杂物进入。

先用抹布将油蘸出，最后用白面和成团将各角落的油污和铁屑等一一黏出，把油槽盖好，防灰尘入内。

三、冷却器检修

无论是油冷却器还是空气冷却器的检修，大都为以下四步：

1. 清洗

对于油冷却器只需擦干净铜管外表。空气冷却器铜管的外表上附有细铜丝，沾满了灰尘和油污，将它在表 10-2-2 配方的碱水中清洗。

先把空气冷却器放入 80℃左右的碱水中浸泡并晃动 10~15min，吊出后再放在热水槽中晃动 0.5h，然后吊出。用清水反复冲洗，直至干时不在铜管外出现白碱痕迹时为合格。这种方法的优点是清洗较干净，缺点是碱水会使冷却器上的橡皮盘根损坏。

表 10-2-2　　　　　　　　　　碱 水 溶 液 配 方

成分	重量（%）
无水碳酸钠（面碱）	1.5
氢氧化钠（火碱）	2.0
正磷酸钙	1.0
水玻璃	0.5
水	95.0

2. 耐压试验

一般用 0.3MPa 的水压，在 30min 内不渗漏为合格。常用手压泵打压，注意将冷却器中的空气排净。如果技术供水的水压足够的话，也可用此水源进行耐压试验。

3. 铜管更换（胀管工艺）

通过耐压试验，发现个别管有轻微渗漏可在管内壁涂环氧树脂或重新胀一下管头。渗漏严重的铜管，可以换新的。先剖开胀口，将坏管取下，然后放入新管进行胀管工艺。

胀管的步骤如下：

（1）冷却器的铜管（紫铜或黄铜）下料长度应符合要求。要检查切口平面与管子中心的垂直度（见图 10-2-1）。

（2）把管孔毛刺清除、管外径擦光。

（3）选择合于管子通径的胀管器，并检查胀管器是否合格（见图 10-2-2）。

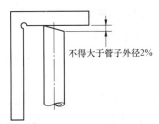

不得大于管子外径2%

图 10-2-1　用角尺检查切口

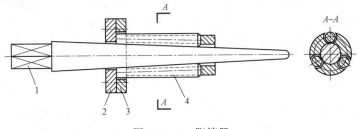

图 10-2-2　胀管器

1—心轴；2—压盖；3—外壳；4—滚柱

（4）对于黄铜管，为防止胀裂，可事先进行退火处理（或在锡锅里蘸一下，搪锡处理）。对于紫铜管可以冷胀，用符合铜管通径尺寸的胀管器，把铜管的管头牢靠地胀在冷却器的端板内孔上。黄铜易生锈，好腐蚀，常漏水，应更换紫铜管。

空气冷却器的铜管，国产机组大部分难以将该管取出，往往将此管两头堵上使它断开。如果损坏的铜管太多，就要换整个的空气冷却器。

4. 再次耐压试验

当胀管之后，还要进行一次耐压试验，以检查胀管质量。如不合格，可重新胀管。

【思考与练习】

（1）如何进行油槽的清洗？

（2）如何进行冷却器的清洗？

（3）说明胀管工艺。

◢ 模块3 水轮发电机空气冷却常用通风方式（ZY3600405003）

【模块描述】本模块介绍开启式通风、管道式通风和自循环式通风三种水轮发电机通风冷却方式的原理、特点、适用范围。通过原理要点讲解及图文结合，了解水轮发电机空气冷却常用通风方式。

【模块内容】

一、概述

1. 同步水轮发电机的冷却系统

同步水轮发电机运行时，电枢绕组和励磁绕组会产生铜损耗，电枢铁芯的磁通变化会产生铁损耗，这些损耗将转变为热能使水轮发电机各部分的温度升高。因此，同步水轮发电机都装有冷却系统，以限制温升。同步水轮发电机常用的冷却方式有空气冷却、氢气冷却和水冷却三种。

空气冷却是以空气为冷却介质。小型水轮发电机一般采用敞开式通风冷却，即利用转子上装设的风扇，从厂房中吸入冷空气，冷却水轮发电机各部分。

大型汽轮水轮发电机常用氢气代替空气作为冷却介质。由于氢气密度比空气小，导热能力比空气强，且不助燃，对绕组和铁芯不起氧化作用，所以氢气冷却效果比较好。

在水轮发电机中以水作为冷却介质主要是用来直接冷却绕组铜线，此时绕组应采用空心导线。我国1958年首创的双水内冷式水轮发电机，就是在水轮发电机定子绕组及转子绕组导体内都通以冷却水，直接让导线的热量随着水的循环而被带走。

　　近代大容量的水轮发电机常将上述三种冷却方式进行不同的组合使用，例如水–氢–氢冷却方式就是定子绕组水内冷，转子绕组氢内冷，铁芯氢冷。

　　2. 水轮发电机的冷却系统

　　水轮发电机的冷却，直接关系到机组的经济技术指标、安全运行以及使用年限等问题，所以，在设计和使用中必须予以足够的重视。大、中型水轮发电机的冷却方式，现在主要有双水内冷、半水冷、闭路自循环全空冷以及强制风冷等方式。目前，国内外大、中型水轮发电机组采用全空冷方式乃是主流，国外已应用到单机 700MW 机组。据有关研究部门认为，单机 1000MW 以内的低速水轮发电机继续采用全空冷的冷却方式，可能性仍然很大。采用全空冷，具有设备制造工艺简单、检修维护方便、运行稳定可靠等优点。

　　一个良好的通风系统应满足下列基本要求：

　　（1）水轮发电机运行实际产生的风量应达到设计值并略有余量。

　　（2）各部分冷却风量分配合理，特别是定子有效段，各部分温度分布均匀。

　　（3）风路简单，损耗较低。

　　（4）结构简单，加工容易，运行稳定，维护方便。

　　所谓空冷，即是利用反复循环的空气作为介质，通过与水的热交换，来达到对转子、定子绕组以及定子铁芯表面进行冷却的目的。

　　二、水轮发电机常用的通风系统

　　1. 开启式自通风系统

　　开启式自通风系统适用于额定功率为 1000kVA 及以下的水轮发电机。开启式自通风系统特点是结构简单，安装方便，但电机温度受环境温度影响较大，防尘、防潮性能差，影响水轮发电机散热，绝缘易受侵蚀。冷空气由机房摄入，热空气排到机房里，水轮发电机需要的冷空气量不超过 8m³/s，厂房的墙壁和屋顶外表面足以散掉排到机房内的热空气所携带的热量。开启式自通风系统如图 10–3–1 所示。

　　2. 管道式通风系统

　　管道式通风系统适用于额定功率为 1000kVA 以上但不大于 4000kVA 的水轮发电机。管道式通风系统的冷空气一般来自温度较低的水轮机室，热空气则靠电机自身的风压作用经管道排到厂房外面（见图 10–3–2），为了清洁空气，在进风风路中常装设滤尘器。

　　3. 闭路自循环通风系统

　　闭路自循环通风冷却系统，适用于额定功率为 4000kVA 以上的水轮发电机。闭路自循环通风系统的特点是利用空气冷却器进行热交换，冷风稳定，温度低；空气清洁干燥，有利于绝缘寿命；安装维修较方便。

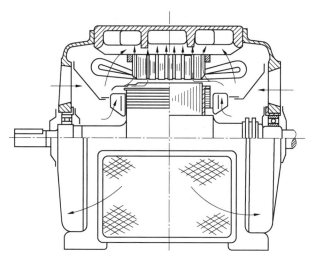

图 10-3-1 开启式自通风系统

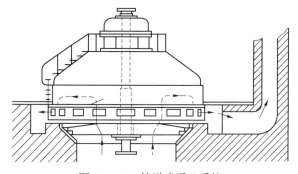

图 10-3-2 管道式通风系统

按其风路特点，闭路自循环通风系统可以分为以下几类：

（1）封闭双路径向通风系统。封闭双路径向通风系统是水轮发电机的一种典型通风系统，广泛应用于中、大容量水轮发电机，如图 10-3-3 所示。在封闭双路径向通风系统中，从空气冷却器中出来的冷空气经上机架支臂之间的空隙（上路）和基础风道（下路）进入转子支架，在转子支臂本身的离心风压及装设在磁轭两端的风扇压头作用下，少部分流经绕组端部；大部分通过转子磁轭风沟，磁极极间间隙和空气隙，流经定子风沟；还有一部分流经齿压板间隙，然后汇集并经机座冷却器窗孔进入空气冷却器。为避免线圈端部空间的空气沿风扇反向流动形成涡流，应装设挡风板。封闭双路径向通风的特点是风阻小，风路短，定、转子具有径向风沟，散热面积大。若设计得当可使轴向温度分布较为均匀，但由于设置径向风沟，使电动机铁芯长度约增加 20%。

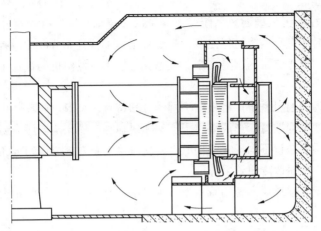

图 10-3-3　典型的封闭双路径向通风系统

（2）双路径、轴向通风系统。双路径、轴向通风系统，如图 10-3-4 所示，适用于中、大容量水轮发电机。当 $L_i/\tau \leqslant 2.5$ 时，有较好的风量分配。双路径、轴向通风的特点是：依靠电机磁极的离心抽风作用和上、下端旋桨风扇轴向压入冷却空气并流过定子风沟，冷却定、转子绕组和定子铁芯，风路简单。转子无径向风沟，支臂无轴向风孔，通风损耗小；桨式风扇轴向作用强，效率高。

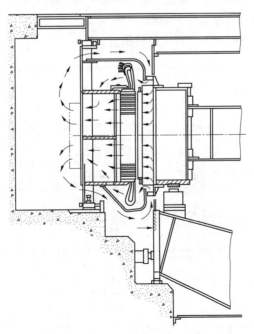

图 10-3-4　封闭双路径、轴向通风系统

（3）双路径向无风扇通风系统。大容量低转速水轮发电机的直径较大而铁芯较短，转子转动时所鼓动的气流已足以使定子绕组端部得到充分冷却，因而在转子两端可不装设风扇。近年来国内、外在中、低速大容量水轮发电机的设计中已逐渐倾向于取消风扇。

对于无风扇的通风系统，可根据不同的冷却特点，采取一些辅助措施，如增加转子磁轭的径向通风沟数量，形成以转子支架和磁轭径向通风沟为压力源的径向通风系统；在风路结构上装设不同形式的挡风板，使风量沿有效部分均匀分布并加强绕组端部的冷却，以改善通风冷却效果等。

双路径向无风扇通风系统的特点是：风阻小，风路短，散热面积大，轴向温度分布比较均匀等。

1）双路径向无风扇通风系统之一。双路径向无风扇通风系统之一如图 10-3-5 所示，适用于大容量中、低速水轮发电机，其特点是充分利用转子支架和转子磁轭的扇风作用；为加强转子扇风效应，应减小入口损失（见图 10-3-5，转子支架呈弧形进风口）；增加转子径向风沟数量，以增过过风面积；利用回风（即从空气冷却器出来的冷风）直接冷却定子绕组端部；转子上、下端装设平面挡风板，增强两端气隙压力，改善冷却效果。

2）双路径向无风扇通风系统之二。双路径向无风扇通风系统之二如图 10-3-6 所示，适用于大容量中、低速水轮发电机，其特点是利用转子支臂鼓动的气流的一部分冷却绕组端部，上、下端腔形成较大的稳压室。

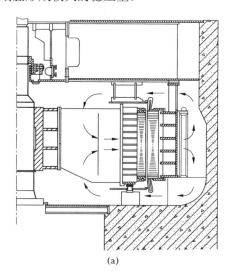

(a)

图 10-3-5 封闭双路径向无风扇通风系统之一（一）

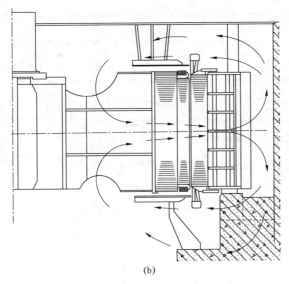

(b)

图 10-3-5　封闭双路径向无风扇通风系统之一（二）

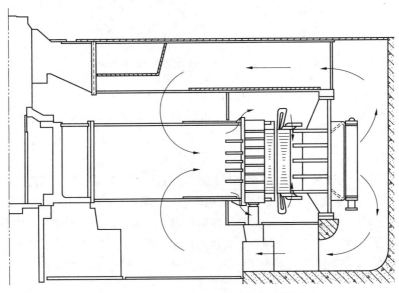

图 10-3-6　封闭双路径向无风扇通风系统之二

3）双路径向无风扇通风系统之三。双路径向无风扇通风系统之三如图 10-3-7 所示，其特点是缩小了定子绕组端部端腔的空间，这样对改善端部冷却和减少端部回风都是有利的。

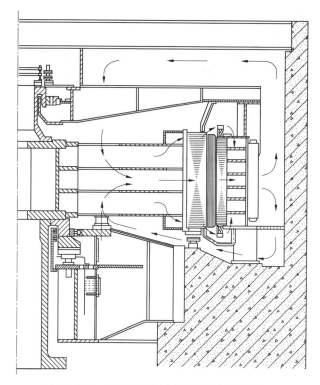

图 10-3-7 封闭双路径向无风扇通风系统之三

（4）单路径向通风系统。单路径向通风系统，如图 10-3-8 所示，曾在 20 世纪 50 年代用于个别的中、低速水轮发电机上。单路径向通风系统有两种风路结构，一种是仅有上部风道而无下部基础风道；另一种是仅有下部基础风道。目前，这两种风路系统已很少采用。

（5）单路轴向通风系统。在单路轴向通风系统中，空气从电机一端进入，经过极间间隙、气隙、定子轭背部轴向风道，从电机的另一端排出，如图 10-3-9 所示。定子、转子无径向风沟，铁芯长度比一般空气冷却的约缩短 40%。磁轭上端装设离心式风扇与支臂共同组成风压元件。为减小机坑径向尺寸，可将空气冷却器置于转子下面的下机架支臂间。单路轴向通风系统曾用于冷却大容量定、转子水内冷水轮发电机的定子铁芯。

三、水轮发电机的通风元件

所谓水轮发电机通风元件，包括通风系统的压力元件（即压头元件）和阻力元件（即风阻元件）。在立式水轮发电机封闭径向自循环通风系统中，压力元件主要由转子支架、磁轭、磁极以及上、下风扇等组成；阻力元件主要由空气隙、径向风沟、风洞、

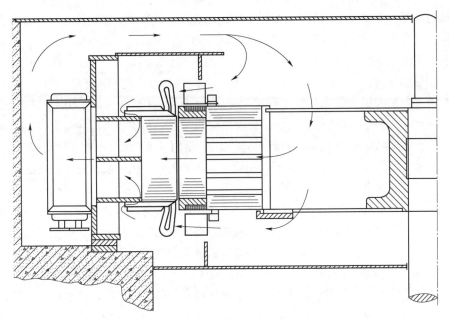

图 10-3-8　封闭单路径向通风系统

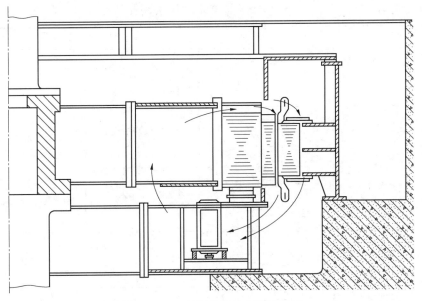

图 10-3-9　封闭单路轴向通风系统

上下风路、转子风道以及空气冷却器等组成。根据水轮发电机的具体结构特点、通风系统的需要，认真设计、合理选择以及在运行实践中适当地调整通风结构，以求达到最佳的通风冷却效果，均匀的温度分布，最小的通风损耗；并要求结构、工艺简单，安装、维修方便。

1. 压力元件

转子磁轭和磁极是水轮发电机的主要压力元件，在整个通风系统中，其作用占80%～90%。通风系统的压头与转子外圆的切线速度以及磁轭风沟的数量有关，对于铁芯较长的无风扇通风系统，磁轭铁芯段较薄，增加了风沟数，改善了轴向风量分布。对于低速大容量水轮发电机，为解决极距小、出口面积小的矛盾，往往还在磁轭外缘出口处开有纵向小"T"形槽风沟。

对于大型水轮发电机，转子支架上、下进风面积和进风口位置应合理选择，从而减小上、下端部进风的碰撞损失和涡流损失，增大水轮发电机的有效风量和提高水轮发电机的风压。一般，转子盖板的径向宽度占磁轭内径距转子支架中心体的径向宽度的1/3～1/2，盖板遮盖面积占总面积的1/2～2/3。

风扇是辅助压力元件，它可不同程度地提高系统的工作压头，增加冷却风量。对于中、低速大、中型水轮发电机，由于转子的扇风潜力较大，加上选用适当的挡风板结构，取消风扇基本上是可行的。水轮发电机采用风扇形式及特点见表10-3-1。

表10-3-1 水轮发电机采用风扇形式及特点

型式		示意图	特点	适用范围
离心式风扇	径向		产生较高的离心压头，有利于线圈端部冷却；工艺简单，但效率较低	各级容量的，正、反转的水轮发电机
	后倾		能产生较高的离心压头，效率较高	中、高速水轮发电机
	前倾		效率高、压头大，工艺较复杂	水轮发电机很少采用
旋浆式风扇	平凸翼型		具有好的翼型，损耗小、效率高，轴向风压作用强，工艺复杂、成本高	高速水轮发电机
	凹凸翼型		同平凸翼型	水轮发电机很少采用

续表

型式		示意图	特点	适用范围
旋桨式风扇	弧板翼型		具有平凸、凹凸翼型作用，但损耗较大，效率较低。工艺简单、成本低	中、高速水轮发电机
	平板翼型		与弧板翼型比较结构与工艺更简单，可降低成本，但效率更低些	中、高速水轮发电机
弧形斗式风扇			是折角斗式风扇的改型，即增强了径向压头，又加强了轴向鼓风作用。结构、工艺简单，安装、维修方便	广泛地采用于 $n_N \leqslant 300$ 转/分的大容量水轮发电机

2. 阻力元件

定子是通风系统的主要阻力元件，在整个通风系统中，定子风阻占总风阻的 70% 左右。在既定的风量下，其风阻大小取决于定子径向风沟入口总面积，或者说，与定子内表面面积的平方成反比。为了减少定子入口的风阻损失，通常将入口处的槽钢制成弧形；位于定子风沟处的槽楔开口角为 25°～28°。采取上述措施后，可减小风阻 25% 以上。

挡风板的尺寸、位置选择是否合理，对上、下风道的风量、风压分布和风阻会带来一定的影响。立式挡风板的作用是，对于水轮发电机端部形成一定的风压，防止涡流和倒风，增强对定子绕组端部的冷却以及改善定子轴向风量分布。考虑顶转子的需要，一般上部立式挡风板的下部与磁极上部的旋转部分之间应留有 20mm 间隙。平面挡风板若内径太小，会使风阻增加、风量减小，影响冷却效果；若内径太大，会产生涡流，还可能出现逆风倒流，使通风损耗增加。运行实践证明，平面挡风板的内径与转子支架进风口约成 60° 为宜，如图 10-3-10 所示。

四、通风系统总风量估算

1. 通风系统总风量的估算

在初步设计阶段，需要知道水轮发电机可能产生的总风量，以估算水轮发电机各部分温升。然而，在初步设计阶段，并不具备完整的通风结构尺寸。因此，利用初步设计阶段确定的主要结构尺寸，在准确度允许的范围内，简易地估算水轮发电机风量，是十分必要的。精确的通风计算，可在施工设计阶段进行。

通风系统总风量的估算主要有简易计算法、对比估算法和经验系数（风量系数）估算法。下面介绍经验系数（风量系数）估算法。

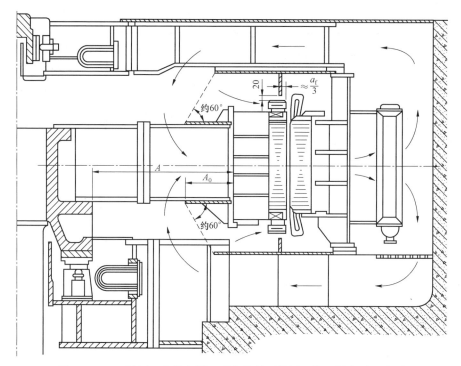

图 10-3-10　封闭双路径向通风系统的转子盖板、挡风板布置示意图

$$Q = \frac{1}{60}CD_\mathrm{i}^2 L_\mathrm{i} n_\mathrm{N} \tag{10-3-1}$$

式中　Q——水轮发电机产生的总风量，$\mathrm{m^3/s}$；

　　　D_i——定子铁芯外径，m；

　　　L_i——定子铁芯长度，m；

　　　n_N——机组额定转速，r/min；

　　　C——立式水轮发电机的风量系数，一般取 $C=0.3\sim0.4$，典型封闭双路径向通
　　　　　风系统可取 $C=0.35$（或者当 $n_\mathrm{N}<100\mathrm{r/min}$ 时，$C=0.42$；当 $n_\mathrm{N}\geqslant100\mathrm{r/min}$
　　　　　时，$C=0.35$；当无风扇时，$C=0.30$）。

　　据有关资料报道，通过对 10 台大、中容量的水轮发电机，进行的水轮发电机产生
风量的估算值与设计值的对比表明，其中有 3 台估算值低于设计值，平均比设计值低
3.2%；其余 7 台均比设计值偏高，平均偏高 13.1%。绝大多数的设计计算值低于实测
值。由此，可粗略地反映出水轮发电机通风系统总风量估算式的误差范围。

　　2. 通风改进

　　我国 20 世纪 70 年代中期以前设计、制造的大、中型水轮发电机，通过一系列的

真机通风试验发现，普遍地存在着程度不同的风量不足；风量分配欠合理；上、下风道进风量不均匀或相差悬殊；定子上、下端部存在热回风以及定子铁芯背部轴向温升分布不均匀等问题。

为了提高水轮发电机的经济效益，延长机组的使用寿命，很多老厂都相继做了水轮发电机通风试验，以便发现问题，有针对性地对通风系统进行可行性技术改进。

通风改进的一般依据，一是在运行中已暴露的问题，二是经过通风试验反映出来的问题。针对水轮发电机的具体通风结构和具体问题来制订或选择改进方案。改进通风的措施有下列几项，可供参考。

（1）由转子支臂上、下水平盖板决定的转子进风口的位置和角度要合理选择，该因素对风压、风量以及风损有较大影响。

（2）对于转子上、下空间相差较大的机组，可试验取消某端风扇而保留另一端风扇，这对均衡上、下端风压，改善定子铁芯轴向温升分布会产生较好的效果。

（3）适当向里边延伸上、下水平挡风板，对均衡上、下端风压，改善定子铁芯轴向温升分布将起到明显作用。

（4）空气冷却器加装上、下导风隔板，使定子铁芯有效部分的热风和来自绕组端部的热风在导风室内分别通过冷却器，这对消除由于机座壁和水平环板上的孔所造成的热回风有明显的效果。

【思考与练习】
（1）说明一个良好的通风系统应满足哪些基本要求。
（2）说明开启式自通风系统。
（3）说明管道式通风系统。
（4）说明封闭双路径向通风系统。
（5）说明水轮发电机的通风元件。

◢ **模块 4 空气冷却器的耐压试验（ZY3600405004）**

【**模块描述**】本模块介绍空气冷却器检修过程中耐压试验过程。通过过程介绍、标准要点讲解及实操训练，掌握耐压试验的质量标准。

【模块内容】

标准化作业管理卡见表 10-4-1。

表 10-4-1　　　　　　　　　　标 准 化 作 业 管 理 卡

项目名称	空气冷却器检查清扫与耐压试验		检修单位	机械工程处发电机班	
工 器 具 及 材 料 准 备					
序号	名称	规格	数量	单位	用途
1	抹布		2	kg	清扫
2	清水		60	L	清扫
3	金属洗涤剂		1	袋	清扫
4	塑料桶或铁桶		1	只	装水
5	手电筒		2	把	照明
6	活扳手	12寸	2	把	旋转压盖螺栓
7					
8					
人员配备	主专责				
	检修工				
	起重工				
	电焊工				
检修方法和步骤	（1）检查空气冷却器的铜管根部有无异常现象，检查空气冷却器上下端盖密封是否良好，螺栓紧固情况。 （2）一种是人工清洗用抹布沾水人工清洗，一种是用高压水进行冲洗。 （3）一般空气冷却器耐压试验是在空气冷却器安装完后用备用水进行耐压试验，用 0.3MPa 水压耐30min 应不渗漏，若阀门有漏水，用活扳手将阀门压盖旋紧				
危险点及控制措施	（1）注意不要碰伤冷却器。 （2）注意不要跑水				
时间	检修工作开始时间		年　　月　　日		
	检修工作结束时间		年　　月　　日		
检修负责人：		班长技术员：	审核：		批准：

一、空气冷却器拆装要求

（1）关闭空冷器进、出水阀，通过底部排水阀排尽余水。

（2）取下空冷器表面测温热电阻 RTD，同时对有进口测温 RTD 的空冷器，吊空冷器时应加以保护。

（3）取下进水、出水管，进水、排水管法兰面必须用棉白布包扎，并做好记号。

（4）先做好组合面等原始标志，再松掉空冷器定位螺栓、C 形夹及两冷却器间定位螺栓。

（5）吊出空冷器，并取下空冷器两端盖子，露出冷却器管子。

（6）先用干净（清）水或低压蒸气清扫冷却片，再用压缩空气吹。如表面染有油腻，可用含清洁剂的空气喷洗（注意：清扫时应采取适当的措施以保证安全）。

（7）内部管路化学清洗完成后用干净水彻底冲洗除去全部化学物品。

（8）更换盖子密封圈。

（9）在冷却器回装之前要检查是否有漏水，耐压 20bar、30min。漏水的处理方法：

1）采用锥形堵两只各打入冷却铜管进、出水口；

2）铜管中套小铜管通水。

注意：空冷器渗漏超过 5 根铜管以上者应更换新空冷器，正常情况下允许有 3 根铜管堵塞。做耐压渗漏实验时，应多次注水排气。

（10）清扫和检查结束后，将冷却器装回原处。

（11）接上管路、RTD、C 形线夹、定位螺栓。

二、空气冷却器检修过程中耐压试验

单个空气冷却器应按设计要求的试验压力进行耐压试验，设计无规定时，试验压力一般为工作压力的 2 倍，但不低于 0.4MPa，保持 60min，无渗漏现象。所有空气冷却器检修耐压并回装至机坑后进行严密性耐压试验，试验压力为 1.25 倍实用额定工作压力，保持 30min 无渗漏现象。

【思考与练习】

（1）说明空气冷却器拆装要求。

（2）说明空气冷却器耐压试验参数。

◢ 模块 5　制动器的结构、原理及作用（ZY3600405005）

【模块描述】本模块介绍水轮发电机制动器的原理作用以及偏心式制动器的基本结构。通过结构介绍及实物对应讲解，了解水轮发电机制动器的工作原理和作用。

【模块内容】

一、制动装置

按标准规定：额定容量为 250kVA 以上的立式水轮发电机应有制动装置；额定容量为 1000kVA 及以上的立式水轮发电机一般应采用空气制动系统。在水轮发电机停机过程中当转速降低到额定转速的 30%～40% 时（这个百分数视具体机组情况而有所区别），应对水轮发电机转子进行连续制动，以避免推力轴承因低速下油膜被破坏而使瓦面烧损（为改善水轮发电机的启动和停机条件，采用了向推力轴承供压力油的高压油顶起装置）；制动时使用压缩空气。制动装置的另一用途是在安装、检修和启动前，以高压油注入制动器，将水轮发电机旋转部分顶起。

水轮发电机的制动方式主要有机械制动、电气制动以及混合制动，目前水轮发电机主要采用机械制动，其制动系统由制动装置、管路系统以及自动控制元器件等组成，典型结构如图 10-5-1 所示。

二、机械制动

所谓机械制动，是指当机组停机转速下降到一定数值时，使用压缩空气将制动器活塞顶起，使制动块与水轮发电机转子制动环相接触，通过机械摩擦阻力矩使机组尽快停机的过程。机械制动的主要设备是制动器，俗称风闸。

（1）机械制动的优点是：

1）运行可靠，使用方便。

2）通用性强。

3）用气压、油压操作所耗能源较少。

4）在制动过程中对推力瓦的油膜有保护作用。

5）既用来制动机组，又可用来顶转子，故具有双重功能。

（2）机械制动中存在的主要缺点是：

1）制动器的制动板（亦称闸板）磨损较快。

2）制动中产生的粉尘随循环风进入转子磁轭及定子铁芯的通风沟，长年积累会减小通风沟的过风面积，影响水轮发电机冷却效果，导致定子温升增高，粉尘与油雾混合四处飞落，污染定子绕组，妨碍散热，降低绝缘水平。

3）在制动加闸过程中，制动环表面温度急剧升高，因而产生热变形，有的出现龟裂现象。

4）个别风闸在制动过程中也曾发生过动作失灵的故障。

三、制动器的类型及规格

1. 制动器分类

目前，制动器采用"O"形密封结构，多采用油气合一、弹簧复位的单缸单活塞制动器（见图 10-5-2）或油气合一、气压复位的单缸单活塞制动器（见图 10-5-3）及油、气管路分开的单缸双活塞制动器（见图 10-5-4）；也有采用油气管路分开的双缸双活塞制动器（见图 10-5-5）。为了防止大容量机组（尤其是启动和停机频繁的发电电动机）的制动环在机械制动时产生热变形以及它和制动块摩擦产生的粉末污染定子线圈，国外有的机组采用了制动器和千斤顶分开的结构（见图 10-5-6）。

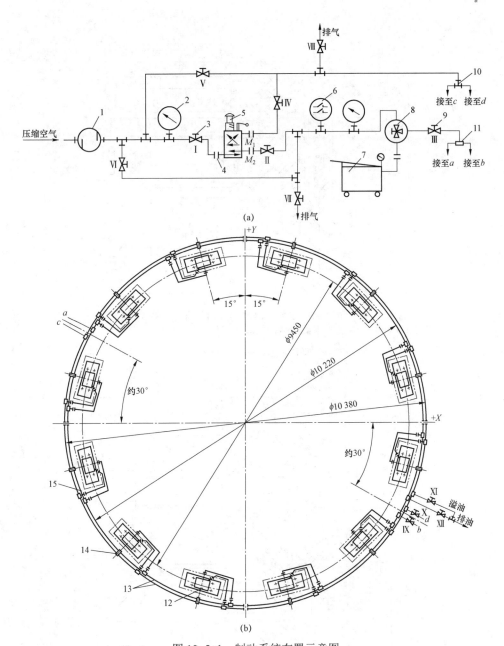

图 10-5-1　制动系统布置示意图

（a）油压、气压系统；（b）制动器及其管路布置

1—空气过滤器；2—压力表；3—低压气阀；4—法兰；5—电磁空气阀；6—压力信号器；7—高压油泵；

8—高压三路活门；9—高压油阀；10—低压三通；11—高压三通；12—制动器；

13—热轧无缝钢管；14—管夹；15—法兰

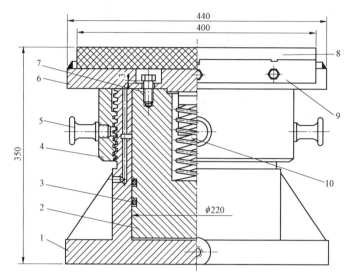

图 10-5-2 单缸单活塞制动器结构（油气合一，弹簧复位）

1—底座与缸体；2—活塞；3—"O"形橡胶密封圈；4—大锁定螺母；5—手柄；
6—制动板；7—螺钉；8—制动块；9—夹板；10—复位弹簧

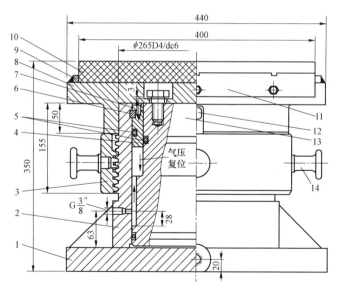

图 10-5-3 单缸单活塞制动器结构（油气合一，气压复位）

1—底座；2—缸体；3—大锁定螺母；4—衬套；5—"O"形橡胶密封圈；6—半环键；7—压环；
8—托板；9—挡块；10—制动板；11—夹板；12—定位销；13—活塞；14—手柄

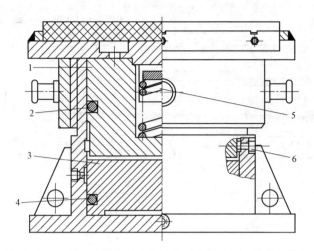

图 10-5-4 单缸双活塞制动器结构（油气分开，弹簧复位）

1—上活塞；2—上活塞密封圈；3—下活塞；4—下活塞密封圈；5—复位弹簧；6—进气孔

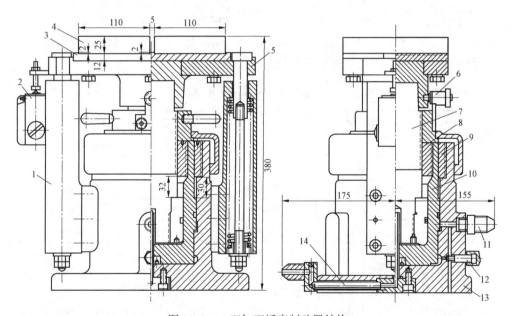

图 10-5-5 双缸双活塞制动器结构

1—弹簧盒；2—限位开关；3—制动块座；4—制动块；5—活塞头；6—安全螺帽锁定；7—油压顶起活塞；

8—油压顶起活塞导环；9—空气制动活塞导环；10—空气制动活塞；11—进气接头；

12—针阀；13—制动器座；14—进油管

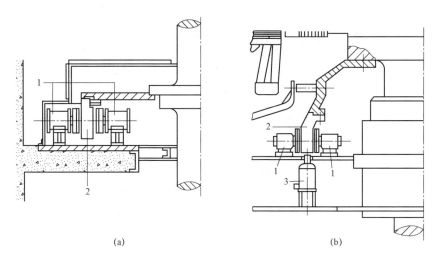

图 10-5-6　制动器和千斤顶布置示意（国外）

（a）制动器用罩密封结构；（b）制动器用气封结构

1—制动器；2—制动环；3—千斤顶

制动器的"O"形密封圈为橡胶 I–4HG4–333–66，其物理机械性能及外观质量指标等应符合 HG4–329–66《重型工业机械设计常用标准》的规定。制动块采用橡胶石棉板制成。常用的制动器规格见表 10-5-1。

表 10-5-1　　　　　　　　　　　制动器主要技术数据

活塞直径（mm）	活塞面积（cm²）	制动块尺寸（mm）	制动器高度（mm）	底脚螺钉孔距（mm）
80	50	100×160	220	100×150
120	113	160×230	260	120×200
160	200	220×300	320	180×270
220	380	280×400	350	200×380
280	615	360×460	400	280×440

2. 制动器的作用

制动器是制动装置的主体，俗称风闸。其主要作用有如下几点：

（1）水轮发电机在停机时，为避免机组较长时间的在低转速下运行，减轻推力瓦的磨损，防止研烧，一般当机组转速降至该机额定转速的 20%～25%时，自动投入制动器加闸停机。

（2）没有高压油顶起装置的机组，当经历较长时间的停机后再次启动之前，用油压操作制动器，顶起机组的转动部分，使镜板与推力瓦脱离开一个缝隙，重新建立油膜，制动状态被解除后，机组再启动，这样就为推力轴承创造了安全、可靠地投入运行的工作条件。

（3）机组在安装或大修过程中，常常需要用油压"顶转子"，转子被顶起后，人工扳动凸环（旧式制动器）或拧动大锁定螺母（新式制动器），使机组转动部分的重量直接由制动器的缸体承受。

四、气压复位式制动器的结构与动作

1. 结构

气压复位式制动器的结构，如图 10-5-3 所示，主要由底座 1、缸体 2、活塞 13、托板 10、制动板（亦称闸板）9、夹板 11、挡块（或压板）8、大锁锭螺母 3、衬套 4、半环键 6、压环（或卡环）7、"O"形橡胶密封圈 5 和定位销钉（或导向键）12 等零部件组成。

缸体 2 以前多用厚钢板卷焊结构，现在大多采用无缝钢管制成，从而克服了以前设备常易出现的焊缝夹渣、气孔、焊不透及变形较大等缺陷。缸体 2 与底座 1 用焊接相连，并在初加工以后进行热处理，以便消除内应力。底座 1 的四角有四个固定螺栓孔和四个三角形加强筋板。对于油、气管路合用的单缸结构，还需钻一径向孔。缸体 2 为一个圆筒状，外侧中部车制一段梯形螺纹与大锁定螺母 3 相配合，在大锁定螺母 3 的外缘均布四个扳动手柄。

缸体 2 的上口扣放一个制动托板 10。托板 10 的上表面为矩形，下部有一个深约等于缸体高度的 1/5、内侧与缸体外侧的上部为动配合的筒状结合段，并用四个埋头螺钉均匀地与活塞 13 顶部连成一体。在托板 10 的上部是一块矩形的制动板 9，在制动板长度方向的两侧通常装有夹板 11，每侧夹板用 3 个螺钉固定在托板 10 上，在托板的宽度方向两端焊有挡块 8，以固定制动板 9 的位置，防止在使用中松脱。也有的制动器在托板宽度方向的两端开平底三角斜槽与制动板侧的平底凸角相结合，而在托板的长度方向两侧又加里侧为斜角压板，并用沉头螺钉将压板固定在托板上。

制动闸板 9 多为含有铜丝的石棉材料，硬度以 HB25～35 为宜。在缸体 2 下部距底座 1 约为缸体高度的 1/4～1/3 处开有一个进气孔。

该制动器的活塞 13 有两种外径，下部粗径高度一般在活塞总高度的 1/3～1/2 之间，与进气孔相对方向开一个纵向通气槽；上部为细径，其外侧的上部与衬套 4 相接触，以便构成气压复位工作腔。在活塞上、下外缘设两道"O"形橡胶密封圈 5。衬套 4 用半环键 6 和压环 7 固定在缸体 2 内壁上，衬套与缸体内壁间也设一道"O"形橡胶密封圈 5。活塞下部往往开一圆形浅槽，或者活塞下部与缸底之间留有几毫米间隙，能储存一些气或油，有助于迅速建立启动压力。

由于在加闸过程中，制动闸板 9 受切向力和旋转力的联合作用，为防止制动板 9

和托板 10 在操作中发生旋转、错位或别劲,在缸体外圆上部设四个定位销钉,使托板的开口只能沿销子 12 上下滑动而不能转动。在缸体 2 的 180° 方向,也可设置一对导向键,目的和效果与销钉是一样的。

有的气压复位式制动器还在托板的宽度方向,每侧在托板 10 与底座 1 之间挂两只弹簧,来再度保障活塞 13 动作后的复归。

2. 动作

(1) 制动与复位动作。在气压复位式制动器的外围设置两圈管路,一圈是"制动和顶起"管路;另一圈是"复位"管路,并与压力源及电磁阀等控制元件相接。

机组在停机过程中,当转速降至整定值时,电磁阀动作,同时自动向各制动器活塞下部送气(一般,操作气压多为 0.7MPa),活塞 13、托板 10 及制动板 9 同时向上,使制动板与转子磁轭下部的制动环相摩擦,使机组迅速减速,当转速降到零时,电磁阀及顺序操作阀动作,使活塞下部排气,同时又从缸体外侧下部小横孔进气,压缩空气的压力作用在活塞粗径上部的环形面积上(一般为 8~10kN 的作用力),将活塞迅速压下,即所谓"气压复位",然后复位腔自动排气。有的制动器上还装有行程开关,对活塞复位可发出信号。

(2) 顶起动作。当需要"顶转子"时,一般有专用顶转子油泵从"制动和顶起"管路,给压力油(一般,油压在 10MPa 上下,不同机组有不同的顶起油压设计计算值),过一段时间后,活塞向上走完最大工作行程,然后人工向上拧动大锁定螺母,拧到与托板下缘接触为止,应注意将各制动器的大锁定螺母拧到同一高程。这样,就将制动器的支承负荷从活塞转移到缸体上,即使油压消失,也不会造成转子偏斜事故。

五、双活塞制动器的结构与动作

1. 双活塞制动器的结构

在 20 世纪 70 年代后期,国内出现了气压复位式和双活塞式两种性能良好的新结构制动器。双活塞式制动器,如图 10-5-4 所示,在结构上,与气压复位式制动器的区别在于:取消了活塞缸内部上侧的衬套,活塞一分为二,上活塞的中部竖孔内装一复位弹簧,该弹簧上部放一矩形压板,该压板用 4 颗埋头螺钉固定在缸体上部的缺口上,其余结构基本同上。双活塞式制动器的特点很明显,两个活塞,油气分离,正常制动用上活塞,顶"转子"时用下活塞(上活塞也随之动作),下活塞亦采用气压复位。双活塞式制动器的突出的特点是同缸内装上、下两个活塞 1 和 3,上活塞 1 的上部用螺栓与托板连接,托板上分别用挡块和夹板固定制动板,上活塞通过直径方向开有缺口,同时缸体上部也开有浅缺口(与活塞缺口同方位),上活塞中部开有圆孔(不穿透),在圆孔内放活塞复位弹簧 5,弹簧上部有压板,压板在上活塞的矩形缺口内,并用 4 个螺钉将压板两端固定在活塞缸上部的浅缺口端面上。上活塞外圆装一道"O"形密封圈 2，下活塞 3 的外圆也装有一道"O"形密封圈 4。在缸体上部的梯形螺纹上旋有锁定螺母。

2. 双活塞式制动器的动作

这种双活塞式制动器在操作上的突出特点是油气分开，即机组制动停机由缸体上的进气孔 6 进气，克服弹簧的张力将上活塞顶起执行加闸动作，制动结束排气后，靠上活塞自重及复位弹簧克服"O"形密封圈与缸体内壁间的摩擦力而下落；当顶转子时，由底座径向孔（再转为轴向）给油压，作用在下活塞下部而执行顶起动作（上活塞也随之动作），顶起操作结束且排油后，可由下活塞上部用气压将下活塞复位（一般，自行下落有困难）。

3. 双活塞制动器的优点

运行实践表明，采用双（层）活塞结构的制动器具有下列优点。

（1）由于油气系统分开，气管路内部比较洁净，因而制动器所产生的机内油雾现象将明显好转。

（2）采用双层活塞，其"O"形密封圈的压缩率，下层活塞可取上限（大值），上层活塞可取下限。这样在需要顶起水轮发电机转子时，由于下层活塞"O"形密封圈的压缩率大，则密封性能好、不漏油，保证了顶转子工作的质量。而在机组停机制动中，上层活塞的"O"形密封圈其压缩率小，对活塞的自动复位有利。

（3）在机组盘车顶起转子且推力瓦抹完猪油后，往往由于制动器排油困难，活塞落不下来，影响了盘车进度。采用这种双（层）活塞结构的制动器，就可以用气压先使下活塞迅速下落，上活塞即可自动复位。

（4）此外，采用了双层活塞，由于下活塞的密封性能明显提高，故取消渗油管路也是可行的。这种制动器管路系统要比气压复位式制动器的简单。

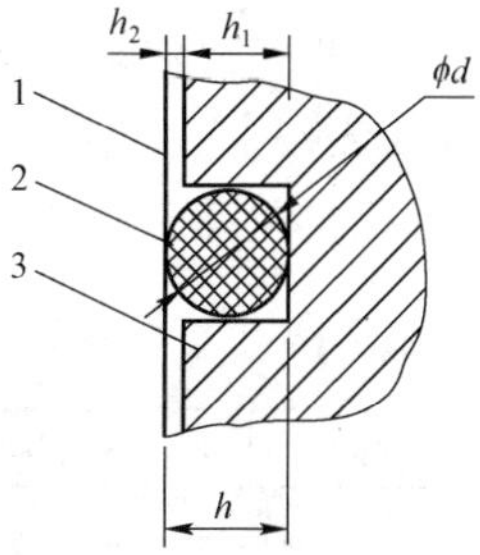

六、"O"形橡胶密封圈的性能

"O"形橡胶密封圈的密封性能，主要与"O"形橡胶密封圈的质量、装配的压缩率及制动器缸体内壁的加工精度和光洁度等因素有关。"O"形橡胶密封圈压缩率的表达式为

图 10-5-7 "O"形橡胶密封圈装配示意图

1—缸体；2—橡胶密封圈；3—活塞

$$W = \frac{d-h}{d} \times 100\% \qquad (10-5-1)$$

式中 d——"O"形橡胶密封圈的断面直径，mm；

h——密封槽底与缸壁的平均间隙，$h=h_1+h_2$，mm；

h_1——密封槽深，mm；

h_2——活塞与缸壁的平均间隙，mm。

试验表明，"O"形橡胶密封圈压缩率在 5%～7%具有良好的密封性能，甚至压缩率在 2.46%也仍具有足够的密封性能。一般"O"形橡胶密封圈压缩率可选取在 3.5%～6.5%为宜，这当然也与"O"形橡胶密封圈制造质量、制动器缸体内壁的加工精度和光洁度有关。若"O"形橡胶密封圈质量较好，缸体内壁的光洁度和加工精度（指不圆度、鼓形度等）也较高，则其压缩率应靠下限数值选取，否则靠上限值选取。采用"O"形橡胶密封圈具有结构简单、拆装检修方便、价格便宜、密封性能好等优点。

【思考与练习】

（1）说明机械制动的优缺点。

（2）说明制动器的作用。

（3）说明气压复位式制动器的结构与动作。

（4）说明双活塞制动器的结构与动作。

（5）在检修中如何选择"O"形橡胶密封圈的直径？

◢ 模块 6 制动器的检修（ZY3600405006）

【模块描述】本模块介绍制动器一般检修内容和检修工艺。通过以气压复位式制动器为例，掌握制动器解体检修工艺。

【模块内容】

标准化作业管理卡见表 10-6-1。

表 10-6-1 标 准 化 作 业 管 理 卡

项目名称	制动器分解检修		检修单位	机械工程处发电机班	
工 器 具 及 材 料 准 备					
序号	名称	规格	数量	单位	用途
1	套筒扳手	$\phi14～\phi24$	1	套	拆装螺栓
2	手锤	2.5 磅	1	把	拆装螺栓
3	螺丝刀		1	把	拆装螺栓
4	铜板			块	拆装活塞
5	铜棒		1	根	拆装活塞

续表

续表

序号	名称	规格	数量	单位	用途
6	锉刀		1	把	修刮活塞
7	砂纸	120目	20	张	抛光
8	抹布		2	kg	清扫
9	面粉		250	g	清扫
10	透平油		1	L	润滑
11	吊环	M1	1	个	拆装活塞
12	钎棍		1	根	拆装活塞
13	铜锤		1	把	拆卸活塞

人员配备	主专责	
	检修工	
	起重工	
	电焊工	
检修方法和步骤	（1）分解制动器检查活塞及缸体表面无毛刺；"O"形圈无扭曲无卷边否则应予以更换。活塞及缸体应用砂纸进行抛光。 （2）活塞及缸体内表面清扫干净，涂以透平油，活塞安入后应检查下落灵活性，用手堵死进气孔，下压活塞应能上下串通，当手松开活塞能迅速下落为合格。 （3）装制动器其余部分，检查闸瓦面磨损情况，磨损达到8mm以上，应予以更换，检查托板与活塞挡板固定螺栓应无裂纹与折断，否则应进行更换。 （4）检查闸瓦锁定板无裂纹，否则应更换		
危险点及控制措施	（1）制动器拆装期间，工作人员需密切配合，防止意外砸伤。 （2）防止损伤设备。 （3）密封圈应符合要求，否则应更换。 （4）防止挤手		
时间	检修工作开始时间	年　　月　　日
	检修工作结束时间	年　　月　　日
检修负责人：	班长技术员：	审核：　　　　　批准：

一、制动系统检修工艺要求

（1）制动器本体检查，固定螺栓紧固，各部动作正常。制动闸瓦固定牢靠，夹持挡块无松动，表面平整无裂纹和严重翘曲，其高出夹持铁条不得小于8mm。大修后制动闸瓦高出夹持铁条不得小于15mm，否则应更换。新制动闸瓦，更换应注意制动闸瓦必须与两侧的挡块配合紧凑，不应有摇晃现象。

（2）制动器检查分解工序工艺要求如下：

1）关闭气源、油源，拆除制动器管路法兰连接螺栓，拆除固定制动器的螺栓，移出制动器。

2）分解制动闸瓦前检查制动器活塞是否复位，以防拆除时弹簧飞出伤人。

3）拆除托板及夹条，取出制动闸瓦。

4）拆除托板与活塞的连接螺钉，取出托板。

5）拆除弹簧压板，取出弹簧。

6）拔出上下活塞。

（3）检查修理清洗活塞及活塞缸，并通气清扫油孔，使之无阻塞。缸壁、活塞应无高点，毛刺和擦痕。"O"形密封圈完好，无明显变形。安装时应先装好"O"形密封圈，活塞和缸壁抹上透平油。弹簧及弹簧压板装好后，检查活塞动作应灵活、不发卡。制动器托板与活塞连接螺钉拧紧后要与托板留有适当的上下活动空隙。

二、制动器的检修内容

（1）检查制动器闸瓦磨损情况。将 0.7MPa 的压缩空气通入制动器，对于锁定板式的制动器可测量凸环挡住高度 a（见图 10-6-1），当此数值小于某一规定值时（如 $a < 3mm$），应更换闸瓦。否则加闸时，制动器活塞升起过高，可能使凸环漏出闸瓦，

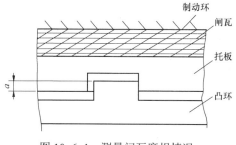

图 10-6-1　测量闸瓦磨损情况

闸瓦与凸环发生错位，而使闸瓦落不下来。此外，有的闸座（活塞缸）内开有回油沟，不允许风闸顶的过高，一般顶起高度为 25mm。

对于锁定螺母式的制动器，只要检查一下闸瓦磨损厚度，就可以决定是否要更换。

（2）手动给制动器通入压缩空气，检查制动器活塞起落是否灵活；总风压与制动器所能保持的风压之差不应大于 0.1MPa。

（3）分解制动器，检查闸瓦与托板的连接螺钉（或销钉）、活塞挡板上的螺钉是否被剪断损坏；检查皮碗或"O"形密封圈是否变质或损坏。安装时，活塞与缸内壁应先涂以透平油，并应注意不要把皮碗挤坏。

（4）制动器及管路的耐压试验。当使用制动器顶转子时，工作油压一般在 8.0～12.0MPa，为此，还要对制动器及其制动系统管路进行耐压试验。

对制动器进行耐压试验时，往往是在专用的试验架内进行。试验压力可取 1.25 倍工作压力（顶转子压力），耐压时间为 30min，其压力下降后不得低于工作压力。

制动系统管路试验压力与制动器相同，耐压时间为 10min。

三、制动器的改进

过去采用牛皮碗活塞式制动器，由于皮碗老化容易漏油，采用"L"形橡胶皮碗式活塞，由于难以调整好与闸壳的配合，不是卡住就是漏油，经不起耐压试验，因此这种结构逐渐被"O"形胶圈的形式所取代。有的电站已将牛皮碗活塞式制动器改为图 10–6–2 所示的结构。

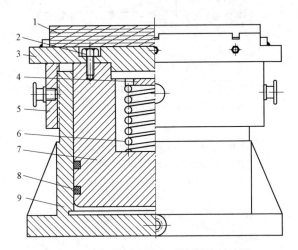

图 10–6–2　换成"O"形胶圈的制动器

1—闸瓦；2—螺钉；3—托板；4—挡板；5—大螺母；6—弹簧；
7—活塞；8—"O"形胶圈；9—闸座

这样，漏油量少，耐压试验也合格。但是，仍然存在一个问题——制动器给风时会吹出油雾，污染水轮发电机。因为采用油、气合用一个活塞的制动器（见图 10–5–2、图 10–6–2），当用油顶起转子后，将油排出，但排不净；即使用压缩空气往外吹油，也会有剩余部分存在制动器中。于是在给风加闸时，经常会吹出油雾来，造成污染，降低了线圈的绝缘。此外，这种结构的制动器，在机坑内油和气使用同一管路，在机外靠切换三通阀操作。如果顶转子时操作失误，便会使制动柜内的压力表和接点继电器报废。为解决上述缺陷，有的电厂做了如下改进：将原来的单活塞改为双活塞。上面为制动活塞，当停机时，此活塞下面给风顶起闸瓦制动机组；下面的活塞是顶转子用的，制动时它不动。当顶转子时，压力油进入顶转子活塞的下部，它顶起上部活塞一起上升，将转子顶起，如图 10–6–3 所示。

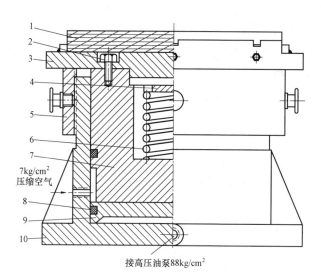

图 10-6-3 单活塞改为双活塞的制动器

1—闸瓦；2—螺钉；3—托板；4—挡板；5—大螺母；6—弹簧；7—活塞；

8—"O"形胶圈；9—油压活塞；10—闸座

由于采用"O"形胶圈代替"L"形皮碗，动作时，摩擦力小，密封效果较好。当然，这种改进还需要不断地完善。

【思考与练习】

（1）说明制动系统检修工艺要求。

（2）如何检查制动器闸瓦磨损情况？

（3）说明制动器的改进方法。

◢ 模块 7　制动器及管路的耐压试验（ZY3600405007）

【模块描述】本模块介绍制动器及管路的耐压试验。通过对操作过程讲解、标准要点讲解及实操训练，掌握水轮发电机制动系统和单只制动器耐压试验标准。

【模块内容】

标准化作业管理卡见表 10-7-1。

表 10-7-1　　　　　　　　　　　标 准 化 作 业 管 理 卡

项目名称	制动器耐压试验		检修单位		机械工程处发电机班	
工 器 具 及 材 料 准 备						
序号	名称	规格	数量	单位	用途	
1	高压油泵	30MPa	1	台	试验制动器	
2	耐油管		1	根	耐压	
3	扳手	10寸	2	把	制动器与油泵连接用	
4	耐压专用限位器		1	个	耐压	
5	透平油		10	L	试验用	
6						
7						
8						

人员配备	主专责	
	检修工	
	起重工	
	电焊工	
检修方法和步骤	（1）将制动器与油泵连接。 （2）启动油泵将压力升至 15MPa 停止油泵，关闭制动器进口油阀耐压 20min，油压无降低现象视为合格。 （3）检查制动器渗油不成流视为合格	
危险点及控制措施	（1）防止触电。 （2）防止跑油。 （3）耐压前应检查专用工具状况，如无问题方可实验。 （4）耐压过程中，随时监视专用工具状况，如有异常，及时泄压	
时间	检修工作开始时间	年　　月　　日
	检修工作结束时间	年　　月　　日
检修负责人：	班长技术员：	审核：　　　　　　　批准：

（1）单个制动器应按设计要求进行严密性耐压试验，试验压力为工作压力的 1.25 倍，保持 30min 各部无渗漏，压力下降不超过耐压压力的 3%。弹簧复位结构的制动器，在压力撤除后，活塞应能自动复位。

（2）制动器及管路装复后应做通气及顶转子油压试验，即通以工作气压检查制动器，动作应灵活，制动器及气管路整体无漏气；用顶转子油泵顶起转子，动作正常后，转子在顶起状态停留 15～30min，检查制动器及油管路，应无渗漏。

【思考与练习】

（1）说明单个制动器进行严密性耐压试验的要求。

（2）说明制动器及管路装复后通气及油压试验的要求。

◢ 模块 8 制动器系统的动作试验（ZY3600405008）

【模块描述】 本模块介绍制动器系统手、自动给风试验和高油压顶转子试验。通过对操作过程讲解、标准要点讲解，掌握水轮发电机制动系统动作试验标准。

【模块内容】

标准化作业管理卡见表 10-8-1。

表 10-8-1 标 准 化 作 业 管 理 卡

项目名称	制动器动作试验		检修单位		机械工程处发电机班	
工 器 具 及 材 料 准 备						
序号	名称	规格	数量	单位	用途	
1	手电		1	把	照明	
2	扳手	12寸	1	把	紧固活接	
3						
4						
5						
6						
7						
8						

人员配备	主专责	
	检修工	
	起重工	
	电焊工	
检修方法和步骤	（1）用风将制动器投入运行状态，监视制动器风压指示读数有无变化、如风压读数有下降趋势，说明有漏风现象应设专人巡寻找漏风点并予以检修。 （2）用风将制动器复归，检查所有制动器是否均已落下。 （3）动作2次以上，检查制动器应动作灵活无阻碍	
危险点及控制措施	（1）风闸检查人员与风闸控制人员密切配合。 （2）排风后方可处理。 （3）防止高空坠落	
时间	检修工作开始时间	年 月 日
	检修工作结束时间	年 月 日

检修负责人：		班长技术员：	审核：	批准：

制动气管及制动闸中的气体体积为 0.095m³，制动闸的设计压力为 8.6bar，制动闸正常工作压力为 7bar，并能够在 4.8bar 的最小压力下工作。

（1）检修前对制动管路及制动器做一次通气试验：关闭总进气阀后检查各部应无漏气现象，压力表指示不下降。多次投退制动器，检查制动器活塞动作是否正常。

（2）拆除制动器四周盖板，清扫卫生并保管好螺栓。

（3）检查制动器闸瓦，应无裂纹、烧损、闸瓦与制动环的间隙应小于 25mm，否则应更换闸瓦。

（4）根据闸瓦磨损情况，对制动环摩擦面进行一次检查：应无毛刺划痕、固定螺杆头部不得高出制动块；340NM 检查制动块螺杆应无松动，否则 400NM 加胶上紧。

（5）拆除闸瓦固定板螺栓，取下旧闸瓦。检查新闸瓦的工作表面及水平度，安装新闸瓦，并做好闸瓦与制动间隙记录。

（6）对存在活塞发卡及漏气的制动器应进行更换。先拆除制动器与管路的接头及管接头，然后拆除制动器固定螺栓及行程开关，用专用工具将制动器整体抬下，安装新制动器，应注意制动器的方向性（根据行程开关安装螺孔及制动器楔形键插入孔位置）。

（7）安装管路接头时，应使用高压管路密封胶。手动检查行程开关动作的正确性，对有问题的行程开关应进行更换。

（8）高压管路密封胶固化后（8h），再对制动器、油管路进行耐压试验（风闸应在退出位置），试验压力为 12MPa，时间为 30min，油泵压力表油应无下降，并检查油管路各接头无漏油。

（9）卸压后，打开下机架上制动器管路上排气阀，投退风闸多次，排尽油管路内剩油并保持排气阀在常开位置，并检查制动器活塞有无发卡情况。

（10）制动器试验正常后，安装制动器防尘盖板，注意盖板与机组转动部分的间隙不应小于 5mm。

（11）打开吸尘器柜盖板，松掉吸尘袋的固定螺栓。取下吸尘袋用吸尘器清扫干净后装回。

（12）检修后的制动器应进行给风动作试验，给风后检查制动器起落灵活无发卡现象，闸瓦与制动环接触平整，持续给风 1min，检查制动器及管路无渗漏。

【思考与练习】

说明检修后的制动器系统动作试验的要求。

◢ 模块 9　制动器发卡缺陷处理（ZY3600405009）

【模块描述】本模块介绍制动器解体检修过程。通过方法要点讲解及操作技能训练，掌握对制动器发卡处理的方法。

【模块内容】

制动器发卡原因主要有：活塞、缸体研损；"O"形密封圈老化失去弹性；复位弹簧裂纹损坏；缸体内进入杂质。

检修处理时，对上述各部位一一检查，活塞、缸体研损时，用金相砂纸或天然油石研磨至光滑。"O"形密封圈老化失去弹性，及时更换原厂密封圈。复位弹簧裂纹损坏，更换同型号复位弹簧。各部件检修处理后用无水乙醇将制动器内部清扫干净。

【思考与练习】

（1）说明制动器发卡原因。

（2）说明制动器发卡处理方法。

▲ 模块 10 永磁机的结构、原理及作用（ZY3600405010）

【模块描述】 本模块介绍水轮发电机的永磁机的原理、作用、基本结构。通过结构介绍及实物对应讲解，了解水轮发电机的永磁机的工作原理和作用。

【模块内容】

永磁机是水轮机调速系统的信号电源（这个信号电源也可由水轮发电机出线端的电压互感器供给），它的主、副绕组分别向水轮机的调速系统和转速继电器供电。常用的永磁水轮发电机有三相凸极式和单相感应式两种，均系立式结构，与主机同轴，装于机组的顶端。

一、三相凸极式永磁水轮发电机

三相凸极式永磁机的典型结构如图 10-10-1 所示，主要由转轴、单列向心球轴承、挠性联轴器、主绕组、副绕组、端盖、机座、磁极、转子支架、底座以及花键轴等组成。永磁水轮发电机通过花键轴、键盘与励磁机或水力水轮发电机主轴联结。

二、单相感应式永磁机

由于自动控制和电站成组运行的要求，在大容量水轮发电机组中，电气液压调速得到了越来越广泛的应用。电气液压调速系统的信号频率为 50Hz。因永磁机与主机同轴旋转，转速低、极数多，所以多采用单相（或三相）感应式永磁机。这种水轮发电机的体积小、制造安装调整简便。

单相感应式永磁机的典型结构如图 10-10-2 所示。为了满足主绕组、副绕组互不干扰的要求，单相感应式永磁机将主绕组、副绕组分别置于两段铁芯上。定子机座采用无磁性钢或铸铝材质，定子齿数为转子齿数的两倍，并等于主机的极数。转子铁芯可以用整体钢加工成，也可和定子铁芯一样用硅钢冲片叠成，转子采用斜槽。永久磁

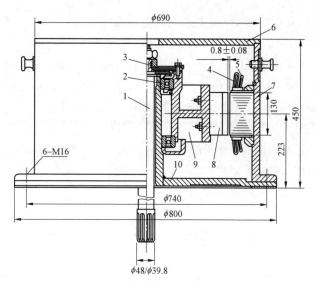

图 10-10-1　三相凸极式永磁机典型结构

1—转轴；2—单列向心球轴承；3—挠性联轴器；4—主绕组；5—副绕组；6—端盖；

7—机座；8—磁极；9—转子支架；10—底座

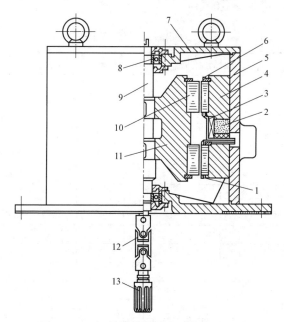

图 10-10-2　单相感应式永磁机典型结构

1—副绕组；2—永久磁钢；3—充磁线圈；4—定子衬筒；5—机座；6—主绕组；7—端盖、轴承盖；

8—单列向心球轴承；9—转轴；10—转子铁芯；11—转子支架；12—双铰链联轴器；13—花键轴

钢固定在定子上。充磁线圈安置在机座内。电动机安装完毕后，在充磁线圈中通以脉冲 0.1~0.2s 直流电即可。

目前单相感应式永磁机已成系列，其极数系列为：24、26、28、30、32、36、40、44、48、52、56、60、64、66、68、70、72、76、78、80、84、88、90、92、96、100、102、104、108、110、112、114、116、120 等。

【思考与练习】

（1）说明水轮发电机的永磁机的原理、作用。

（2）说明三相凸极式永磁机的结构。

（3）说明单相感应式永磁机的结构。

▲ 模块 11　永磁机的检修（ZY3600405011）

【模块描述】本模块介绍永磁机拆装检修内容和一般检修工艺。通过拆装检修过程介绍及实物训练，掌握永磁机一般检修工艺。

【模块内容】

标准化作业管理卡见表 10–11–1。

表 10–11–1　　　　　　　　　标 准 化 作 业 管 理 卡

项目名称	永磁发电机分解检修		检修单位		机械工程处发电机班
工 器 具 及 材 料 准 备					
序号	名称	规格	数量	单位	用途
1	钢丝绳		2	根	吊装
2	扳手	12 寸	2	把	拆卸销钉螺栓
3	眼镜扳手	24、27	2	把	拆卸底脚螺栓
4	记录本		1	本	记录数据
5	笔		1	支	记录数据
6					
7					
8					
人员配备	主专责				
	检修工				
	起重工				
	电焊工				

检修方法和步骤	（1）拆下机组上保护罩。 （2）永磁发电机拆卸前，应做下其位置记号。 （3）检修时先检查轴承及其他零件，若需要更换零件，应先去磁，然后抽出转子，检修完毕装入时需重新充磁。 （4）转子吊装前后，用塞尺测量其空气间隙应均匀，并在转动转子的情况下测量某一空气间隙值的变化，从而检查转子与定子的同心度，其中心偏差不应大于0.08mm
危险点及控制措施	（1）天车检查，钢丝绳检查，销钉检查。 （2）防止高空坠物
时间	检修工作开始时间　　　　　　　　　年　　月　　日
	检修工作结束时间　　　　　　　　　年　　月　　日
检修负责人：　　　　　班长技术员：　　　　审核：　　　　　批准：	

（1）永磁机拆卸工艺要求如下：

1）拆卸前测量、记录永磁机空气间隙。

2）起吊永磁机前，应将所有引线断开，并做好标记取出碳刷等。

3）吊出永磁机转子后，应用钢丝绳等导磁物满绕在转子外围，将磁极短路，防止失磁。永磁机转子在拆装过程中禁止捶击和冲击。吊出的转子存放在没有感应磁场处，防止失磁。

（2）永磁机的安装步骤与拆卸工序相反，但励磁机转子安装后应进行盘车，检查轴线。励磁机定子基础螺栓及外围部件待间隙调整完毕后再进行紧固、安装。

（3）永磁机在拆前装后应测量其空气间隙。测量点数根据具体情况确定，以满足测量要求为准。测量工具为楔形塞尺（块）和游标卡尺或电子塞尺。塞尺（块）厚度应满足测量范围的要求。测量时每个测量位置用力要求尽量一致，塞尺（块）插入的部位必须在磁极极掌的中心。

（4）永磁机空气间隙调整工作应在水轮发电机转子吊入、上导轴位确定后进行。根据永磁机空气间隙测量的结果，向间隙小的方向移动定子，其移动量可按移动方向空气间隙值最大与最小之差的一半考虑。最终调整到：永磁机各实测点空气间隙与平均空气间隙之差不应超过平均间隙的±5%。

（5）永磁机检修要求如下：

1）检查定子绕组，绑绳无损伤、松脱。

2）检查定子槽楔有无松动。

3）检查定子铁芯有无松动、过热现象。

4）检查定子绕组绝缘有无损伤，接头有无断裂、过热现象。

5）检查转子磁极有无松动、损伤、断裂。

6）用干燥压缩空气吹扫定子绕组端部及转子磁极。

7）绕组端部、铁芯、转子磁极油垢清扫。

8）测量磁极磁感应强度应满足使用要求，否则应充磁。

【思考与练习】

（1）说明永磁机、励磁机拆卸工艺要求。

（2）说明永磁机、励磁机检修要求。

▲ 模块 12 永磁机拆装前后空气间隙的测量（ZY3600405012）

【模块描述】本模块介绍永磁机拆装前后空气间隙的测量方法。通过测量方法要点讲解及对测量技能训练，掌握水轮发电机的永磁机拆装前后空气间隙的质量标准。

【模块内容】

（1）永磁机在拆前装后应测量其空气间隙。测量点数根据具体情况确定，以满足测量要求为准。测量工具为楔形塞尺（块）和游标卡尺或电子塞尺。塞尺（块）厚度应满足测量范围的要求。测量时每个测量位置用力要求尽量一致，塞尺（块）插入的部位必须在磁极极掌的中心。

（2）永磁机空气间隙调整工作应在水轮发电机转子吊入、上导轴位确定后进行。根据永磁机空气间隙测量的结果，向间隙小的方向移动定子，其移动量可按移动方向空气间隙值最大与最小之差的一半考虑。最终调整到：永磁机各实测点空气间隙与平均空气间隙之差不应超过平均间隙的±5%。

（3）永磁机拆装前后空气间隙的测量方法，参见第一部分、第一章、模块 3 的内容。

【思考与练习】

（1）如何调整永磁机空气间隙？

（2）说明永磁机空气间隙的质量标准。

▲ 模块 13 励磁机拆装前后空气间隙的测量（ZY3600405013）

【模块描述】本模块介绍励磁机拆装前后空气间隙的测量方法。通过测量方法要点讲解及对测量技能训练，掌握水轮发电机的励磁机拆装前后空气间隙的质量标准。

【模块内容】

一、同步水轮发电机的励磁系统

同步水轮发电机转子的励磁绕组要由直流电源供电，这个专门的直流供电系统及其附属装置称为励磁系统，励磁系是同步水轮发电机组的重要组成部分。励磁系统运行的可靠性对于电网和水轮发电机的安全运行至关重要，所以每一台水轮发电机都有一套相应的励磁系统，有的还设有备用励磁系统。目前国内外采用的励磁方式大致有以下几种。

1. 直流励磁机励磁方式

这种励磁方式是用直流水轮发电机作为励磁电源来为同步水轮发电机供给励磁电流，其原理图如图 10-13-1 所示。这里的直流水轮发电机就是直流励磁机，它通常是与同步水轮发电机装在同一转轴上，同时受汽轮机或水轮机驱动。直流励磁机发出的直流电经电刷和滑环送入水轮发电机转子的励磁绕组。励磁机本身可以是自励的，也可以是他励的。如果是他励的，还需要一台与之同轴的更小的励磁机（称为副励磁机），以供给励磁机（这时它被称为主励磁机）励磁电流。在图 10-13-1 中，励磁机的励磁绕组 3 与励磁电阻 R 串联后再与励磁机的直流电源的正负出线端并

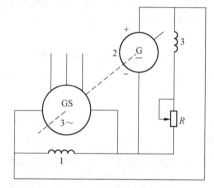

图 10-13-1　直流励磁机励磁原理图
1—同步水轮发电机的励磁绕组；2—直流励磁机；
3—励磁机的励磁绕组

联，励磁机本身采用自励方式，调节 R 的大小，可以调整励磁机的直流电动势，从而调整同步水轮发电机的励磁电流。

这种励磁方式的优点是整个系统比较简单，励磁机只和原动机有关，而与电网无直接联系，当电网发生故障时，不会影响励磁系统的正常运行；其缺点主要是直流励磁机制造工艺复杂，成本高。水轮发电机的单机容量越大，所需的励磁机容量也越大，而制造大容量的直流励磁机是非常困难的。所以这种励磁系统只在中、小型水轮发电机中广泛使用。

2. 静止半导体励磁方式

静止半导体励磁方式中所使用的励磁机不是直流水轮发电机，而是交流水轮发电机。同步水轮发电机的励磁电流是由同轴交流励磁机（即主励磁机）发出的三相交流电经过静止的硅二极管整流器供给，而主励磁机的励磁电流是由同轴的副励磁机供给。他励式静止半导体励磁系统图如图 10-13-2 所示。这种励磁系统取消了直流励磁机励磁系统中的大部分电刷，因此提高了励磁系统运行的可靠性，简化了维护工作；同时，用普通的三相同步水轮发电机代替了结构复杂的直流励磁机，使励磁系统的容量可以大大提高。因而广泛用于 10MW 及以上的汽轮水轮发电机中。

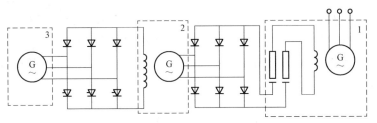

图 10-13-2 他励式静止半导体励磁系统
1—同步水轮发电机；2—主励磁机；3—副励磁机

3. 旋转半导体励磁方式

上述各种励磁方式，同步水轮发电机的励磁电流都要经过电刷和滑环引入。而旋转半导体励磁方式中的主励磁机是一台旋转电枢式（即电枢旋转、磁极静止）的交流水轮发电机，它和主水轮发电机同轴相接，半导体整流装置安装在主水轮发电机转子上，并与转子一同旋转，这样交流励磁机旋转电枢产生的感应电流直接送到同速旋转的半导体整流器上，经整流后送入主水轮发电机转子的励磁绕组。主励磁机的励磁电流可由同轴的副励磁机供给或通过其他方式提供，这样励磁系统不需要电刷和滑环装置，故又称为无刷励磁。无刷励磁避免了大励磁电流通过由电刷及滑环组成的滑动接触所造成的严重发热，以及电刷因磨损而带来的麻烦，故运行可靠性高，维修也比较方便，被国内外大型汽轮水轮发电机广泛采用。

此外，单机运行的小型同步水轮发电机中还广泛采用三次谐波励磁方式。

二、励磁机

供水轮发电机转子励磁电流的励磁机，是一种专门设计的立式直流水轮发电机，如图 10-13-3 所示。根据水轮发电机容量大小及励磁特性的要求，有采用一台励磁机，也有采用主、副两台励磁机。

励磁机的定子是由机座、主极和换向极组成。电枢是励磁机的转动部分，直接同水轮发电机主轴顶端连接。它由硅钢片铁芯及线圈组成，线圈的引出线都接到换向器上。

换向器是由许多截面为梯形铜片所组成的一个圆环，两端用两个"V"形压圈夹紧。铜片之间及铜片与"V"形压圈之间都用云母绝缘。沿换向器的圆周，装有许多静止的电刷。电枢中产生的电流，经过换向器整流后成为直流，并通过电刷集中起来传导出去。

采用可控硅励磁的水轮发电机，为提高可控硅的电源可靠性，也需在水轮发电机主轴端装有交流励磁机，但这种励磁机是一种专门设计的普通交流水轮发电机，如图 10-13-4 所示。有的则取消励磁机，直接从水轮发电机出口端引出电源，供可控硅励磁。

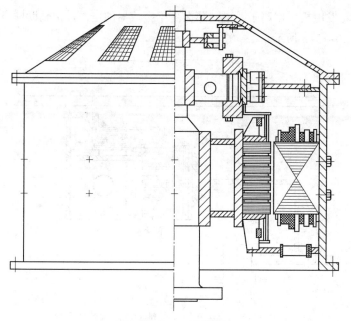

图 10-13-3 励磁机

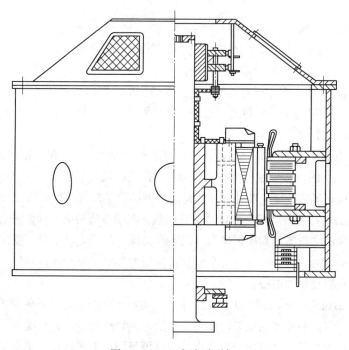

图 10-13-4 交流励磁机

如果水轮发电机采用离子励磁，那么离子整流器的电源，由辅助同步水轮发电机供给，如图 10-13-5 所示。

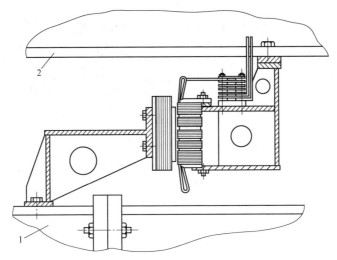

图 10-13-5　供离子励磁的辅助同步水轮发电机
1—水轮发电机转子支臂；2—上机架支腿

三、励磁机检修

（1）励磁机拆卸工艺要求如下：

1）拆卸前测量、记录励磁机空气间隙。

2）起吊励磁机前应将所有引线断开，并做好标记取出碳刷等。

3）吊出励磁机定子前应将励磁机扶手、外围盖板、励磁机定子基础螺栓拆除，拆除碳刷、励磁机引线等。

4）分解励磁机轴法兰连接螺栓，在断开励磁引线的条件下吊出励磁机转子。

（2）励磁机的安装步骤与拆卸工序相反。但励磁机转子安装后应进行盘车，检查轴线。励磁机定子基础螺栓及外围部件待间隙调整完毕后再进行紧固、安装。

（3）励磁机在拆前装后应测量其空气间隙，测量点数根据具体情况确定，以满足测量要求为准。测量工具为楔形塞尺（块）和游标卡尺或电子塞尺，塞尺（块）厚度应满足测量范围的要求。测量时每个测量位置用力要求尽量一致，塞尺（块）插入的部位必须在磁极极掌的中心。

（4）励磁机空气间隙调整工作应在水轮发电机转子吊入、上导轴位确定后进行。根据励磁机空气间隙测量的结果，向间隙小的方向移动定子，其移动量可按移动方向空气间隙值最大与最小之差的一半考虑。最终调整到：励磁机各实测点空气间隙与平均空气间隙之差不应超过平均间隙的±5%。

（5）励磁机检修要求如下：

1）励磁机定子检修。

a. 检查磁极及绕组固定是否牢靠。

b. 检查磁极绝缘有无损伤。

c. 检查极间连线绝缘及接头是否完好。

d. 铁芯及绕组清洗。

2）励磁机电枢检修。

a. 检查电枢绑线有无损伤或松脱。

b. 检查电枢槽楔有无松动。

c. 检查电枢铁芯有无松动、过热现象。

d. 检查电枢绝缘有无损伤，接头有无断裂、开焊、过热，升高片有无断裂短路现象。

3）整流子及碳刷检修。

a. 检查换向片磨损情况。当磨损凹沟大于 1.5～2mm，且运行中火花无法消除时，应车削换向片，车削后应进行表面研磨。

b. 换向片云母应刮深至 1～1.5mm，沟壁不应有残留云母，外侧应倒角 45°。刮云母沟槽时应特别小心，勿划伤整流子表面。倒角刮好的整流子应进行表面研磨。

c. 检查碳刷，当碳刷接触面损坏，刷瓣断股超出四分之一或碳刷铆钉以下长度小于 4～8mm，致使碳刷压力不均时应更换碳刷。每次更换碳刷数量不得大于三分之一，且每排最多不大于二分之一。更换新碳刷应加以打磨，使其碳刷与换向片间接触面达3/4 以上。所换碳刷必须用同一规格型号。

d. 碳刷架无特殊工作，不得移动。移动后必须根据中性位置试验予以调整。

e. 用弹簧秤测量碳刷压力应为 0.15～0.20MPa，同一刷架上其最大与最小压力差值不应超过±10%。

4）副励磁机集电环检修项目与主水轮发电机集电环相同。

四、励磁机在拆前装后空气间隙测量

（1）励磁机在拆前装后应测量其空气间隙。测量点数根据具体情况确定，以满足测量要求为准。测量工具为楔形塞尺（块）和游标卡尺或电子塞尺。塞尺（块）厚度应满足测量范围的要求。测量时每个测量位置用力要求尽量一致，塞尺（块）插入的部位必须在磁极极掌的中心。

（2）励磁机空气间隙调整工作应在水轮发电机转子吊入、上导轴位确定后进行。根据励磁机空气间隙测量的结果，向间隙小的方向移动定子，其移动量可按移动方向空气间隙值最大与最小之差的一半考虑。最终调整到：励磁机各实测点空气间隙与平均空气间隙之差不应超过平均间隙的±5%。

（3）励磁机拆装前后空气间隙的测量方法，参见第一部分、第一章、模块 3 的内容。

【思考与练习】

（1）如何调整励磁机空气间隙？

（2）说明励磁机空气间隙的质量标准。

（3）说明励磁机拆卸工艺要求。

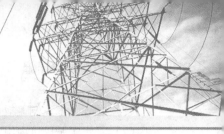

第十一章

水轮发电机整机安装与调试

◢ 模块 1　悬式水轮发电机的一般安装程序（ZY3600406001）

【模块描述】本模块介绍悬式水轮发电机的一般安装程序。通过理论要点讲解及图文讲解，了解悬式水轮发电机的一般安装程序。

【模块内容】

水轮发电机的安装程序随土建进度，设备到货情况及场地布置的不同而有各种变化。一般施工组织中，应尽量考虑到与土建及试验及安装时的平行交叉施工，充分利用现有场地及施工设备，进行大件预组装，然后把已组装好的大件，按顺序分别吊入机坑进行总装，以减少控制工期，促进早日发电。

悬吊型水轮发电机一般安装程序如图 11-1-1 所示。

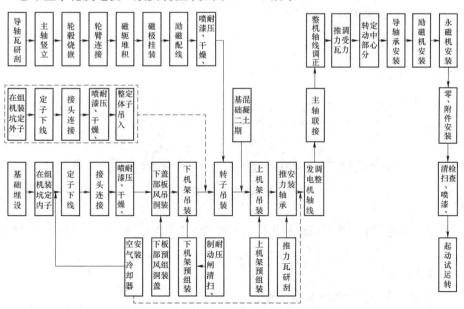

图 11-1-1　悬吊型水轮发电机一般安装程序

（1）预埋下部风洞盖板，下部机架及定子基础垫板。

（2）在定子基础坑内组装定子及下线。安装空气冷却器等。为减少与土建及水轮机安装的干扰，也可在机坑外进行定子的组装下线，待下机架吊装后，将定子整体吊入找正。在这种情况下，需要布置一个临时定子组装下线场地。

（3）待水轮机大件吊入基坑后，吊装下部风洞盖板，根据水轮机主轴中心进行找正固定。

（4）把已组装成整体的下部机架吊入基础，按水轮机主轴中心找正固定，浇捣基础混凝土。

（5）在装配间装配转子，将装配好的转子吊入定子，按水轮机主轴中心、标高、水平进行调整。

（6）检查水轮发电机空气间隙，必要时以转子为基准，校核定子中心。然后浇捣基础混凝土。

（7）将已组装好的上部机架吊放于定子机座上，按水轮发电机主轴找正固定。

（8）装配推力轴承，将转子落到推力轴承上，进行水轮发电机单独轴线调整，处理法兰摆度。

（9）连接水轮发电机与水轮机主轴，进行机组总轴线的测量和调整。

（10）调推力瓦受力，并按水轮机迷宫环间隙定转动部分中心。

（11）安装导轴承、油槽等。配油、水、气内部管路。

（12）安装励磁机及永磁机。

（13）安装其他零部件等。

（14）全面清扫，喷漆，干燥。

（15）启动试运转。

【思考与练习】

说明悬吊型水轮发电机一般安装程序。

▲ 模块 2 伞式水轮发电机的一般安装程序
（ZY3600406002）

【模块描述】本模块介绍伞式水轮发电机的一般安装程序。通过理论要点讲解及图文讲解，了解伞式水轮发电机的一般安装程序。

【模块内容】

伞形水轮发电机一般安装程序如图 11-2-1 所示。

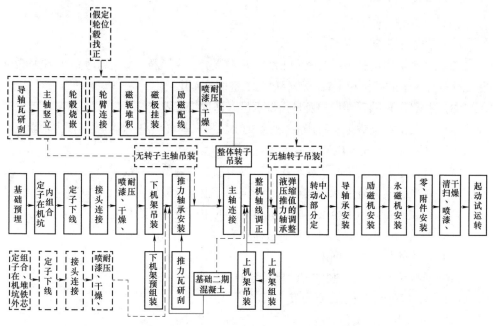

图 11-2-1 伞形水轮发电机一般安装程序

1. 带轴组装转子

（1）预埋下机架及定子基础垫板。

（2）在基坑内进行定子组装和下线，安装空气冷却器。如果场地允许，也可在基坑外进行定子的组装和下线，然后把定子整体吊入找正。

（3）把已组装的下部机架吊入基础，按水轮机主轴找正固定，浇捣基础混凝土。

（4）将装配好的转子吊入定子，直接落于下部机架的推力轴承上，并按水轮机主轴调整转子中心、水平、标高，然后与水轮机主轴连接。

（5）检查水轮发电机空气间隙，必要时调整定子中心，然后浇捣定子基础混凝土。

（6）把组装好的上部机架吊放于定子机座上，按水轮发电机主轴找正固定。

（7）装上下导轴瓦，盘车测量液压推力轴承镜板的轴向波动，必要时刮推力头绝缘垫。同时测量液压推力轴承弹性箱的弹性值，并做必要的调整。

（8）根据水轮机迷宫环的间隙，调整转动部件中心。

（9）调导轴瓦检修，装推力轴承及导轴承的油槽，配内部油、水、气管路。

（10）装励磁机及永磁机。

（11）安装其他零部件。

（12）全面清扫，喷漆，干燥。

（13）启动试运转。

2. 不带轴组装转子

（1）预埋下机架及定子基础垫板。

（2）在基坑内进行定子组装和下线，并安装空气冷却器。如果场地允许，也可在基坑外进行定子的组装和下线，然后把定子整体吊入找正。

（3）把已组装的下部机架及推力轴承吊入基坑找正固定。

（4）在装配场上进行轮毂烧嵌，然后把主轴吊入基坑，落于下部机架推力轴承上，按水轮机主轴找正水轮发电机主轴。

（5）连接水轮发电机与水轮机主轴，盘车测量并调整总轴线。

（6）吊入已装配好的水轮发电机转子，并于主轴轮毂连接。

（7）检查水轮发电机空气间隙，并做定子的中心校核，浇捣基础混凝土。

（8）吊装上部机架。测量并调整液压推力轴承弹性箱的弹性值。

（9）以水轮机迷宫环间隙为基准，调整转动部件中心。

（10）调导轴瓦间隙，装推力油槽及导轴承油槽。

（11）安装励磁机及永磁水轮发电机。

（12）安装其他零部件。

（13）全面清扫，喷漆，干燥。

（14）启动试运转。

【思考与练习】

（1）说明带轴组装转子伞形水轮发电机一般安装程序。

（2）说明不带轴组装转子伞形水轮发电机一般安装程序。

◢ 模块 3　卧式水轮发电机的一般安装程序
（ZY3600406003）

【模块描述】本模块介绍卧式水轮发电机的一般安装程序。通过理论要点讲解及图文讲解，了解卧式水轮发电机的一般安装程序。

【模块内容】

卧式水轮发电机的一般安装程序如图 11-3-1 所示。

1. 对大型分半定子

（1）基础埋设。

（2）轴瓦研刮后，将轴承座吊入基础。

（3）在安装间进行分半定子的下线。

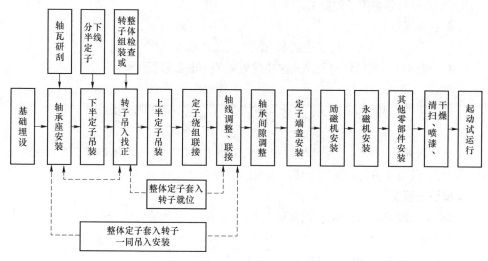

图 11-3-1　卧式水轮发电机的一般安装程序

（4）把已下线的下半块定子吊入基础。

（5）用钢丝线法同时测量并调整轴承座及下半块定子的中心。

（6）在安装间组装转子，或对整体转子进行检查试验，然后将整体转子吊放在轴承座上。

（7）以水轮机主轴法兰为基准，进一步校正轴承座，使水轮发电机主轴法兰与水轮机主轴法兰同心及平行，并以盘车方式检查和精刮轴承。

（8）将上半块定子吊入和下半块定子组合，进行绕组接头的连接。

（9）盘车测量和调整机组轴线，并进行主轴连接。

（10）测量水轮发电机空气间隙，校核定子中心，固定基础螺栓。

（11）轴承间隙调整。

（12）定子端盖安装。

（13）励磁机，永磁机及其他零部件的安装。

对单水轮的水轮发电机，如定子基座又不凹入轴承基座，使定子有可能从一端套入转子时，则定子也可在安装间先组合下线，待转子吊入找正后，再将定子从端头套入转子，以减少施工干扰，有利缩短控制工期。

2. 对小型整体定子

（1）基础埋设。

（2）轴瓦研刮后，将轴承座吊入基础。

（3）在安装间把定子套入转子后，一齐吊入基础找正。

其他程序同分半定子的安装。

【思考与练习】

（1）说明对大型分半定子卧式水轮发电机的一般安装程序。

（2）说明对小型整体定子卧式水轮发电机的一般安装程序。

◢ 模块 4　机架水平测量（ZY3600406004）

【模块描述】 本模块介绍水轮发电机机架水平测量位置的选择和方形水平仪的使用。通过方法要点讲解及图例介绍，掌握机架水平测量的方法。

【模块内容】

机架吊出前应先将有碍起吊的各部件吊出，有碍起吊的管路、引线、电缆等物均要断开或拆出。

一、机架水平的测量与调整

为了校核检修过程中机架水平的变化情况，必须在检修前后测量机架的水平度，其方法如下：

1. 测量位置

承重机架的水平测量，应选择有加工表面的适当部位，在推力油槽上口的加工面

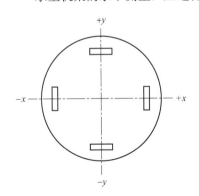

图 11-4-1　测量位置

互成 90° 的四个位置上，放置方形水平仪；非承重机架的水平测量，一般选择油槽盖结合面或与励磁机的结合面。

为保证检修前后的测量位置重合，应在检修前用洋冲打上记号，以免测量前后的数值不准，如图 11-4-1 所示。

2. 测量记录

方形水平仪常用精度为 0.02mm/（m·格）的水平仪，合像水平仪常用精度为 0.01mm/m 的水平仪。测量部件的水平要记录清楚部件水平度的方向（箭头指向高端）、气泡偏移方向和格数、加垫位置等。用合像水平仪测量记录如图 11-4-2 所示；用方型水平仪测量记录如图 11-4-3 所示。

3. 机架水平度的计算

根据机架水平测量记录，分别计算出机架 x、y 方向的水平度大小和方向，与机架水平度质量标准进行比较，若超出标准值，就要进行机架水平调整。

一般在安装时，要求机架水平值小于 0.04mm/m。

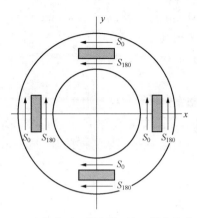

图 11-4-2　上机架水平测量记录（用合像水平仪）

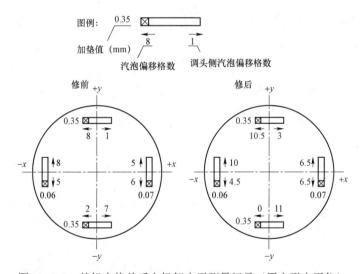

图 11-4-3　某机大修前后上机架水平测量记录（用方形水平仪）

4. 机架水平调整

如果机架水平度不合格，就要进行机架水平调整。首先根据机架尺寸和机架水平度，计算机架水平调整量即加垫厚度，用下式计算：

$$\Delta h_x = S_x \cdot D (\text{mm}) \tag{11-4-1}$$

$$\Delta h_y = S_y \cdot D (\text{mm}) \tag{14-4-2}$$

式中 Δh_{x}、Δh_{y}——机架在 x、y 方向低端的加垫厚度，mm；

$\quad\quad\quad\quad$ S_{x}、S_{y}——机架在 x、y 方向的水平度，mm/m；

$\quad\quad\quad\quad$ D——机架支臂固定螺栓孔中心处的直径，m。

按计算结果制作好垫片并放置好，然后原位置安装好机架。重新测量调整机架水平直至合格。

二、机架水平测量调整案例

以方形水平仪测量为例，测量数据如图 11-4-3 的修后数据，方形水平仪工作面长度为 250mm，机架支臂固定螺栓孔中心处的直径为 3750mm。下面进行机架修后回装的水平调整。

1. 计算机架 x 方向的水平度

计算在 $+y$ 处水平仪所测得水平度 S_{x1}：

$$S_0 = \pm n_1 \Delta + \frac{x_0}{L_0} = -10.5 \times 0.02 + \frac{0.35}{0.25} = 1.19 \ (\text{mm/m}); \ +x \text{方向高。}$$

$$S_{180} = \pm n_2 \Delta + \frac{x_0}{L_0} = +3 \times 0.02 + \frac{0.35}{0.25} = 1.46 \ (\text{mm/m}); \ +x \text{方向高。}$$

$$S_{\mathrm{x1}} = \frac{1}{2}(S_0 + S_{180}) = \frac{1}{2}(1.19 + 1.46) = 1.325 \ (\text{mm/m}); \ +x \text{方向高。}$$

计算在 $-y$ 处水平仪所测得水平度 S_{x2}：

$$S_0 = \pm n_1 \Delta + \frac{x_0}{L_0} = 0 \times 0.02 + \frac{0.35}{0.25} = 1.40 \ (\text{mm/m}); \ +x \text{方向高。}$$

$$S_{180} = \pm n_2 \Delta + \frac{x_0}{L_0} = +11 \times 0.02 + \frac{0.35}{0.25} = 1.62 \ (\text{mm/m}); \ +x \text{方向高。}$$

$$S_{\mathrm{x2}} = \frac{1}{2}(S_0 + S_{180}) = \frac{1}{2}(1.40 + 1.62) = 1.51 \ (\text{mm/m}); \ +x \text{方向高。}$$

计算机架 x 方向的水平度 S_{x}：

$$S_{\mathrm{x}} = \frac{1}{2}(S_{\mathrm{x1}} + S_{\mathrm{x2}}) = \frac{1}{2}(1.325 + 1.51) = 1.42 \ (\text{mm/m}); \ +x \text{方向高。}$$

由此可见，机架 x 方向的水平度不合格，需要进行调整。

2. 计算机架 y 方向的水平度

计算在 $+x$ 处水平仪所测得水平度 S_{y1}：

$$S_0 = \pm n_1 \Delta + \frac{x_0}{L_0} = -6.5 \times 0.02 + \frac{0.07}{0.25} = 0.15 \ (\text{mm/m}); \ +y \text{方向高。}$$

$$S_{180} = \pm n_2 \Delta + \frac{x_0}{L_0} = +6.5 \times 0.02 + \frac{0.07}{0.25} = 0.41 \ (\text{mm/m})；+y \text{方向高。}$$

$$S_{y1} = \frac{1}{2}(S_0 + S_{180}) = \frac{1}{2}(0.15 + 0.41) = 0.28 \ (\text{mm/m})；+y \text{方向高。}$$

计算在$-X$处水平仪所测得水平度S_{y2}：

$$S_0 = \pm n_1 \Delta + \frac{x_0}{L_0} = -4.5 \times 0.02 + \frac{0.06}{0.25} = 0.15 \ (\text{mm/m})；+y \text{方向高。}$$

$$S_{180} = \pm n_2 \Delta + \frac{x_0}{L_0} = +10 \times 0.02 + \frac{0.06}{0.25} = 0.44 \ (\text{mm/m})；+y \text{方向高。}$$

$$S_{y2} = \frac{1}{2}(S_0 + S_{180}) = \frac{1}{2}(0.15 + 0.44) = 0.295 \ (\text{mm/m})；+y \text{方向高。}$$

计算机架Y方向的水平度S_y：

$$S_y = \frac{1}{2}(S_{y1} + S_{y2}) = \frac{1}{2}(0.28 + 0.295) = 0.29 \ (\text{mm/m})；+y \text{方向高。}$$

由此可见，机架y方向的水平度也不合格，需要进行调整。

3. 机架水平调整

计算机架水平调整的加垫厚度：

$\Delta h_x = S_x \cdot D = 1.42 \times 3.75 = 5.33 \ (\text{mm})$；在$-x$方向的机架支臂固定处加垫。

$\Delta h_y = S_y \cdot D = 0.29 \times 3.75 = 1.09 \ (\text{mm})$；在$-y$方向的机架支臂固定处加垫。

根据计算机架水平调整的加垫厚度及方位进行调整，调整后重新测量机架水平，直至符合机架水平度质量标准。

【思考与练习】

（1）说明机架水平的测量的位置。

（2）如何计算计算机架的水平度？

（3）如何进行机架水平调整？

▲ 模块 5 机架拆装（ZY3600406005）

【模块描述】本模块介绍水轮发电机机架吊装前条件、吊装过程。通过过程介绍及图文讲解，掌握机架拆装技术要求。

【模块内容】

标准化作业管理卡见表 11-5-1。

表 11–5–1 标 准 化 作 业 管 理 卡

项目名称		上部机架分解吊出	检修单位		机械工程处发电机班
工 器 具 及 材 料 准 备					
序号	名称	规格	数量	单位	用途
1	钢丝绳		4	根	吊上机架
2	大锤	18磅	1	把	锤击扳手
3	扳手		1	把	拆卸销钉
4	水平仪	200mm	1	台	测量上机架水平
5	塞尺	150mm	1	把	测量水平
6	记录本		1	本	记录数据
7	笔		1	支	记录数据
8					

人员配备	主专责	
	检修工	
	起重工	
	电焊工	

检修方法和步骤	一、机架吊出 （1）上部机架吊出应具备下列条件： 1）顶罩已拆除吊走。 2）永磁机及补气装置全部拆除。 3）上导轴瓦、上导油槽已拆除或放置两旁。 4）滑环、刷架均已拆除。 5）集电环拆除吊走。 6）发电机盖板、栏杆与梯子均已拆除，热风筒已断开。 7）检查各部有碍上机架吊出的所有管路、引线均已断开或拆除。 （2）在上部机架分解之前用方型水平仪测量其水平，并做下记录，方型水平仪的位置应做下记号，以备安装后在同一位置测量。上部机架吊出时，各支腿处设专人监视，并做好上机架与机组定子位置。 二、机架吊入 （1）在原位置上用方型水平仪测量其水平，并做下记录测量位置与吊出时一致，机架吊入时，各支腿处应设专人监视，应检查各支腿结合面是否干净，如不干净应及时处理，机架腿下的垫应清扫干净，处理平整，按分解时编号对号放回原位置，将定位销钉打紧，测量上机架水平与拆前应一致最后对其固定螺栓拧紧。 （2）上部机架起落时，应注意不要碰伤轴径，设置千斤顶时，应注意不要使上部机架产生位移或应力变形

危险点及控制措施	（1）天车检查，钢丝绳检查，销钉检查。 （2）防止高空坠物

时间	检修工作开始时间	年　　月　　日
	检修工作结束时间	年　　月　　日

检修负责人：	班长技术员：	审核：	批准：

一、上、下机架检修工艺要求

1. 上机架检修工艺要求

（1）上机架吊出时各个支臂设专人监视。为防止起吊时晃动，可在对称四个支臂上各保留一个螺栓，只松开一半而不拆除，待机架稍起找正后拆除。起吊过程中，中心体设专人用薄木板条在中心体与上导轴领、集电环间晃动，以防止碰坏轴领和集电环等其他设备。

（2）上机架装复前应完成检查、清扫、刷漆，固定螺栓、销钉、各支臂结合面修理、清扫，机架附件检查、清扫，并按规定刷漆。对挡风板结构检查、处理。对径向支承装置检查、清扫。

（3）上机架装复就位后，应检查水平、高程、中心。合格后，先回装销钉，再紧固螺栓。待盘车机组轴线调整合格后，调整机架径向支承装置符合设计要求。

2. 下机架检修工艺要求

（1）下机架拆前水平值测量方法同上机架，测量各个支臂结合面的间隙，起吊的方法注意事项同上机架。

（2）下机架装复前完成机架清扫、刷漆，检查金属结构，清扫修理结合面、销钉、销孔、螺栓。

（3）必要时，在机组拆卸前，可测量承重机架的静挠度值，其值应符合设计要求。

3. 水轮发电机总体装复对上、下机架工艺

（1）上机架装复后应进行水平、高程、中心测量、检查。要求高程偏差不大于±1.5mm，水平偏差不大于0.04mm/m，中心偏差不大于1.0mm，否则进行调整处理。调整时先调高程，合格后再调水平。一般在机架吊出时要记录每个支臂下的间隙值及加垫的厚度，作为装复时的依据。

（2）下机架装复前应检查各支臂与机座组合面之间无杂物、毛刺，当下机架吊入至基础面150~200mm时，再将结合面清扫后，下落就位。测量调整高程、水平、中心应满足要求。

（3）复查机架径向支承装置，其安装高程偏差不超过±5mm，径向支承装置受力应一致。

二、机架拆装

吊机架之前，必须将机架上部有碍起吊的部件吊出或分解拿开，有碍起吊的管路和引线应拆出或断开。

起吊前，松开并拧下地脚螺钉，拔出定位销，但保留互相成90°的4个地脚螺钉，只松开一段而不去掉，待机架吊起找正了吊钩中心位置，钢丝绳稍吃劲之后，再把这4个地脚螺钉拧出。对于悬吊型机组的上机架内有上导轴承时，应在上导油槽内互成

90°的方向，布置专人拿木条插在轴领和油槽之间不断晃动，发现卡住时，应通知起吊人员，找正起吊中心位置后再行起吊。

机架吊入前，应严格检查支腿与机座把合面之间无任何杂物，并在吊入至基座支持表面150mm左右，再次把结合面擦干净，然后下落装好。

机架安装好之后，应测量水平值，其目的是校核一下安装前后水平变化情况，如出入很大，应检查、分析原因，进行相应的处理。某机大修前后上机架水平测量记录如图11-4-3所示。

从图11-4-3中，可以看出检修前后的机架水平值几乎没有多少变化。实际上由于机架构件大，同时本身的弹性变形加上测量误差，使检修前后机架的水平测量记录不能一点不变，但应使大部分数值一致即可。

【思考与练习】

（1）说明上机架检修工艺要求。

（2）说明下机架检修工艺要求。

（3）说明机架拆装方法。

▲ 模块 6 吊转子前的准备工作（ZY3600406006）

【模块描述】本模块介绍转子吊出和吊入应具备的条件、吊转子前的准备工作、吊转子前的检查工作内容。通过内容讲解及案例讲解，掌握水轮发电机吊转子的准备工作的基本要求。

【模块内容】

一、起吊前的准备工作

（1）检查水轮发电机空气间隙有无夹杂物以及其余各处有无障碍起吊之物。

（2）对于悬吊型机组，下导油槽已分解完毕，下导轴瓦已拆除，下导支持螺钉、挡瓦板、挡油圈等均已拆除，上下导轴颈表面涂以猪油并用毛毡包好。对伞型机组，应分解推力轴承的有关部件，将油槽上盖取出。

（3）水轮发电机轴与水轮机主轴法兰分解（或对伞型机组使轮毂法兰螺栓分解）。

（4）检查吊车各部位及操作机构，必要时要做起重试验，检查起重梁（特别是起重梁的推力轴承）和吊具是否正常。

二、转子吊出应具备的条件

（1）转子上部无妨碍转子吊出的部件，电气各引线均已断开。

（2）水轮发电机空气间隙检查测定完毕。

（3）推力头与转子中心体把合螺栓、销钉已拆除。

（4）顶起转子，制动器锁定投入，将转子落在制动器上。转子顶起高度要根据主轴法兰或主轴与中心体连接止口脱开而定。

（5）转轮下环与基础环间垫放好楔子板，楔子板用手锤对称打紧，并与固定部件点焊牢固。

（6）拆除水轮机和水轮发电机连轴螺栓或转子中心体与水轮机轴连接螺栓，一字键两边的侧键拔出。

（7）起吊转子的桥式起重机的电气和机械设备已全面检查试验，动作可靠。

（8）检查厂用电源，保证供电可靠。

（9）起吊转子轴和平衡梁牢固连接，平衡梁水平调整在 0.3mm/m 以内。

（10）安放转子的检修场地准备：安装间支承转子基础板应清除焊点、打磨平整；检查钢筋混凝土荷重梁和盖板无裂纹、无严重缺损现象，荷重盖板上接触良好、受力均匀；布置支墩，调整支墩上面的楔子板高程在规定范围内。转子机坑已清理。组装吊转子的专用工具连接就绪。

三、转子吊入应具备的条件

（1）转子吊入前，将影响下部吊入工作的水轮机、水轮发电机各部件，全部吊装就位，安装就绪。

（2）制动器安装完毕，制动闸瓦顶面高程偏差，不应超过±1mm；与转子制动环的间隙偏差应在设计值的±20%范围内。

（3）推力头与镜板连接完毕，找平落在推力瓦上。

（4）连轴法兰及螺栓孔、止口、组合面、键槽等清扫检修完毕。

（5）水轮机大轴法兰水平调至 0.10mm/m，并研磨清扫合格。

（6）平衡梁及桥式起重机检查完好。

（7）水轮发电机定子、转子检查清扫，喷漆合格。

四、转子吊出过程中的主要工序

（1）将转子吊起 100～150mm，停留 10min，必要时测量桥式起重机主梁的扰度不得超过设计许可值，检查平衡梁的水平。进行桥式起重机起落制动试验，检查桥式起重机扰度值和主钩制动情况。

（2）起吊过程中，在桥式起重机上应设专责机电人员负责对制动器、减速器、卷筒钢丝绳及其绳夹、电气设备的监视和检查，以便及时发现故障预防事故。

（3）转子在定子内起吊过程中，沿定子圆周每隔 2 个磁极设一个专人用（根据定子铁芯高度、磁极宽度、定转子空气间隙尺寸而制作的）木板条插入转子磁极极掌表面中线处和定子之间的空气间隙中，并不断晃动；当木板条出现卡住现象时，应停止起落转子，找正中心后再起落。

（4）转子吊出后，应及时对水轮发电机轴法兰、转子中心体下部结合面及螺栓孔进行清扫除锈，涂上凡士林或抹上黄油，防止锈蚀。

（5）转子起吊高度必须超过沿途最高点 200mm，必须按指定路线匀速行走直至安装场，没有异常情况中途不得停顿。

五、转子吊入过程中的主要工序

（1）转子吊人步骤与吊出步骤相反。

（2）转子吊起后移至机坑上方，下落距定于 20mm 左右时，校正中心一次。

（3）调整方位，应保证水轮发电机轴或转子中心体与水轮机轴中心偏差小于 0.5mmm。

（4）当转子制动环距制动器顶面 10mm 左右时，进行大轴法兰或转子中心体与水轮机轴法兰对孔，对称穿上 2～4 个螺栓后，将转子落在制动器上，检查转子的中心及水平。

（5）测定水轮发电机空气间隙合格后，进行连轴，所有连轴螺栓按工艺要求进行紧固。

【思考与练习】

（1）说明转子起吊前的准备工作。

（2）说明转子吊出应具备的条件。

（3）说明转子吊入应具备的条件。

模块 7 转子吊装（ZY3600406007）

【模块描述】 本模块介绍转子吊装过程和注意事项。通过过程介绍、方法要点讲解及图例讲解，掌握水轮发电机吊入、吊出机坑的技术要求。

【模块内容】

标准化作业管理卡见表 11-7-1。

表 11-7-1　　　　　　　标 准 化 作 业 管 理 卡

项目名称	转子吊出		检修单位	机械工程处发电机班	
工 器 具 及 材 料 准 备					
序号	名称	规格	数量	单位	用途
1	插板		15	根	保护磁极
2	起吊轴		1	副	起吊转子
3	起重梁		1	台	起吊转子
4					
5					

续表

人员配备	主专责	
	检修工	
	起重工	
	电焊工	
检修方法和步骤	一、转子吊出 转子吊出前，应具备以下条件： （1）发电机与水轮机主轴法兰已分解。 （2）转子与推力头的螺栓已拆除，推力头与转子已分离。 （3）检查发电机空气间隙及其他各部已无障碍之物。 （4）按要求安装起吊轴并把紧法兰螺栓。 吊装步骤： （1）起重梁套于起吊轴上，起重梁找正水平。 （2）转子在定子内吊起时，沿定子圆周每隔 2～3 个磁极，设专人用木板条插入转子磁极与定子间的空隙内，并不断晃动，当木条出现卡住现象时，应及时报告总指挥停车找正中心后再起吊，并在推力轴承处设专人监视。 （3）在转子起吊高度为 10～20mm 时，应停留 5～10min，检查吊车各部及吊车轨道的变形应正常，在以小行程（10～20mm）升降操作 2～3 次，确认吊车各部运行正常后，方可正式起吊。 （4）转子吊出后，上导轴领应涂以猪油或透平油并用纸和毛毡包扎好，上下法兰面应做保护措施。 二、转子吊入 （1）转子吊入前应完成下列工作： 1）定子与转子已彻底清扫干净。 2）下部走台已安装完毕，推力轴承各部件也已吊入就位，制动器及管路已安装，制动器闸瓦面已恢复原高程且已调整好。 （2）将起重梁套于起吊轴上，起重架找正水平。 （3）转子在定子内下落时，沿定子圆周每隔 2～3 个磁极，应有人用插板插入磁极与定子间的空隙内，并不断晃动。当木条出现卡住现象时，应及时报告总指挥停车找正中心后再下落，在法兰处应有专人监视，以防主轴法兰通过时与其他物体相碰。 （4）转子应按原方位吊入，按水轮机主轴法兰孔进行找正
危险点及控制措施	（1）此项工作有多处高空作业，其工作人员精神需高度集中，做好安全防护措施。 （2）转子出、吊入时，下部工作人员需注意，防止主轴法兰与其他物件磕碰。 （3）起重机控制人员，必须密切配合，防止因速度不同而造成钢丝绳脱轨。 （4）起重指挥人员，需注意他人提供的信号，防止转子斜度过大，对定子造成伤害
时间	检修工作开始时间	年　　月　　日
	检修工作结束时间	年　　月　　日

检修负责人：	班长技术员：	审核：	批准：

　　吊水轮发电机转子是一项重要的工作，事先要做周密的安排，起吊时要精心地指挥和慎重地操作，以便做到安全生产。

一、起吊时的注意事项

　　大型机组吊转子时，通常都是用两台吊车，每台吊车主钩挂在起重梁的一端销轴上，起重梁中间吊孔通过卡环卡在水轮发电机轴颈上的槽内，如图 11-7-1 所示。

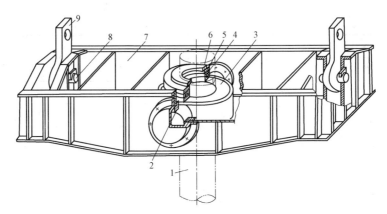

图 11-7-1 起重梁

1—主轴；2—铜套；3—轴套；4—止推轴承；5—垫板；6—卡环；7—起重梁；8—轴销；9—吊耳

伞型机（无轴）吊转子可用梅花吊具和起重梁，如图 11-7-2 所示。

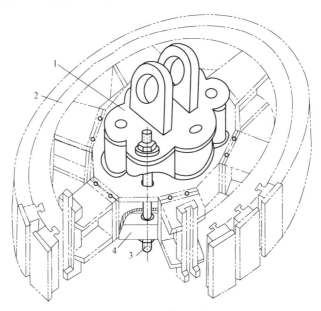

图 11-7-2 梅花吊具

1—梅花瓣；2—转子；3—连接螺杆；4—下部横梁

二、转子吊出

（1）吊车上应有机、电维护人员。在制动闸、减速箱、卷筒、电器箱等设备附近设专人监视，以便及时发现故障预防事故。

（2）起重梁在吊起前，应保持水平状态（可在起重梁上用水平尺粗略地找一下水平，以防止两台吊车同时起吊时，由于起重梁倾斜使转子发生卡阻现象）。起重梁的中心应与主轴同心；沿定子圆周每隔 2 个磁极，应有专人用木板条插入转子磁极与定子铁芯之间的空隙内，并不断晃动；当转子上升时，发现木板条被卡住时，应告诉指挥人员，立即停车找中心，然后再起吊，在下导处也应有人监视，以防碰撞，如图 11-7-3 所示。

图 11-7-3　吊转子

（3）当转子起吊高度为 10～20mm 时，应停留 10min，检查吊车各部位是否正常，确认吊车各部正常后，方可正式起吊。此时，指挥人员应注意升降时起重梁水平的变化，并随时给予调整。当转子吊离定子基坑后，指挥人员应确认转子吊运路线上已无障碍，方可指挥吊车行走。

（4）安放转子的支墩有 4～6 个，设置在轮毂与轮臂结合板下端（或制动闸板上），如图 11-7-4 所示。支墩的下方应座在混凝土立柱上，各支墩高度应一致，表面垫有硬木。

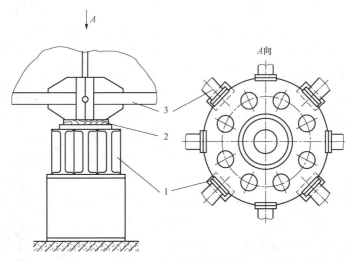

图 11-7-4　支墩放置位置

1—支墩；2—木版；3—轮臂

三、转子吊入

转子吊入前，应将定子与转子彻底清扫干净，必须保证没有任何物品留在定子内。下机架应已安好，其中心位置及水平均符合规定；风闸及管路应已装好，闸把凸环（或锁定螺帽）已搬至顶起转子位置，并加垫找平。其余须吊入的部件也应预先吊入。

转子应按原方位（以轴号为记录）吊入（也应遵守上述起吊时的注意事项），根据水轮机轴法兰进行找正。安装后（风闸已落下，推力头镜板落在推力瓦上）磁极中心线的标高应低于定子铁芯中心的平均高程线，其值应在铁芯有效长度的 0.4% 以内，以便在运行时产生一个向上的磁拉力以抵消一部分推力轴承承受的轴向力。

【思考与练习】

（1）说明转子吊出方法。

（2）说明转子吊入方法。

▲ 模块 8　转子找正（ZY3600406008）

【模块描述】本模块介绍以定子为基准和以水轮机主轴为基准进行转子找正的两种方法。通过过程介绍、方法要点讲解及图例讲解，掌握转子高程调整和中心调整的技术要求。

【模块内容】

转子吊装应符合下列要求：

（1）转子吊装前，调整制动器顶面高程，使水轮发电机转子吊入后，推力头套装时，与镜板保持 4～8mm 的间隙；推力头在水轮机主轴上的结构形式，制动器顶面高程的调整，只需要考虑水轮机与水轮发电机间的连轴间隙。

（2）必要时，转子吊转过程中，检查测量磁轭的下沉恢复情况。

（3）无轴结构的伞式水轮发电机，转子落在制动器上之前，应按标记找好方位；吊入后联轴法兰止口应就位，销钉螺栓孔或键槽应对正。

（4）转子应按水轮机找正，联轴法兰中心偏差，应小于 0.05mm，法兰之间不平行值应小于 0.02mm。定子中心若已按水轮机固定部分找正，则转子吊入后，按空气间隙调整转子中心。

转子找正有三种情况：① 转子在定子就位后吊入的，这就作为一个单独安装项目，以定子为基准进行转子找正（找正时，控制定、转子空气间隙和高程）。为避免工序重复，这项工作可在转子重量转换到推力轴承以后进行。② 转子先于定子吊入机坑，这时应以水轮机主轴为基准进行找正（找正时，控制主轴法兰的标高、中心、水平等）。③ 水轮发电机转子吊入后，需立即与水轮机主轴连接，以便整体盘车，这时必须以水轮机主轴为基准进行找正（找正时，控制主轴法兰的标高、中心、水平等）。

当转子重量转换到推力轴承之后，假定转子高程不合适，可利用制动闸，将转子顶起，整体升（降）推力瓦的支柱螺丝，再落下转子时，高程将得到一次改变，这样经 1～2 次反复，即可达到高程调整的目的。

中心可按定子、转子空气间隙控制。找中心时，先测量上下部位的空气间隙，判断中心去向。然后顶动导轴瓦，使镜板滑动，转子即产生中心位移；接着再测空气间隙。这样经 1～2 次反复，可达到中心调整的要求，这是以定子为基准进行找正的方法。

也可以水轮机主轴为基准进行找正，即转子落于制动闸后，暂不卸吊具，先检查转子是否已在设计标高。检查的方法是测主轴法兰间隙。如图 11-8-1 所示，用一个塞块和一把塞尺的若干塞片，分别塞入水轮机主轴法兰面上四周，测间隙的厚度。为减少测量误差，塞块要两面精加工，塞尺叠片不宜过多。通过实测间隙大小，可判断水轮发电机转子实际高程。水轮机法兰面的高程（事先测定），加上间隙值，即转子法兰面实际高程（也即水轮机主轴提起后高程），将此高程与设计值相比，如超出 0.5～1mm，则需提起转子，在制动闸顶面加（减）垫。加（减）垫后，重新使转子就位，再按上述方法测量，直至高程合格为止。

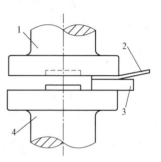

图 11-8-1　测主轴法兰间隙
1—水轮发电机主轴；2—塞尺；
3—塞块；4—水轮机主轴

水轮发电机转子水平，仍以水轮机主轴法兰为准，要求水轮发电机法兰与水轮机法兰相对水平差在 0.02～0.03mm/m 以内。如超过时，需在一部分制动闸顶面加（减）薄垫，垫厚按下式计算：

$$\delta = \frac{D}{d}(\delta_a - \delta_a') \qquad (11-8-1)$$

式中　δ——法兰最低点所对应的制动闸应加垫厚度，mm；

D——制动闸对称中心距离，mm；

d——法兰盘直径，mm；

$\delta_a - \delta_a'$——法兰盘对称方向间隙差，mm。

为了节省工序，高程和水平的调整可同时进行。

转子中心可测量主轴两法兰径向间隙确定，如图 11-8-2 所示。用一个钢板尺（或平板

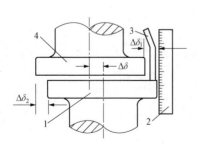

图 11-8-2　测法兰径向间隙图
1—水轮机法兰；2—铜板尺；
3—塞尺；4—水轮发电机法兰

尺）侧面贴靠在水轮机主轴法兰侧面，将塞尺的若干片塞进水轮发电机法兰与钢板尺之间，可测得间隙值。中心偏差按下式计算：

$$\Delta \delta = \frac{\Delta \delta_1 + \Delta \delta_2}{2} \qquad (11\text{-}8\text{-}2)$$

式中 $\Delta \delta$ ——中心偏差值，mm；
$\Delta \delta_1$、$\Delta \delta_2$ ——两侧间隙值，mm。

转子中心偏差，可利用导轴瓦或临时导轴瓦进行调整，瓦面应涂猪油（或动物油）或加有石墨粉的凡士林油。若利用千斤顶调整时，在十字方向设置千斤顶及其支撑架，千斤顶头部与法兰之间最好垫以柔软的胶皮，避免直接接触，损伤法兰侧面。如图 11-8-3 所示。

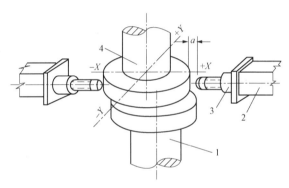

图 11-8-3　用千斤顶调整转子中心
1—水轮机主轴；2—支撑架；3—千斤顶；4—水轮发电机主轴

要向+X方向移动 a 时，+Y、–Y 方向千斤顶可暂时不动，扳动+X方向千斤顶，使其从顶靠位置退回距离 a，接着稍稍提升转子，扳动–X 方向千斤顶，使水轮发电机法兰向–X 方向移动距离 a，再落下转子，测中心偏差。

对于同时兼作转子轮载的伞式机组推力头，伞式机组推力头将先于转子套入主轴就位。当转子吊入后，在转子支架与伞式机组推力头之间，常有销钉螺栓连接的工序。为此转子找正时，应兼顾销钉螺栓的对正。

【思考与练习】

（1）说明转子吊装的要求。

（2）如何进行转子找正？

▲ 模块 9　推力头的拆装基本步骤（ZY3600406009）

【模块描述】本模块介绍水轮发电机刚性支柱式推力头的拆卸、安装基本步骤，通过对拆装步骤介绍及实操训练，掌握桥机拔推力头、热套推力头等安装基本步骤。

【模块内容】

1. 推力头拆卸步骤

推力头拆卸的前提条件是：卡环已拆除，推力头与镜板间的连接销钉、连接螺栓已拆除，用导轴承支柱螺钉抱轴，并在 90°方位设表监视，机组转动部分的重量已转移到制动器上。拆卸条件具备后，启动高压油泵将转子顶起 10mm 左右，停泵在推力头与镜板间的缝隙内成 120°方向三点垫以等厚的环氧树脂板，油泵排油将转子落于制动器上，在转子下沉的同时，推力头就沿主轴上升一段距离，这样反复多次，直至用主钩能将其吊出为止。分解过程中应注意加垫位置对应推力瓦上方，每次加垫厚度应用游标卡尺测量使厚度基本一致，推力头退出止口一半左右，应将推力头挂上钢丝绳且吊车稍稍拉紧，防止推力头歪斜损坏止口，推力头上拔时，应将键固定好防止滑落。拆卸推力头与主轴间的传动键，检查推力头与主轴配合止口及键槽，其标准应满足无锈蚀、拉伤、高点、配合接触面积均匀等要求，对个别锈蚀、高点、毛刺应用 180目砂纸、细油石、W14 金相砂纸处理合格，涂抹防锈油并贴纸包好。推力头内孔及底面锈蚀、高点应用平整的新油石外包 180 目砂纸进行处理，处理好后涂抹防锈油并用塑料布盖好。

2. 推力头安装步骤

（1）对镜板的要求：推力头套入前镜板的高程和水平在推力瓦面不涂润滑油的情况下测量，水平偏差应在 0.02mm/m 以内，高程应考虑在荷重情况下，上机架挠度值和弹簧油箱的压缩值。

（2）推力头套装：把推力头清扫干净放置在上垫石棉布的支墩上以电炉进行加温，加温时温升控制在 15～20℃/h，当温度达到 60～80℃时，保温 2h，清扫轴面，装上推力头键，在轴面和键侧面抹上石墨，清扫镜板上表面。

吊起推力头，用水平尺找平，进一步清扫推力头的内孔，抹上石墨，清扫推力头的底部，将推力头吊起。套入轴上等推力头落位后，检查与镜板间应有 2mm 以上的间隙。如发现间隙太小甚至没有间隙时，应立即启动油泵能够顶起转子，使推力头下落就位，当推力头和镜板之间的间隙大于 2mm 时即可停泵，将机组转动部分重量转移到制动器上即可排油。

【思考与练习】

（1）说明推力头拆卸步骤。

（2）说明推力头安装步骤。

▲ 模块 10　推力头的拆装工艺标准（ZY3600406010）

【模块描述】本模块介绍水轮发电机刚性支柱式推力头的拆卸、安装工艺标准。通过过程工艺介绍、图例讲解及实物训练，掌握桥机拔推力头、热套推力头等安装工艺标准。

【模块内容】

推力头安装应符合下列要求：

（1）推力头吊入前，在推力瓦面不涂润滑油的情况下测量镜板的高程和水平，其水平偏差应在 0.02mm/m 以内，高程应考虑荷重机架的挠度值和弹性油箱的压缩值。

（2）推力头热套时，加热温度以不超过 100℃ 为宜。

（3）卡环受力后，应检查其轴向间隙，用 0.03mm 塞尺检查，不能通过。间隙过大时应抽出处理，不得加垫。

推力瓦、托盘回装时，瓦面、托盘、支柱螺钉球面应均匀涂抹一定量的透平油以防锈蚀及润滑。镜板安装时应初步找平，镜板下落时要对应修前位置，下落时应缓慢进行。

推力头安装：把推力头清扫干净放置在上垫石棉布的支墩上以电炉进行加温，加温时温升控制在 15～20℃/h，当温度达到 60～80℃ 时，保温 2h，清扫轴面，装上推力头键，在轴面和键侧面抹上石墨，清扫镜板上表面。吊起推力头，用水平尺找平，进一步清扫推力头的内孔，抹上石墨，清扫推力头的底部，将推力头吊起。套入轴上等推力头落位后，检查与镜板间应有 2mm 以上的间隙。如发现间隙太小甚至没有间隙时，应立即启动油泵能够顶起转子，使推力头下落就位，当推力头和镜板之间的间隙大于 2mm 时即可停泵，将机组转动部分重量转移到制动器上即可排油。

卡环安装：推力头套轴后应控制其温度下降不大于 20℃/h，待温度接近室温时，再装上卡环，卡环受力后，应检查轴向间隙，用 0.02mm 塞尺检查不能通过，间隙过大时，应抽出卡环，进行研刮处理，不得加垫。

推力头与镜板进行连接：卡环安装完毕后，将推力头与镜板定位销钉打入，启动高压油泵顶起转子，将制动器大螺母旋下并排油落转子，将机组转动部分重量转移至推力轴承上，将推力头镜板连接螺栓装入并均匀打紧。

推力油槽清扫：清扫时用和好的白面将推力油槽内的杂质黏净，用无水乙醇将油槽内部清扫干净。推力冷却器安装：安装时注意对应修前位置，装入后连接供排水管路后将推力冷却器底角螺栓紧固，进行通水耐压试验，试验压力为 1.25 倍额定工作压力，保持 30min 无渗漏现象。推力油槽隔油板、稳油板安装时对应机组修前位置安装，为防止螺栓松动，每一个螺栓均安装弹簧止退垫。推力密封盖安装前先把密封胶圈固定好，安装时先连接对口螺栓，用塞尺测量密封盖与推力头径向间隙均匀时再将密封盖外围螺栓紧固。

【思考与练习】

说明推力头拆装工艺标准。

◢ 模块 11　推力轴承安装基本步骤（ZY3600406011）

【模块描述】本模块介绍刚性支柱式推力轴承、液压支柱式推力轴承、平衡块式推力轴承安装基本步骤。通过过程要点介绍、图例讲解及实物训练，掌握各种推力轴承安装基本内容。本模块还介绍了水轮发电机轴承甩油的改进措施。

【模块内容】

标准化作业管理卡见表 11-11-1。

表 11-11-1　　　　　　　　　标准化作业管理卡

项目名称	推力头安装		检修单位	机械工程处发电机班
工 器 具 及 材 料 准 备				
序号	名称	规格	数量	单位	用途
1	装配推力头工具		1	套	安装推力头
2	钎棍		2	根	紧固螺栓
3	抹布		3	kg	清扫
4	汽油	93 号	1	L	清扫
5	白布带		1	卷	固定键体
6	大锤	18 磅	1	把	紧固螺栓
7	扳手	55mm	1	个	紧固螺栓
8	高压油泵	10MPa	1	台	顶转子
9	透平油		2	L	润滑
10	笔		1	支	记录
11	记录本		1	本	记录
12	二硫化钼		1	L	润滑

续表

人员配备	主专责	
	检修工	
	起重工	
	电焊工	
检修方法和步骤	（1）推力瓦面清扫干净，涂以透平油镜板按原位放好，并在镜板背面矩形盘根槽内放置好内外密封耐油胶条，擦拭干净，在主轴配合面涂以二硫化钼再将键放好并用白布带绑住。 （2）将推力头擦拭干净用主钩吊起找正水平吊到主轴正上方，按拆前记录位置找正中心套入主轴，当推力头能够把推力头键卡住时方可将白布带拆除，推力头落下。检查镜板背面和推力头结合面干净，密封垫完好打入销钉，紧固推力头和镜板结合螺栓。 （3）顶起转子，将制动器锁定环搬回原位，使转子落下	
危险点及控制措施	（1）检修人员与起重人员需密切配合，防止意外受伤。 （2）推力头与主轴配装期间，需注意键体位置，防止下吊期间键体受损	
时间	检修工作开始时间	年 月 日
	检修工作结束时间	年 月 日
检修负责人：	班长技术员：	审核： 批准：

一、推力轴承的安装

推力轴承安装基本步骤为：托盘安装–推力瓦安装–镜板安装–推力头安装–卡环安装–推力头与镜板连接–推力油槽清扫–推力冷却器安装–推力冷却器通水试验–推力油槽隔油板安装–推力油槽稳油板安装–推力密封盖安装–密封盖径向间隙调整。

1. 刚性支柱式推力轴承的安装

（1）轴承的绝缘。大型同步水轮发电机，不论是立式的或卧式的，主轴不可避免地将处于不对称的脉动磁场中运转。这种不对称磁场通常由于定子铁芯合缝、定子硅钢片接缝、电机空气间隙不匀，以及励磁绕组臣间短路等各种因素所造成。当主轴旋转时，总是被这种不对称磁场中的交变磁通所交链，因而在主轴中感应出电动势，并通过主轴、轴承、机座而接地，形成环形短路轴电流，如图 11-11-1 所示。

由于这种轴电流的存在，它在轴颈和轴瓦之间，会产生小电弧的侵蚀，使轴承合金逐渐黏吸到轴颈上去，破坏了轴瓦的良好工作面，引起轴承的过热，甚至把轴承合金熔化。此外，由于电流的长期电解作用，也会使润滑油变质、发黑，降低了润滑性能，使轴承温度升高。

为防止这种轴电流对轴瓦的侵蚀，须将轴承与基础用绝缘物隔开，以切断轴电流回路。一般可在励磁机侧的一端轴承（推力轴承及导轴承）装设绝缘垫板及套管，如图 11-11-2 所示。

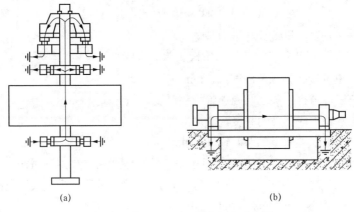

(a)　　　　　　　　　　　　　(b)

图 11-11-1　环形短路轴电流示意图

（a）立式；（b）卧式

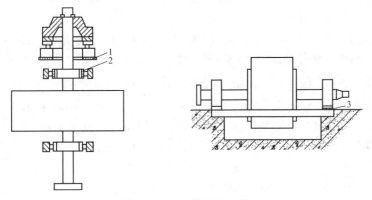

图 11-11-2　轴承的绝缘

1—推力轴承支座绝缘；2—导轴瓦绝缘；3—卧式轴承底座绝缘

因此，在推力轴承支座与机架之间设有绝缘垫，垫的直径应比底座直径大 20～40mm，支座固定螺栓及销钉都需加绝缘套。所有绝缘物事先要经烘干，绝缘安装后，轴承对地绝缘用 500V 绝缘电阻表检查不应低于 0.5MΩ。

（2）轴承部件的安装。组装油槽内套筒及外槽壁，合缝中加耐油胶皮盘根密封，组装后作煤油渗漏试验须合格。

按图纸尺寸及编号安装各支柱螺栓、托盘和推力瓦，瓦面抹一层薄而匀的洁净熟猪油润滑剂。吊装镜板，并以三块互成三角形的推力瓦来调整镜板标高及水平，使其符合规程要求。

镜板高程应按推力头套装后的镜板与推力头之间隙值来确定，预留间隙按下式计算。

$$\delta = \delta_\Phi - h + a - f \qquad\qquad (11\text{-}11\text{-}1)$$

式中　δ——水轮发电机镜板与推力头之间隙，mm；

　　　δ_Φ——水轮发电机法兰盘与水轮机法兰盘（或水轮发电机轮载内法兰与水轮机主轴轴头）预留的间隙，mm；

　　　a——镜板与推力头之间应加绝缘垫厚度，mm；

　　　h——水轮机应提升的高度，mm；

　　　f——上机架（或下机架）挠度，mm。

用方型水平器在十字方向测量镜板水平，使其达到 0.02～0.03mm/m。

（3）推力头安装。先在同一室温下，用同一内径（外径）千分尺测量推力头孔与主轴配合尺寸，测量部位如图 11-11-3 所示。

推力头与主轴，多为过渡配合，套装后有 0～0.08mm 间隙，这样小的间隙是不能保证推力头顺利套入主轴的。为此要对推力头加热，使孔径膨胀增加间隙 0.3～0.5mm，便于套装，加热温升及电热容量可按公式计算，推力头与轴一般用平键定位（也有用切向键定位的）。推力头加温布置情况如图 11-11-4 所示，在推力头下部和孔内，放置足够数量的电炉。推力头用千斤顶支承，在千斤顶与推力头之间，用石棉纸垫（或石棉布）隔热。推力头表面敷盖石棉布或帆布进行保温。加温时，控制推力头温升在 15～20°C/h 以内。当推力头膨胀量达到要求后，撤去电炉，保温布，吊起推力头，用方形水平器进行找平（此时水平控制在 0.15～0.20mm/m 以内），吊离地面 1m 左右时，可稍停顿一下。用白布擦净推力头孔和底面，在配合面上涂抹一层水银软膏或石墨粉。然后吊往轴上对准，套在应有的位置上。当温度降至或接近室温时，装上卡环。放卡环前，应先测定一次配合厚度，为保证卡环两面能平行而均匀地接触，允许用研刮方法校正。

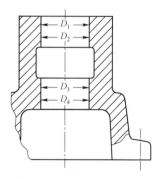

图 11-11-3　推力头孔测量部位

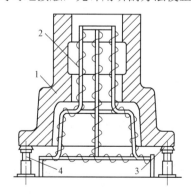

图 11-11-4　推力头加温布置图

1—推力头；2—电炉；3—石棉纸；4—千斤顶

卡环安装后，对推力头与镜板之间隙，应进行一次复查，若与预定值相符，即可进行推力头与镜板连接。连接时，先按要求放置绝缘垫，接着使定位销钉对号入位，如定位销钉无明显的配合位置，可旋转镜板使之在瓦面上滑动，力求找出合适位置，最后把紧连接螺栓。

（4）将转子重量转换到推力轴承上。锁定螺母式制动闸，转换工作比较容易，用油压顶起转子，将锁定螺母旋下，再重新落下转子时，转子重量即转换在推力轴承上。对锁定板式制动闸，拆除制动闸上的胶合板（或钢纸垫）时，分两次进行。先将转子顶起，加上制动闸锁定板，再落下转子，这时转子落在比设计高程约高锁定板的厚度。将三块呈三角形的推力瓦提高 5～10mm，为了使三块轴瓦提高同样高度，可按支柱螺栓螺距升高的回转数来控制；然后，再将转子顶起，落下锁定板，使转子重量暂时落在被提升的三块推力瓦上。接着抽去制动闸上约二分之一厚度的胶合板（或钢纸垫），再次顶起转子，加上锁定板，使转子又落在制动闸上。将高出的三块轴瓦，退回至比原来未动时略低些，再顶一次转子，撤掉油压，落下锁定板，抽去制动闸上其余胶合板（或钢纸垫），这时转子已落在原来未动时的推力瓦上。用扳子将稍低的三块瓦提高至原位，这时转子已按预定高程将转子重量转换到推力轴承上。

（5）油冷却器和其他部件安装。在主要轴承部件安装后，可进行油冷却器安装。环形油冷却器多为两半组成，可先在槽外清扫组合，按图纸尺寸预装后再吊出。当盘车工作结束，再吊回正式安装，并按图纸或规程规定进行整体水压试验；框式油冷却器，在槽外进行清扫和单个水压试验，在盘车或推力轴承调整后，再与油槽框架装配，最后进行整体水压试验。

其他部件如挡油桶、挡油环、密封罩、盖板和挡油板等安装时，要注意部件与主轴的同心，部件上的圆孔应与配合件的螺孔对正，螺栓全部扭紧后，再装配定位销钉。定位时，最好以固定部分为基准，特别是弹性轴承上的转子主轴，轴位极易变动。具有小间隙（0.5～3mm）的圆周部位，应用塞尺片（或钢板尺）划通，防止盘车或运行时产生磨阻现象。轻金属部件吊装时要防止变形，如安装时已发现较大的变形，必须进行校正。

2. 液压支柱式推力轴承的安装

液压支柱式推力轴承的安装和刚性支柱式大体相同。主要区别是弹性油箱部分，其他部分可参照刚性支柱式进行。弹性油箱和底盘是结合在一起的整体，当油槽底盘清扫后，先放上绝缘垫，再放油箱和底盘，用带有绝缘的销钉定位，螺栓把紧。对弹性油箱各部，要进行细致地清扫。需用应变仪进行推力轴承受力调整的，应在选定的油箱壁上，贴放规定数量的应变片。底盘上部的支架，最好预测一下有关尺寸，再吊放就位。吊放后先检查支座与底盘之间的接触面是否均匀，如接触不良，需吊出进行配合面研刮；如在内外圈有整圈不接触，需吊出支架加工车配。弹性油箱的钢套（套筒），旋至底面时，应有良好的接触状态，否则应进行研刮处理。用弹性油箱确定镜板高程、水平时，应考虑各部间隙和油箱本身可能产生的压缩量，为此需相应提高镜板高程。

3. 平衡块式推力轴承的安装

平衡块式推力轴承与刚性支柱式或液压支柱式推力轴承的不同点，主要是用平衡块代替了固定支持座或弹性油箱。安装时，先将上、下平衡块进行清扫，对其棱角上的毛刺、突起，应进行适当的修整。然后将下平衡块一一就位，就位后用临时棋子板，分别垫在下平衡块底面的两条平垫下部，使平衡块稳定不动。再将上平衡块一一就位。接着将支柱螺栓分别拧在每个上平衡块的螺孔上，在三角方向选定三只支柱螺栓，初调镜板高程和水平后，吊装已清扫好的推力头，再将其余支柱螺栓顶靠。其他部件安装参照刚性支柱式推力轴承。

二、水轮发电机轴承甩油的改进措施

运行机组发生推力轴承或导轴承油槽中的油（或油雾）溢出现象，称作甩油。由于甩油，使水轮发电机线圈绝缘降低，影响寿命、机坑污染、油的耗量增加。这种情形在许多电厂中轻重不同地存在着。经过采取改进措施，有的已基本解决，下面介绍甩油部位、成因和常用的几种防甩油措施。

（一）甩油部位

1. 挡油筒溢油

挡油筒溢油是最常见的一种甩油部位。运行中，油沿着挡油筒和推力头（或导轴承轴领）之间的间隙向上升并越过挡油筒顶部沿着它的内表面和主轴表面向下流，由于离心力的作用，油被甩向外围空间，落在水轮发电机内的其他设备上。如图 11-11-5（a）所示。

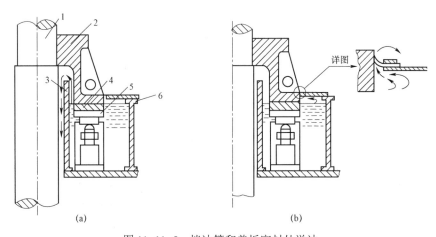

图 11-11-5　挡油筒和盖板密封处溢油

1—主轴；2—推力头；3—挡油筒；4—镜板；5—推力瓦；6—油槽

2. 轴承盖板密封处溢油

轴承盖板密封处溢油也是常常发生的现象，如图 11-11-5（b）所示。运行时，油或油雾从油槽盖板与推力头的密封处溢出。

3. 合缝不严漏油

挡油筒、盖板、油槽因合缝不严而漏油。推力头与镜板之间的漏油是通过连接螺钉孔甩到外面去的。

4. 温度计引线渗油

（二）轴承甩油原因

流体的流态由雷诺数判定可分为紊流和层流。如水管中，雷诺数 $Re>2320$ 时，便属于紊流；对于透平油来说，$Re>1000\sim1300$ 时便是紊流。紊流时，液体各层质点互相交换，纵轴流速与横轴流速互相干扰，这种强烈扰动的结果，使空气混入油中产生油沫。油沫越积越多，并上升至挡油筒顶部溢出。有的导轴承采用毕托管装置，当油盆旋转时，由于毕托管的阻碍也会产生油沫。还有的电厂，由于在挡油筒上有三角筋，旋转的油与之相碰，被迫改变方向，形成向上的有压油流，导致漏油。

由于轴承的摩擦损失，油温升高，使得油雾挥发又导致体积增加，温度和体积的增加，迫使油面上的体积减小，压力增加。如按绝热过程来算，温度上升 20℃，该处气体压力上升约 7%。在压力作用下，油雾从盖板密封处溢出。

有些合缝把合面由于密封质量、制造质量和变形等原因，引起把合面不严而漏油，而温度计引线的渗油主要是由于毛细现象所引起的。

（三）几项改进措施

（1）在推力头（或轴领）内侧装挡油圈和风扇。

在推力头（或轴领）内侧装挡油圈和风扇如图 11-11-6 所示。风扇 2 离油面较近，旋转后能向下压油，如有少量漏油到上面去，遇到挡油圈后掉下。经验证明，此方法是有效的。

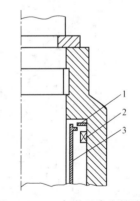

图 11-11-6　加装风扇和挡油圈
1—挡油圈；2—风扇；3—挡油筒

（2）采用双层挡油筒。采用双层挡油筒的形式如图 11-11-7 所示。

这种双层挡油筒可以减少旋转体与挡油筒的径向距离，降低油的扰动，减少了油沫的上升，增加密封性。应注意挡油筒与旋转轴应同心。

（3）迷宫式多层挡油筒。迷宫式多层挡油筒结构是利用梳齿止漏的原理，如图 11-11-8 所示，使油流稳定为层流状态，不起沫（或很少起沫）。迷宫式多层挡油筒结构对加工与安装质量要求较高。

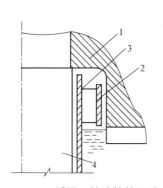

图 11-11-7 采用双挡油筒的形式

1—旋转件；2—稳流挡油筒；3—挡油筒；4—主轴

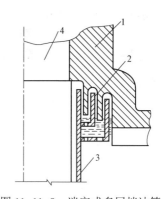

图 11-11-8 迷宫式多层挡油筒

1—旋转件；2—梳齿迷宫挡油筒；3—挡油筒；4—主轴

（4）在推力头（或轴领）内侧加工沟槽或集油沟。用在推力头内侧加工成向下斜的沟槽的方法，使油不致向上浸延，密封效果好，如图 11-11-9（a）所示。在推力头内侧接近上端车集油沟，使油集聚在内，并由回油孔将油或油沫打到推力头外侧面落入油槽内，如图 11-11-9（b）所示。在推力头（或轴领）内侧加工沟槽或集油沟的结构效果很好。

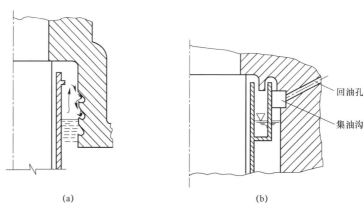

（a）　　　　　　　　　　　　（b）

图 11-11-9 加工沟槽或集油沟

（5）在油槽盖板上装呼吸器或将观察孔改为通气孔。

为了解决盖板密封处的漏油问题，常用下述措施。

为了防止油槽上部空间的压力升高而将油压出，有的电厂在推力油槽盖板上设有呼吸器，使内外压力差不大，减少了甩油。有的电厂在下导轴承盖板上开了两个 100mm 的孔，解决了机组加速时的甩油问题。有的电厂将油槽盖板上的观察孔改为通气孔后，也解决了机组加速时的甩油问题。

（6）改进密封装置。迷宫式铸铝密封盖的结构如图 11-11-10（a）所示。迷宫式铸铝密封盖利用密封盖沟槽的凹凸形状，使溢油途径上发生体积不断增大，从而溢油压力不断降低和增加局部阻力的方法，防止溢油。若沟槽内嵌入毛毡，要注意调好它与旋转件接触的松紧。

图 11-11-10（b）所示的结构是将水轮发电机室内一定压力的气体引至轴封，效果更好。

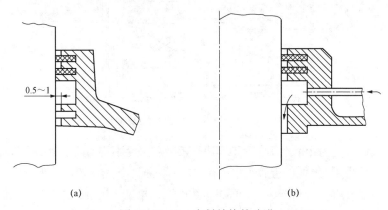

(a)　　　　　　　　　　　(b)

图 11-11-10　密封结构的改进

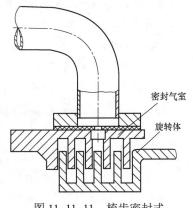

图 11-11-11　梳齿密封式

图 11-11-11 所示的结构是采用梳齿式密封结构，这种形式止油效果更好，但对加工与安装质量要求较高。

（7）油面下安装环形油面板。某电厂为解决油槽密封盖甩油问题，曾在镜板外侧的油面之下装了环形油面板，如图 11-11-12 所示。由于油面板的存在，使旋转的油位于油面板之下，而在油面板之上的油基本上不旋转，不会产生油沫和甩油。此外，该机组又将卧式冷油器的内侧挡油圈下部割去 1/3，外侧挡油圈的上部割去 1/3，这使油流阻力变小，消除了涡流死区，使瓦温降低 3℃左右。

（8）在冷却器内侧装径向导流板。由于油槽内有冷却器，旋转的油与冷却器的支承板和油管相撞形成油沫。为减少这种扰动，在冷却器内加径向导流板，使旋转的油改为径向流动，这种方法也有一定的效果。

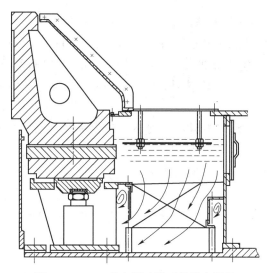

图 11-11-12 某电厂改进后的推力轴承

（9）改进合缝的止漏结构。为了解决平板橡胶厚度不均匀而产生的合缝处漏油问题，许多电厂改用圆截面的橡胶盘根或在平板合缝面上涂密封胶，效果较好。

（10）为防止温度计引线渗油，可将引线改在油槽壁上用端子排联结，隔断了渗油路线。

甩油问题在许多电厂程度不同地存在着，应结合本电厂实际，具体地考虑各种因素，逐步解决。

【思考与练习】

（1）说明刚性支柱式推力轴承的安装步骤。

（2）说明液压支柱式推力轴承的安装步骤。

（3）说明平衡块式推力轴承的安装步骤。

▲ 模块 12 轴线调整的相对摆度、净摆度的计算（ZY3600406012）

【模块描述】本模块介绍轴线调整的相对摆度、净摆度的计算。通过概念公式介绍、案例讲解，掌握各摆度的计算方法。

【模块内容】

一、概述

轴线调整工作是水力机组在安装和检修工作中很重要的一项内容。轴线质量的好坏直接影响安全运行。为了对轴线调整工作有深入的了解，我们先介绍几个基本概念。

（一）水力机组的中心线、旋转中心线与轴线

1. 机组中心线

机组各固定部件几何中心的连线，称为机组中心线。对于混流机组，水轮发电机定子平均中心与水轮机固定止漏环平均中心的连线；对于轴流机组，水轮发电机定子平均中心与对应转轮叶片旋转部位的转轮室中心的连线。

2. 机组旋转中心线

通过镜板平面中心的垂线。镜板是在推力瓦平面上旋转的，如果推力瓦平面是水平的，镜板就会在水平面上旋转，旋转中心便是垂直的。若推力瓦平面是倾斜的，镜板就得在斜面上旋转。此时旋转中心就不是垂直的。

3. 机组轴线

水轮机、水轮发电机主轴几何中心的连线，即机组主轴中心线，简称机组轴线。

（二）水力机组三个中心线的相互位置

三个中心线的三种相互位置如图 11–12–1 所示。图 11–12–1（a）表示机组中心线、旋转中心线及轴线三者重合的状态，这是最理想的；图 11–12–1（b）表示旋转中心线与机组中心线重合，而轴线却存在倾斜和曲折；图 11–12–1（c）表明机组中心线、旋转中心线与轴线均不重合的情景，这是最不理想的。

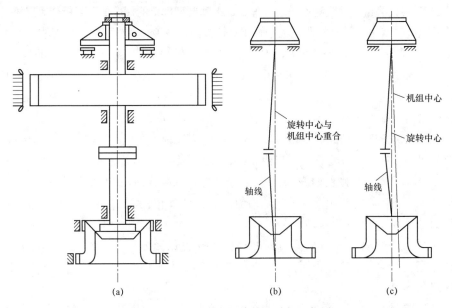

图 11–12–1　三个中心线的三种相互位置

假定机组中心线是垂直的（即是一条铅垂线，在水平投影面上，下止漏环中心和水轮发电机定子中心重合），那么，只要将推力瓦平面调至水平后，就能使旋转中心平移至与机组中心重合。假如机组中心在允许的倾斜值（如 0.03mm/m）范围内，且方位已知，则通过调整各推力瓦受力，使推力瓦平面与机组中心垂直，也能使旋转中心与机组中心重合。

（三）造成水力机组轴线倾斜或曲折的因素

（1）卡环厚度不均。在推力头与主轴采用间隙配合的情况下，如卡环的厚度不均，将影响主轴与镜板平面（推力头平面）的垂直度。

（2）推力头平面的垂直度不好。

（3）由于运行时间长，会使推力头与镜板之间的绝缘垫厚度变形，而导致轴线变坏。

（4）镜板太薄产生弹性波浪变形，或者镜板上下两面不平行。

（5）水轮机轴与其法兰面不垂直，水轮发电机轴与其法兰面不垂直。

（6）主轴弯曲。

（四）水力机组轴线调整的步骤

为了保证机组轴线良好，减少轴的摆度和机架的振动，要进行轴线调整工作。其步骤如下：

（1）轴线测量。轴线测量通过盘车测量主轴典型部位的摆度值，分析计算出机组轴线的垂直度（其中包括水轮发电机主轴相对镜板的垂直度，水轮机主轴相对水轮发电机主轴法兰面的垂直度），为轴线处理工作提供依据。轴线测量是整个轴线工作的基础。

（2）轴线处理。轴线处理指利用轴线测量的结果，找出产生主轴倾斜或曲折的因素，并相应地进行处理，使机组轴线的垂直度在允许范围内，这样，使机组轴线与机组旋转中心线基本重合。轴线处理是整个轴线工作的关键。

（3）轴线调整。轴线调整指将处理合格的轴线（轴线与机组旋转中心线基本重合）调整到机组中心线上，这样，使机组轴线、机组旋转中心线以及机组中心线"三线"基本重合。可以保证水轮发电机转子与定子的空气间隙均匀，减少磁拉力的不平衡性；又保证了水轮机转轮与止漏环的间隙均匀，减少水力不平衡性。轴线调整是整个轴线工作的结果。

（4）推力轴承的推力瓦受力调整，使各推力瓦受力均匀。刚性支柱推力轴承通常采用打受力的方法（平衡块式推力结构的机组不用打受力），并且与轴线调整同时进行。

（5）导轴承间隙计算与调整，使各导轴承中心同心，其中心连线与机组旋转中心线基本重合，以避免导轴承别劲。

二、旋转轴的摆度特性

（一）摆度的产生及摆度概念

1. 摆度的产生

如因结构上的原因，造成机组轴线与镜板镜面不相垂直，而机组轴线在法兰处无曲折。轴线在旋转过程中，就会绕主轴旋转中心线形成一个空间圆锥面来，如图 11-12-2 所示。

不难想象，当轴线垂直于镜板镜面时，轴线将与其旋转中心线重合，主轴在转动过程中只有正常的自身旋转。当机组轴线与镜板镜面不相垂直的时候，主轴在运转过程中，除了作自身的正常旋转之外，还将围绕着旋转中心线进行公转，只不过这种公转与自转的转速是相等的。正因为有公转存在，轴线在旋转过程中才形成了如图 11-12-2 所示的圆锥形轨迹。我们把各水平截面的轨迹圆通常叫做摆度圆，主轴某处的轨迹圆直径就是轴线在该处的全摆度值。从图 11-12-2 还可看出，对于图示的直轴而言，其全摆度值将随着轴线上所论点到镜板的距离成正比的变化。

如果水轮发电机主轴轴线与镜板镜面垂直，而当水轮机主轴法兰与水轮发电机主轴法兰连接后出现曲折的时候，则机组主轴在旋转过程中，虽然在水轮发电机主轴轴线上各处摆度均为零，但自法兰曲折点以下，水轮机主轴轴线仍然会出现圆锥形的轨迹，即产生了摆度，如图 11-12-3 所示。

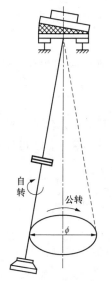

图 11-12-2　轴线与镜板不垂直
所产生的摆度圆

图 11-12-3　轴线与法兰结合面不垂直
所产生的摆度圆

如果水轮发电机主轴轴线与镜板镜面不垂直，而当水轮机主轴法兰与水轮发电机主轴法兰连接后又出现曲折的时候，这是最复杂且常见的情况。则机组主轴在旋转过程中，水轮发电机主轴轴线仍然会形成圆锥形的轨迹，自法兰曲折点以下，水轮机主轴轴线会形成圆台形或倒圆台形的轨迹，即机组轴线处处产生摆度。

综上所述，如果机组轴线存在倾斜和曲折，主轴在旋转过程中就会产生摆度。运行和检修工作实践表明，主轴在旋转过程中产生摆度的自身原因，往往是因为推力头与主轴配合不当、推力瓦受力不均衡、导轴承同心度不好、轴瓦间隙不合理以及主轴加工精度不高等内因所致；外因往往是由于水轮发电机存在较大的不平衡磁拉力、水轮机存在较大的不平衡水力等。

2. 摆度的概念

（1）摆度。摆度是指机组在运转中，由于主轴轴线与其旋转中心线不重合，形成沿旋转轴长度方向呈圆锥形运动轨迹，若将主轴横截面圆周等分若干点（一般等分 8点，即 8 个轴号），当某一个轴号通过安装在固定部件上的百分表时的读数，称为绝对摆度，也叫单侧摆度，简称摆度。代表符号用ϕ表示，在其右下角标注上测量部位及其轴号数字。悬吊型机组轴线测量部位通常为上导（用 a 代表）、法兰（用 b 代表）及水导（用 c 代表）处，每个测量部位将主轴沿圆周等分 8 点，即 1～8 个轴号。示例如下：

ϕ_{a1} 表示上导轴号 1 的摆度值（单侧摆度）。

ϕ_{b3} 表示法兰轴号 3 的摆度值（单侧摆度）。

ϕ_{c5} 表示水导轴号 5 的摆度值（单侧摆度）。

在主轴摆度测量开始之前，通常要在某个起始轴号位置将百分表的大针调零。百分表的读数规则是，表的测杆被压缩时的读数为正，反之读数为负。因此，单侧摆度可正可负。

（2）全摆度。全摆度指主轴某一个测量部位，某直径方向对应两轴号的单侧摆度之差，称为主轴在该直径方向上的全摆度。代表符号用ϕ表示，在其右下角标注上测量部位及其直径方向。示例如下：

ϕ_{a1-5} 表示上导直径 1～5 方向的全摆度值。

ϕ_{b3-7} 表示法兰直径 3～7 方向的全摆度值。

ϕ_{c4-8} 表示水导直径 4～8 方向的全摆度值。

主轴全摆度是一个向量，其方向指向某直径方向上单侧摆度大的那个轴号，计算如下：

$$\phi_{a1-5} = \phi_{a1} - \phi_{a5}$$
$$\phi_{b3-7} = \phi_{b3} - \phi_{b7}$$

$$\phi_{c4-8}=\phi_{c4}-\phi_{c8}$$

主轴某一个测量部位上的全摆度值的个数是轴号
数的一半，如果测量部位等分 8 个轴号，则有 4 个直径
方向 1～5、2～4、3～7、4～8，则可计算出 4 个全摆度
值，如图 11-12-4 所示。其中必有某一方位呈现最大全
摆度值。

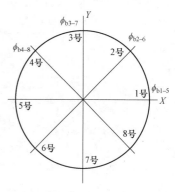

图 11-12-4 法兰处全摆度示意

（3）净摆度。净摆度指主轴在盘车时，轴线将在限
位导轴承（悬型水力机组为上导轴承）的间隙范围内产
生平移，如果上导在推力头上，则上导处测得的摆度值
实际是主轴的平移值。把机组转动部分看作是刚体，则
其它测量部位产生了同样的平移，即在主轴其他测量部
位处所测得的单侧摆度值内均含有上述的平移值。我们把主轴某测量部位处与限为位
导轴承处相同轴号的单侧摆度值之差，称为该轴号的净摆度。代表符号用 ϕ 表示，在其
右下角标注上测量部位、限位导轴承及其轴号，计算如下：

$$\phi_{b1a1}=\phi_{b1}-\phi_{a1}$$
$$\phi_{c2a2}=\phi_{c2}-\phi_{a2}$$

式中　ϕ_{b1a1}——表示法兰轴号 1 的净摆度值；

　　ϕ_{c2a2}——表示水导轴号 2 的净摆度值。

（4）净全摆度。净全摆度指主轴某一个测量部位，某直径方向上对应两轴号的净
摆度之差，称为主轴在该测量部位该直径方向上的净全摆度。代表符号用 ϕ 表示，在其
右下角标注上测量部位、限位导轴承及其直径方向。示例如下：

ϕ_{ba1-5} 表示法兰直径 1～5 方向的净全摆度值；

ϕ_{ca2-6} 表示水导直径 2～6 方向的净全摆度值。

主轴净全摆度也是一个向量，其方向指向某直径方向上单侧摆度大的那个轴号，
计算如下：

$$\phi_{ba3-7}=\phi_{b3a3}-\phi_{b7a7}=\phi_{b3-7}-\phi_{a3-7}$$
$$\phi_{ca4-8}=\phi_{c4a4}-\phi_{c8a8}=\phi_{c4-8}-\phi_{a4-8}$$

主轴某一个测量部位上的净全摆度值的个数是轴号数的一半，如果测量部位等分
8 个轴号，则有 4 个直径方向 1～5、2～4、3～7、4～8，则可计算出 4 个净全摆度值。
其中必有某一方位呈现最大净全摆度值（通过绘制摆度曲线求得）。

（5）相对摆度。相对摆度指主轴某一个测量部位，某直径方向上的净全摆度值与
限位导轴承中心至该测量部位的设表处轴长之比，称为主轴在该测量部位、该直径方
向的相对摆度。实际上应用中所称的相对摆度，是指最大相对摆度而言，最大相对摆

度计算公式为：

$$\phi_{\text{bxmax}} = \frac{\phi_{\text{ba-max}}}{L_{\text{ab}}}$$

$$\phi_{\text{cx max}} = \frac{\phi_{\text{ca-max}}}{L_{\text{ac}}}$$

式中 ϕ_{bxmax}、ϕ_{cxmax}——分别表示法兰、水导处的最大相对摆度，mm/m；

$\phi_{\text{ba-max}}$、$\phi_{\text{ca-max}}$——分别表示法兰、水导处的最大净全摆度，mm；

L_{ab}、L_{ac}——分别表示上导至法兰、上导至水导处的距离或轴长，m。

对于主轴某一个测量部位而言，其最大相对摆度只有一个。计算主轴最大相对摆度的目的在于，看其值是否在技术规程规定值的范围之内，即判断机组轴线是否合格。因此，主轴最大相对摆度是衡量一台机组轴线质量的重要标志。

（二）旋转轴的摆度特性

1. 轴面各点运动轨迹的图解分析

为了说明问题，我们假定对大轴的某一段（圆盘形）进行分析，如图 11-12-5 所示。

主轴的轴线与旋转中心重合的情况如图 11-12-5（a）所示。将大轴等分成 8 个轴号，把百分表以一定的预紧量顶在轴号 5 上，由于轴线与旋转中心重合，大轴中心 O_1 在旋转中心线上。如果大轴以顺时针方向旋转，每个轴号（4、3、2、1、8、7、6、5）到百分表位置时，其读数不变（假定轴绝对圆），各点读数连线呈一直线。其摆度为 0。

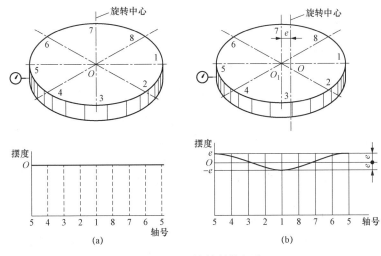

图 11-12-5 旋转轴的摆度

当轴线与旋转中心不重合时，则在轴上某段的中心 O_1，要偏离旋转中心线一个距离 O_1O，即有偏心距 e［见图 11-12-5（b）］。同样测其摆度，便出现一条峰值为 e 和 $-e$ 的近似正弦的曲线，其最大全摆度为 $2e$，其最大摆度值在轴号 5，最小摆度值在与轴号 5 相隔 180 的轴号 1 上。所谓最大全摆度，就是轴号 5 和轴号 1 所测值之差。这里有两点要加以说明：

（1）不论将百分表开始设在哪个轴号，测出摆度曲线不变，而且最大值仍在轴号 5，最小值还在轴号 1 上。

（2）各个轴号自身运动的轨迹为以旋转中心 O 为圆心，以该轴号到 O 点的距离为半径的圆。如图 11-12-6 所示，根据图 11-12-6 的情况，轴号 5 的运行轨迹为以 O 为圆心，以 $R+e$ 为半径的圆，轴号 1 的运动轨迹为以 O 为圆心，以 $R-e$ 为半径的圆。大轴中心 O_1 的运动轨迹是以旋转中心 O 为圆心，以 e 为半径的圆。5^{I} 点是轴号 5 以 O_1^{I} 为圆心，以 R 为半径的停留位置。O_1^{I} 转过 $90°$ 到 O_1^{II} 位置上，5^{II} 点是以 O_1^{II} 为圆心的停留位置。显然 5^{I}、5^{II}、5^{III}、5^{IV} 四个点在以 $R+e$ 为半径以 O 为圆心的圆上。

1^{I} 点是轴号 1 在以 O_1^{I} 为圆心的停留位置。当 O_1^{I} 转过 $90°$ 后，轴号 1 也到了 1^{II} 的停留位置，它的轨迹为以 O 为圆心，以 $R-e$ 为半径的圆。

2. 旋转轴的摆度特性

下面证明旋转轴的摆度特性为正弦曲线（见图 11-12-7）。设百分表于 X 方向，显然，当大轴中心 O_1 位于 O_x 轴上时，百分表读数为 e，当 O_1 至 O_1' 旋转角度为 θ 时，则：

$$e_x = bb' = Oa + ab' - Ob \qquad (11\text{-}12\text{-}1)$$

$$Oa = e\cos\theta \qquad (11\text{-}12\text{-}2)$$

$$ab' = \sqrt{R^2 - (e\sin\theta)^2} \qquad (11\text{-}12\text{-}3)$$

$$Ob = R \qquad (11\text{-}12\text{-}4)$$

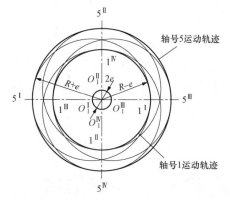

图 11-12-6 轴号 5、轴号 1 的运动轨迹

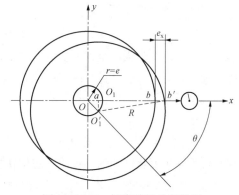

图 11-12-7 摆度特性几何关系

将式（11-12-2）～式（11-12-4）代入式（11-12-1），得

$$e = \sqrt{e_x^2 + e_y^2} = \sqrt{(e\cos\theta)^2 + (e\sin\theta)^2} = e \qquad (11-12-5)$$

通常，主轴直径 R 要比偏心 e 大 104 倍左右，因此

$$\sqrt{R^2 - (e\sin\theta)^2} \approx R \qquad (11-12-6)$$

简化结果：

$$e = \sqrt{e_x^2 + e_y^2} = \sqrt{(e\cos\theta)^2 + (e\sin\theta)^2} = e \qquad (11-12-7)$$

同理可以证明，y 方向的摆度值：

$$e_y \approx e\sin\theta \qquad (11-12-8)$$

由（11-12-7）、（11-12-8）可知 X、Y 两方向的摆度特性均为正弦曲线，它们的相位差为 900。在进行轴线测量时要在互相垂直方向设两块百分表，以便互相校对。

我们将大轴每转 45°，e_x、e_y 值见表 11-12-1。

表 11-12-1　　　　　　　　　各 转 角 下 的 摆 度 值

$\theta°$	0	45	90	135	180	225	270	315	360
e_x	e	0.707e	0	−0.707e	−e	−0.707e	0	0.707e	e
e_y	0	−0.707e	−e	−0.707e	0	0.707e	e	0.707e	0

其大轴中心偏心距：

$$e = \sqrt{e_x^2 + e_y^2} = \sqrt{(e\cos\theta)^2 + (e\sin\theta)^2} = e \qquad (11-12-9)$$

而最大净全摆度值：

$$e-(-e)=2e \qquad (11-12-10)$$

显然，这个最大净全摆度值的方位是旋转中心 O 与轴心 O_1 连线所指摆度值大的轴号的那个方位，也就是反映了轴线朝哪边倾斜的那个方位。这个方位将决定轴线处理的部位。

3. 几点结论

（1）当机组轴线与其旋转中心线重合时主轴在旋转过程中将不会产生摆度，百分表指针不发生变化，即为主轴的理想旋转状态。

（2）当机组轴线与其旋转中心线不重合时，对于主轴某一个横截面上轴面各点的运动轨迹，是以旋转中心为圆心、以该点到旋转中心距离为半径的同心圆，其中有一

个为最大，有一个为最小。

（3）轴面各点的运动轨迹圆不同，反映到百分表的读数上就是各轴号摆度值不同。其摆度变化规律遵循正弦曲线或余弦曲线的规律变化。

（4）对于主轴某一个测量部位而言，最大净全摆度值只有一个，其数值等于该部位轴心与旋转中心偏心距的两倍。方位是旋转中心 O 与轴心 O_1 连线所指摆度值大的轴号。由于轴面上的测点位置未必分在最大净全摆度发生的方位上，因此，百分表读数中未必反映出主轴实际存在的最大净全摆度值来，这时需要绘制摆度曲线来求最大净全摆度值及方位。

（5）旋转轴的摆度特性与设表位置及轴线测量时从哪一个轴号（测点）开始无关。

【思考与练习】

（1）说明水力机组三个中心线的相互位置关系。

（2）说明造成水力机组轴线倾斜或曲折的因素。

（3）说明水力机组轴线调整的步骤。

（4）解释并计算摆度、全摆度、净摆度、净全摆度和相对摆度。

（5）说明旋转轴的摆度特性。

▲ 模块 13　机组轴线处理方法（ZY3600406013）

【模块描述】本模块介绍水轮发电机组轴线处理的质量标准以及修刮法、加垫法两种轴线处理的方法。通过标准要点讲解、举例分析，掌握常见轴线处理方法和质量标准。

【模块内容】

机组轴线处理，就是对不合格的轴线，根据轴线测量提供的机组轴线的垂直度数值和方位，对某些部件进行处理，使机组轴线各部位的摆度值达到国家规定标准，即使机组轴线与机组旋转中心线基本重合（机组轴线的垂直度近似于零）。

一、水力机组轴线处理的标准

轴线处理的标准依据见表 11–13–1。

假定机组额定转速为 $n=125\text{r/min}$，那么水轮发电机轴的最大相对摆度不应超过 0.03mm/m，即其垂直度不应超过（相对摆度的 50%）0.015mm/m。当轴长（由上导至法兰）为 6.5m 时，法兰处的最大净全摆度应不超过 0.195mm。

表 11-13-1 机组盘车时有关部位允许相对摆度和双幅摆度值

测量部位	测量情况	额定转速 n（r/min）			
		100 及以下	100～250	250～375	375～700
水轮发电机轴法兰	相对摆度（mm/m）	0.03	0.03	0.02	0.02
水轮机导轴承颈	相对摆度（mm/m）	0.04	0.04	0.03	0.03
励磁机，换向器	绝对摆度（mm）	0.30	0.30	0.20	0.20
水轮发电机集电环	绝对摆度（mm）	0.30	0.30	0.20	0.20

注 最大相对摆度指每米长度的最大净全摆度值；绝对摆度指该处百分表测量的读数也叫单侧摆度，简
称为摆度。

水轮机轴的摆度往往以水导处的允许间隙或允许振动为准，按本节例子的情况，水轮机导轴承处的摆度不应超过 0.35mm。

二、水力机组轴线处理的方法

为了使大轴各处的摆度值符合表 11-13-1 所规定的标准，就要通过对轴线垂直度的处理以减小其摆度值，这部分工作叫轴线处理。水轮发电机轴线处理可以在推力头上进行（如推力头与大轴松动配合时，也可处理卡环，若推力头与镜板之间有绝缘垫，也可以处理绝缘垫），也可在法兰上进行。处理方法大致分两种：

1. 修刮法

水轮发电机轴线处理方法的修刮法如图 11-13-1（a）所示。原推力头与镜板接触面为 ab，其水轮发电机轴线不与旋转中心重合，

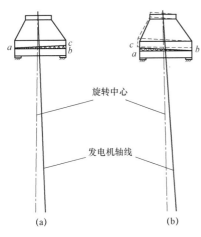

图 11-13-1 水轮发电机轴线处理方法
（a）修刮法；（b）加垫法

呈倾斜状态，如实线所示。如将推力头 ab 面修刮后（经计算修刮去三角形 abc），使接触面为 ac，则水轮发电机轴线一定会沿顺时针方向转至旋转中心上来。这个修刮量的方位与水轮发电机轴线垂直度的方位相同。

2. 加垫法

水轮发电机轴线处理方法的加垫法如图 11-13-1 所示，如在结合面 ab 上加垫，在 a 点加高至 c（经过计算），这样加上一个阴影线所示的三角形 abc，必定使推力头呈虚线的形状。水轮发电机轴线也会顺时针方向转至旋转中心上来，这种方法中的加垫方位与轴线垂直度方位正好相反；水轮机轴法兰面在处理时与上述相反，水轮机轴法兰

面修刮时要在轴线垂直度相反的方向，加垫时要在垂直度相同的方向。

3. 轴线处理方法选择

运行实践表明，水轮机轴线处理应采用加垫法，法兰结合面加垫后可保持长期不变，但由于法兰的结合螺栓紧力很大，故应以加满垫为好；水轮发电机轴线处理应采用修刮法为宜，根据机组的实际情况，修刮推力头底面、卡环底面或绝缘垫。因为，镜板在运行中会产生波浪变形（特别是薄镜板），推力头与镜板结合面会产生严重的空蚀破坏，故采取加垫的方法是很不利的。

三、水力机组轴线处理原则与计算

根据处理方式有两种计算方法。

（一）推力头和法兰都进行处理

1. 推力头最大修刮量计算

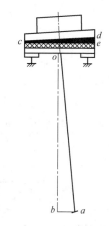

图 11-13-2 处理绝缘垫示意图

如图 11-13-2 所示。造成水轮发电机轴线与镜板不垂直是因为推力头与镜板之间的绝缘垫厚薄不均，轴线处理需要刮去一个 cde 圆柱楔形体，即图中阴影部分，可使水轮发电机轴线 oa 与机组旋转中心线 ob 基本重合。

$\angle oba = \angle ced$，$\angle aob = \angle dce$，所以，$\triangle oab \backsim \triangle cde$，

则有 $\dfrac{ab}{de} = \dfrac{oa}{cd} \Rightarrow de = \dfrac{ab}{oa} \cdot cd$，用 h_{tmax} 代表 de，根据

图 11-13-2 可得：

$$h_{tmax} = \frac{J_b}{L_{ab}} D_t = T_f \cdot D_t \qquad (11-13-1)$$

式中 h_{tmax} ——推力头或绝缘垫或卡环的最大修刮量，mm；

T_f ——水轮发电机轴线的垂直度，mm；

D_t ——推力头或卡环的直径，m。

h_{tmax} 的方位：最大修刮方位与轴线不垂直度 T_f 相同，而最大加垫方位则与轴线不垂直度 T_f 相反。

由上例可知 T_f=0.017mm/m，D_t=2m，得 h_{tmax}=2× 0.017=0.034mm。其方位与轴线不垂直度相同，在轴号 7 偏轴号 8 方向 2230′处；而加垫则在与此成 180 的方位，为轴号 3 偏轴号 4 方向 2230′。

2. 法兰的最大加垫值计算

如图 11-13-3 所示，造成水轮机轴线与水轮发电机主轴法兰面 df 不垂直是因为水

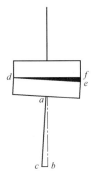

图 11-13-3 处理法兰示意图

轮机主轴法兰面平行度不好，轴线处理需要刮去一个 *def* 圆柱楔形体，即图中阴影部分。可使水轮机轴线 *ac* 与水轮发电机轴线延长线 *ab* 基本重合。

同理，用三角形相似原理计算法兰最大加垫值或最大修刮量

$$h_{fmax} = \frac{J_c}{H_{bc}} D_f = T_s \cdot D_f \qquad (11-13-2)$$

式中　h_{fmax}——法兰的最大修刮量或最大加垫值，mm；

　　　　T_s——水轮机轴线不垂直度，mm/m；

　　　　D_f——水轮机法兰直径，m。

h_{fmax} 的方位：最大加垫方位与水轮机轴线垂直度 T_s 相同，而最大修刮方位则与水轮机轴线垂直度 T_s 相反。

由上例已知：T_s=0.057（mm/m），D_f=1.6m，得 h_{fmax}=0.057×1.6=0.091（mm）。

其最大修刮方位同水轮机轴的垂直度相反，即与轴号 6 偏轴号 5 方向 27 相差 180，为轴号 2 偏轴号 1 方向 27。如果加垫处理，最大加垫方位则应在轴号 6 偏轴号 5 方向 27。

（二）只处理推力头不处理法兰

虽然在制造厂把水轮机轴与水轮发电机轴连接在一起加工，车削时能保证它们的同心度和垂直度；在现场安装时，虽然已对水轮发电机轴和水轮机轴的法兰进行了处理（如修刮或加垫），但是在后来的运转过程中，还可能发生轴线变化。如果轴线曲折不很严重，大修中往往只处理推力头。在本例中，水导处的摆度已达 0.50mm 大于 0.35mm（规定值），必须想法解决水导摆度过大的问题。

只处理推力头的原则是，检修中未安排主轴分解与组合的工作项目，并且机组轴线在法兰处的曲折较小。通过只处理推力头的方法，可以兼顾由于轴线倾斜和曲折所造成的法兰和水导处的摆度值，使法兰和水导处的摆度值均减小到允许的范围内。

量得 *oc* 为 38mm，按比例 200：1 经折算后的实际值为 0.19mm，方位量取 *oc* 与轴号 6 方向的夹角即轴号 6 偏轴号 7 方向 30。由于 *oc* 位于水导平面，可认为修刮推力头后使轴线从上导至水导的垂直距离内，移动了 *oc* 值的大小和方位，所以

$$h_{ztmax} = \frac{oc}{H_{ac}} \cdot D_t \qquad (11-13-3)$$

式中　h_{ztmax}——只处理推力头时推力头的最大修刮量，mm；

　　　　oc——假设主轴无曲折在水导处轴线的倾斜值或偏心值，mm；

H_{ac}——上导到水导的距离，mm。

h_{ztmax} 的方位：最大修刮方位与 oc 相同，而最大加垫方位则与 oc 相反。

本例中 H_{ac}=10m，代入式（11–13–3）中得

$$h_{ztmax} = \frac{0.19}{10} \times 2 = 0.038 \text{（mm）} \qquad (11\text{–}13\text{–}4)$$

推力头修刮方向与 oc 方向相同，为轴号 6 偏轴号 7 方向 30，按此计算修刮推力头之后，可使 bb' 移至 FD。$DF /\!/ bb'$ 且通过 O 点，做 $aE /\!/ oc$ 交 DF 线上于 E 点，则 oE 便是修刮推力头后水轮发电机轴的位置。故 $Fb /\!/ oc$，EF 为水轮机轴线。

量 oE=14mm，按比例尺 200：1 折算后为 0.07mm。

量 oF=19mm，按比例尺 200：1 折算后为 0.095mm。

求得法兰最大净全摆度为 $\phi_{ba\text{–}max}$=2×0.07=0.14mm，方位为轴号 2 偏轴号 1 方向 27。

求得水导最大净全摆度为 $\phi_{ca\text{–}max}$=2×0.095=0.19mm，方位为轴号 6 偏 5 方向 27。

四、水力机组轴线处理案例

仍以本例数据，介绍各种轴线处理的方法。

1. 修刮法实例

如果对推力头和水轮机主轴法兰分开处理，推力头的最大修刮深度为 h_{tmax}=0.034mm，方位在轴号 7 偏轴号 8 方向 2230′。于是：

（1）将推力头倒置，使其底面朝上，如图 11–13–4 所示，标明轴号和 h_{tmax} 部位。

（2）布置刮削基准条，一般视刮削深度的多少可将推力头底面分 5～6 个基准段，每条基准刮削深度可以计算也可以通过作图法量出（在主视图中，可将 h_{tmax} 按一定比例放大，由俯视图向上做投影线截得）。

（3）刮削基准条刮刀的形状如图 11–13–5 所示。一般用 6″ 或 8″ 锉刀在砂轮上磨成，使用时用油石磨锋利，用力要均匀并保证底面刮削平整，可用深度百分表测量，如图 11–13–6 所示，至合格为止。

（4）按人分配所划分区块进行刮削，刮削时用力要均匀，各遍刮完后要换一下方向再刮下一遍。对称两侧的人可适当调换位置，以利刮削深度一致。

（5）全面刮削一遍之后，在推力底面上倒一些煤油用油石磨平。磨去毛刺，见光滑后擦干净。用镜板背面均匀涂以少许透平油和匀的红丹溶液，放于推力头底面上，用人力推 1～2 圈。

（6）吊走镜板。根据红丹显示出来的高点，将它们刮去。

（7）多次进行上述（4）、（5）、（6）项，直至基准条底面已有显示，且推力头底面的显示部分已达总面积的 70% 以上即为合格。

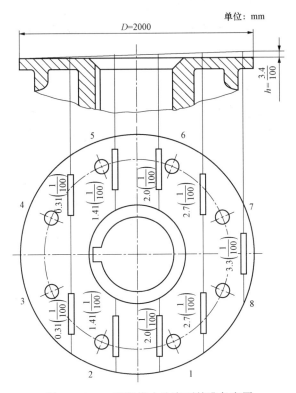

图 11-13-4 刮削推力头底面基准条布置

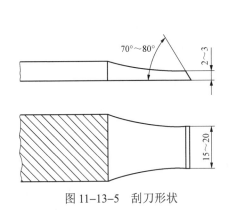

图 11-13-5 刮刀形状

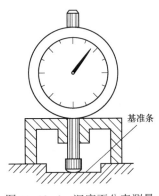

图 11-13-6 深度百分表测量

2. 酸蚀法处理法兰面实例

上面的刮削法比较费力，又容易在推力头底面上遗留个别高点，这会使得轴线变得恶劣。为此，某电厂又使用酸蚀法处理水轮机法兰面。

过去，在电厂处理法兰时，往往因无那么大的标准平台，不能刮法兰面而采取加垫的方法，虽简单易行但不能长久。现改为酸蚀法，取得初步效果，仍有待于将来进一步的完善，现将参考方法介绍如下：

（1）划分腐蚀区。由轴线处理计算知：$h_{fmax}=0.091$（mm），方位为轴号 2 偏轴号 1 方向 27°，用上述划分基准条的方法将法兰面分成 10 个区域（见图 11-13-7）。

（2）调整百分表，定出基准，如图 11-13-8 所示。为了测量腐蚀深度需要先确定出四个基准点。

图 11-13-8 中，是通过 4 只可调长度的螺杆来调整百分表测头与法兰面的平行度。

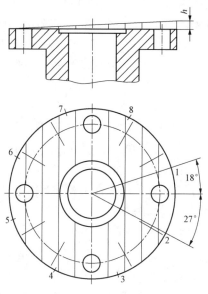

图 11-13-7　划分腐蚀区

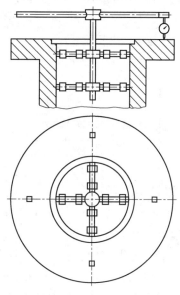

图 11-13-8　百分表操平

当旋转一周百分表读数在 0.01mm 内为合格。调好后，把 4 个螺栓拧紧。为了防止测量过程中测头发生变化，可用石蜡在互成 90°方向涂在法兰面的四个点上，法兰面的四个点不会被酸蚀，当测头变动时，可重测这 4 个点的标高，直至它们的读数相同为止。

（3）制作酸蚀槽。用 2mm 厚的铁皮包在法兰的外围上，中间夹有橡皮以防漏，内圈也这样处理。对于螺孔，先用木塞塞住，上面灌上石蜡，表面稍低于法兰平面，如图 11-13-9 所示。

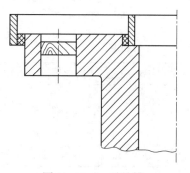

图 11-13-9　酸蚀槽

（4）腐蚀试验。先在另一块与法兰相同材料的板上进行不同配比的腐蚀试验。如将硝酸与水按 1：2.5 稀释的溶液，涂在金属表面上。6min 腐蚀深度为 0.04mm，9min 腐蚀深度为 0.06mm，16min 腐蚀深度为 0.09mm。以控制配方大约 10min 腐蚀 0.01mm 为好。

（5）腐蚀方法。按上述各项准备好后，施工人员应戴上耐蚀橡皮长手套、口罩等防护用品，注意通风措施。向酸蚀槽中倒入 10～20mm 深的稀硝酸溶液。由于氧化反应，要在法兰表面产生气泡，应不停地用毛刷扰动将气泡排出，根据时间用百分表测头量腐蚀深度。为防止百分表测头被酸腐蚀，可用玻璃烧熔于测头上并磨成球形。

当某一区达到腐蚀深度后，可用黄油将此区隔开，并把区内硝酸排出，要擦洗干净。如此逐渐向深度区推进，至全部腐蚀合格为止。

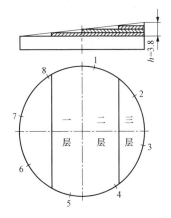

图 11-13-10　加垫布置图
（单位：0.01mm）

（6）表面光滑处理。腐蚀后，用油石将表面打光，再用百分表测量，发现个别高点，用刮刀刮去，直至全部合格为止。

3. 加垫法实例

本例中，当只处理推力头而不处理法兰时且采用加垫处理，由计算知：$h_{ztmax}=0.038$（mm），方位在轴号 2 偏轴号 3 方向 30。于是：

（1）用煤油将镜板背面擦洗干净并找出加垫方位，如图 11-13-10 所示。

（2）划分加垫区。在主视图上，用放大比例尺划出 h_{ztmax}。一般第一层垫的厚度选 0.01mm；二层取 0.02～0.03mm；三层取 0.03～0.04mm，遇有螺孔处，应用冲子冲出孔来。加垫时可用纸垫或薄铜板，要先量好厚度并擦干净。放置时不要有错位、卷边等现象。

（3）吊来推力头按轴号对准，紧上连接螺钉。现将推力头和法兰分别处理后的盘车记录列于表 11-13-2。

表 11-13-2　　　　　　　　　修后盘车记录　　　　　　　　（×0.01mm）

设表方向		+x [东]								+y [南]						
部位	轴号	1	8	7	6	5	4	3	2	3	2	1	8	7	6	5	4
单侧摆度	上导	7	8	6	4	−2	−6	3	3	−2	−2	−20	−18	−17	−10	−8	−4
	法兰	10.5	13	10	4	−5.5	−6	−1	3	−6	−2	−16	−13	−13	−10	−12	−9
	水导	4	16	20	17	2	−13	−11	−10	−16	−15	−23	−10	−3	3	−4	−11

续表

设表方向		+x [东]								+y [南]							
部位	轴号	1	8	7	6	5	4	3	2	3	2	1	8	7	6	5	4
净摆度	法兰	3.5	5	4	0	−3.5	−5	−4	0	−4	0	4	5	4	0	−4	−5
净摆度	水导	−3	8	14	13	4	−7	−14	−13	−14	−13	−3	8	14	13	4	−7
净全摆度	法兰	7	10	8	0							8	10	8	0		
净全摆度	水导		15	28	26	7							15	28	26	7	

注　当设表方向为+x 时，百分表测头对准轴号 2 并调 0；设表方向为+y 时，百分表测头对准轴号 4 并调 0。

做出法兰和水导的摆度曲线，如图 11-13-11 和图 11-13-12 所示。

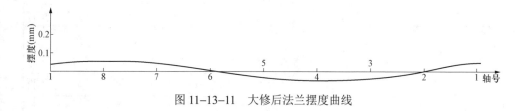

图 11-13-11　大修后法兰摆度曲线

图 11-13-12　大修后水导摆度曲线

从图中可以看出：法兰最大净全摆度为 0.10mm，方位在轴号 8，H_{ab}=6.5m，则其最大相对摆度为 0.015mm/m。

水导处最大净全摆度为 0.30mm，方位在轴号 7 偏轴号 6 方向 15°，H_{ac}=10m，则其最大相对摆度为 0.03mm/m。

根据机组轴线处理标准比较，可见处理的结果还是可以的。

【思考与练习】

（1）说明机组轴线处理目的与标准。

（2）说明机组轴线处理方法。

（3）说明推力头和法兰都进行处理，轴线处理量的计算方法。

（4）说明只处理推力头，轴线处理量的计算方法。

▲ 模块 14 立式水轮发电机组主轴轴线的测量
（ZY3600406014）

【**模块描述**】本模块介绍立式水轮发电机主轴轴线测量前的准备工作、盘车测量、摆度计算（以悬式机组为例）。通过方法要点讲解、计算举例，掌握立式水轮发电机主轴轴线测量过程和全摆度、净摆度、倾斜值的计算。

【**模块内容**】

标准化作业管理卡见表 11-14-1。

表 11-14-1 　　　　　　　　 标 准 化 作 业 管 理 卡

项目名称	机组盘车		检修单位	机械工程处发电机班	
工 器 具 及 材 料 准 备					
序号	名称	规格	数量	单位	用途
1	百分表	0～10mm	8	块	测量
2	百分表架		8	个	固定百分表
3	笔和纸		5	套	记录
4	框式水平仪	200mm	1	台	测量推力水平
5	行灯	36V	6	个	照明
6	扳子	76mm	1	把	调整上导瓦抗重螺栓
7	扳子	150mm	1	把	调整上导瓦抗重螺栓
8	铁丝	8 号	1	根	做固定指针
9	坐标纸		1	张	绘制盘车曲线
10	手电筒		1	把	照明
11	塞尺	300mm	1	把	测迷宫环间隙
12	透平油		10	L	润滑
13	纯酸磁漆		1	L	编号
14	盘车装置		1	套	

续表

人员配备	主专责	
	检修工	
	起重工	
	电焊工	
检修方法和步骤	（1）推力头、上导、法兰、水导处，将一圆周分成 8 等分，并按主轴旋转方向编号。 （2）通过使用电动盘车装置进行电动盘车。 （3）上导编号处用铁丝在 x 或 y 方向上做一固定指针，以指示各停留位置。 （4）在上导、镜板、法兰、水导处各设两块百分表，均装设在互成 90°方向，表架应有足够刚度，百分表应与测量表面垂直，测量表面应无毛刺，并应擦拭干净。 （5）上导瓦间隙调整到接近于零。 （6）拆除主轴密封装置。 （7）用塞尺测量水轮机迷宫环间隙，其最小值不得小于 1mm。否则应平移主轴使迷宫环间隙基本均匀，防止盘车过程中迷宫环出现碰撞，影响盘车结果。 （8）发电机空气间隙和迷宫环间隙内应无杂物，并检查上导油槽、主轴法兰等处有足够的间隙。 （9）各部记录的工作人员定好联络方式。 （10）启动高压油泵顶起转子，拧下挡瓦螺栓，将推力瓦抽出，涂上透平油后推入，拧上挡瓦螺栓在外拉推力瓦，然后落下转子，并使制动闸瓦与闸环间有较大间隙。 （11）盘车过程中主轴每转 45°停留一次。各点停留位置应正确，每次停留在水导处手推主轴检查应能自由晃动，待主轴稳定后再百分表读数，每次盘车应转动两圈。 （12）在盘车开始时，当主轴编号基本对准 x、y 方向时，将框式水平仪按 x、y 方向或其 45°方向，并找其水平度最好的方位放置。在盘车中每点停留时，按方位记录下水平仪气泡移动方向及数值。 （13）将盘车成果整理后绘制成盘车曲线图。 （14）根据水平记录算出最大不平度极其方位	
危险点及控制措施	（1）盘车期间，上下部工作人员需高度戒备。 （2）记录准确。 （3）服从统一指挥。 （4）防止挤伤。 （5）防止高处坠落	
时间	检修工作开始时间	年 月 日
	检修工作结束时间	年 月 日
检修负责人：	班长技术员：	审核： 批准：

通过盘车（或挂钢琴线）的方法，获得主轴的摆度特性，从而掌握机组轴线情况。分析计算出机组轴线的垂直度，为机组轴线处理提供依据。

一、利用盘车法进行轴线测量

用外力拖动水力机组转动叫盘车。目前盘车的方法很多，有机械盘车法（用吊车牵引、用接力器驱动、用绞车以及人力拖动等）和电气盘车法两大类。我们着重介绍悬吊型水力机组利用吊车盘车的方法。

利用吊车主钩牵引使主轴每转过一定的角度（如将轴八等分，每转 45°停留一次），测得主轴各部百分表的读数，从而求得主轴各部的最大净全摆度。

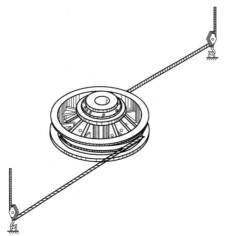

盘车的步骤如下：

（1）首先吊装盘车工具，如图 11-14-1 所示。将盘车工具装在推力头上，把两根钢丝绳一端分别挂在外圆的短柱上，在外圆柱上至少绕一圈半后穿过滑轮组，另一端挂在吊钩上。这样吊钩提升。便可以转动主轴。

当机组尺寸和重量很大时，也可以在水轮发电机转子支臂上设置盘车柱，如图 11-14-2 所示，将两根钢丝绳分别套在对称方向的柱上，再经过滑轮组挂在主钩上进行盘车。

（2）在推力头、盘车工具、上导、法兰、水导等处统一进行 8 等分（见图 11-14-3），

图 11-14-1 盘车工具

并按主轴旋转的反方向进行编号。在盘车工具编号处，用铁线做一指针放在固定处，以指示各停留位置。

（3）在上导、法兰（或下导）、水导等处设表，每处互成 90° 方向设百分表各一块，几个部位设表要尽量保持同一方向（见图 11-14-3）。要求表架有足够的刚度，百

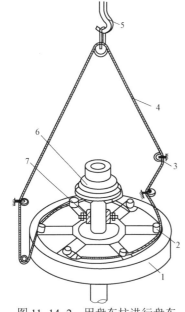

图 11-14-2 用盘车柱进行盘车

1—转子；2—盘车柱；3—滑轮组；4—钢丝绳；
5—吊钩；6—推力轴承；7—导轴承

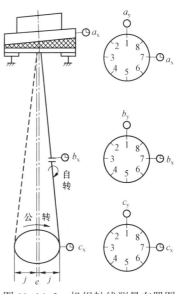

图 11-14-3 机组轴线测量布置图

分表头的位置一定不能放错，同时表头要与轴面垂直，否则测量的误差是很大的。被测量的轴面应无毛刺、无凹凸不平，并应保持干净。

（4）根据大轴连接方式及推力头所在位置，要分别考虑以上导还是以推力为计算基准的问题。如悬吊型机组，推力头与主轴采用过渡配合的，将上导作为计算基准（上导距推力头、镜板很近），其上导瓦间隙可调整到接近为零（通常为 0.05mm）；对于推力头与主轴采用间隙配合的，盘车时要把推力头抱紧，如图 11-14-4 所示。上导轴瓦要拆除。对于伞型或半伞型机组，一般是以推力头做计算基准。

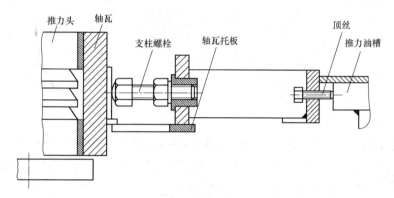

图 11-14-4　盘车用推力导轴承

（5）拆出筒式下导轴瓦，分块式下导瓦可推向外侧，水导轴瓦也应拔出，以免盘车时别劲。

（6）检查水轮发电机空气间隙和水轮机止漏环间隙内应无杂物，检查各油槽、盖板与主轴有足够的间隙。

（7）启动高压油泵，顶起转子，拧下挡瓦螺栓，将推力瓦抽出，涂以熟猪油或羊油或 MoS_2 后再推入，拧上挡瓦螺栓后再外拉推力瓦，然后落下转子。

（8）盘车时各点停留位置应正确。主轴停留后应松开钢丝绳，并在水导处推轴，轴能自由摆动，待主轴停稳后再进行读表计数。一般应盘两圈，通常第二圈的盘车数据较为准确。

二、盘车成果的整理与分析

盘车记录与成果的整理通常用画圆法和表格法。盘车时的记录多用画圆法，如图 11-14-5 所示。盘车成果的整理多用表格法，见表 11-14-1。

现将某机组大修开始时盘车记录整理列于表 11-14-1。

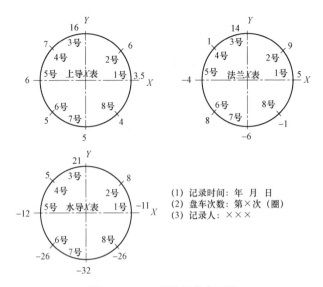

图 11-14-5 某机组盘车记录

表 11-14-1   修前盘车记录表（0.01mm）

设表方向		+X［东］								+Y［南］						
部位	轴号	1	8	7	6	5	4	3	2	3	2	1	8	7	6	5	4
单侧摆度	上导	5	6	4	1.5	−3.5	−9	0	1	12	24	21	28	−1	0	2	3
	法兰	8	15	14	5.5	−8.5	−18	−8.5	−4	−12.5	3	8	21	−7	−12	−19	−22
	水导	−10	13	26	25	9.5	−15	−22	−22	−25	−14	−9	20	6	9.5	0	−17
净摆度	法兰	3	9	10	4	−5	−9	−8.5	−5	−24.5	−21	−13	−7	−6	−12	−21	−25
	水导	−15	7	22	23.5	13	−6	−22	−23	−37	−38	−30	−8	7	8.5	−2	−21
净全摆度	法兰	8	18	18.5	9							8	18	18.5	9		
	水导	13	44	46.5	28							13	44	46.5	28		

注 当设表方向为（+X）时，百分表测头对准轴号 2 的位置并调 0；当设表方向在（+Y）时，百分表测头对准轴号 4 并调 0。

由于在盘车过程中上导轴承有间隙，使大轴在牵引力的作用下发生了平移。我们将上导各轴号的读数看成是大轴的"平移"值，并认为这一"平移"值对法兰和水导处的影响是一样的。因此，法兰和水导处的实际摆度值即净摆度值，应以减去相同轴号的上导数值为准，即以法兰-上导和水导-上导的两行值为准。

三、摆度曲线的绘制

为了求得最大净全摆度数值和方位，采用图解法甚为简便。其步骤如下：

（1）在方格纸上，以轴号为横坐标，取比例尺 1mm 代表 1.5；以净摆度值为纵坐标，比例尺为 1mm 代表 0.01mm，即 100：1。

为了使图形清晰，每条曲线取一个零值，如图 11–14–6 和图 11–14–7 所示。有时为了使曲线明显地显示出正弦规律，可将轴号重复画一、两个。

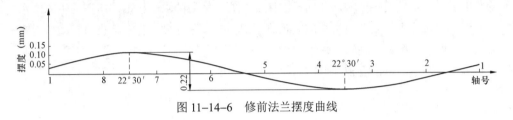

图 11–14–6　修前法兰摆度曲线

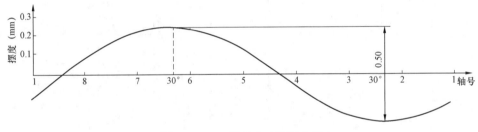

图 11–14–7　修前水导摆度曲线

（2）按表中法兰净摆度和水导净摆度的两行数据，在方格纸上标在各轴号上，先轻轻地将各点连上，检查曲线形状是否呈正弦或余弦形状；波峰与波谷的相位差是否为 180°；对奇异点（不在正弦曲线上的点）要进行分析。图 11–13–6 和图 11–13–7 是取 +x 方向设表所测的值而画出的摆度曲线。在图 11–13–6 中轴号 3 的测值就偏离正弦曲线，这可能是由于法兰上有凹凸之处或读表的毛病。因此，画摆度曲线时可把此点去掉。

（3）求出最大摆度值及其方位。从图 11–14–6 可以看出波峰位于轴号 7 偏向轴号 8 方向 22°30′，波谷在轴号 3 偏向轴号 4 方向 22°30′，两者相差 180°，于是法兰处最大净全摆度值为 0.22mm。

从图 11–13–7 中可以看出，波峰在轴号 6 偏向轴号 7 方向 15°（或轴号 7 偏向轴号 6 方向 30°），波谷在轴号 2 偏向轴号 3 方向 15°（或轴号 3 偏向轴号 2 方向 30°），两者相差 180°，水导处的最大摆度值为 0.50mm。

如果盘车后绘出的摆度曲线不是正弦或余弦曲线，或与正弦、余弦曲线出入较大，那要分析原因，必要时要重新盘车。

四、机组轴线的水平投影

由于水力机组的轴线系由水轮发电机轴和水轮机轴由法兰刚性连接而成。因而大轴除与镜板存在不垂直的因素外，还存在水轮机轴与水轮发电机轴出现曲折的情形。这一结论我们已经在上述的法兰及水导的摆度曲线中能够看出。为了清晰地表现出水轮发电机轴与水轮机轴的倾斜和曲折的情况，要做轴线的水平投影。所谓的轴线的水平投影，是按照机组盘车所测得的主轴典型部位的实际摆度向量，将机组轴线按一定的摆度比例画在标有主轴轴号位置的直角坐标平面上的图形。机组轴线状态千差万别，但基本上可归纳为以下五种类型，如图 11-14-8 所示。

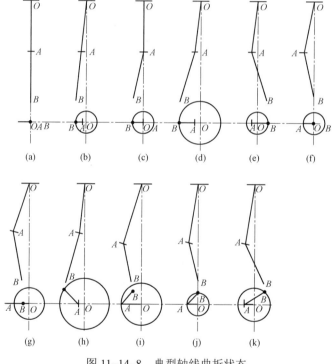

图 11-14-8 典型轴线曲折状态

（1）理想型，如图 11-14-8（a）所示。机组轴线是垂直的，即机组轴线的垂直度等于零。实际中很难出现，故称理想型。轴线的水平投影为一点。

（2）单纯倾斜型，如图 11-14-8（b）所示。两根轴在法兰处无曲折，只是轴线与镜板不垂直。轴线的水平投影为一条 O、A、B 顺序排列的直线。

（3）单纯曲折型，如图 11-14-8（c）所示。水轮发电机轴线与镜板垂直，两根轴在法兰处存在曲折。水轮发电机轴线水平投影为一点，水轮机轴线水平投影为 *AB* 的直线。

（4）综合同面型，如图 11-14-8（d）、（e）、（f）、（g）所示。机组轴线既有倾斜又有曲折，水轮发电机轴线与水轮机轴线同处于一个垂直面内。轴线的水平投影仍是一条直线。

（5）综合异面型，如图 11-14-8（h）、（i）、（j）、（k）所示。机组轴线既有倾斜又有曲折，水轮发电机轴线与水轮机轴线分别处于两个不同的垂直面内。轴线的水平投影是一条折线。

下面示例说明机组轴线水平投影绘制方法。轴线的立体图如图 11-14-9 所示，轴线的立体图的水平投影如图 11-14-10 所示。图中的数值及方位与上述例子相同。

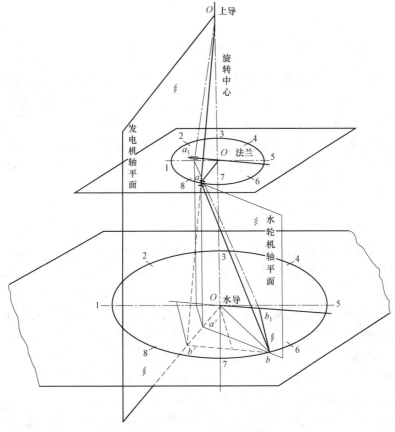

图 11-14-9　立体轴线图

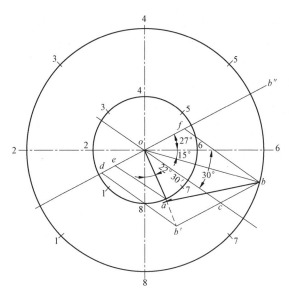

图 11-14-10　轴线的水平投影

在图 11-14-9 中，*oa* 是法兰处的单向摆度及方位，它表明了水轮发电机轴的倾斜和偏心，在数值上等于法兰处最大净全摆度的一半，等于 0.11mm，方位为轴号 7 偏 8 方向 22°30′。在图 11-14-10 中，*oa* 为水轮发电机轴在水平面上的投影。

ob 是大轴在水导处的单向摆度及方位，其数值等于水导处最大净全摆度的一半，等于 0.25mm，方位为轴号 6 偏轴号 7 方向 15°。它是由水轮发电机轴对镜板的倾斜及水轮机轴对水轮发电机轴曲折两个因素促成的。

从图 11-13-9 中可以看出，如果水轮机轴与水轮发电机轴没有曲折（为同一根轴），则水导处的单向摆度为 *ob′*，其方位与水轮发电机轴一样，数值与轴长成正比。

假如水轮机轴线与旋转中心平行的话，则水导处的单向摆度和方位为 *oa′*，即与法兰相同。然而，实际上水轮机轴与水轮发电机轴存在曲折。*a′b* 是它在水平面上的投影，*bb′* 为水轮。

机轴对水轮发电机轴的倾斜值及方位。轴线水平投影的作图步骤如下（见图 11-14-10）。

（1）首先确定作图比例，可取比例尺 2mm 代表 0.01mm，即 200∶1。

（2）取任一点 *o* 为圆心，以 1/2 法兰最大净全摆度为半径划圆，以 1/2 水导最大净全摆度为半径划圆并统一进行 8 等分并标好轴号。

（3）按法兰处最大净全摆度的方位轴号 7 偏 8 方向 22°30′，在内圆上得 *a* 点；按水导处最大净全摆度的方位轴号 6 偏 7 方向 15°，在外圆上得 *b* 点。

（4）连 oa、ob 及 ab，则 oab 折线即是轴线的水平投影。

五、机组轴线的垂直度

当轴线的水平投影图做出后，水轮发电机轴线的倾斜与水轮机轴线的曲折情况就呈现出来。为了进行轴线处理工作，要计算出水轮发电机轴线与水轮机轴线的垂直度。所谓机组轴线的垂直度，是指每米距离（或轴长）上的轴线倾斜值。

1. 水轮发电机轴线相对镜板镜面的垂直度

$$T_f = \frac{J_b}{H_{ab}} = \frac{\varphi_{ba-max}}{2H_{ab}} \approx \frac{\varphi_{ba-max}}{2L_{ab}} \qquad (11-14-1)$$

式中　T_f——水轮发电机轴线相对镜板的垂直度，mm/m；

　　　J_b——水轮发电机轴线在法兰处相对旋转中心线的倾斜（偏心）值，等于法兰处最大净全摆度的一半，mm；

　　ϕ_{ba-max}——法兰处最大净全摆度值，mm；

　　　H_{ab}——从上导至法兰的距离，m；

　　　L_{ab}——从上导至法兰的（轴长），m。

水轮发电机轴线对镜板镜面的垂直度的方位同 J_b，即与法兰处最大净全摆度方位相同。

2. 水轮机轴线相对水轮发电机主轴法兰面的垂直度

$$T_s = \frac{J_c}{H_{bc}} \approx \frac{bb'}{L_{bc}} \qquad (11-14-2)$$

式中　T_s——水轮机轴线对法兰的不垂直度，mm/m；

　　　J_c——水轮机轴线在水导处相对水轮发电机轴线的倾斜（偏心）值，如图 11-14-10 中的 bb'，mm；

　　　H_{bc}——从法兰至水导的距离，m；

　　　L_{bc}——从法兰至水导的轴长，m。

水轮机轴线相对水轮发电机主轴法兰面的垂直度的方位同 J_c，即与 bb' 的方位相同。

用图解法求解 bb'，如图 11-14-10 所示。为了求得 bb'，需求得 b' 点，延长 oa 至 b' 使

$$ob' = T_f \cdot H_{ac} \qquad (11-14-3)$$

式中　H_{ac}——从上导至水导的距离，m。

连接 b'、b，量取 bb' 的长度，再按比例换算成实际值。其方位的确定，过 o 作 $ob'' /\!/ bb'$，量取 ob'' 与相近轴号的夹角，即可得到 bb' 的方位。

仍以上述数值为例，机组 H_{ab}=6.5mm，H_{bc}=3.5mm，H_{ac}=10m，ϕ_{ba-max}=0.22mm，ϕ_{ca-max}=0.50mm，代入上述各式得：

$$T_f = \frac{0.22}{2 \times 6.5} = 0.017 \text{（mm/m）}$$

T_f 的方位同 ϕ_{ba-max} 为轴号 7 偏 8 方向 22°30′，ob'=0.017×10=0.17（mm），按比例放大为 0.17×200=34mm。图上 ob'=34（mm）。

从图 11–14–10 中量得 bb'=40（mm），按比例换算成实际值为 40/200=0.20（mm）。其方位见图 11–14–10。通过中心 o 作 $ob''//b'b$，便得出 bb' 的方位为轴号 6 偏轴号 5 方向 27°。

$$T_s = \frac{0.20}{3.5} = 0.057 \text{（mm/m）}$$

T_s 的方位同 bb' 即轴号 6 偏轴号 5 方向 27°。

【思考与练习】

（1）说明盘车的步骤。

（2）说明摆度曲线的绘制。

（3）说明机组轴线的水平投影绘制。

（4）说明机组轴线的垂直度计算。

▲ 模块 15 立式水轮发电机组轴线的调整（ZY3600406015）

【模块描述】本模块介绍立式水轮发电机轴线调整过程。通过图形举例、方法要点讲解，掌握利用绝缘垫分区修刮方法调整立式水轮发电机轴线。

【模块内容】

在机组大修组装过程中，通过调整，使处理合格的轴线（机组轴线与机组旋转中心线已基本重合）与机组中心线基本重合，从而减小机组运行中水轮发电机磁拉力的不平衡和水轮机转轮的水力不平衡，为机组安全、稳定运行创造良好条件。轴线调整工作的具体内容如下：

（1）调整机组上部中心—将水轮发电机转子中心调整到定子平均中心上。

（2）调整机组下部中心—将水轮机转轮中心调整到固定止漏环平均中心上。

（3）调整推力瓦受力使其不均匀度在允许范围之内。

（4）调整各导轴承使其同心，各导轴承中心连线与机组旋转中心线基本重合，各导轴承间隙调整合格。

下面以"三导"悬型混流机组（推力轴承为刚性支柱式）为例，说明机组轴线调整工艺过程。

一、水力机组轴线调整位置与基准

机组轴线调整的位置，通常确定为水轮发电机的上机架和水轮机的顶盖（或下部止漏环间隙）。根据上机架主轴中心值来控制转子中心，使其与定子中心基本同心；根据水轮机顶盖主轴中心来控制水轮机转轮中心与固定止漏环中心基本同心。

机组轴线调整的基准，一般以安装记录为准（机组中心重新调整除外）并兼顾历年大修记录的情况而确定。即机组轴线调整前应首先查阅安装记录、历年大修记录，可查得主轴相对于上机架中心的基准轴位（坐标），此时，将现在的上机架处轴位调整到基准轴位上，就可以保证水轮发电机转子与定子同心；同样可查得主轴相对于水轮机顶盖中心的基准轴位（坐标），此时，将现在的顶盖处轴位调整到基准轴位上，就可以保证水轮机转轮与固定止漏环同心。

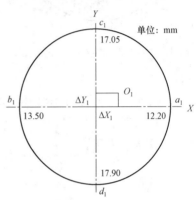

图 11-15-1　上次大修后测量记录

二、调整机组上部中心

1. 上机架基准轴位计算

某机组大修中确定轴线调整采用上次大修记录数据。上次大修在上导轴承座圈内壁与轴面在 $\pm X$、$\pm Y$ 四点间隙测量如图 11-15-1 所示。

则上机架基准轴位坐标为：

$$\Delta X_1 = \frac{a_1 - b_1}{2} = \frac{12.2 - 13.5}{2} = -0.65\,（\text{mm}） \tag{11-15-1}$$

当 ΔX_1 为正值时，轴心在 $-X$ 轴一侧，反之，ΔX_1 为负值时，轴心在 $+X$ 轴一侧。即轴心偏向测值小的一侧。

$$\Delta Y_1 = \frac{c_1 - d_1}{2} = \frac{17.05 - 17.9}{2} = -0.425\,（\text{mm}） \tag{11-15-2}$$

当 ΔY_1 为正值时，轴心在 $-Y$ 轴一侧，反之，ΔY_1 为负值时，轴心在 $+Y$ 轴一侧。即轴心偏向测值小的一侧。

按一定比例作图表示上机架基准轴位 O_1（0.65，0.425），如图 11-15-1 所示。

2. 上机架现在轴位计算

本次大修轴线调整前，在上导轴承座圈内壁与轴面在 $\pm X$、$\pm Y$ 四点间隙测量如图 11-15-2 所示。

则上机架现在轴位坐标为：

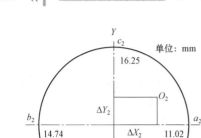

图 11-15-2　本次大修测量记录

$$\Delta X_2 = \frac{a_2 - b_2}{2} = \frac{11.02 - 14.74}{2} = -1.86 \text{（mm）}$$

$$\text{（11-15-3）}$$

当 ΔX_2 为正值时，轴心在 $-X$ 轴一侧，反之，ΔX_2 为负值时，轴心在 $+X$ 轴一侧，即轴心偏向测值小的一侧。

$$\Delta Y_2 = \frac{c_2 - d_2}{2} = \frac{16.25 - 18.73}{2} = -1.24 \text{（mm）}$$

$$\text{（11-15-4）}$$

当 ΔY_2 为正值时，轴心在 $-$轴一侧，反之，ΔY_2 为负值时，轴心在 $+Y$ 轴一侧，即轴心偏向测值小的一侧。

按一定比例作图表示上机架现在轴位 O_2（1.86，1.24），见图 11-15-2。

3. 上部中心调整数值与方位

向 $-X$ 轴方向调整：

$$\delta_x = \Delta X_2 - \Delta X_1 = -1.86 - (-0.65) = -1.21 \text{（mm）} \qquad \text{（11-15-5）}$$

向 $-Y$ 轴方向调整：

$$\delta_y = \Delta Y_2 - \Delta Y_1 = -1.24 - (-0.425) = -0.815 \text{（mm）} \qquad \text{（11-15-6）}$$

按一定比例作图表示上部中心调整数值与方位将更直观，如图 11-15-3 所示。O_1 为上机架处基准轴位，O_2 为上机架处现在轴位。需要将现在轴位 O_2 调整到基准轴位 O_1 处。

4. 上部中心调整方法步骤（移轴）

根据上导的结构决定移轴措施。如果上导是整体瓦，就用千斤顶直接顶轴；如果是分块瓦，就用顶上导瓦移轴。下面介绍移轴的具体方法：

按上面计算结果，主轴向 $-X$ 轴方向调整 $\delta_x = 1.21$（mm）、向 $-Y$ 轴方向调整 $\delta_y = 0.815$（mm），方可将现在轴位 O_2 调整到基准轴位 O_1 上。

如图 11-15-3 所示在互成 90°的 $-X$ 轴方向（b）、$-Y$ 轴方向（d）两处设百分表对准大轴并调 0，先将 $+X$（a）处轴瓦顶住主轴，其余轴瓦完全松开。用千斤顶（或上导瓦）从 $+X$（a）处向 $-X$（b）方向顶轴，由 $-X$（b）侧百分表监视轴的移动，然后再朝 $-Y$（d）侧移轴。经过几次反复，可从 $-X$（b）侧、$-Y$（d）侧百分表得知

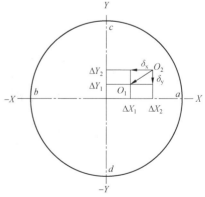

图 11-15-3　上部中心调整示意图

轴已移动到计算位置。有的水电厂移轴困难，可采取顶转子进行配合。

这时再由上机架内腿的 4 个测点测量水轮发电机大轴的中心位置加以校核，直至合格为止。为稳妥起见，应检查定子与转子的空气间隙要均匀即符合水轮发电机空气间隙质量标准，这样证明上部中心调整合格。

水轮发电机大轴中心就位以后，即上部中心调整合格，用支柱螺钉将各上导瓦抱紧主轴。然后再着手解决水轮机转轮的中心问题。

三、调整机组下部中心

1. 顶盖基准轴位或止漏环转轮基准中心

水轮机转轮原始中心值，可在机组安装后或扩大性大修后由顶盖上环 $\pm X$、$\pm Y$ 方向的 4 点至大轴的径向距离决定。也可以由水轮机转轮下环与下固定止漏环在 $\pm X$、$\pm Y$ 方向的 4 个间隙值决定，如图 11-15-4 所示（括号内为现在实测止漏环间隙值）。由图可知，上次大修后测得水轮机转轮下环与下固定止漏环在 $\pm X$、$\pm Y$ 方向的 4 个间隙值 a_1、b_1、c_1、d_1 分别为 28.5、29.00、27.30、30.20mm，则在下固定止漏环处转轮基准中心坐标为：

$$\Delta X_1 = \frac{a_1 - b_1}{2} = \frac{28.5 - 29.00}{2} = -0.25 （\text{mm}） \qquad (11\text{-}15\text{-}7)$$

当 ΔX_1 为正值时，转轮中心在 $-X$ 轴一侧，反之，ΔX_1 为负值时，转轮中心在 $+X$ 轴一侧。即转轮中心偏向间隙测值小的一侧。

$$\Delta Y_1 = \frac{c_1 - d_1}{2} = \frac{27.30 - 30.20}{2} = -1.45 （\text{mm}） \qquad (11\text{-}15\text{-}8)$$

当 ΔY_1 为正值时，转轮中心在 $-Y$ 轴一侧，反之，ΔY_1 为负值时，转轮中心在 $+Y$ 轴一侧。即转轮中心偏向间隙测值小的一侧。

按一定比例作图表示在下固定止漏环处转轮基准中心 O_1（0.25，1.45），如图 11-15-4 所示。

2. 在下固定止漏环处转轮现在的中心

如图 11-15-4 所示，本次大修轴线调整前，测得水轮机转轮下环与下固定止漏环在 $\pm X$、$\pm Y$ 方向的 4 个间隙值 a_2、b_2、c_2、d_2 分别为 30.00、27.10、26.10、

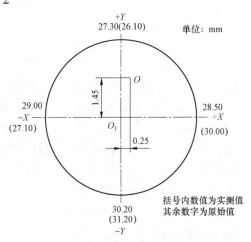

图 11-15-4 由止漏环间隙测定的
水轮发电机转轮中心

31.20mm，则止漏环处转轮现在中心坐标为：

$$\Delta X_2 = \frac{a_2 - b_2}{2} = \frac{30.00 - 27.10}{2} = 1.45\,（\text{mm}）\qquad（11\text{--}15\text{--}9）$$

当ΔX_2为正值时，转轮中心在$-X$轴一侧，反之，ΔX_2为负值时，转轮中心在$+X$轴一侧。即转轮中心偏向间隙测值小的一侧。

$$\Delta Y_2 = \frac{c_2 - d_2}{2} = \frac{26.10 - 31.20}{2} = -2.55\,（\text{mm}）\qquad（11\text{--}15\text{--}10）$$

当ΔY_2为正值时，转轮中心在$-Y$轴一侧，反之，ΔY_2为负值时，转轮中心在$+Y$轴一侧。即转轮中心偏向间隙测值小的一侧。

按一定比例作图表示下止漏环处转轮现在中心O_2（-1.45，2.55），如图11--15--5所示。

3. 下部中心调整数值与方位

$$\delta_x = \Delta X_2 - \Delta X_1 = 1.45 - (-0.25) = 1.70\,（\text{mm}）$$
$$（11\text{--}15\text{--}11）$$

向$+X$轴方向调整。

$$\delta_y = \Delta Y_2 - \Delta Y_1 = -2.55 - (-1.45) = -1.10\,（\text{mm}）$$
$$（11\text{--}15\text{--}12）$$

向$-Y$轴方向调整。按一定比例作图表示

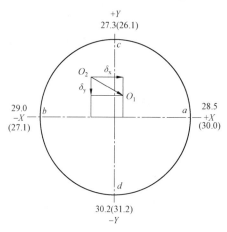

图11--15--5　下部中心调整数值与方位

下部中心调整数值与方位将更直观，如图11--15--5所示。

4. 下部中心调整方法步骤（撅轴）

从理论上讲，立式机组的理想中心线应是铅垂线，即在水平投影上水轮发电机定子中心与水轮机止漏环中心重合。这样一来，当将水轮发电机转子移至与定子中心重合后，自然就能满足水轮机转轮与下止漏环同心的要求。但实际上，由于安装水平和测量方法的误差，使得机组中心不垂直，甚至有的水轮发电机定子中心与水轮机下止漏环中心在水平投影上偏差2mm以上。在这种情况下，如能在扩大性大修中处理一下机组中心为最好，否则，推力瓦（镜板）的水平度根本无法保证在0.03mm/m之内。这时只好为照顾水轮机转轮与下止漏环同心而让机组轴线倾斜旋转，为此要采取撅轴的方法（弹性油箱及平衡块式推力轴承不能撅轴，只能采取强迫同心的方法，即通过下导或水导将主轴中心推到基准中心上，保证转轮与固定止漏环同心）。此时，镜板和主轴将倾斜旋转，其步骤如下：

在水轮机转轮下环处互成90°方向设两块百分表并调0，从尾水检修平台至推力支架设两部电话或步话机，由工作负责人统一指挥（位于尾水检修平台上）。

从图 11–15–5 和计算结果而知，转轮要向$+X$方向移动：$\Delta\delta_x$=1.70mm；向$-Y$方向移动：$\Delta\delta_y$=1.10mm。

这可以通过打受力（调整推力瓦水平度）的方法，把间隙值撬过来。

对需撬轴方向（$+X$、$-Y$）同侧的三块推力瓦的扛重螺栓用 12 磅大锤用力打紧，而对其余几块瓦则要轻打，几圈之后，便可通过百分表监视出转轮已到计算位置。此时再测一下水轮机转轮与下固定止漏环之间的间隙，直至符合标准为止。这样，下部中心调整合格。

最后，需重测一遍水轮发电机空气间隙和水轮机止漏环间隙，若都达到要求，便表明机组的轴线（旋转中心线）与机组中心线已经基本重合。

四、推力瓦打受力

刚性支柱的推力瓦要打受力（弹性油箱推力轴承可测油箱压缩值，平衡块式推力轴承不用打受力），使各推力瓦受力均匀，以确保运行可靠，延长寿命。

当轴线调好后，在上导处用支柱螺钉将各瓦顶紧在主轴上，在水轮机顶盖的上环处互成 90°方向，设两块百分表，垂直顶于轴上并调 0。

用电话指挥在推力支架内由专人用 12 磅大锤轮流打紧每块瓦的扛重螺栓，通过下面的百分表监视各块瓦的受力均匀性。百分表走动大的、受力小的多打一锤。打过几圈之后，用相同力量打各推力扛重螺栓，每打一锤，两块百分表走动的数值之和为 1 或 2（即 0.01～0.02mm）。每锤完一圈百分表读数又回到 0，这样打 3～4 遍，即可以认为各推力瓦受力均匀。

再复查一下上机架处主轴中心与顶盖上环处主轴中心值，水轮发电机空气间隙值，水轮机止漏环间隙值，以验证机组轴线的质量并存档。

【思考与练习】

（1）说明水力机组轴线调整位置与基准。

（2）如何调整机组上部中心？

（3）如何调整机组下部中心？

（4）为什么调整机组下部中心要与推力瓦受力调整同时进行？

▲ 模块 16　立式水轮发电机联轴（ZY3600406016）

【模块描述】本模块介绍立式水轮发电机联轴前准备、检查、联轴过程的水轮发电机联轴基本步骤。通过过程介绍、图例讲解，掌握水轮发电机联轴过程基本步骤。

【模块内容】

悬式水轮发电机主轴与水轮机主轴连接的形式，多为外法兰连接。大型伞式机组，推力轴承放在水轮机主轴上端，转子采用空心无轴结构。这种结构多采用内法兰连接。进行 A 级检修（扩大性大修）时，要分别吊出水轮发电机转子和水轮机转轮。特别是当通过盘车发现机组轴线曲折时，要对两轴结合法兰进行处理。要进行连接法兰分解与组合。

一、悬式水轮发电机连接法兰分解与组合

（一）水轮发电机轴与水轮机轴连接法兰的分解

（1）工具准备。分解上法兰时，应备有下列工具（见图 11-16-1）：

油压千斤顶（50～100t）2 个；长螺杆、螺栓及螺帽、垫圈 4 副；横梁 2 根；悠锤 1 个；斜铁 4 副；水轮机室内用木方等。

（2）搭工作台，按要求搭好工作平台。

（3）上法兰分解步骤（16 个螺栓）：

1）水轮发电机转子落在已被顶起并锁住的风闸上。先拆去下部走台栏杆及法兰上保护罩，拆去补气室及法兰下保护罩，用风铲或电弧刨将大轴联轴螺帽 5 边上的点焊（或拦块）去掉。

2）用悠锤打松各联轴螺帽（也可用吊车拉，油压千斤顶顶等方法），不过要保留两个螺帽如 1、9 号不打松；用铜垫或钢垫加大锤把已松开螺帽的联轴螺钉从螺孔内打出去，运走。注意不要碰坏丝扣。

3）当只剩下 1、9 号螺帽时，可在 5、13 号螺孔内拧紧两个备用螺栓，然后用上述方法将 1、9 号螺帽、螺栓取下运走。

4）在 1、9 号位上放上垫板和油压千斤顶 7，在 2、6、8、10 号孔内穿入长杆双头螺栓 2、垫圈 3、螺帽 4，装上横梁 8，将千斤顶压柱塞升高 20～25mm，锁紧螺帽后，将横梁上下螺帽拧紧，并使横梁水平。此时，千斤顶已吃劲了，如图 11-16-1 所示的样子。

5）这时可以分解法兰。先将备用螺帽松 1/6 扣，再将千斤顶的锁紧螺帽松开相当于备用螺帽 1/6 扣的高度，一个人下令，同时由两

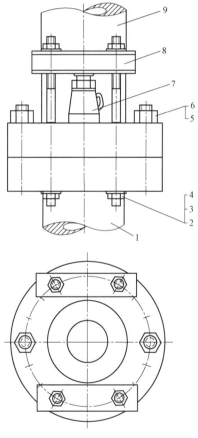

图 11-16-1　上法兰分解
1—水轮机轴；2—螺帽；3—垫圈；4—螺杆；
5—螺帽；6—连轴螺栓；7—千斤顶；
8—横梁；9—水轮发电机轴

个人打开千斤顶排油阀，这样一来，法兰便下降了 1/6 扣的距离；为保证水轮机轴在下降过程中不倾斜，要设专人随时监视两法兰之间的开口 a 和立面间距 b，使之在下降过程中各处近似相等，如图 11-16-2 所示。如两法兰直径相等，则 b 值应为 0。

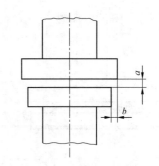

图 11-16-2　监视两法兰的水平
开口 a 和立面间距 b

6）给千斤顶打油，使柱塞上升至备用螺帽不吃劲时为止。再重复上述步骤进行几次之后，至法兰面离开 20～25mm 时，在水轮机下环底上 6～8 处放好斜铁，将转轮稳稳地落在斜铁上，把斜铁打紧并点焊牢固。

7）当水轮机转轮落稳后，便可将拆轴中使用的零、部件、工具等拆下运走。

（二）水轮发电机轴与水轮机轴连接法兰的组合

（1）组合前，要做好准备工作。

1）将所有联轴螺栓及螺帽用汽油仔细地洗刷干净，若丝扣有损坏处，应用三角刮刀修好，将螺帽拧上后，应无卡齿现象。

2）用扁铲、锉刀、砂纸及油石等物将各配合面的毛刺去掉打磨光，并将焊渣清理干净。然后在丝扣及光杆部位涂上薄薄一层二硫化钼润滑剂，并用白布盖上，妥善保护。

3）用汽油将法兰结合面及螺孔擦洗干净，所有焊渣、毛刺、锈蚀部分都应当去掉，并用二硫化钼润滑剂将螺孔内壁薄薄涂上一层，然后用白布蒙好，避免磕碰。

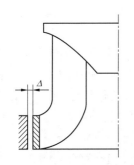

图 11-16-3　检查止漏环间隙

（2）准备工具有：螺旋千斤顶、百分表、磁性表架、测杆以及悠锤（或使用吊车及滑轮牵引）。

（3）将已组成一体的水轮机转轮吊入机坑，按分解前的方位落在垫铁上，检查上止漏环四面间隙均匀，使转轮居于中间位置，如图 11-16-3 所示。

（4）将水轮发电机转子吊入机坑，慢慢落下。当水轮发电机轴法兰止口离水轮机法兰止口有 5～10mm 时，应将水轮发电机转子停于空中。注意一定要做好起重指挥，保证不发生转子突然下落。

（5）用白布蘸苯将两法兰结合面清扫干净，然后指挥吊车找正法兰中心，如图 11-16-4 所示。由专人注意 Δ 值，两法兰对准后（注意刻线或记号），用油压顶起风闸并加锁，使水轮发电机转子落在风闸上（要求风闸事先调至同一水平）。

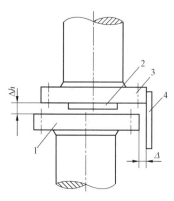

图 11-16-4 联轴时法兰找正
1—水轮机轴上法兰；2—法兰止口；
3—水轮发电机轴法兰；4—钢板尺

（6）法兰组合。

1）参考图 11-16-1 的法兰分解方法，在两法兰对称方向上装好两组长螺栓和横梁，用油压机顶起水轮机轴上法兰。当两法兰相距 10mm 左右时，用干净绢布蘸苯再次把两法兰结合面清扫干净，确保结合面无灰尘杂物。若需加垫，可在此时将垫加入。

2）然后一气呵成，将水轮机轴提至两法兰面完全接触为止。当检查各螺孔没有错位后，用螺旋压力机将 5、13 号备用螺栓顶入并拧紧。

3）同样把 4、6、12、14 号的螺栓顶入并拧紧螺帽。拆去油压机、横梁、长螺栓等零、部件。依次把其他联轴螺栓顶入并拧紧螺帽。

4）为了使螺栓连接产生预应力（拉应力），以保证两法兰面不分离，所以要测螺栓的伸长值 ΔL。这个值可由机械计算中算得，如粗略估算可用公式

$$\Delta L = \frac{[\sigma]}{E} L \qquad (11\text{-}16\text{-}1)$$

式中　σ——螺栓许用拉伸应力，一般碳结钢 σ=120MPa；

　　　L——螺栓的有效长度，mm；

　　　E——材料的弹性模数，一般为 $2.1×10^5$MPa。

如螺栓有效长度为 540mm，则：

$$\Delta L = \frac{120×540}{2.1×10^5} = 0.33 \text{ mm} \qquad (11\text{-}16\text{-}2)$$

不过这种估算往往偏大，易造成因扳手扭矩太大使螺纹咬死以致损坏螺帽。

5）螺栓伸长值 ΔL 的测量方法如图 11-16-5 所示。螺栓 7 的内孔中放入一个测杆 4，带表架的百分表 1 的触头顶在测杆 4 的上端，当螺杆未被受力伸长时，百分表没有指示。而当打紧螺帽使螺栓被拉长时，产生了弹性变形，于是把表架往上托，百分表指针反时针方向旋转。

6）测量时，一人打悠锤，一人监视百分表，并测得伸长值，直至百分表所测的 ΔL 值比所需的值大 0.01～0.02mm 时为止。用悠锤打紧螺帽的方法很费力，也可以采用油压拉紧器来拧紧螺帽，如图 11-16-6。还可以利用吊车提拉的方法，如图 11-16-7 所示。这里要注意两个问题：一是扳手的强度要足够，防止拉弯变形；一是 α 角不能大于 30°，否则受力情况不好。在拉紧时要注意钢筋测力计的读数符合预紧力的要求。用油压拉紧器的方法比较安全。

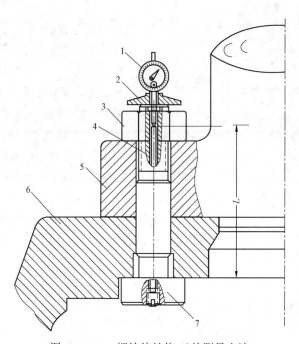

图 11-16-5　螺栓伸长值 Δl 的测量方法

1—百分表；2—百分表架，3—螺帽；4—测杆；5—下法兰；6—上冠法兰；7—联轴螺栓

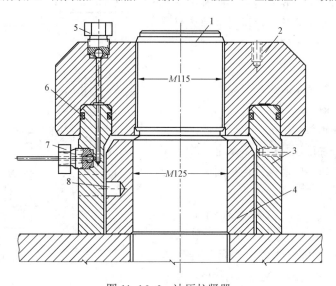

图 11-16-6　油压拉紧器

1—需拧紧的螺杆；2—缸套螺母；3—活塞支承环；4—需拧紧的螺母；

5—卸压阀；6—密封圈；7—进油管高压接头；8—拧螺母的拨杆孔

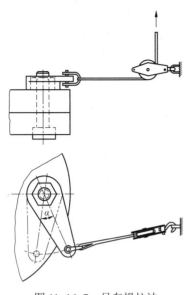

图 11-16-7 吊车提拉法

使螺栓容易进入内法兰圆孔并保护丝扣，可在螺栓顶部套一直径小于内法兰圆孔的锥形套螺母如图 11-16-9 所示，或薄铁皮保护罩。为了连接螺栓，水轮机主轴必须提靠。为此，可在水涡轮下部均匀对称地放置若干千斤顶。操作千斤顶，轴头将不断上升，因而会使带有锥形套螺母的连接螺栓顺利进入内法兰圆孔中。主轴提升过程、要注意使轴头与内法兰止口入位。假定轴头与内法兰连接是用十字键定位的，要提前放键入槽并随着两个连接面的逐渐靠拢而打紧。

后一种施工程序与前一种所不同的，主要是靠拢方法不同。后一种施工程序不用千斤顶提升主轴，而是靠转子自重使转子内法兰向主轴轴头接近。因为主轴与镜板是一体的，主轴可借镜板在推力瓦上滑动的条件，克服可能产生的强硬碰撞现象，使两个接触面稳步接

二、内法兰连接

大型伞式机组，推力轴承放在水轮机主轴上端，转子采用空心无轴结构。这种结构多采用内法兰连接，如图 11-16-8 所示。

进行内法兰连接，可有两种不同施工程序。一种程序是先使水轮机主轴低于设计高程，临时就位，待转子吊入找正后，提升水轮机主轴，使轴头向内法兰接近进行连接；另一种程序是水轮机主轴已按设计高程落在推力轴承上，转子吊入时，使其内法兰直接向水轮机轴头接近进行连接。

如按前一种施工程序，在主轴临时就位后，应清扫检查轴头接触面和连接螺孔，接着将全部连接螺栓旋紧于主轴顶部的螺孔内。为

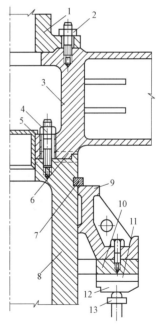

图 11-16-8 某机组内法兰连接
1—副轴；2—副轴连接螺栓；3—转子中心体；
4—主轴连接螺栓；5—密封圈；6—十字键槽；
7—卡环；8—水轮机主轴；9—推力头；
10—镜板；11—薄瓦；12—托瓦；13—支柱螺丝

近，最后贴合在一起。

当主轴轴头与转子内法兰靠拢（同时十字键入位）后，可取下连接螺栓上的锥形套螺母，换上永久螺母进行把紧。

1. 用液压拧紧器把紧螺母

如图 11-16-10 所示，将永久螺母旋入（暂不把紧），在连接螺栓顶部加一临时螺母，利用液压拧紧器将临时螺母顶起，使螺栓受到应有的拉力（或伸长）后，旋紧永久螺母。这种方法的优点是施工操作简便，受力容易控制，其缺点是需要布置一套包括高压泊泵在内的施工设备。

2. 用千斤顶和剪断销把紧螺母

如图 11-16-11 所示，把扳子（最好是棘轮扳子）套在永久螺母上，将支承在内壁的千斤顶通过剪断叉和剪断销顶在扳头上。当螺栓拉力达到要求时，剪断销应被剪断叉剪断。剪断销直径可按公式进行计算。

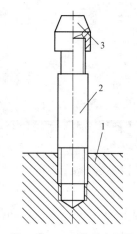

图 11-16-9 锥形套螺母
1—主轴轴头部分；2—连接螺栓；
3—锥形套螺母

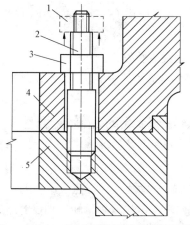

图 11-16-10 用液压拧紧器把紧螺母示意图
1—临时螺母；2—螺栓；3—永久螺母；
4—内法兰；5—主轴轴头

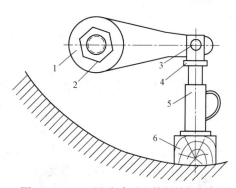

图 11-16-11 用千斤顶和剪断销把紧螺母
1—扳子；2—螺母；3—剪断销；
4—剪断叉；5—千斤顶；6—垫木

【思考与练习】

（1）说明外法兰连接工艺。

（2）说明内法兰连接工艺。

模块 17 立式水轮发电机组总轴线的测量调整 （ZY3600406017）

【模块描述】本模块介绍立式水轮发电机组总轴线的测量、调整方法。通过图形举例、方法要点讲解，掌握立式水轮发电机组总轴线的调整方法。

【模块内容】

新机组在安装时，机组轴线的测量、处理与调整，通常是分别进行，即首先进行水轮发电机的预装，然后进行水轮发电机轴线的测量与处理，待水轮机和水轮发电机整体安装完毕，进行机组总轴线的测量、处理与调整。机组在 A 级检修（扩大性大修）时，机组轴线的测量、处理与调整是总体进行，即机组分解前，首先要进行盘车，检查机组轴线的质量，若不合格，在检修过程中进行机组轴线处理。机组检修完毕组装后，再次进行盘车以检查机组轴线处理的质量，若轴线合格，进行机组轴线调整。

立式水轮发电机组总轴线的测量见第二部分、第十一章、模块 14（ZY3600406014）；立式水轮发电机组总轴线的处理见第二部分、第十一章、模块 11（ZY3600406013）；立式水轮发电机组总轴线的调整见第二部分、第十一章、模块 15（ZY3600406015）。

【思考与练习】

（1）新机组在安装时为什么先进行水轮发电机轴线调整？

（2）机组在 A 级检修时为什么机组轴线的调整不分开？

模块 18 卧式水轮发电机双轴承转子轴线的测量及调整 （ZY3600406018）

【模块描述】本模块介绍卧式水轮发电机双轴承转子轴线（四支点机组）的测量及调整过程。通过计算举例、图文结合，掌握卧式水轮发电机双轴承转子轴线的测量及调整方法。

【模块内容】

一、轴线测量

（一）准备工作

（1）检查并消除可能影响轴线测量的各种因素。

1）拆除联轴器上的附件及连接螺栓（两对轮只留一根穿销），并清除对轮上的油垢、锈斑。

2）检查各轴瓦是否处于良好状态。

3）检查两个转体是否处于自由状态，无任何外力施加在转体上等。

（2）准备桥规。桥规一般都是自制的，其式样的选择决定于联轴器的结构和形状。在设计和制作时，要注意既有利于测量，又要有足够的刚性。两种通用性较好的桥规如图 11-18-1 所示，其安置与调整方法如下：

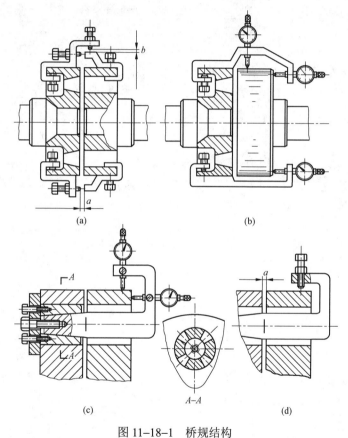

图 11-18-1 桥规结构

（a），（d）用塞尺测量的桥规；（b），（c）用百分表测量的桥规

用百分表测量时，必须将百分表固定牢固，但要保证测量杆活动的自如。测量外圆径向值的百分表测量杆要垂直轴线，其中心并通过轴心。测量端面轴向值的两个百分表应在同一直径上，并且离中心的距离要相等，其测量杆要与测量端面垂直，测量端面必须光滑平整，如图 11-18-1（b）所示。桥规、百分表装好后试转一圈，并转回到起始位置，此时测量外圆面径向值的百分表读数应复原；测量端面轴向值的两个百

分表读数的差值应与起始位置的差值相同。为了测记方便，应将百分表的小指针调到量程的中间，大针对到零。

用塞尺测量时，是由于某些联轴器与轴承座的间隙过小，通不过百分表，故采用塞尺测量。端面值可直接用塞尺测量，如图 11-18-1 (d) 所示。桥规装好后，在调整桥规上的测位间隙时，在保证有间隙可塞的前提下，应尽量将测位间隙调小，以减少塞尺的使用片数。在测量时塞尺塞入的力量要适当，以防桥规活动或弹性变形，引起测量误差。为避免用塞尺的力度因人而异造成的测量值差别，故要求测量工作由一人负责到底为好。

（3）在水轮发电机端盖上，按上、下和左、右进行 4 等分，按机组旋转方向标好序号。

（4）准备好盘车工具，做好人员分工。

卧轴机组轴线测量（百分表法）布置如图 11-18-2 所示。

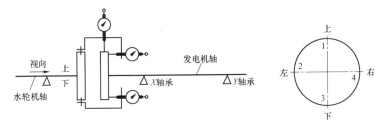

图 11-18-2　百分表法轴线测量布置

（二）盘车测量

盘车动力，有的机组用人力扳动飞轮进行转动；有的可在主轴上缠绕绳索以力偶的形式切向拉动；有的可借助链式起重机或厂内吊车牵动主轴盘车。在测量时，将测量外圆值的桥规转到上方，先测出外圆值 b_1 和端面值 a_1、a_3'，外圆径向值记录在圆外，端面轴向值记录在圆内，如图 11-18-3 所示。每转 90° 测记一次，共测记四次。在图中的记录位置必须与测位相符。测量记录可以用四个圆记录，也可以用一个圆做记录。最好用一个圆做记录，这样计算和分析更方便。

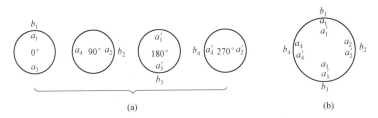

图 11-18-3　轴线测量记录（单位：0.01mm）

（a）用四个圆做记录；（b）用一个圆做记录

测量端面值要装两只百分表，是为了消除在测量时轴向窜动对端面值的影响。测记时要同时记录两只表的读数。端面值的测记方法如图 11-18-4 所示。当转体转动一圈后，测得的数据见表 11-18-1。

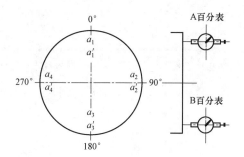

图 11-18-4　端面轴向值的测记

表 11-18-1　　　　　　　　　A、B 百分表测位与读数

A 百分表测位	0°	90°	180°	270°
A 百分表读数	a_1	a_2	a_3	a_4
B 百分表测位	180°	270°	0°	90°
B 百分表读数	$a_3{}'$	$a_4{}'$	$a_1{}'$	$a_2{}'$

端面上下不平行值为 $\dfrac{a_1+a_1'}{2}-\dfrac{a_3+a_3'}{2}$；左右不平行值为 $\dfrac{a_2+a_2'}{2}-\dfrac{a_4+a_4'}{2}$。从上两式可看出，端面不平行值应为相对位置的平均值之差。

外圆中心偏差值的计算，外圆与中心的关系如图 11-18-5 所示。外圆差值为 b_1-b_3，而轴中心差值为 $\dfrac{b_1-b_3}{2}$。故在计算外圆中心偏差值时，应为相对位置数值之差的 $\dfrac{1}{2}$，即两轴的轴中心差值。

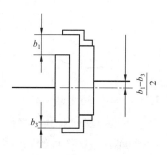

图 11-18-5　外圆与中心的关系

（三）测量成果

盘车测量结束，就要对测量数据进行整理，主要是计算轴向测值的平均值，验证测量结果准确与否。用百分表法测量其轴向测值的平均值计算如下：

$$A_1 = \frac{1}{2}(a_1 + a_1') \qquad (11\text{-}18\text{-}1)$$

$$A_2 = \frac{1}{2}(a_2 + a_2') \qquad\qquad (11\text{--}18\text{--}2)$$

$$A_3 = \frac{1}{2}(a_3 + a_3') \qquad\qquad (11\text{--}18\text{--}3)$$

$$A_4 = \frac{1}{2}(a_4 + a_4') \qquad\qquad (11\text{--}18\text{--}4)$$

用百分表加塞尺法测量其轴向测值的平均值计算如下：

$$A_1 = \frac{1}{4}(a_1^1 + a_1^2 + a_1^3 + a_1^4) \qquad\qquad (11\text{--}18\text{--}5)$$

$$A_2 = \frac{1}{4}(a_2^1 + a_2^2 + a_2^3 + a_2^4) \qquad\qquad (11\text{--}18\text{--}6)$$

$$A_3 = \frac{1}{4}(a_3^1 + a_3^2 + a_3^3 + a_3^4) \qquad\qquad (11\text{--}18\text{--}7)$$

$$A_4 = \frac{1}{4}(a_4^1 + a_4^2 + a_4^3 + a_4^4) \qquad\qquad (11\text{--}18\text{--}8)$$

将测值代入下式，验证测量结果准确与否：

$$\left| (b_1 + b_3) - (b_2 + b_4) \right| \leqslant 0.02 \;(\text{mm}) \qquad\qquad (11\text{--}18\text{--}9)$$

$$\left| (A_1 + A_3) - (A_2 + A_4) \right| \leqslant 0.02 \;(\text{mm}) \qquad\qquad (11\text{--}18\text{--}10)$$

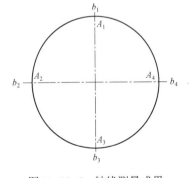

图 11-18-6 轴线测量成果

最后将盘车测量成果整理如图 11-18-6 所示。作为机组轴线调整的依据。

二、机组轴线调整

卧轴机组轴线调整方法有两种，其一是计算法，即将测值代入公式，直接计算水轮发电机轴线调整量；其二是图解计算法，即根据测值绘制机组轴线垂直和水平方向的投影图，求解水轮发电机轴线调整量。图解法直观且不易出错。下面说明图解计算法的方法步骤。

（一）绘制机组轴线投影图

机组轴线投影图要绘制两个，一个是垂直方向（相当于主视图），一个是水平方向（相当于俯视图）。垂直方向的投影图根据测值 b_1、b_3 和 A_1、A_3 绘制，水平方向的投影图根据测值 b_2、b_4 和 A_2、A_4 绘制。绘制机组轴线投影图方法步骤如下。

1. 计算水轮发电机联轴器径向中心偏差

垂直方向： $$b = \frac{1}{2}\left| b_1 - b_3 \right| \qquad\qquad (11\text{--}18\text{--}11)$$

水平方向：
$$b' = \frac{1}{2}|b_2 - b_4| \tag{11-18-12}$$

其方位应根据测量方法、桥规布置及测值的大小来确定。

2. 计算水轮发电机联轴器轴向偏差（端面不平行值）

垂直方向：
$$a = |A_1 - A_3| \tag{11-18-13}$$

水平方向：
$$a' = |A_2 - A_4| \tag{11-18-14}$$

其方位应根据测量方法、桥规布置及测值的大小来确定。

3. 绘制机组轴线投影图

根据水轮发电机联轴器径向中心偏差以及轴向偏差的大小及方位，联轴器直径 D、水轮发电机联轴器端面至两个轴承的距离 L_1、L_2，按一定的比例绘制机组轴线垂直方向和水平方向的投影图，如图 11-18-7 所示。绘制好机组轴线投影图一定要进行检查核对，保证准确无误。

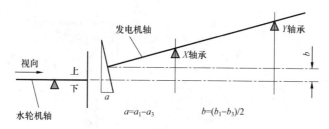

图 11-18-7　机组轴线投影图示例

4. 分析和绘制机组轴线投影图应注意的几个问题

（1）在测量外圆径向数据时，测量的数据因桥规的固定位置不同而有变动，即把桥规固定在水轮机的联轴器和把桥规装在水轮发电机的联轴器上，则所测的外圆径向数据就发生变动，如图 11-18-8（a）所示。由于记录的数据与桥规在哪一侧联轴器上

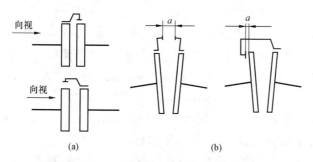

图 11-18-8　桥规固定位置与测值的关系

（a）测量径向值的变化；（b）测量轴向值的变化

固定有关,故在分析轴线投影图时要特别注意这一点。但无论桥规固定在哪一侧的联轴器上,其实际轴线投影图不变。

(2)在测量端面轴向间隙时,要注意桥规的测位与实际间隙的关系,如图11-18-8(b)所示,同是端面轴向间隙 a,由于测位不同,所测的数值也不同。

(3)用百分表测量时,要注意百分表的读数与被测量位置的关系。用塞尺测量与用百分表测量,其数值往往相反,如图11-18-9所示。

(4)记录图中左、右的划分,必须以测量记录时的视向为准,而且在整个轴线调整的过程中,其视向不要变动。在绘制轴线投影图时,也以视向为准。

(二)图解计算水轮发电机轴线调整量

计算水轮发电机轴线调整量,实际上是计算水轮发电机主轴两个轴承在垂直和水平方向的调整。根据所绘制的机组轴线垂直和水平方向的投影图,应用三角形相似定理进行计算,水轮发电机主轴两个轴承的调整的方向在图上确定。

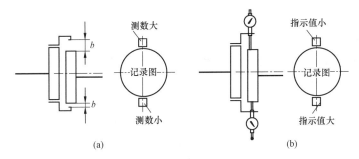

图 11-18-9 两种测量的比较

(a)用塞尺测量;(b)用百分表测量

(三)可调式轴承轴瓦调整量的计算

大型设备的轴承大都采用可调式轴承。轴瓦在轴承洼窝内以垫铁支持,垫铁内安放垫片,变更垫片的厚度可使轴瓦中心位移。垫铁的布置一般在下瓦有三块,下方中心一块、两侧各一块,左右的两块多为倾斜结构,如图11-18-10所示。这给计算工作增加一定难度,只要理解垫铁的角度与调整量的关系,其计算工作也易掌握。

当轴瓦左右调整 ΔL 时,两侧垫片的调整量为 $\Delta L\cos\alpha$。如图11-18-11(a)所示的图例,左侧增加 $\Delta L\cos\alpha$,右侧减少 $\Delta L\cos\alpha$,下面垫片不变。

当轴瓦上下调整 ΔH 时,两侧垫片的调整量为 $\Delta H\sin\alpha$。如图11-18-11(b)所示的图例,两侧垫片增加 $\Delta H\sin\alpha$,下面垫片增加 ΔH。

当轴瓦左右、上下都需要调整时,可将两种调整量的计算合二为一,其计算方法如图11-18-11(c)所示。

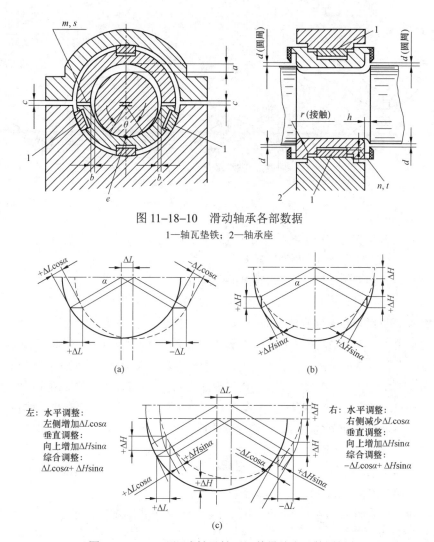

图 11-18-10　滑动轴承各部数据
1—轴瓦垫铁；2—轴承座

左：水平调整：
　　左侧增加$\Delta L\cos\alpha$
　垂直调整：
　　向上增加$\Delta H\sin\alpha$
　综合调整：
　　$\Delta L\cos\alpha+\Delta H\sin\alpha$

右：水平调整：
　　右侧减少$\Delta L\cos\alpha$
　垂直调整：
　　向上增加$\Delta H\sin\alpha$
　综合调整：
　　$-\Delta L\cos\alpha+\Delta H\sin\alpha$

图 11-18-11　可调式轴承轴瓦调整量综合计算图例

（四）进行机组轴线调整

1. 机组轴线调整

（1）垫片片数不要过多，垫片平整、无毛刺、宽度适当。因此，对垫片要求使用等厚的薄钢片，冲剪后磨去毛刺，垫片宽度应比垫铁小 1～2mm。每次安放垫铁时，应注意原来的方向。

（2）取出下瓦后，下瓦的左右及加哪侧、减哪侧最易弄错，为了减少忙中出错，应遵循图 11-18-12 所示的更换垫片的顺序，并将下瓦及垫铁打上明确记号，分清其左右与装配位置。

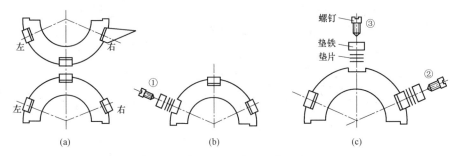

图 11-18-12　垫片的调整工序

（3）更换垫铁内的垫片时，应特别注意轴瓦的进油孔，因这类轴瓦的进油孔大都与垫铁与轴承洼窝的进油孔相通。轴瓦调整好后，必须进行复查。

（4）轴瓦调整装复后，别忘记调整轴瓦紧力。

（5）对于不可调式轴承，轴线调整是在轴承座加、减垫和左、右移动来进行。

2. 验证机组轴线调整质量

当水轮发电机主轴两部轴承在垂直和水平方向进行调整后，拧紧轴承座螺栓，连接主轴，准备整体盘车；再度盘车测量，以复查轴线调整效果。直到水轮发电机联轴器轴向偏差 a 值和径向中心偏差 b 值均小于 0.03mm，方可连接联轴器螺栓；联轴后，还要进行一次盘车，将结果存档。一般测出下列主要部位摆度值并在合格范围内。

（1）测量各轴承处的摆度，其绝对值应小于 0.03mm。

（2）测量转子轮毂附近和联轴器处的摆度，其绝对值应小于 0.10mm。

（3）测量转子滑环及励磁机转子处的摆度，其绝对值应小于 0.20mm。

三、四支点机组的轴线测量与调整案例

已知条件如图 11-18-13 所示，下面用图解计算法进行机组轴线调整。

1. 测量数据

$$A_1 = \frac{1}{2}(a_1 + a_1') = \frac{1}{2}(-7-1) = -4 \qquad (11-18-14)$$

$$A_2 = \frac{1}{2}(a_2 + a_2') = \frac{1}{2}(-2-4) = -3 \qquad (11-18-15)$$

$$A_3 = \frac{1}{2}(a_3 + a_3') = \frac{1}{2}(-10-8) = -9 \qquad (11-18-16)$$

$$A_4 = \frac{1}{2}(a_4 + a_4') = \frac{1}{2}(2+4) = 3 \qquad (11-18-17)$$

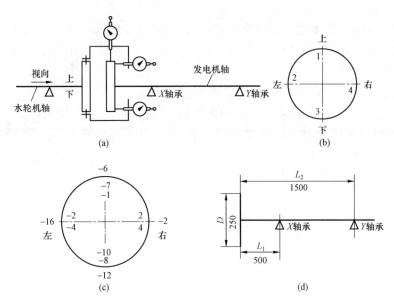

图 11-18-13　某机组轴线测量示意图

（a）测量布置；（b）等分划分；（c）测量记录；（d）具体尺寸

　　轴线测量盘车最终结果如图 11-18-14 所示。

　　验证测值是否准确：$\left|(b_1+b_3)-(b_2+b_4)\right|=$ $\left|(-6-12)-(-16-2)\right|=0$（mm）$<0.02$（mm），没有误差；$\left|(A_1+A_3)-(A_2+A_4)\right|=\left|(-4-9)-(-3+3)\right|=$ $13=0.13$（mm）>0.02（mm），测量误差较大。

　　2. 图解计算水轮发电机轴线在垂直方向调整量

　　（1）计算水轮发电机联轴器偏差：

　　径向中心偏差：

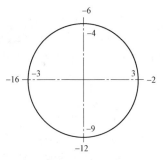

图 11-18-14　轴线测量结果

（单位：0.01mm）

$$b=\frac{1}{2}\left|b_1-b_3\right|=\frac{1}{2}\left|-6-(-12)\right|=3 \qquad (11\text{-}18\text{-}18)$$

　　轴向端面偏差：$\qquad a=\left|A_1-A_3\right|=\left|-4-(-9)\right|=5 \qquad (11\text{-}18\text{-}19)$

　　（2）绘制机组轴线垂直方向投影图（见图 11-18-15）：首先确定绘图比例，其中 a、b 值采用放大比例，L_1、L_2、D 值采用缩小比例。然后画出水轮机轴线及联轴器并将其轴线适当延长。根据轴线测量布置图 11-18-13 及轴线测量结果可知，水轮发电机联轴器中心偏向测值大的测点，水轮发电机联轴器"开口"方向也偏向测值大的测点，即水轮发电机联轴器中心偏向水轮机联轴器中心的上方、水轮发电机联轴器"开口"

方向也偏向上方。在靠近水轮机联轴器中心适当位置向上垂直量取 b 值得到点 A，过 A 作一条水轮机轴线的平行线，过 A 向左量取 $a/2$ 得到点 B，过 B 作一条水轮机联轴器的平行线，以 A 为中心，以 $D/2$ 为半径向下画弧交平行线于 C 点，连接 CA 并延长等长，得到 D 点，过 D 作平行线的垂线交于 E 点。则 CD 为水轮发电机联轴器，过其中点 A 引一条垂线即为水轮发电机轴线，按比例通过 L_1、L_2 确定水轮发电机两个轴承的位置 F、G 两点，过 F、G 引两条铅垂线。此图形即为机组轴线垂直方向投影图。

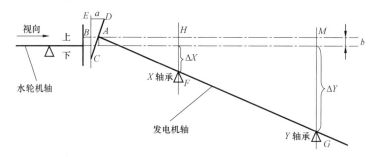

图 11-18-15　机组轴线垂直方向投影图

（3）计算水轮发电机轴线在垂直方向的调整量。根据垂直方向投影图，用三角形相似定理，$\triangle CDE \backsim \triangle AFH$，可求解水轮发电机 X 轴承在垂直方向的调整量如下：

X 轴承调整量：
$$\Delta X = \frac{a}{D} \cdot L_1 - b = \frac{5}{250} \times 500 - 3 = 7 = 0.07\ (\text{mm}) \qquad (11\text{-}18\text{-}20)$$

X 轴承调整方向：加垫（上移）。

根据垂直方向投影图，用三角形相似定理，$\triangle CDE \backsim \triangle AGM$，可求解水轮发电机 Y 轴承在垂直方向的调整量如下：

Y 轴承调整量：
$$\Delta Y = \frac{a}{D} \cdot L_2 - b = \frac{5}{250} \times 1500 - 3 = 27 = 0.27\ (\text{mm}) \qquad (11\text{-}18\text{-}21)$$

Y 轴承调整方向：加垫（上移）。

3. 图解计算水轮发电机轴线在水平方向调整量

（1）计算水轮发电机联轴器偏差：

径向中心偏差：
$$b' = \frac{1}{2}\left| b_2 - b_4 \right| = \frac{1}{2}\left| -16 - (-2) \right| = 7 \qquad (11\text{-}18\text{-}22)$$

轴向端面偏差：
$$a' = \left| A_2 - A_4 \right| = \left| -3 - 3 \right| = 6 \qquad (11\text{-}18\text{-}23)$$

（2）绘制机组轴线水平方向投影图（见图 11-18-16）。

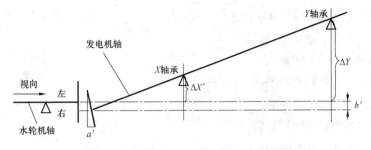

图 11-18-16　机组轴线水平方向投影图

（3）计算水轮发电机轴线在水平方向的调整量。根据水平方向投影图，用三角形相似定理可求解水轮发电机主轴 X、Y 轴承在水平方向的调整量如下：

X 轴承调整量：　$\Delta X' = \dfrac{a'}{D} \cdot L_1 - b' = \dfrac{6}{250} \times 500 - 7 = 5 = 0.05$（mm）　　（11-18-24）

X 轴承调整方向：向右移。

Y 轴承调整量：　$\Delta Y' = \dfrac{a'}{D} \cdot L_2 - b' = \dfrac{6}{250} \times 1500 - 7 = 29 = 0.29$（mm）（11-18-25）

Y 轴承调整方向：向右移。

水轮发电机主轴 X、Y 轴承调整量：

X 轴承：加垫（上移）—0.07mm；

　　　　　向右移—0.05mm。

Y 轴承：加垫（上移）—0.27mm；

　　　　　向右移—0.29mm。

（4）设水轮发电机轴承下瓦有三块垫铁，正下方一块，两侧各一块，两侧垫铁与水平夹角 α 为 17°30′。根据上面的轴承调整数据，求各瓦垫铁调整量（见图 11-18-11）。

（5）X 轴承垫高 0.07mm，轴瓦底部垫铁增加为 0.07mm，两侧垫铁各增加为：0.07sinα=0.07sin17°30′=0.07×0.3=0.021mm；X 轴承向右移（左加右减）0.05mm，轴瓦底部垫铁不需调整，左侧垫铁增加及右侧垫铁减少均为 0.05cosα=0.05cos17°30′=0.05×0.95=0.048mm；X 轴瓦垫铁综合调整量：左侧为 0.021+0.048=0.069mm（加垫），右侧为 0.021+（−0.048）=−0.027mm（减垫），底部为 0.07mm（加垫）。

（6）Y 轴承垫高 0.27mm，轴瓦底部垫铁增加为 0.27mm，两侧垫铁各增加为：0.27sinα=0.27sin17°30′=0.27×0.3=0.081mm；Y 轴承向右移（左加右减）0.29mm，轴瓦底部垫铁不需调整，左侧垫铁增加及右侧垫铁减少均为：0.29cosα=0.29cos17°30′=0.29×0.95=0.275mm；Y 轴瓦垫铁综合调整量：左侧为 0.081+0.275=0.356mm（加垫），右侧为 0.081+（−0.275）=−0.194mm（减垫），底部为 0.27mm（加垫）。

水轮发电机主轴 X、Y 轴承轴瓦垫铁调整量

（1）X 轴瓦垫铁综合调整量：

左侧垫铁加垫—0.069mm；

右侧垫铁减垫—0.027mm；

底部垫铁加垫—0.07mm。

（2）Y 轴瓦垫铁综合调整量：

左侧垫铁加垫—0.356mm；

右侧垫铁减垫—0.194mm；

底部垫铁加垫—0.27mm。

【思考与练习】

（1）如何进行四支点机组的轴线测量？

（2）如何绘制机组轴线投影图？

（3）如何图解计算水轮发电机轴线调整量？

（4）如何验证机组轴线调整质量？

▲ 模块 19 卧式水轮发电机单轴承转子轴线的测量及调整（ZY3600406019）

【模块描述】本模块介绍卧式水轮发电机单轴承转子轴线的测量及调整过程。通过方法要点讲解及图例讲解，掌握卧式水轮发电机单轴承转子轴线（三支点机组）的测量及调整方法。

【模块内容】

一、三支点机组轴线调整

当机组转动部分为三部轴承支承时，两根轴的联轴器中间有一个飞轮，三者是刚性连接在一起，就如一根三支点的轴。对这种情况，轴线的调整要遵循下列三条原则：

（1）两联轴器和飞轮三者结合面要平行且同轴。

（2）三部轴承所受的荷重要合理负担。

（3）靠近联轴器两侧的轴颈必须水平，并且轴心在同一直线上。

卧式三轴承机组中，大多是水轮发电机有两个轴承，水轮机有一个轴承，对这种情况，遵循上述原则其工艺过程如下：

（1）首先将水轮机轴、飞轮、水轮发电机定子、水轮发电机转子、后部轴承座顺序吊装就位。按制造厂的装配记号，把转动部分组合成一体。

（2）将转动部分略微吊起，抽掉水轮机导轴承下瓦片，使转动部分支承在水轮发

电机的两个轴承上。在固定物上装四块百分表，测杆分别顶在水轮机轴靠前端盖的轴颈处、联轴器和飞轮的外缘上。

（3）转动飞轮，每转 90° 记录一次各百分表的指示值，旋转 360°。根据表的指示计算水轮机轴、飞轮和水轮发电机轴三者的同轴度和折弯倾斜值。

如果不同轴，若是因联轴器与飞轮止口径向配合间隙过松而连轴螺栓过细所致，这时可做一个简易四爪卡盘如图 11-19-1 所示，装在飞轮上，略松连轴螺栓，类似车床上工件调中心的方法，进行同轴度的调整。

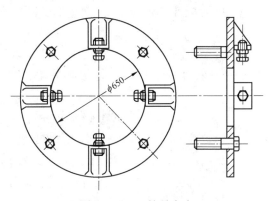

图 11-19-1 简易卡盘

水轮机轴倾斜，可能是连轴螺栓紧力不均，处理方法是可调整连轴螺栓紧力；也可能是联轴器组合面与轴线不垂直所致，这就必须拆下水轮机轴，研刮靠背轮组合面，其刮削厚度的计算方法与刮推力头方法类似。

（4）机组轴线调直后，再次以水轮机止漏环（轴流式机组则以转轮室）为基准，调整机组轴线的中心位置，其方法是：在水轮机轴后端装上百分表，使测杆顶在转轮室内圆加工面上，旋转主轴，根据百分表读数，分析轴线的倾斜和偏心；同时测定水轮发电机空气间隙，移动轴承，使主轴处于中心位置；装上转轮，再次盘车检查转动部分与固定部分的同心度。

二、两支点机组轴线调整

对于两部轴承支承的机组，当水轮机侧不设轴承，水轮机主轴、转轮呈悬臂装置方式。为维持两个主轴的同心并承受径向力起见，主轴联轴器多制成刚性具有凸凹配合止口的形式，并用精制螺栓连接。在轴线测量之前，联轴器可用直径比工作螺栓稍小的 3 个临时螺栓装连，并使两联轴器结合面留出 1～2mm 的距离。临时螺栓只起保护作用，防止联轴器脱离而碰伤转子。

这种具有配合止口的刚性联轴器控制了轴线的径向偏差，在盘车中只需测量轴向间隙，从而计算出水轮发电机轴线在垂直和水平方向调整量。测量和调整方法可参照四支点机组轴线测量与调整。

对于两部轴承支承的机组，水轮机和水轮发电机是一根轴，水轮机和水轮发电机均悬臂安装在轴的两端。对这种结构，安装时，要注意保持两部轴承间轴的水平的同时，要考虑转子的悬垂量，轴承中心要比转轮室和定子中心高出悬垂量，使转动部分与固定部分同心，并通过盘车予以检查。

三、简易调整轴线法

简易调整轴线法，适用于小功率的转动机械（弹性联轴器），如小容量的空压机、水泵、油泵等。

在轴线测量前，要先检查联轴器的垂直度与同心度，及安装在轴上是否松动。如不符合要求，就应进行修理。然后将修理好的设备安装在机座上，并拧紧设备上的地脚螺丝。

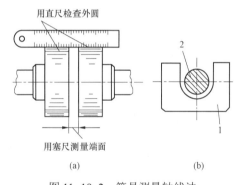

图 11-19-2　简易测量轴线法
（a）检查测量方法（b）调整垫的制作
1—调整垫；2—地脚螺丝

轴线测量时，用直尺平靠两联轴器外圆面，用塞尺测量联轴器端面四方间隙，如图 11-19-2（a）所示。每转动 90°测量一次（两联轴器同时转动），测记方法及中心的调整，均按前述方法进行。

调整时，原则上是调整电动机的机脚，因电动机无管道等附件。调整用的垫子（铁皮）应加在紧靠设备机脚的地脚螺丝两侧，最好是将垫子做成 U 字形，让地脚螺丝卡在垫子中间，如图 11-19-2（b）所示。

垫子垫好后设备的四脚与机座之间应均无间隙，切不可只垫三方，留下一方不垫，用调整地脚螺丝松紧的方法来调整联轴器的中心。

【思考与练习】

（1）说明三支点机组轴线调整方法。

（2）说明两支点机组轴线调整方法。

（3）说明简易调整轴线法方法。

▲ 模块 20 励磁机整流子摆度测量与调整（ZY3600406020）

【模块描述】本模块介绍励磁机整流子摆度测量与调整方法。通过方法讲解及实物训练，掌握励磁机整流子摆度测量与调整。

【模块内容】

1. 摆度测量

励磁机整流子摆度测量需在励磁机定子套装后进行，机组启动试运行时，将百分表固定在木杆上，百分表外壳包以黑胶布，以防止电流接通烧损百分表，把百分表表针顶在炭刷尾部，即可测得其摆度值，一般在 90° 方向各测量一次，百分表读书即为励磁机整流子处摆度值。整流子摆度方位的确定：机组试启动时，低转速下进行，手持铅笔在整流子原始加工面上划线，一般划 2～3 条，进行合理选取，其铅笔中点即为摆度最大值方向。划铅笔道时，笔尖顺着轴的旋转方向，斜向整流子表面在没与炭刷接触磨损的整流子原加工面处，将铅笔慢慢轻轻靠近，当铅笔触及整流子时即停止移动铅笔，则在整流子表面上划出铅笔道，一般划线长度越短越好。

2. 轴线调整

按百分表测量的数值来计算励磁机轴线调整值，从而决定加垫厚度的大小，按铅笔道中点方向来确定励磁机转子法兰处加垫的方位。结合表 11-20-1 对比，如果摆度超差时，可在励磁机法兰组合面加金属楔形垫进行调整。确定加垫厚度时，可不考虑镜板摩擦面与主轴的不垂直以及主轴的平移。加垫厚度的计算公式如下：

$$\delta = \frac{D}{2L}\phi_{da}$$

(11-20-1)

式中　δ——励磁机法兰组合面最大加垫厚度，mm；

　　　D——励磁机法兰组合面直径，mm；

　　　L——励磁机法兰组合面至整流子测点处的距离，mm；

　　　ϕ_{da}——励磁机整流子处摆度值，mm。

注意：加垫方位与摆度方位相同。

表 11-20-1　　　　　　　　励磁机整流子摆度质量标准

测量部位	摆渡的允许值				
	机组额定转速（r/min）				
	100	250	375	600	1000
励磁机的整流子	绝对摆度（mm）				
	0.40	0.30	0.20	0.15	0.10

【思考与练习】

（1）如何进行励磁机整流子摆度测量？

（2）如何进行励磁机整流子轴线调整？

模块 21 自调推力轴承的轴线测量与调整（ZY3600406021）

【模块描述】 本模块介绍液压支柱式自调推力轴承和平衡块式自调推力轴承的轴线测量与调整方法。通过方法讲解及案例讲解，掌握操作过程的方法。

【模块内容】

自调推力轴承的轴线测量和处理（模拟刚性盘车），自调推力轴承不仅能调节各推力瓦受力，而且还能自动调节因镜板摩擦面与轴线不垂直而产生的部分倾斜，有利于减少机组运行中的摆度与振动。

对于自调性能较好，灵敏度较高的弹性推力轴承（液压式推力轴承、弹簧托盘式推力轴承），如果事先将推力头与镜板间的绝缘垫，经过刮平处理（或取消中间绝缘垫），则盘车时及运行中的摆度均很小，能够满足机组长期稳定运行的要求，为今后取消盘车工序创造了条件和经验。

但是，目前为了提高安装质量，增加推力轴承自调灵敏度，确保机组运行的稳定性，对具有自调推力轴承的机组，仍然照例进行轴线测量和调整。

（1）对于平衡块（梁）式推力轴承，进行模拟刚性盘车的方法是，通常在所有下平衡块两侧，用规格垫块或临时楔子板将平衡块调平、卡死。按这种状态下盘车结果进行计算、处理和调整，合格后再撤除垫块或楔子板，使其恢复常态。

（2）对于液压支柱式推力轴承，在机组大修分解前，一般先在弹性状态下进行盘车，了解各主要测量部位的摆度状况及镜板上下波动情况。然后，再将弹性油箱的保护罩旋下使之与底座接触，临时变成刚性支撑再行盘车。当机组大修组装后，一般须将弹性油箱受力及镜板水平调整合格且将主轴找好轴线位置以后再进行盘车，此时，往往是模拟刚性盘车再弹性盘车。

（3）对于液压式自调推力轴承，也可以用测量镜板摩擦面外侧上下波动值来代替轴线的测量，方法是：

1）将上下两部导轴承瓦抱轴，轴瓦单侧间隙控制在 0.05～0.08mm 之间。

2）在镜板摩擦面外侧 X 及 Y 方向各装一块百分表，借以测量镜板上下波动值，并互为校核。

3）用盘车的方法，测出镜板摩擦面上下波动值，其值不应超过 0.20mm。超过时，也用刮削相应的中间绝缘垫或推力头底面来调整。

【思考与练习】

（1）说明弹性推力轴承的轴线测量和处理方法。

（2）说明平衡块（梁）式推力轴承的轴线测量和处理方法。

（3）为什么对于自调性能较好，灵敏度较高的弹性推力轴承，有可能取消盘车工序？

▲ 模块 22　机组中心调整（ZY3600406022）

【模块描述】 本模块介绍水轮发电机组中心调整前具备条件、调整过程和调整后机组中心质量标准。通过知识要点讲解及案例分析，掌握机组中心调整顺序和标准。以下部分还涉及机组中心的概念和测定中心的意义。

【模块内容】

一、概述

1. 机组中心线概念

立轴水力机组的固定部件有：上机架、定子、下机架、顶盖（轴流式水轮机在顶盖的里缘还有支持盖）、上、中、下固定止漏环或轴流式水轮机的转轮室等，各固定部件几何中心的连线称为机组中心线。在这些固定部件中，对机组安全、稳定运行起着决定性作用的，是水轮发电机的定子和水轮机固定止漏环（对于混流式机组）或转轮室（对于轴流式机组）的中心。因此，对于混流式机组，机组中心线是水轮发电机定子平均中心与水轮机固定止漏环平均中心的连线；对于轴流式机组，机组中心线则是水轮发电机定子平均中心与对应叶片旋转部位的转轮室中心的连线。但对具有不能调整中心的套筒式轴承，机组中心线应将它们考虑在内。显然，在安装时，最好把水轮发电机定子中心、导轴承中心（上、下机架中心）与水轮机的下止漏环中心（或对应叶片旋转部位的转轮室中心）调整在同一垂直线上，即立轴水力机组的理想中心线应该是一条铅垂线，而实际上达不到，只能要求各固定部件中心偏差在允许范围内。

2. 机组中心测定的意义

在机组扩大性大修中，通过机组中心的测定，可以了解各固定部件的圆度与同心情况，以核对机组安装时机组中心测量、调整的准确度和精度，又可发现机组在经历一段较长时间的运行以后，机组中心有否发生变化以及变化了多少等。机组中心测定成果是机组轴线调整的重要依据。机组中心测定是否准确以及经过处理后的机组中心质量如何，将对机组轴线调整质量产生不可忽视的影响。

有了机组中心测定成果，在进行机组轴线调整时，就可以将主轴的旋转中心线调整到机组中心线上或者调整到与机组中心线平行。如果水轮发电机定子平均中心与水轮机固定止漏环平均中心或对应叶片旋转部位的转轮室中心有较大的错位，也可以将主轴的旋转中心线调整到与机组中心线相一致的倾斜状态运行。从而可保证机组在运行中能保证水轮发电机转子和定子之间的空气隙均匀，使磁拉力均衡；保证水轮机止漏环的间隙均匀，从而使此处水力不平衡力减小。保证导轴承与主轴之间的间隙均匀，使摆度与振动都小得多，这是高质量运行的一项重要条件，对创造机组的良好、稳定运行条件有着十分重要的意义。

机组中心测定，不是每次机组扩大性大修的必有项目，而是根据各厂各机组的实际情况确定。如认真做过一次测定并将重要固定部件的圆度及中心偏差调整到允许范围内，无特殊情况，完全可以长期不需测定。混流式机组在安装过程中，始终是以水轮机下止漏环的中心为基准，以上各固定部件的中心在安装时要尽力保证与之同心。但在长期运行后，不但旋转部件的轴线及旋转中心可能因安装质量及外力因素而引起变化，即使固定部分因受外力干扰和质量问题也会产生机组中心的变化。这就要求在第一次扩大性大修时检查一下安装单位给出的机组中心是否正确，或者在后来长期运行中，发现重大缺陷（如振动大）需要测定机组中心，同时也检查了定子和止漏环的圆度，如测量出来的机组中心超过了允许的偏差就要进行处理。

3. 机组中心质量标准（各部件中心和圆度的规范）

当下止漏环、顶盖上环、下机架、定子上部、中部、下部，上机架的中心测出之后，要算出中心偏差。其中：

（1）下固定止漏环（或转轮室）的中心偏差应小于 0.10mm；下固定止漏环（或转轮室）的圆度，即各半径与平均半径之差不得超过止漏环设计平均间隙的±10%（额定水头小于 200m）或±5%（额定水头大于或等于 200m）。

（2）定子中心的偏差应小于 1.0mm；定子内径圆度，即各半径与平均半径之差不得超过定子与转子设计空气间隙的±5%。

（3）对上机架、下机架等部件的圆度和中心偏差，根据电厂情况，也有具体的规定。

（4）定子平均中心与固定止漏环（或转轮室）的平均中心的偏差最好控制在0.30～0.50mm 之内，最严重者也不应超过 1.0mm。

下面介绍悬吊型水力机组的中心测量与调整。

二、机组中心测定准备工作和工具

扩大性大修的最初阶段，是当水轮发电机转子、水轮机转轮吊出以后，方进行机组中心测定工作。

（一）机组中心测定前的准备工作

1. 固定部件回装

根据水轮机下止漏环与底环连接情况，有的机组应先将下固定止漏环吊入，然后吊入水轮机顶盖、下机架、上机架并按原位安装，打好定位销钉，如导轴承是筒式瓦应随机架吊入。然后吊放机组中心测定用的水平梁（应垫有绝缘垫）。

2. 布置测点

通常取互相垂直的+X、−X、+Y、−Y 4 个方向布置测点，可沿着原安装队预留下来的+X、−X、+Y、−Y 4 个方向的测点挂钢琴线的方法来决定测点位置。对于高度较大的零部件，测点可分上、中、下三层（或上、下两层）；对于直径大又接缝较多，圆度较差的部件，可适当增加测点，并最好在接缝两侧增加测点；对内径表面粗糙度（光洁度）很高的零件（如轴承孔）可只设四点，测点大小为 10mm×10mm 的正方形，测点表面应无锈、无漆、干净。各固定部件布置测点如下：

（1）上机架、下机架：按机组+X、−X、+Y、−Y 4 个方向均布 4 个测点。

（2）水轮机顶盖：布置两层测点，在顶盖上环、下环按机组+X、−X、+Y、−Y 4 个方向分别均布 4 个测点。

（3）上固定止漏环、中固定止漏环及下固定止漏环：按机组+X、−X、+Y、−Y 4 个方向均布 4 个测点，每个象限增加 1 个测点，共均布 8 个测点。

（4）定子测点可分上、中、下三层（或上、下两层），每层均布 8 个测点，在接缝两侧增加测点。对于 4 瓣定子，每层 16 个测点，三层共 48 个测点。

（二）机组中心测定的工具

1. 求心器

求心器由带棘轮的滚筒和能纵向、横向移动的滑道组成如图 11-22-1 所示。滚筒上绕有钢琴线，钢琴线的直径一般取 0.5mm。

2. 重锤（见图 11-22-2）和油桶

重锤要有足够的重量才能将钢琴线拉直，为了加快它的稳定要将重锤四周焊上阻尼片，并浸在油桶之中，重锤的重量可由下式计算：

$$P = \frac{\pi}{4K} d^2 [\sigma] \qquad (11-22-1)$$

式中　d——钢琴线直径，m；

　　　σ——许用拉伸应力，一般取 1000MPa；

　　　K——系数，一般取 2。

如果取钢琴线直径 $d=0.5$mm，则重锤的重量为：

$$P = \frac{\pi}{4 \times 2} \times (0.5 \times 10^{-3})^2 \times 1000 \times 10^6 = 98.1 \text{（N）} \qquad (11-22-2)$$

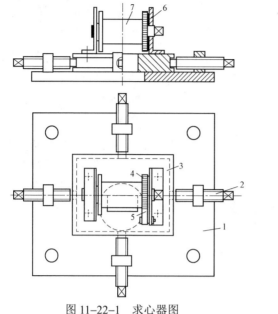

图 11-22-1　求心器图

1—底板；2—中心调节螺栓；3—中心滑板；4—棘轮；

5—棘轮爪；6—支承；7—钢琴线滚筒

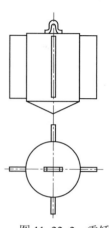

图 11-22-2　重锤

（3）水平梁。由于测量时重锤要悬在各固定部件的孔中间，因此要有一个水平度小于 0.02mm/m 的水平梁（见图 11-22-3）。

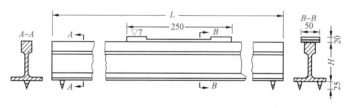

图 11-22-3　水平梁

（4）内径千分尺及一套测杆（见图 11-22-4）。由于测量部件尺寸过大，没有那么大的内径千分尺，只有利用内径千分尺测头，再根据不同孔的半径配一套测杆。

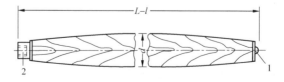

图 11-22-4　大型内径千分尺测杆

1—固定触头；2—千分尺活动接头

（5）干电池、胶质线、耳机（或电流表）。

（6）两部电话机（或步话机），供上下层联系用。

（三）机组中心测定工地布置

整个机组中心测定工地布置如图 11-22-5 所示。在水轮机尾水管上部已搭好的检修平台，平台正中放上盛有机油的油桶，将水平梁吊至推力油槽口上或上机架加工平面上，两端垫上绝缘胶皮板，把求心器固定在梁的中间，把钢琴线拉至尾水检修平台上挂上重锤，悬吊入油桶之中。用胶质线上部与求心器外壳相通，下部与耳机一端连接，耳机另一端由胶质线与千分尺测点相通，这样便可进行测量工作。

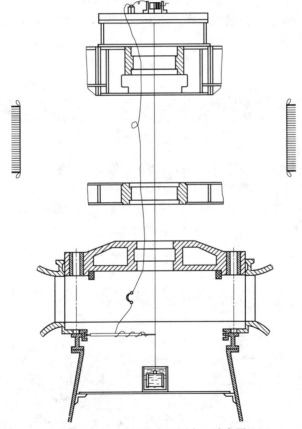

图 11-22-5　机组中心测定工地布置

三、机组中心的测定方法

1. 测基准中心

测基准中心也叫钢琴线对中，是以下部固定止漏环中心（或转轮室中心）为基准，使钢琴线尽量逼近下部固定止漏环或转轮室实际中心，此时钢琴线即代表机组的理想中心线，为机组中心测定及各固定部件圆度测定创造良好的条件，从而可将人为误差限制在比较满意的范围内。

根据水轮机结构的具体情况可以把下固定止漏环中心定为机组中心的基准，也可

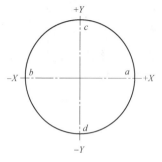

图 11-22-6　4 个测点数据

以把位于水轮机顶盖内的上止漏环定为机组中心的基准，其主要依据即两个部件中的那个移动起来方便，假如下止漏环好移动，并且磨损很小，则把基准选在上止漏环的中心。在顶盖上平面处的 +X、−X、以及 +Y、−Y 方向挂好十字钢琴线，在水轮发电机层上的平衡梁上调整求心器，使悬吊的钢琴线移至十字线的中心（不要使重锤的阻尼片与油桶相碰），即大致对中。待悬吊的钢琴线稳定后，用带测杆的千分尺测出 4 个测点到钢琴线的距离 a、b、c、d，如图 11-22-6 所示。如果 4 个测点到钢琴线的距离不相等，说明悬吊的钢琴线不在下固定止漏环中心上，则应计算钢琴线的调整值：

$$\Delta X = \frac{a-b}{2} \quad \Delta Y = \frac{c-d}{2}$$

式中　ΔX ——钢琴线在 X 轴的调整值，ΔX 为正值时，钢琴线向 +X 方向移动；

　　　ΔX ——负值时，钢琴线向 −X 方向移动，mm；

　　　ΔY ——钢琴线在 Y 轴的调整值，ΔY 为正值时，钢琴线向 +Y 方向移动；ΔY 为负值时，钢琴线向 −Y 方向移动，mm。

将调整值的大小和方向用电话通知给求心器操作人员，待调整好重锤稳定后，重新测量 a、b、c、d 4 个数值并计算、调整，直至 $a-c$ 和 $b-d$ 两差值小于 0.05mm 为合格，即可认为钢琴线对中的偏差满足测量精度的要求（如测量中发现下固定止漏环被装偏了，应做好记录）。

2. 各部件中心测定

测量部位往往采取由下而上，先从下部固定止漏环测量。在测量中绝对不许碰动钢琴线，测量一个部位后，要重新测一次上固定止漏环中心，检查钢琴线的位置是否被碰动了。

测中心时应由两人配合进行，一人将测杆尾端对准测点压紧，在测量中不得松开，另一人头戴耳机，手握千分尺测头，围绕钢琴线在空中画圆圈（见图 11-22-7）。逐渐缩小半径，并画小圈，直至测杆与钢琴线垂直对准，并且间隙最小，使得耳机里发出微弱的"咯咯"放电声时，读下此时读数并记录下来。待其余各点测好并记录下来后，换一个人再测一遍，以便互相校对。除定子外，其他几处两人测量的误差在 ±0.02mm

之内为合格。

3. 机组中心测定时的注意事项

（1）测定机组中心时，尽量保持工作场所肃静。

（2）附近的机组应停机，以排除干扰，以利于钢琴线稳定不动，提高测量精度。

（3）重锤始终处于自由状态，防止无关人员触碰钢琴线。

（4）工地上的脚手架、平台应牢固平稳，求心器操作人员应系好安全带并防止高空坠物，以确保上下工作人员的安全。

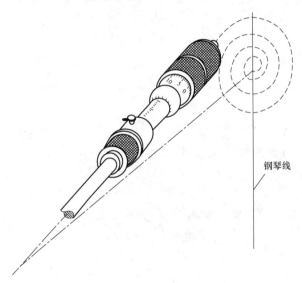

钢琴线

图 11-22-7 千分尺移动轨迹

（5）记录人员要与测量人员配合默契，对一些出入较大的数值和有疑问的地方应及时提出来。

（6）防止电池组接地，避免假的测量结果出现。

四、机组中心测定成果

（一）固定部件圆度分析

在机组中心测定时，自然会测出固定部件的圆度情况，对机组安全稳定运行起决定性作用的固定部件是定子和固定止漏环，所以重点分析定子和固定止漏环的圆度情况。所谓圆度就是指最大测值与最小测值之差，测值是指直径。

1. 固定止漏环的圆度分析

对固定止漏环的圆度检查工作往往在机组中心测定时一起进行。当机组中心测定结束，根据测量结果，计算各直径测值，然后确定最大直径测值和最小直径测值，用下式计算固定止漏环的圆度。

$$\delta_a = d_{max} - d_{min} \qquad (11-22-2)$$

式中　δ_a——固定止漏环的圆度，mm；

　　　d_{max}——固定止漏环的最大直径测值，mm；

　　　d_{min}——固定止漏环的最小直径测值，mm。

固定止漏环的圆度质量标准，固定止漏环和转轮室的圆度，当额定水头小于200m，各半径与平均半径之差，不得超过止漏环设计间隙的±10%；当额定水头大于或等于200m，各半径与平均半径之差，不得超过止漏环设计间隙的±5%（其最大直径测值与最小直径测值之差不得超过止漏环设计间隙的20%或10%），即

　　额定水头大于或等于200m：　　$d_{max} - d_{min} \leqslant \delta_{zs} \times 10\%$ 　　(11-22-3)

　　额定水头小于200m：　　$d_{max} - d_{min} \leqslant \delta_{zs} \times 20\%$ 　　(11-22-4)

式中　δ_{zs}——止漏环设计间隙值，mm。

如果$\delta_Z > 10\%\delta_{ZS}$或$\delta_Z > 20\%\delta_{ZS}$，必须进行固定止漏环圆度处理，这种工作不要单独进行，可视机组中心调整情况一并处理。

2. 定子的圆度分析

定子的圆度分析，首先把定子上、中、下三层各直径方向的测值算出来，然后确定最大直径测值和最小直径测值，用下式计算定子的圆度。

$$\delta_d = d_{max} - d_{min} \qquad (11-22-5)$$

式中　δ_d——定子的圆度，mm；

　　　d_{max}——定子的最大直径测值，mm；

　　　d_{min}——定子的最小直径测值，mm。

定子的圆度质量标准，定子铁芯圆度，各半径与平均半径之差，不得超过设计空气间隙的±5%（其最大直径测值与最小直径测值之差不得超过定子与转子设计空气间隙的10%），即：

$$d_{max} - d_{min} \leqslant \delta_{ks} \times 10\% \qquad (11-22-6)$$

式中　δ_{ks}——定子与转子设计空气间隙，mm。

如果定子圆度严重超标，必须进行定子圆度处理，通常定子的圆度有较大偏差。但是，定子圆度难以处理，只能在处理定子中心的同时，用调位螺栓进行微量调圆处理。

（二）固定部件实际中心求解

机组测中心时进行钢琴线对中，就是把钢琴线调整到固定止漏环中心上，此时钢琴线代表机组理想中心线（铅垂线），如果固定部件的均布偶数测点至钢琴线的测值彼此相等，说明该固定部件为一正规圆且钢琴线通过它的几何中

心，这是一种理想情况，实际是不存在的。反之，测值彼此不相等，主要有两种因素，其一是该固定部件的圆度不好；其二是钢琴线未通过它的几何中心，这两种因素往往同时存在。下面分别以 4 点求心和 8 点求心为例，说明机组圆形固定部件几何中心与钢琴线偏差值的求法。

1. 四点求心法

以上部机架的中心测定值为例，如图 11-22-8 所示。理想固定部件的代表圆以适当半径长度作圆，但实际固定部件的几何中心的坐标值和偏心值应按比例画出。图中+X 与-X 方向的半径测值的代表符号分别用 a、b 表示，+Y 与-Y 方向的半径测值的代表符号分别用 c、d 表示。设坐标原点为钢琴线位置（即圆心），用符号 O 表示，或简称"钢心"，上部机架的几何中心用符号 O_1 代表。根据 4 个测值计算上部机架的几何中心的坐标，即

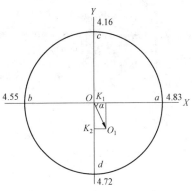

图 11-22-8　均布四点求心法

$$\Delta X = \frac{a-b}{2} = \frac{4.83-4.55}{2} = 0.14\,（\text{mm}）\qquad（11\text{-}22\text{-}7）$$

$$\Delta Y = \frac{c-d}{2} = \frac{4.16-4.72}{2} = -0.28\,（\text{mm}）\qquad（11\text{-}22\text{-}8）$$

式中　ΔX ——上部机架的几何中心在 X 方向偏离钢琴线的距离，当 ΔX 为正值，则上部机架的几何中心在+X 方向一侧，反之当 ΔX 为负值，则上部机架的几何中心在-X 方向一侧，mm；

　　　ΔY ——上部机架的几何中心在 Y 方向偏离钢琴线的距离，当 ΔY 为正值，则上部机架的几何中心在+Y 方向一侧，反之当 ΔY 为负值，则上部机架的几何中心在-Y 方向一侧，mm。

上部机架的几何中心偏离钢琴线的距离为：

$$OO_1 = \sqrt{(\Delta x)^2 + (\Delta y)^2} = \sqrt{0.14^2 + 0.28^2} = 0.31\,（\text{mm}）\qquad（11\text{-}22\text{-}9）$$

上部机架的几何中心偏离+X 方向的角度为：

$$\alpha = \text{ac}\tan\frac{\Delta Y}{\Delta X} = \text{ac}\tan\frac{-0.28}{0.14} = -63.4^{\circ}\qquad（11\text{-}22\text{-}10）$$

一般，用坐标作图法（图解法）求上部机架的几何中心（ΔX，ΔY），首先确定好比例尺，如用 1mm 代表 0.01mm，即 100：1。然后自 O 点向+X 方向量取 0.14×100mm，得一 K_1 点，过 K_1 点作 X 轴垂线；自 O 点向-Y 方向量取 0.28×100mm，得一 K_2 点，过 K_2 点作 Y 轴垂线，两条垂线的交点即为所求上部机架的几何中心 O_1 位置，直接量取

OO_1 线段长度，按比例换算成真值，便是上部机架的几何中心偏离钢琴线的距离。上部机架的几何中心偏离+X 的方向角度 α 可以从图中直接量得。

2. 八点求心法

对于多于 4 个测点的固定部件的中心求解，要用两次定心法或加权定心法。如 8

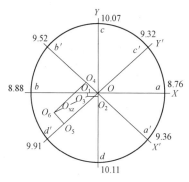

图 11-22-9 均布八点求心法

个测点的固定部件中心求解，用两次定心法是分别用 4 个测点求得两个中心，然后将两个中心连线，取其中点即为固定部件的中心；用加权定心法是分别求出相隔 180°两点的直径的 4 个中点，再由 4 个中点分别作 4 个直径的垂线，这 4 条垂线一般不会相交于一点，而相交为一个小菱形。需在这个小菱形中找出其几何中心，即为固定部件的中心。下面说明用两次定心法求解均布 8 测点的固定部件的中心。

以下部固定止漏环的中心测定值为例，如图 11-22-9 所示。相邻两测点间的夹角为 45°，建立两个直角坐标系 X-Y 和 X'-Y' 恰好将圆周分为 8 个等分。钢琴线用符号 O 表示，下部固定止漏环的中心用 O_{xz} 表示。根据测量值分别计算两个中心的坐标，即

$$\Delta X = \frac{a-b}{2} = \frac{8.76-8.88}{2} = -0.06 \text{（mm）} \tag{11-22-11}$$

$$\Delta Y = \frac{c-d}{2} = \frac{10.07-10.11}{2} = -0.02 \text{（mm）} \tag{11-22-12}$$

$$\Delta X' = \frac{a'-b'}{2} = \frac{9.36-9.52}{2} = -0.08 \text{（mm）} \tag{11-22-13}$$

$$\Delta Y' = \frac{c'-d'}{2} = \frac{9.32-9.91}{2} = -0.295 \text{（mm）} \tag{11-22-14}$$

用图解法，选取比例为 100∶1，自 O 点向-X 方向量取 0.06×100mm，在 X 轴上得一点 O_1，自 O 点向-Y 方向量取 0.02×100mm，在 Y 轴上得一点 O_2，分别过 O_1、O_2 两点作 X 轴、Y 轴的垂线相交于 O_3 点；自 O 点向-X' 方向量取 0.08×100mm，在 X'轴上得一点 O_4，自 O 点向-Y' 方向量取 0.295×100mm，在 Y'轴上得一点 O_5，分别过 O_4、O_5 两点作 X'轴、Y'轴的垂线相交于 O_6 点。连接 O_3、O_6 两点取其中点得 O_{xz}，即为所求的下部固定止漏环的几何中心位置。连接 O、O_{xz}，直接量取 OO_{xz} 线段的长度，再按比例换算为真值，即为下部固定止漏环中心偏离钢琴线的距离；下部固定止漏环中心偏离-X 方向的夹角可从图中直接量得。O_{xz} 的坐标（ΔX_{xz}，ΔY_{xz}）可从图中直接量得，再按比例换算为真值。

对于像定子这样测点多又分三层的大部件的中心求法，先算出每一层的几何中心，这几层中，定子分瓣处（分四瓣，每瓣设两个测点）较其余几点的数值变化较大，这是由于分瓣把合所出现的应变造成的。在图解时可先求出八个点中心，再求另八个点中心，然后将两次中心值再求一个中心即可；三层中心值求出后，再在这三个中心投影中，取一个平均中心（即三个中心投影所构成三角形的中心）。

（三）机组中心线水平投影

将已测得的机组各固定部件的实际中心坐标值，按同一个比例，如 100∶1，分别描点到定好比例的坐标纸上的直角坐标系内，然后，自上部机架的几何中心为起点，自上而下即：上机架→定子→下机架→顶盖上环→顶盖下环→上止漏环→中止漏环→下止漏环。

将各固定部件的实际中心依次连接起来，这便是机组各固定部件中心的水平投影，即机组中心线的水平投影（参见图 11-22-13）。从图上，可以很容易、很清楚地看出机组各固定部件的几何中心相互偏差的大小和方位，并可对照机组中心的质量标准，看是否符合要求，如果超出标准就需要处理，处理时也要以机组中心线的水平投影图为依据，确定处理哪一个部件，向什么方向处理，处理多少等等。

五、机组中心测定与分析处理案例

某水电厂某机组大修开始时（修前）测得机组中心记录如图 11-22-10 所示，下面以此为例，说明机组中心测定与调整的工艺方法（额定水头大于或等于 200m）。

（一）修前固定部件圆度情况

1. 固定止漏环圆度情况

对固定止漏环的圆度检查工作往往在机组中心测定时一起进行。从图 11-22-10 中可以看出固定止漏环的圆度，固定止漏环在各直径上的测值分别为：

（1）上固定止漏环：

$$d_1=18.70+18.64=37.34（mm）$$
$$d_2=19.30+18.00=37.30（mm）$$
$$d_3=19.08+18.25=37.33（mm）$$
$$d_4=19.11+18.20=37.31（mm）$$

（2）中固定止漏环：

$$d_1=12.59+12.59=25.18（mm）$$
$$d_2=12.62+11.50=24.12（mm）$$
$$d_3=12.70+12.05=24.75（mm）$$
$$d_4=12.81+12.17=24.98（mm）$$

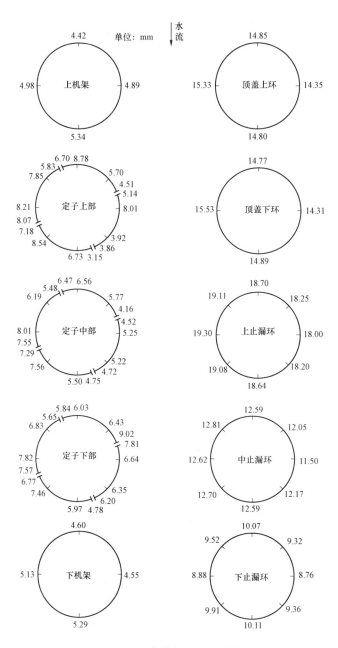

图 11-22-10 修前机组中心测量记录

（3）下固定止漏环：

$$d_1 = 10.07 + 10.11 = 20.18 \text{（mm）}$$

$$d_2=8.88+8.76=17.64（mm）$$

$$d_3=9.91+9.32=19.23（mm）$$

$$d_4=9.52+9.36=18.86（mm）$$

所谓圆度就是指最大直径测值与最小直径测值之差。上、中、下固定止漏环的圆度分别为

$$\delta_{z上}=37.34-37.30=0.04mm$$

$$\delta_{z中}=25.18-24.12=1.06mm$$

$$\delta_{z下}=20.18-17.64=2.54mm$$

额定水头大于或等于 200m，固定止漏环的圆度不得超过止漏环设计间隙值的 10%，如该机止漏环设计间隙为 4mm，其允许圆度为：$\delta_{z0}=4×10\%=0.40mm$，实际上 $\delta_{z中}>\delta_{z0}$、$\delta_{z下}\gg\delta_{z0}$，必须进行圆度处理，这种工作不要单独进行，可视机组中心调整情况一并处理。

2. 定子圆度情况

在机组中心测定时，自然会测出定子圆度情况。我们把定子上、中、下三层各直径方向的直径测值算出来，具体如测值图 11-22-10 所示。

（1）定子上部：

$$d_1=8.78+6.77=15.55（mm）$$

$$d_2=8.54+5.70=14.24（mm）$$

$$d_3=7.18+4.51=11.69（mm）（接缝）$$

$$d_4=8.07+5.14=13.21（mm）（接缝）$$

$$d_5=8.21+8.01=16.22（mm）$$

$$d_6=7.85+3.92=11.77（mm）$$

$$d_7=5.83+3.86=9.69（mm）（接缝）$$

$$d_8=6.70+3.15=9.85（mm）（接缝）$$

（2）定子中部：

$$d_1=6.56+5.50=12.06（mm）$$

$$d_2=7.56+5.77=13.33（mm）$$

$$d_3=7.29+6.16=13.45（mm）（接缝）$$

$$d_4=7.55+6.52=14.07（mm）（接缝）$$

$$d_5=8.01+5.25=13.26（mm）$$

$$d_6=6.19+5.22=11.41（mm）$$

$$d_7=5.48+4.72=10.20（mm）（接缝）$$

$$d_8=6.47+4.75=11.22（mm）（接缝）$$

（3）定子下部：

$$d_1=6.03+5.97=12.00（mm）$$

$$d_2=7.46+6.43=13.89（mm）$$

$$d_3=6.77+9.02=15.79（mm）（接缝）$$

$$d_4=7.57+7.81=15.387（mm）（接缝）$$

$$d_5=7.82+6.64=14.46（mm）$$

$$d_6=6.83+6.35=13.18（mm）$$

$$d_7=5.65+6.20=11.85（mm）（接缝）$$

$$d_8=5.84+4.78=10.62（mm）（接缝）$$

定子上、中、下的圆度分别为

$$\delta_{d上}=16.22-9.69=6.53（mm）$$

$$\delta_{d中}=14.07-10.20=3.87（mm）$$

$$\delta_{d下}=15.79-10.62=5.17（mm）$$

定子的圆度（最大直径测值与最小直径测值之差）不得超过设计空气间隙值的10%，如该机设计空气间隙值为 15mm，其允许圆度为

$$\delta_{d0}=15×10\%=1.5（mm）$$

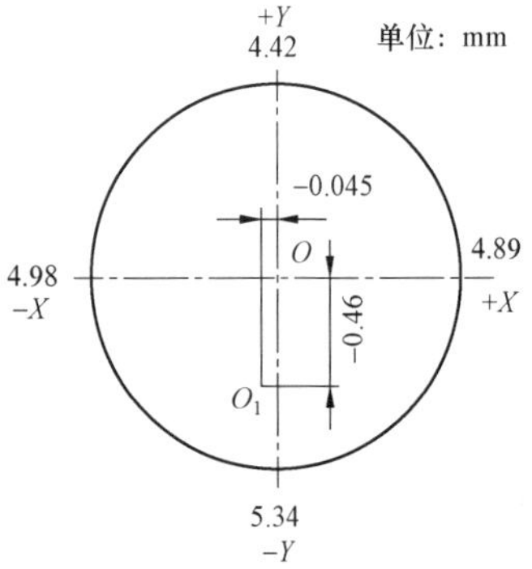

图 11-22-11　上机架中心图解法

实际上 $\delta_{d上} \gg \delta_{d0}$、$\delta_{d中} \gg \delta_{d0}$、$\delta_{d下} \gg \delta_{d0}$，必须进行定子圆度处理。

从上面各直径方向的测值来看（除去对缝处之外）定子的圆度仍有较大偏差。但是，定子圆度难以处理，只能在处理定子中心的同时，用调位螺栓进行微量调圆处理。

（二）修前机组中心情况

用图解法计算出各固定部件的中心：

（1）上机架、下机架以及顶盖的中心。上机架中心图解法如图 11-22-11 所示。

$$\Delta X=\frac{4.89-4.98}{2}=-0.045（mm）$$

$$\Delta Y=\frac{4.42-5.34}{2}=-0.46（mm）$$

钢琴线位置为 O，上机架中心为 O_1 (−0.045，−0.46)。四个测点的中心值利用 X、Y 两方向的坐标一次可以求得。同理可求得：下机架中心为 (−0.29，−0.345)；顶盖上环中心为 (−0.49，−0.025)；顶盖下环中心为 (−0.61，−0.06)。

（2）固定止漏环中心。对于大于 4 个测点的中心就要用两次定心或加权定心法如：测得下止漏环的数值如图 11−22−12，首先分别求出相隔 180° 两点的直径的中点：

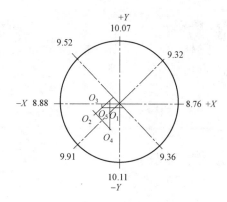

图 11−22−12　下止漏环中心图解法
（单位：mm）

$$\varDelta_1 = \frac{8.76-8.88}{2} = -0.06 \ (\text{mm})$$

$$\varDelta_2 = \frac{10.07-10.11}{2} = -0.02 \ (\text{mm})$$

$$\varDelta_3 = \frac{9.32-9.91}{2} = -0.295 \ (\text{mm})$$

$$\varDelta_4 = \frac{9.52-9.36}{2} = 0.08 \ (\text{mm})$$

过中点分别引四条垂线，这四条线一般不会相交于一点，相交为 O_1、O_2、O_3、O_4 小菱形。需在这个菱形中找出几何中心 O_5，这个 O_5 就是下止漏环中心位置 (−0.16，−0.08)。同理可求得：上止漏环中心位置 (−0.63，0.03)；中止漏环中心位置 (−0.51，0)。

（3）定子中心。对于像定子这样测点多又分三层的大部件的中心求法，先算出每一层的几何中心，这几层中，定子分瓣处（分四瓣，每瓣设两个测点）较其余几点的数值变化较大，这是由于分瓣把合所出现的应变造成的。在图解时可先求出八个点中心，再求另八个点中心，然后将两次中心值再求一个中心即可；三层中心值求出后，再在这三个中心投影中，取一个平均中心 (−1.13，0.32)。

（三）绘制机组中心线水平投影图

上述求得机组各固定部件中心坐标，即上机架 (−0.045，−0.46)；定子 (−1.13，0.32)；下机架 (−0.29，−0.345)；顶盖上环 (−0.49，−0.025)；顶盖下环 (−0.61，−0.06)；上止漏环 (−0.63，0.03)；中止漏环 (−0.51，0)；下止漏环 (−0.16，−0.08)。

将各部位中心值求出后，按 100：1 的比例标在一张坐标纸上，从上机架开始，依次连线，所得折线即为机组中心线水平投影，如图 11−22−13 所示。从图中可以清楚地看出该机组在修前的中心情况。其中，下止漏环中心与中止漏环、上止漏环不同心，其原因往往由于下止漏环变形较大，又有磨损，定子中心与止漏环中心相差甚远。如果旋转轴线垂直度不允许超过 0.02mm/m 的话，那么定子偏心严重，出现电磁力不平衡，对运行不利，必须进行处理。

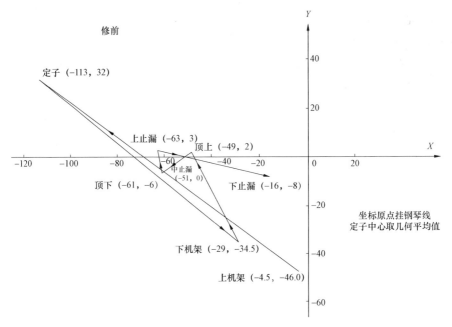

图 11-22-13 修前机组中心水平投影图（单位：0.01mm）

（四）机组中心处理

进行机组中心处理时，分上、下两处进行，在下部水轮机坑里根据图 11-22-13，要将下止漏中心向-X方向移（即向中止漏环中心靠拢）这个工作恰好与处理不圆度结合在一起。通过图示计算，将-X方 180°范围内的弧形圆用砂轮机先按计算值磨几个点子，然后将这些点连成片磨光滑后再用内径千分尺测量，直至合乎中心移动所要求的数值为准。当大片地区要磨去的时候，可吊入摇臂钻代替内圆磨床。

处理定子中心较复杂。从图 11-22-13 中可以看出，定子中心应向+X方向移动（即向中止漏环中心靠拢），先要用风镐把定子基础处混凝土固着部分铲去，利用均布于定子基础板外的 8 个顶丝移动或设千斤顶移动定子，并在互成 90°的方位设百分表监视，由于基础板间摩擦力太大而移不动时，可用大锤锤击基础板，移动值符合要求后，还要在中心测定后决定是否合格。

（五）修后机组中心情况

机组中心调整后，复测时的数据如图 11-22-14 所示。需要说明的是：图 11-22-14

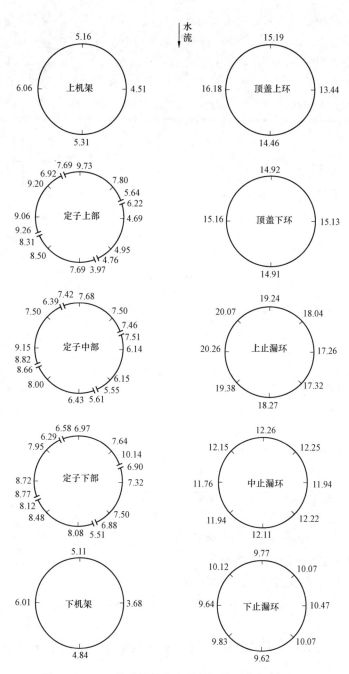

图 11-22-14　修后机组中心测量记录（单位：mm）

中。由上机架至顶盖上部的记录是在定子中心调整时测量的；由顶盖下部至下止漏环的记录是在处理下止漏环时测量的，两次挂钢琴线不在同一位置。

将各部中心图解后画在坐标纸上如图 11-22-15 所示。从图 11-22-15 中明显地看出机组中心大有改善。不足之处，就是上机架及下机架的同心度不好，这只有靠导轴承轴瓦间隙调整来解决。

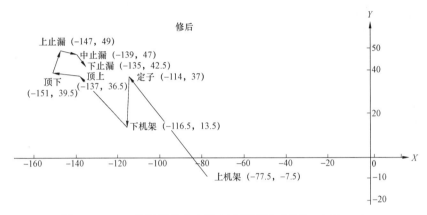

图 11-22-15　修后机组中心线水平投影图（单位：0.01mm）

【思考与练习】

（1）解释机组中心线概念。

（2）说明机组中心测定的意义。

（3）说明机组中心质量标准（各部件中心和圆度的规范）。

（4）说明机组中心测定前的准备工作。

（5）说明机组中心测定的工具有哪些。

（6）如何进行机组中心测定工地布置？

（7）如何进行各部件中心测定？

（8）说明机组中心测定时的注意事项。

（9）如何进行固定部件圆度分析？

（10）如何进行固定部件实际中心求解？

（11）如何绘制机组中心线水平投影？

▲ 模块23　立式水轮发电机组导轴承间隙调整（ZY3600406023）

【模块描述】本模块介绍立式水轮发电机组导轴承应调间隙计算和间隙调整过

程。通过方法要点讲解及实例讲解，掌握立式水轮发电机组导轴承间隙调整技能。

【模块内容】

决定一个转动体是否安全稳定运转，主要有两个因素，内部因素主要取决于转动体的轴线质量；外部因素主要取决于转动体的支承体（即轴承）。轴线质量好，这只表明转动体自身的质量达到合格的标准。从构成转动的两个因素，一是转动体的轴线，另一个是对它的支承体（即轴承）来看，尤其是大型悬式机组有上导、下导、水导三个导轴承。这三个导轴承如果同心且中心连线与旋转中心线基本重合或平行，那么大轴旋转起来，轴承不会别劲。如果"三导"不同心，大轴旋转起来就会别劲。

下面介绍利用图解法计算分块瓦导轴承的间隙。

一、图解法的基本原理

1. 已知轴瓦间隙图解相对轴承中心的轴心位置

在轴承圆周互成 90°的四点导轴瓦间隙如图 11-23-1 所示。轴承中心为 O_1，大轴中心在 OX、OY 两垂线的交点 O 上。

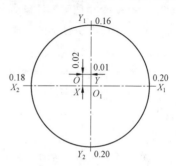

图 11-23-1　四点轴瓦间隙求轴心
（单位：mm）

$$O_1X = \frac{X_1 - X_2}{2} = \frac{0.20 - 0.18}{2} = 0.01 \text{（mm）} \qquad (11\text{-}23\text{-}1)$$

当 O_1X 为正值时，轴心在 X_2 一侧，反之，当 O_1X 为负值时，轴心在 X_1 一侧。即轴心偏向轴瓦间隙小的一侧。

$$O_1Y = \frac{Y_1 - Y_2}{2} = \frac{0.16 - 0.20}{2} = -0.02 \text{（mm）} \qquad (11\text{-}23\text{-}2)$$

当 O_1Y 为正值时，轴心在 Y_2 一侧，反之，当 O_1Y 为负值时，轴心在 Y_1 一侧。即轴心偏向轴瓦间隙小的一侧。

所以，相对于轴承中心 Y_1 的轴心位置为 O（-0.01，0.02）。

如果已知六等分点的导轴瓦间隙值，也可以求得轴心位置，如图 11-23-2 所示。

$$O_1O_2 = \frac{0.24 - 0.14}{2} = 0.05 \text{（mm）}$$

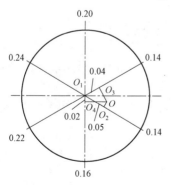

图 11-23-2　六点轴瓦间隙图解轴心
（单位：mm）

$$O_1O_3 = \frac{0.22 - 0.14}{2} = 0.04 \; (\text{mm})$$

$$O_1O_4 = \frac{0.20 - 0.16}{2} = 0.02 \; (\text{mm})$$

由 O_2、O_3、O_4 分别向该点所在直径作垂线交于 O 即为轴心（也可能由于间隙不均的误差，使三垂线不交于一点而形成一个小三角形，那么这个小三角形的中心即是轴心）。轴心偏向轴瓦间隙小的一侧。

2. 已知轴心和总间隙图解各轴瓦间隙值

对于均布的 4 块轴瓦的导轴承，如果知道了轴承中心 O_1 与轴心 O 的位置和总间隙，那么，轴承间隙也很好求。确定好比例，以 O_1 为圆心，以总间隙为直径划圆，只要过 O 向 Y 轴做垂线便可图解出 O_1Y。过 O 向 X 轴做垂线便可图解出 O_1X。

X_1X、X_2X 便是轴承在 X 方向互成 180° 两轴瓦的间隙值（在图上量取，再按作图的比例换算成实际值）；Y_1Y、Y_2Y 便是轴承在 Y 方向互成 180° 两轴瓦的间隙值，如图 11-23-1 所示。

同样，对于均布的 6 块轴瓦的导轴承，知道了轴承总间隙圆和轴心位置，向各瓦连线的直径做垂线也可图解各轴瓦间隙值，如图 11-23-2 所示。

通过上述两例，可以得出这样的规律，即已知均布 4 点及以上的偶数轴瓦间隙值，可由直径方向上的两个轴瓦间隙值求得轴心在该直径方向上相对于导轴承中心的偏心值，再以几个偏心值分别作其所在直径的垂线，几条垂线的公共交点即为所求该导轴承处的轴心位置。反之，在已知比例的导轴承圆中，如果轴心位置也为已知，则可以图解各轴瓦的间隙值。即由轴心向各瓦号连线作垂线，再分别由各垂足向各瓦号量取距离，按比例换算成实际轴瓦间隙值。

3. 图解法原则与依据

当机组轴线调整合格后，先安装水导轴承（设表监视主轴不能移动），用千斤顶顶出水导轴承 $\pm X$、$\pm Y$ 四点间隙值，并以此来确定上、下导轴承各瓦应调间隙值。所以，图解法原则是，以水导轴承中心为基准，按主轴旋转中心线将上、下导轴承的中心调成与水导轴承中心同心，即三个导轴承中心的连线为一条直线且与主轴旋转中心线基本重合或平行，因此，保证了主轴在旋转过程中不致发生别劲现象。图解法的依据是机组修后的轴线水平投影图。

二、图解法的前提和方法步骤

（一）图解法的前提

（1）机组修后通过盘车，求得下导、法兰及水导处的最大净全摆度及其方位。

（2）机组轴线调整及推力瓦受力调整合格。

（3）画出了机组修后的轴线水平投影图。

（4）明确主轴的停留位置及各导轴瓦位置。

（5）已知各导轴承平均设计间隙和。

（6）水轮机导轴承组装完毕。如为筒式钨金瓦导轴承或橡胶瓦导轴承，预先测出 $\pm X$、$\pm Y$ 四点轴承间隙值。

（二）图解法的方法、步骤

（1）按同一比例，如 200∶1。以各导轴承平均设计间隙和为直径作轴承圆，上导、下导、水导共三个同心圆。

（2）根据各导轴承轴瓦的实际位置，在各自轴承圆上相应标注好各导轴承的瓦位顺序号。

（3）按水导轴承已测的间隙值，将机组大修后盘车所得的轴线水平投影（注意比例相同）按主轴停留方位（即轴号位置与 x–y 方向的相互位置）放入轴承圆内。

（4）确定上、下导轴承处的轴心位置。上导轴承处的轴心位置已明确，下导轴承处的轴心位置，通过轴线在法兰处的倾斜值按距离折算出轴线在下导轴承处的倾斜值，即可确定下导轴承处的轴心位置。如图 11–23–3 中 O、a_1 两点。

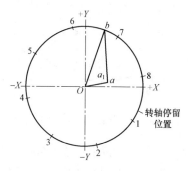

图 11–23–3　转轴停留位置及轴线水平投影

（5）由主轴在上、下导轴承处的轴心位置向各瓦号连线作垂线，再分别由各垂足向各瓦号量取距离，按比例换算成实际轴瓦间隙值。做好记录。

三、图解法计算调整轴瓦间隙案例

由上节轴线调整后的盘车记录（见表 11–13–2），得到转轴停留位置及轴线水平投影（见图 11–23–3）。取比例尺 2mm 代表 0.01mm 即 200∶1。

上导间隙和为 0.35mm，下导间隙和为 0.40mm，转轴停留位置及轴线水平投影为 oab。

轴线在下导处倾斜值，这个数值可由大轴从上导至下导处的长度折算出来。已知上导至下导处的轴长为 4.2m，则 $Oa_1 = \dfrac{L_{ax}}{L_{ab}} \cdot J_b = \dfrac{4.2}{6.5} \times \dfrac{1}{2} \times 0.10 = 0.04$（mm），位于轴号 8 的方向。

轴线在水导处倾斜值 $Ob = \dfrac{1}{2}\varphi_{ca\text{-}max} = 0.15$（mm），位于轴号 6 偏轴号 7 方向 30。

当装入水导（如水润滑橡胶筒式瓦）后大轴没有移动，仍处于自由状态，在 $\pm x$、$\pm y$ 方向测得 4 点间隙为 $+X=0.10$mm；$-X=0.10$mm；$+Y=0.05$mm；$-Y=0.15$mm。

图解步骤如下：

（1）以间隙和为 0.20mm，按 2mm 代表 0.01mm 即 200：1 的比例划水导轴承圆，

通过计算知轴心 b 应在 $Y = \dfrac{0.15-0.05}{2} = 0.05$（mm），经折算为 10mm。

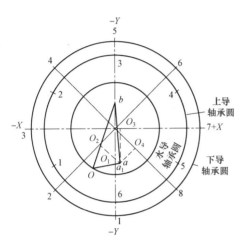

（2）根据图中轴线水平投影的位置，平移到图 11-23-4 中，得 oab，其中 a_1 点为大轴在下导的中心，O 点为大轴在上导处的中心。

（3）以 2mm 代表 0.01mm 即 200：1 的比例画出上导轴承圆、下导轴承圆，并标上各轴瓦实际位置。

（4）由 a_1 点向下导轴承圆的 4 对轴瓦方向的直径作垂线得 O_1、O_2、O_3、O_4 点，由 O_1、O_2、O_3、O_4 点分别向各瓦号量取距离，再按比例换算成轴瓦实际间隙值。显然 $5O_1/200=5$ 号轴瓦间隙；$1O_1/200=1$ 号轴瓦间隙；$2O_1/200=2$ 号轴瓦间隙；

图 11-23-4 图解法求轴承间隙分布

$6O_1/200=6$ 号轴瓦间隙；$3O_1/200=3$ 号轴瓦间隙；$7O_1/200=7$ 号轴瓦间隙；$4O_1/200=4$ 号轴瓦间隙；$8O_1/200=8$ 号轴瓦间隙。

（5）同理可图解出上导各瓦间隙值。

（6）把上导及下导各瓦间隙的图解值整理并记录，如图 11-23-5 所示的形式。

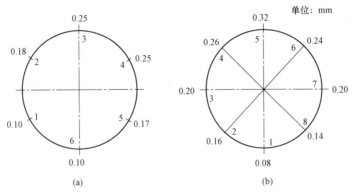

图 11-23-5 上、下导轴瓦间隙的图解值

（a）上导轴瓦间隙；（b）下导轴瓦间隙

（7）用上述结果调整上下导各轴瓦间隙与之相同。这样，即考虑大轴自身的曲折，又准确地计入主轴的停留位置与各瓦的相对关系，使旋转轴线受力良好。

【思考与练习】

（1）说明图解法的基本原理。

（2）说明图解法原则与依据。

（3）说明图解法的前提。

（4）说明图解法的方法、步骤。

模块 24　卧式水轮发电机组导轴承间隙调整（ZY3600406024）

【模块描述】本模块介绍塞尺法和压铅法在卧式水轮发电机组导轴承间隙调整过程应用。通过知识要点讲解、图文讲解及实物训练，掌握卧式水轮发电机组导轴承间隙调整方法。以下部分还涉及滑动轴承常见的缺陷及检查。

【模块内容】

一、滑动轴承常见缺陷及轴瓦的检查

（1）滑动轴承常见缺陷及产生的原因。滑动轴承的主要缺陷，表现在轴承合金磨损、产生裂纹、局部脱落、脱胎及电腐蚀等。所有这些缺陷，若得不到及时的检修，最后则将导致轴承合金熔化事故。产生上述缺陷及事故的原因如下：

1）轴承的供油系统发生故障，使轴瓦的润滑油中断或部分中断，造成轴承合金熔化。这是滑动轴承最严重的恶性事故。

2）润滑油质量不良，常表现在油呈酸性或油中水分增加及有杂质。油质不良会导致轴颈和轴瓦发生腐蚀、产生磨损及轴承温度升高等，严重时油膜被破坏，出现半干摩擦，最后造成轴承合金熔化。

3）轴承合金质量不好或浇铸工艺不良。如轴承合金熔化时过热、有杂质；瓦胎清洗工作做得差；浇铸后冷却速度控制得不好等，都会造成轴承合金有夹渣和气孔，出现裂纹，脱胎等缺陷。

4）机组振动过大，轴颈不断撞击轴承合金，在合金表面出现白印及肉眼可见的裂纹，进而在裂纹区合金开始剥离、脱落。裂纹会把油膜破坏，脱落的合金会堵塞轴瓦间隙，破坏正常的润滑。

5）由于轴承合金的油隙及接触角修刮不合格，或轴瓦位置安置不正确，致轴瓦与轴颈的间隙不符合要求或接触不良，造成轴瓦润滑及负载分布不均，引起局部干摩擦而导致轴承合金严重磨损。

6）水轮发电机的轴颈与轴承合金表面，还会因轴电流而产生腐蚀。轻微的电蚀将造成轴颈和轴承合金的表面金属光泽消失，有时油被烧焦表面出现黑色，并在润滑油内有青铜或轴承合金粉末。腐蚀严重时，会把轴颈及轴承合金的表面电蚀成灰白色的麻面。继续发展，轴颈和轴瓦的正常油隙、接触角将会受到破坏。

（2）轴瓦的检查方法。滑动轴承解体后，首先检查轴瓦的轴承合金磨损程度，有无裂纹和局部脱落、脱胎及电腐蚀等。

1）检查轴承合金的磨损程度，除观察其表面磨损的痕迹外，还应根据轴瓦图纸尺寸核算轴承合金现存厚度，也可用直径为 5～6mm 的钻头在轴瓦磨损最严重处或端部钻一小孔，实测其厚度。

2）轴承合金脱胎的检查方法，除脱胎很明显地可直接检查看出外，一般都需将轴承合金与瓦胎的接合处浸在煤油中，停留片刻后取出擦干，将干净纸放在接合处或用白粉涂在接合处，然后用手挤压轴承合金面，若纸或白粉有油迹，则证明轴承合金脱胎。

3）轴瓦经过检查后，若发现有下列缺陷之一时，就必须重新浇铸轴承合金：

a. 轴瓦间隙过大，轴承合金现存厚度已不能再继续修刮。

b. 轴承合金表面有大面积的砂眼、气孔、杂质、脱胎、裂纹等。

c. 在检修中，一般遇到的轴承合金缺陷，大多数是尚未发展到必须重新浇铸的程度，对于这类缺陷均可采用补焊处理。

（3）在检查轴瓦时，也应仔细检查瓦胎。若发现瓦胎有裂纹或变形就应更换新的瓦胎。

（4）球面瓦球面接触的检查。

1）球面的接触情况同样可用塞尺及球面工作痕迹进行检查。

2）接触面积不应小于总面积的 60%，并且分布均匀。

3）对球面不要轻易进行研刮或研磨，因球面两侧出现间隙无法调整。

4）研刮工艺不当极易改变球面形状，影响调心。一般接触较差，只要运行正常，就不必做球面的研刮。

5）只有在更换新瓦或因接触不良引起轴瓦振动时才进行研刮工作。

二、滑动轴承检修前的测量

滑动轴承在解体的过程中，应测记以下各部数据（见图 11-24-1）：

（1）轴颈与轴瓦顶部间隙 a 及两侧间隙 b。

（2）轴瓦紧力 c。

（3）轴颈与轴瓦端部间隙 h 及圆角 r 接触情况。

（4）轴瓦结合面垫片的片数 m 及厚度 s。

（5）油挡环与轴之间的间隙 d。

（6）下瓦与轴颈的接触弧度 θ 和接触情况 e。

（7）检查轴瓦的调整垫铁 1 与轴承座 2 的接触情况及调整垫铁内垫片片数 n 与厚度 t。

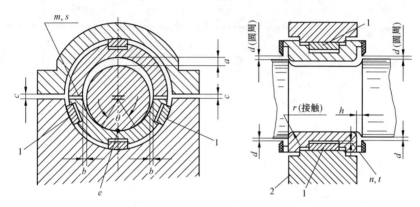

图 11-24-1　轴承各部数据

1—调整垫铁；2—轴承座

下面主要说明轴瓦间隙与紧力的测量。

1. 轴瓦两侧间隙测量

轴瓦两侧间隙 b 的测量是用塞尺在轴瓦水平结合面四个角（瓦口）处进行。塞尺的插入深度约为轴直径的 1/10～1/12。由于侧隙是楔形的，故塞尺不可插入过深。检查侧隙是否对称，可用 0.03mm 厚的塞尺沿瓦口插入，检查插入深度是否一致。若不一致，常常是因瓦的下部接触面不对称或接触不良所造成的。

2. 轴瓦顶部间隙测量

先将铅丝（保险丝）放在下瓦的两侧和轴颈顶部，如图 11-24-2（a）所示，然后合上上瓦，并均匀地拧紧结合面螺栓，随后再分解开，取出铅丝并测记其厚度。则顶部间隙 a 为顶部铅丝厚度的平均值减去两侧铅丝厚度的平均值。

$$a = \frac{1}{2}(a_1 + a_2) - \frac{1}{4}(b_1 + b_2 + b_3 + b_4) \qquad (11-24-1)$$

检查顶部间隙是否出现楔形（顶隙的平均值是合格的），可将前后端的测量值分别进行计算，即前端顶隙 $a_1 - \frac{b_1 + b_2}{2}$、后端顶隙 $a_2 - \frac{b_3 + b_4}{2}$，前后端的顶隙应相等。若不等，则证明顶隙出现楔形，如图 11-24-2（b）所示。

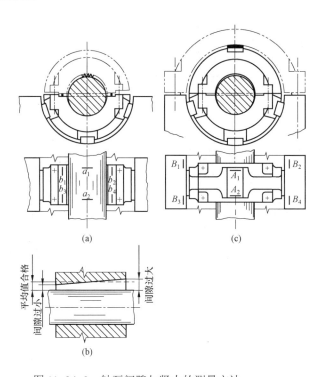

图 11-24-2 轴瓦间隙与紧力的测量方法
(a) 轴瓦顶隙的测量；(b) 楔形顶隙；(c) 轴孔紧力的测量

轴瓦的间隙应按制造厂的规定，不得擅自变动。若无图纸资料可查时，圆筒形轴瓦顶隙取轴颈直径的（1.5～2）/1000；椭圆形轴瓦顶隙取轴颈直径的（1～1.5）/1000，侧隙可按图 11-24-8 的规定。

3. 轴瓦紧力测量

轴承盖对轴瓦压紧之力称为轴瓦紧力。轴瓦紧力的作用主要是保证轴瓦在运行中的稳定，防止轴瓦在转子不平衡力的作用下产生振动。

轴瓦紧力的测量与轴瓦顶隙的测量方法相同，只是放铅丝的位置不同。测量轴瓦紧力是将铅丝放在轴承座的结合面和轴瓦的顶部处，如图 11-24-2 (c) 所示。轴瓦紧力值 c 等于两侧铅丝厚度的平均值与顶部铅丝厚度的平均值之差，即

$$c = \frac{1}{4}(B_1 + B_2 + B_3 + B_4) - \frac{1}{2}(A_1 + A_2) \qquad (11-24-2)$$

当 c 为负值时，就表明轴瓦顶部有间隙。

轴瓦紧力关系到下瓦与轴颈的接触状态，故应要求轴瓦前后的紧力值尽量一致，即

$$\frac{B_1 + B_2}{2} - A_1 \approx \frac{B_3 + B_4}{2} - A_2 \qquad (11-24-3)$$

若前后的紧力值不等，就可以对瓦顶部的垫铁做适当的调整。

轴瓦紧力应符合制造厂的规定。若无规定时，对于圆筒形轴瓦，其紧力值为 0.05～0.15mm。球形轴瓦紧力不宜过大，以免球面失去调心作用，通常取紧力值为 0.03mm 左右。

上述紧力值适用于在运行中轴瓦与轴承盖温差不大的轴承。如果在运行中轴瓦与轴承盖温差较大，则应考虑温差对紧力带来的变化。至于这种变化有多大，则要看实际的温差值，以及在检修中总结出的冷态与热态的紧力变化。

4. 测量工作中的注意事项

（1）铅丝直径 d 的选择，以压扁后不小于 $d/2$ 为好（或比顶部间隙大 0.5mm）。若选用铅丝的直径过大，则必然将铅丝压得很扁，此时拧紧螺栓的紧力也相应地增加，造成被测量的构件没有必要的变形，并影响测量值的准确性。

（2）铅丝的长度也不宜过长，一般以轴瓦长度的 1/5～1/6 为宜。

（3）测量被压扁的铅丝厚度时，应注意最薄处的测量值，最薄处也就是设备结合面间隙最小处。因此，在取测量平均值时，对其最小值要进行分析，切不可大意，因为最小值往往是真实的，而平均值则为虚假的。

（4）若轴瓦的结合面精度很高，则在测量时结合面可不放铅丝或在结合面两侧放置等厚的钢皮。

（5）放置铅丝的位置，一定要符合设备的实际情况，即所测之值应与实际状态相符。

三、轴瓦刮削

1. 刮削工具及显示剂

轴承合金的刮削，一般都采用三角刮刀。刮刀在使用前需要细致地进行刃磨，磨得好坏对刮削质量有着直接的影响。刃磨时将刮刀的前端三角边平放在油石上，根据刮刀前弧形做前后弧形推磨，如图 11-24-3 所示。磨好的刮刀不但要求锋利无缺口，而且要求刃口弧面连续。

刮削所用的显示剂，普遍采用红丹粉（使用时用清机油调和成糊状）。显示剂必须保持清洁，不得有污物、砂粒、铁屑等混入。显示剂可以涂在轴颈上，也可以涂在轴瓦的合金面上。涂抹时要求薄而均匀，可用手指粘上少许红丹点在工件上，再用手掌将红丹抹匀。

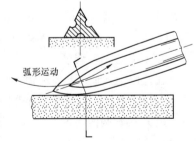

图 11-24-3 三角刮刀的刃磨

2. 轴瓦刮削方法

将轴瓦放平稳并卡牢固，保证在刮削时轴瓦不会移动。刮削时轴瓦位置高低要适当，光线以不反光并能看清磨合后的亮点子为准。

握刮刀的姿势因人而异，通常是右手直握刀柄，左手掌向下横握刀体。刮削时右手作半圆运动，左手顺着轴瓦曲面拉动或推动刮刀，并同时沿轴向做微小地移动。刃口的运动轨迹是一螺旋形。

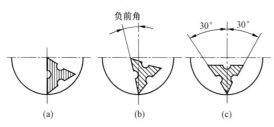

图 11-24-4 刮刀的刮削角度
(a) 前角为零；(b) 较小的负前角；
(c) 较大的负前角

刮刀的刮削角度，可大致分为三种，如图 11-24-4 所示。一般负前角愈小刮削量愈大。具体的刮削操作，各人有自己的习惯和特长，无必要统一其操作规范，各自在实践中加以总结，取长补短，提高刮削质量。

刮削分为粗刮和精刮：粗刮主要用于大的刮削量，如刮下瓦侧隙及车加工后车削刀痕等；精刮多用在下瓦接触角的刮削，精刮的目的主要是增加瓦与轴的接触点。

粗刮允许将瓦放在轴颈上或与轴颈等径的假轴上进行磨合着色。精刮则要将轴瓦放入轴承座内，置于使用状态，用转子进行磨合着色，只有这样刮出来的下瓦接触面才是真实的。

下瓦与轴颈接触面的宽度，即通常称为接触角，其值应按制造厂家的规定。若无资料可查时，接触角取 60°～70°。当轴颈直径与轴瓦长度之比小于 1～0.8 或轴承压强大于 0.8～1MPa 时，其接触角可达 75°～90°。

轴瓦的润滑油进孔、顶轴油孔的位置与形状，刮削时应特别仔细，尤其是对新浇铸轴瓦或在该处进行补焊后的轴瓦，其修刮应按原样复形。复形有困难时，可参照图 11-24-5 所示的图形进行刮削。

3. 轴瓦修刮与调整

在检修轴承时，若发现轴瓦与轴颈的间隙及接触面不正确时，则先不要盲目动手修刮，而应根据具体情况进行分析再做处理。

（1）轴瓦两侧间隙边变小，上瓦顶部间隙增大，并超过允许值，说明下瓦有较大的磨损，则需进行局部补焊。

（2）轴瓦两侧间隙过大，顶部间隙偏小，往往是安装或检修时遗留下的问题。对这种情况，若运行中无异常现象，就可不必修理。

（3）轴瓦两侧间隙与塞尺的塞入深度关系不正确时，必须进行修刮。

（4）轴瓦两侧及顶部的前后间隙不同时，往往是轴瓦的安装位置不正确或由于轴瓦在车加工时造成的偏差。此时应该检查轴瓦的调整垫铁的接触情况，以及轴瓦中分面的圆形销是否有别劲现象等，而使轴瓦歪斜，经查证若不是因轴瓦位置不正确而造成的，则可对轴瓦进行修刮。

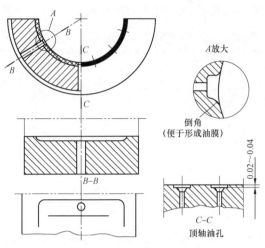

图 11-24-5　进油孔与顶轴油孔形状

（5）下轴瓦的接触面，无论是增大、偏歪或过小都应修刮。在修刮时要注意顶部间隙的变化。

上述轴瓦的修刮工作，除三油楔轴瓦外，均应将下瓦装入轴承座，盘动转子磨合着色，取出下瓦根据痕迹修刮。对于有调整垫铁的轴瓦，应在垫铁修刮后再修刮轴瓦。取下瓦的方法可用铁马将轴颈抬起 0.20～0.30mm，并用事先在轴头上装好的一千分表监测轴的抬起值，然后用铜棒在轴瓦一侧轻击，使轴瓦从另一侧滑出，即可取出下瓦，也可采用 8 字钩和撬棍将下瓦取出，如图 11-24-6 所示。

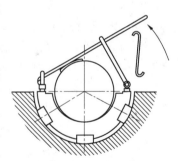

图 11-24-6　取下瓦的方法

4. 新浇铸轴瓦加工与刮削

新浇铸的轴瓦经检验合格后，将上下瓦结合面多余的合金刨去并研磨好，再用夹具把上下瓦合成一整体，进行车削加工。

对于圆筒形轴瓦，通常按轴颈的直径来车削其内圆，再刮出侧隙和顶隙，也可以按轴颈直径加上顶部间隙值来加工，这样可减少上瓦研刮工作量。为此，应在轴瓦结合面处加一厚度为 1/2 顶部间隙 a 的垫片，并在车床上按上半瓦的结合面为中分面进行找正，如图 11-24-7（a）所示，使预留的研刮裕量全部留在下瓦上，上瓦基本上不需研刮。

车削椭圆瓦时,应在轴瓦的水平结合面上放入垫片,垫片的厚度 k 为轴瓦两侧间隙 b 之和减去顶部间隙 a [见图 11-24-7(b)],即 $k=2b-a$。

车削加工时,按上瓦的结合面为中分面进行找正。

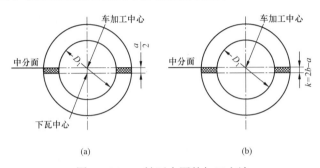

图 11-24-7 轴瓦内圆的加工方法
(a)圆筒形内圆加工;(b)椭圆形内圆加工

车削加工的直径 D_1 应为轴颈的直径 D_0 加上两侧的间隙,即 $D_1=D_0+2b$。

举例:加工一椭圆瓦,轴颈直径 $D_0=100\text{mm}$,要求顶隙 $a=0.10\text{mm}$,侧隙 $b=0.20\text{mm}$,上下瓦结合面应加垫片厚度为 $2b-a=2\times0.20-0.10=0.30\text{mm}$;轴瓦内圆车削直径为 $D_1=100+2\times0.20=100.40\text{mm}$;去掉结合面垫片后,顶隙为 0.10mm、侧隙各为 0.20mm。

轴瓦车好后,下瓦可以放在转子的轴颈或假轴上磨合着色、刮削。通过研刮应得到图 11-24-8 所示的轴颈与轴瓦的接触及间隙关系,但要留少许在机体内修刮时的裕量。在刮削时要随时测量间隙值。

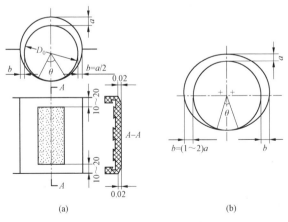

图 11-24-8 轴瓦的间隙及接触区
(a)圆筒形轴瓦;(b)椭圆形轴瓦

第三部分

水轮发电机机械设备维护

第十二章

水轮发电机定子维护

▲ 模块1　定子日常维护的主要内容（ZY3600301001）

【模块描述】本模块介绍了定子日常维护的主要内容。通过知识讲解、图文讲解，了解定子日常维护内容。

【模块内容】

水轮发电机定子主要由机座、铁芯、绕组、上下齿压板、拉紧螺杆、端箍、端箍支架、基础板及引出线等部件组成，如图 12-1-1 所示。定子是水轮发电机重要的固定部件，主要作用交变磁场切割定子绕组时，产生交变电动势和交变电流。

一、定子装配检查

定子组装时存在很多结构焊缝、紧固部件，各部螺母紧固后都要进行点焊来保证各部件的一体性和牢固性。因此要对以下项目进行检查：

（1）检查各结构焊缝无开焊。

（2）检查基础螺栓、销钉无开焊、松动。

（3）检查压紧螺杆的螺母无开焊、松动。

（4）检查上、下齿压板的顶丝螺母无松动。

二、定子通风槽检查

定子通风槽是通风系统的重要组成部分，它的作用是将水轮发电机定子、转子产生的热量带走。如果定子通风槽内存在油渍，积累较多的灰尘杂质，将会导致定子通风不畅，定子转子温度升高，甚至会影响定子绝缘。因此定子通风槽应保持清洁。

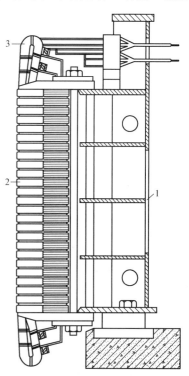

图 12-1-1　水轮发电机定子结构图

1—机座；2—铁芯；3—线圈

三、定子铁芯检查

铁芯是定子的重要组成部分，是水轮发电机磁路的主要通道，也是定子绕组的安装和固定部件。铁芯由扇形冲片、通风槽片、齿压板、拉紧螺栓、定位筋等部件组成。如果定子铁芯发生松动，可能发生定子单相接地及定子局部过热现象。因此要定期检查定子铁芯，保证定子铁芯无松动、变形，绝缘良好。

四、定子挡风板检查

定子挡风板是通风系统的重要组成部分，它控制热风从通风槽通过，经过冷却器冷却后实现热量交换。定子挡风板是通过螺栓固定在定子机座上的，如果维护不当螺栓会松动、脱落，造成挡风板松动、振动、撕裂甚至脱落，严重时会进入定子转子之间破坏绝缘。东北某水电厂就曾经发生过定子挡风板脱落，导致机组扫膛事故。因此要定期检查定子上、下挡风板无破损、无松动、无变形；挡风板连接紧密，无缝隙；挡风板固定螺栓无松动、无脱落。

五、定子温度检查

定子温度是监控定子运行情况的重要指标。维护人员应经常性地检查定子温度变化情况，从而分析定子的健康状况。定子温度应满足规程要求。

六、绕组固定检查

定子绕组的固定对确保水轮发电机安全稳定运行及延长绕组使用寿命有着十分重要的作用，如果固定不牢，在电磁力和机械振动力的作用下，就会造成绝缘损伤和匝间短路等故障。因此要定期检查绕组的固定情况，保证槽楔压紧，端箍固定牢固。

此外还要定期对定子进行耐压试验，检查定子的绝缘状况，由于不是本专业工作范畴，在此就不做详细介绍了。

【思考与练习】

（1）定子日常维护主要内容是什么？

（2）定子挡风板主要检查内容及质量标准是什么？

◢ 模块 2 定子常见缺陷（ZY3600301002）

【模块描述】本模块介绍定子常见缺陷。通过知识讲解、案例分析及实物训练，掌握定子常发缺陷内容和常用处理方法。

【模块内容】

定子常见缺陷主要有定子挡风板螺栓松动；定子温度过高；定子铁芯松动；定子绝缘损坏等，下面分别进行介绍。

一、定子挡风板螺栓松动

（一）现象

（1）定子挡风板固定螺栓松动，甚至脱落。

（2）定子挡风板松动、断裂甚至完全脱落。

（二）原因分析

（1）水轮发电机组经过长时间的运行，定子上、下固定挡风板螺栓、弹簧垫会因热胀冷缩、机械振动等缘故造成疲劳，使部分质量较差的弹簧垫失效，预紧力不足的螺栓松动，甚至脱落。

（2）部分螺栓松动的定子挡风板将会活动，随着机组的振动，挡风板振动加大，加速其他螺栓松动、脱落，最终导致该定子挡风板断裂，甚至脱落。

（三）处理方法

（1）对于松动螺栓应检查螺栓应无损坏，有弹簧垫的还有检查弹簧垫应弹性正常后，紧固松动的螺栓。

（2）挡风板一旦有破损必须更换。

（3）对于松动的挡风板需将该挡风板上的所有螺栓紧固一遍。

（4）脱落的挡风板应认真检查该挡风板破损情况，如完好则重新安装，将螺栓紧固好。

（四）对于使用封垫的螺栓应注意以下几点

（1）紧固螺栓前或拆除螺栓前先将封垫铲平。

（2）紧固螺栓后重新封好封垫。

（3）如果封垫损坏，不能起到防止螺栓旋转的作用时，应及时更换新封垫。

二、定子温度过高

（一）现象

（1）监控屏上显示定子温度比平均高出较多。

（2）定子温度过高报警。

（二）定子温度过高主要有下列原因

（1）水轮发电机过负荷运行，超过允许时间。

（2）三相电流严重不平衡。

（3）水轮发电机的通风冷却系统发生故障。

（4）定子绕组部分短路或接地。

（5）定子铁芯的绝缘可能部分损坏、短路，形成涡流。

（三）处理方法

（1）常态化监控定子温度，发现温度升高及时分析原因，监视温度上升趋势。必要时降低负荷或停机检查。

（2）检查通风系统是否发生故障，如果有故障及时排除。

（3）检查定子铁芯是否松动，绝缘是否破坏，如果有故障及时排除。

（4）检查定子绕组各部分是否存在短路或接地故障，应及时将其排除。

三、定子绝缘破坏

定子绝缘下降后，应由电气工作人员测量定子绝缘，发现绝缘不良，应查找出故障点并及时排除。由于定子的绝缘问题属于电气专业工作范畴，因此在这里不做介绍。

四、定子铁芯松动

定子铁芯松动的现象、原因及处理方法将在模块（ZY3600301003）中作详细介绍。

【思考与练习】

（1）定子温度过高的原因有哪些？

（2）定子挡风板固定螺栓松动的处理方法有哪些？

◢ 模块 3　定子铁芯松动原因分析及处理（ZY3600301003）

【模块描述】本模块介绍定子有效铁芯度变松的特征、铁芯局部松动原因的分析和一般处理方法。通过知识讲解及案例讲解，掌握对定子铁芯局部松动处理方法。

【模块内容】

一、定子铁芯变松的现象及特征

（一）定子铁芯变松主要情况

（1）从定子堂内向外看，各种松动铁芯下方的压齿比两旁的压齿位置略低。即定子铁芯发生轴向位移。

（2）定子铁芯发生径向位移。

（3）定子铁芯发生切向位移，严重时有部分槽底垫条被剪断。

以上现象视其变松的原因不同，可能独立出现，也可能出现多项。

（二）定子铁芯变松的主要特征

（1）定子拉紧螺杆的应变力仅为安装测量时的一部分。

（2）冲片间的压力都小于正常值。

（3）定子铁芯紧前与紧后的高度差值较大。

二、定子铁芯松动原因分析

造成定子铁芯松动的原因有很多，总结下来主要有以下几点：

（一）振动因素

1. 水力振动

由于水轮发电机组的负荷随时变化，水轮机调速器不断在小范围内调节水流量，由于水的惯性作用，使得水力出现不均匀现象；上下游水位的变化，也造成水力出现不均匀现象，这两种情况造成水力振动。水力振动势必造成水轮发电机组的基础振动，基础带动定子机座振动，这样就会引起定子的整体振动。水轮发电机组都有水力振动区，如果机组经常通过振动区，或长时间停留在振动区时会使机组运行环境恶化。

2. 机械振动

水轮发电机组在运行过程中，由于机组的转动部件的各部分的重心不可能完全在机组中心线上，而存在偏心现象，这将导致机组运转时产生振动；各导轴瓦的轴瓦间隙不可能完全一致，导致机组运行过程中出现振动；水流进入转轮时，不可能完全均匀，也会出现因机械受力不均匀而产生振动。上述振动势必引起机座振动，从而使定子铁芯发生振动。

3. 电磁振动

水轮发电机并网运行后，由于定子线圈有电流流过，使它产生电磁力，电力系统三相运行并不是完全对称的，负序分量将产生不平衡的电磁力，造成电磁振动。这种振动将直接作用于定子线圈，带动铁芯振动。

（二）热胀冷缩

1. 热胀

水轮发电机在运行过程中，电流流过定子线圈，而定子线圈存在固有的直流电阻，将会产生一部分热量，同时负序分量产生的漏磁也加速了定子铁芯的温升，运行时铁芯发热膨胀，向外受到了固定在机座的固定定位筋的限制，向内又受到定子线棒的阻挡，所以铁芯必然轴向膨胀挤压螺杆，从而使螺杆长期受力超载产生疲劳。

2. 冷缩

当水轮发电机不运行时，经自然冷却，定子恢复并保持环境温度，由于冲片之间的摩擦系数与压板、压指和冲片之间的摩擦系数不一样，冲片冷却后复归原位的能力也就不一样，而处于最下层的冲片复归原位的能力最弱。

由于以上原因，机组的定子铁芯经长期运行、停机，反复热胀冷缩后，铁芯必然向内挤压线棒，向轴向挤压拉紧螺杆，从而引起线棒绝缘损坏、定子松动。这种现象不断循环，使定子铁芯中的叠片容易发生松动。

三、定子铁芯松动处理方法

（一）一般处理过程及方法

（1）吊出永磁机、上机架、转子。

（2）做好定子铁芯保护工作。

（3）磨去铁芯拉紧螺杆螺母焊疤和调节螺钉螺母焊疤。

（4）对上、下齿压板进行编号，测量铁芯高度及调节螺钉与定子环板相对高度。

（5）对下齿压板进行试拆与拉紧螺杆应变力的测量。

（6）当下齿压板降下一定高度后，在冲片对应的槽子中间，用钢板尺插入最下层与第二层冲片之间，上下摆动，使冲片之间、冲片与线棒、定位筋之间分开，再将最下层冲片从下齿压板最内层端取出。依次取出绝缘损伤的冲片，用酒精清洗，干燥后刷环氧树脂胶。然后将取出的冲片依次回装。

（7）检查线棒损伤情况，用酒精清洗，干燥后刷环氧树脂胶。

（8）将齿压板装复，调整调节螺钉，使上下齿压板基本水平。

（9）用这种方法顺时针方向依次处理完有问题的冲片。

（10）若绝缘没有损坏，对部分螺杆进行压紧试验并测量其应力，在掌握其压紧力的条件下，分 3 次对定子铁芯进行紧固，第 1 遍用 1500N·m，第 2 遍用 1650N·m，第 3 遍用 1800N·m。

（11）铁芯紧固后，进行螺杆、螺母点焊和全面清扫检查工作。

（12）测量紧固后的定子铁芯高度，上、下齿压板水平度，调节螺钉与定子环板的相对高度，记录并保存。

（二）其他处理方法

（1）定子下端部铁芯松动（部分铁芯绝缘破坏）的处理方法：

1）将松动的铁芯硅钢片分开，将环氧树脂与固化剂按 1:1 搅拌均匀，用半导体垫条蘸环氧树脂插入齿部铁芯，将环氧树脂均匀地涂在每块硅钢片故障部位的齿部。半导体垫条在铁芯阶梯部位的插入深度约为 160mm，在阶梯位置上方的钢芯段插入深度约为 115mm。

2）将 89～90 槽定子铁芯下方的盒形压齿向上顶起，分别在盒形压齿与定子铁芯硅钢片之间从内外两侧打入楔形垫块，如图 12-3-1 所示。打入楔形垫块后，检查定子铁芯的松动情况，须确定故障定子铁芯无松动，两侧相邻部分铁芯齿部也无松动。

3）在楔形垫块与盒形压齿之间进行电焊，使楔形垫块与盒形压齿固定，防止楔形垫块松脱。在盒形压齿与机座之间进行焊接，防止盒形压齿产生位移。

（2）定子下端部铁芯（铁芯无片间短路，即绝缘没有破坏）处理：

1）在盒形压齿与定子铁芯硅钢片之间从内外两侧打入楔形垫块，如图 12-3-2 所示。打入楔形垫块后，检查定子铁芯松动情况，确认故障定子铁芯无松动，两侧相邻铁芯齿部无松动。

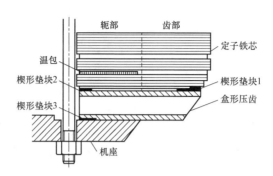

图 12-3-1 定子端部铁芯松动处理示意图

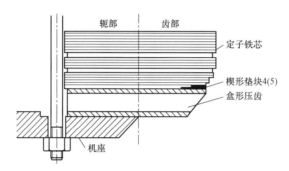

图 12-3-2 定子端部铁芯松动处理示意图

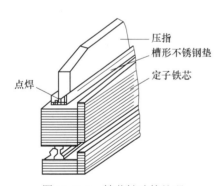

图 12-3-3 铁芯松动的处理

2）楔形垫块与盒形压齿之间进行点焊，将楔形垫块与盒形压齿固定，防止楔形垫块脱落。

3）当个别铁芯端部松动时，可在压指与硅钢片间加一定厚度的槽形不锈钢垫，垫端部应与压指点焊固定，如图 12-3-3 所示。若整块压指板下的铁芯均有松动，则可在压指板后部与定子外壳之间加垫调整。

（三）处理后监控措施

定子铁芯松动问题处理好后，可以在铁芯松动部位加装温包以测量该部位运行时的温度；在铁芯松动部位定子外侧设置观察孔，可以通过观察孔用红外测温技术进行测温。

【思考与练习】

（1）定子铁芯松动处理是否需要将定子完全分解。

（2）定子铁芯松动的一般处理方法是什么？

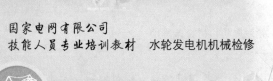
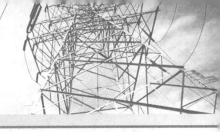

第十三章

水轮发电机转子维护

▲ 模块 1　转子日常维护内容（ZY3600302001）

【模块描述】本模块介绍水轮发电机转子日常维护内容。通过知识要点讲解及图文结合，了解转子日常维护的主要工作内容。

【模块内容】

一、概述

转子是水轮发电机组产生强大磁场的转动部件，它主要有产生磁场的磁极，作为导磁和产生飞轮力矩的轮环（又称磁轭）、传递由水轮机传来的机械转矩的主轴和转子支架等组成。由于转子质量大且直径大，因此转子在转动过程中形成较大的离心力，较大的离心力对转子的结构焊缝、部件的稳定形成强大的冲击。同时由于水力不均匀，单边磁拉力等诸多因素导致转动部分发生振动，转子较大的直径及质量增加了其受振动破坏的影响。较大的振动力很容易使转子各部积蓄的应力产生释放，造成部件损坏。因此在转子日常维护工作中应对以下工作进行重点检查。

二、转子日常维护的主要内容及质量标准

1. 转子支架各结构焊缝检查

转子支架各结构焊缝无开焊。仔细检查各结构焊缝不应存在裂纹，有裂纹表示焊缝已经开焊。

2. 各连接螺栓、螺母检查

各连接螺栓、螺母无松动、开焊。认真观察螺母点焊位置应无裂纹，敲击螺栓看螺栓是否松动。

3. 穿心螺杆检查

穿心螺杆无松动、开焊。主要检查穿心螺杆点焊位置应无裂纹。

4. 磁极键、磁轭键检查

磁极键、磁轭键、卡键焊缝无开焊。磁极键和磁轭键是固定磁极和磁轭的重要部件，在机组转动过程中承受着巨大的离心力，同时还要承受水推力的作用，磁极键和

磁轭键在转动过程中易发生位置移动，一组两键之间也易发生相对位移，因此要认真检查磁极键和磁轭键点焊处应无开焊。

5. 上、下挡风板紧固螺栓检查

上、下挡风板紧固螺栓无开焊、松动。检查时用 0.5 磅的手锤沿着螺栓紧固的方向轻轻敲击挡风板紧固螺栓头，观察螺栓应无松动，螺栓与挡风板应无间隙。同时听敲击发出的声音，根据经验判断应为实接的声音。

6. 制动环检查

制动环表面应无毛刺、无裂纹，制动环与磁轭连接挂钩焊缝无开裂，穿心螺杆与磁轭（轮环）键不应突出制动环表面。一般情况下穿心螺杆及轮环键与制动环表面距离不应小于 5mm。

7. 磁轭（轮环）检查

检查磁轭冲片应无松动，轮环无下沉。

8. 转子上下风扇检查

上下风扇无变形，无损坏，螺栓无松动。

9. 转子整体检查

转子内外应保持清洁，无杂物。

【思考与练习】

（1）转子日常维护的重点是什么？

（2）制动环检查质量标准是什么？

◢ 模块 2 水轮发电机内部检查内容（ZY3600302002）

【模块描述】本模块介绍水轮发电机内部检查内容。通过对水轮发电机内部检查内容的介绍及图例讲解，掌握水轮发电机内部检查内容。

【模块内容】

一、概述

水轮发电机组主要由定子、转子、推力轴承、上、下导轴承、制动系统、通风系统、励磁系统等组成，为了保证人身、设备的安全，减少机组对周围环境的影响，水轮发电机组的大部分部件都设置在定子外罩和上、下机架内。为了保证机组安全稳定运行，这就要求维护人员定期进入水轮发电机内部进行检查。水轮发电机内部主要是指大、中型水轮发电机组水轮发电机外罩以内，上机架盖板与下部走台之间，在外面是无法观察到的区域。

伞式机组推力轴承在转子下部，上导轴承在上机架盖板以下，因此就伞式机组而言推力轴承与上导轴承属于水轮发电机内部设备。除这两部分外，伞式机组与悬式机组的水轮发电机内部设备基本一致。

二、水轮发电机内部检查通用内容及质量标准

（一）转子检查

（1）转子各旋转挡风板应平整、无裂纹和变形。固定螺栓应无松动，各锁定片锁固后不起皱。

（2）挡块销钉及紧固螺栓等。

（3）各部结构焊缝无开焊。

（4）上下风扇应无开裂，无变形。

（5）转子轮臂与中心体结合面应无变化。

（6）磁极内、外挡块无异常。

（7）制动环挂钩无开焊。

（8）磁极键、磁轭键、卡键焊缝、穿心螺杆无松动，无开焊。

（9）制动环表面应无毛刺、无裂纹，制动环与磁轭连接挂钩焊缝无开裂，穿心螺杆与磁轭（轮环）键不应突出制动环表面，制动环压紧螺杆、螺帽无凸出。

（10）检查转子各部应无异物及其他杂物。

（二）上机架检查

（1）上机架与混凝土基础连接螺栓无松动、键焊缝无开焊。

（2）上机架支撑臂楔形键焊缝及螺栓、传动臂楔形键焊缝无松动，无开焊。

（3）上机架踏板固定螺栓无松动。

（4）上机架千斤顶剪断销应无断裂，备帽无松动，千斤顶径向摆度满足要求。

（三）定子检查

（1）定子基础地脚螺栓、定子机座堵板螺栓无松动。

（2）下部齿压板螺栓无松动、齿压板下部环板紧固牢固。

（3）定子挡风板紧固螺栓无松动，挡风板无裂痕。

（四）下导轴承检查

（1）下导轴承密封盖密封良好无渗漏，下导油位、油色正常。

（2）下导轴承油水混合器、托盘、油水管路无异常。

（五）下机架检查

下机架固定螺栓、基础螺栓无松动，销焊缝无开焊。

（六）附属设备及其他检查

（1）空气冷却器固定螺栓、上下端盖螺栓无松动、空气冷却器无渗水。

（2）制动器（风闸）闸瓦与转子间隙满足规程要求，挡板螺栓无松动。风闸楔形

键无异常。

（3）集尘系统螺栓无松动。

（4）上、下风洞油、水管路接头、管夹螺栓无松动，阀门无渗漏。

（5）消火水管无异常，消火喷雾头朝向正确，管夹螺栓应紧固，锁锭片应完好。

（6）上、下风洞无异物。

三、伞式机组特有的检查项目及质量标准

（一）上导轴承检查

（1）上导轴承油槽盖板应无渗漏。

（2）上导轴承油位油色正常。

（3）上导进人孔、均压腔软管螺栓无异常。

（4）上导轴承油水系统管路阀门、接头、管夹无松动、无渗漏。

（二）推力轴承检查

（1）推力轴承盖板、呼吸器无渗漏。

（2）推力轴承油水系统管路（含推力回油管、高顶油管）阀门、接头、管夹无松动及渗漏。

（3）推力轴承油位、油色正常。

【思考与练习】

（1）转子检查主要针对哪些方面？

（2）为什么要进入水轮发电机内部进行检查？

模块 3　转子常见缺陷（ZY3600302003）

【模块描述】 本模块介绍转子子常见缺陷。通过要点讲解及案例分析，掌握转子常发缺陷内容和常用处理方法。

【模块内容】

一、转子挡风板螺栓松动

（一）现象

（1）转子挡风板螺栓松动。

（2）转子挡风板螺栓已脱落。

（二）原因分析

由于机组转动部分质量不平衡，不平衡磁拉力，不平衡水推力等因素造成机组在运行过程中振动较大。螺栓和弹簧垫经过长时间的振动容易产生疲劳，加上机组运行过程中转子温度较高，使螺栓沿长度方向膨胀变形，削减了弹簧垫的预紧力，同时由于挡风板螺母在转子内部点焊在挡风板上，转子内部温度比转子外表面温度偏高，所以螺母膨胀变化要大于螺栓。基于以上两种因素部分预紧力不足或加工质量较差的螺栓经过长期运行，发生了松动。

（三）处理方法

（1）更换失效的垫片，紧固螺栓。

（2）更换螺纹有损伤的螺栓或螺母。

（3）开焊的螺母要点焊牢固。

二、磁轭（轮环）下沉

（一）现象

（1）磁轭整体下沉。

（2）磁轭外圈下沉。

（二）原因分析

（1）磁轭键松动。

（2）磁轭外圈拉紧螺杆紧力不足，疲劳变形。

（三）处理方法

（1）将转子吊出机坑，将所有磁轭键松开，调整好磁轭水平和高程，重新将磁轭键打紧。

（2）对外圈拉紧螺杆进行压紧试验并测量其应力，在掌握其压紧力的条件下对外圈磁轭进行压紧。若无法调整或调整效果不理想，则需重新叠装磁轭。

三、转子支臂焊缝开裂

（一）现象

磁轭拆除之前转子支臂与中心体焊接缝没有裂纹，磁轭拆除之后转子支臂与中心体焊接缝出现裂纹。

（二）原因分析

（1）机组振动较大。

（2）机组长时间在振动区运行。

（3）转子支臂焊接强度不足。

（4）转子磁轭重新叠片，磁轭叠在一起基本是个整体，相互"制约"，原有的磁轭拆除后，应力突然得到释放，使多条支臂与合逢坂焊接处产生裂纹。

（5）焊接工艺较差，应力没有得到有效的释放。

（三）处理方法

拆下支臂，重新打磨做好焊接坡口，组装重新焊接，注意严格按照焊接工艺要求进行焊接，使应力得到充分释放。

四、制动环产生裂纹

制动环属于制动系统部件，因其安装在转子磁轭底部，所以通常作为转子的一部分来进行日常维护。

（一）现象

（1）制动环拉紧螺杆孔处有纵深裂痕。

（2）制动环板首端部制动面有大量细小裂纹。

（二）原因分析

（1）制动环板之间有一定间隙，环板首端接触制动闸瓦时承受较大的冲击力。加上高摩擦力使制动环板瞬间升至较高温度，使制动环板发生热变形，制动环板变脆。制动完成后金属导热快，制动环板迅速降温，在不断地冷热变化过程中制动环板内的应力逐渐集中并释放，形成裂纹。

（2）制动环板的螺杆孔处是应力最集中的地方，所以应力释放最严重。

（三）处理方法

（1）用电转在裂纹根部转孔，孔深要超过裂纹深度，使应力在此释放，不再继续发展。

（2）更换制动环。

（3）提高制动环周向水平度。

【思考与练习】

（1）你了解哪些转子缺陷？

（2）转子常见缺陷有哪些？

▲ 模块 4 转子磁极拆装检修（ZY3600302004）

【模块描述】本模块介绍转子不吊出机坑状态下对磁极拆装检修过程。通过过程介绍、图例讲解及标准解读，掌握转子抢修时转子磁极拆装检修过程的技术要求。

【模块内容】

一、概述

当某个或某几个磁极发生缺陷，需要分解下来进行处理时，往往由于生产的需要，现场条件的制约不能具备充足的检修时间，因此不能将机组上机架、转子等部件全部分解吊离，这就要求我们通常要在上机架、转子等大部件不吊出机坑的情况下对磁极进行拆除检修。

二、磁极拆除工艺流程

（1）首先将要拔出的磁极停留在可拔的位置。

（2）测量所拔磁极的拆除间隙。

（3）拆除妨碍磁极拆装的有关部件，如：水轮发电机各层盖板、挡风板、消防水管、上下风扇等。

（4）铲除或用角向磨光机磨开磁极键焊点。

（5）若磁极键较紧不易拔出时，可提前 20～30min，在上部键头倒入煤油，以润滑键结合面的铅油而使拔键省力。

（6）测量记录磁极高程（使用精度为0.02mm 的深度尺测量磁极上部"T"尾至磁轭上平面距离）。如图 13-4-1 所示。

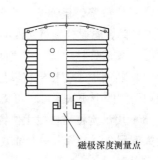

磁极深度测量点

图 13-4-1　磁极深度测量点

（7）拆除左右阻尼环接头和磁极线圈接头。

（8）在磁极宽度中心下部阻尼环处用木方垫在千斤顶头部与磁极之间，用千斤顶顶住磁极，如图 13-4-2 所示。

（9）在磁极的空气间隙中放入一根专用木条，木条上端用绳绑牢，绳的另一头设专人拽着，防止木条脱落。

（10）用桥机吊钩吊着拔键器，拔键器卡住磁极大键，找正中心，拔键器用麻绳拴牢麻绳的另一头设专人拽着，防止拔键器拔脱伤人。

（11）桥机吊钩缓缓起升，当大键拔出 1/3时，用卡钳把大小键卡在一起吊出，编号放置在指定地点。

（12）待将该磁极的两对键拔出后，在磁极

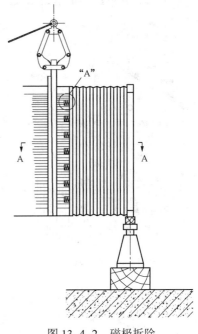

图 13-4-2　磁极拆除

上下两端罩上保护帽，系上安全绳将磁极吊起少许。

（13）用撬棍在上端将磁极别靠外侧，然后在磁极两侧的轮环面与磁极背面的缝隙内插入长条薄金属板，压住磁极弹簧，然后找正吊钩位置，将磁极吊出。吊出时避免与定子线圈相碰。

（14）取出磁极弹簧，登记并保管好。

三、磁极安装工艺流程

（1）安装前，先检查磁极"T"形尾和轮环"T"形槽内应无妨碍磁极吊入安装的设备物品，对磁极与磁轭的组合面进行清扫检查，如有凸出部分应锉平。

（2）安放好磁极弹簧（为便于拆磁极时，插长条薄板方便，应将其口向下），用两条长条薄金属板分别将两侧的磁极弹簧压住。

（3）安放好挡块垫及空气间隙的木条，检查磁极通风沟内应无异物。

（4）将两根小键按号将其厚端向下，斜面朝外放入"T"形槽两侧，分别落于专用垫块两侧的小方块上，也可将小键点焊固定在键槽内。

（5）用吊钩将磁极找正位置，垂直慢慢下落，装入键槽三分之一时应在与小键相配的大键配合面上涂上白铅油或二硫化钼，然后将大键斜面向里，薄端向下插入键槽，但不宜太深。

（6）当磁极全部下落到挡块上后核对磁极安装高程，方法与检修前测定"T"尾与磁轭轮环的相对尺寸相同，核对无误后，用桥机吊出压住弹簧的专用金属压板。检查弹簧及磁极线圈托板的位置是否正确或用手锤敲打压板进行调整。

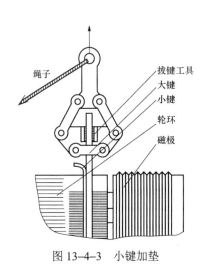

绳子
拔键工具
大键
小键
轮环
磁极

图 13-4-3 小键加垫

（7）用大锤交替将两个大键打入，打紧后，若大键端部松动，应拔出检查其结合面的接触情况，并进行锉削和砂布抛光。经多次修理后，其接触面长度已达全长的70%以上，若仅端部接触不好，可在端部加垫处理，垫片应加在小键的背面，其头部应折弯，如图13-4-3所示。

（8）检查键的下端不应露出轮环面，并应低于制动环摩擦面5mm，大键上部高度以不影响上机架安装为宜，一般为200～250mm。

（9）将大键、小键（主键、副键）上端点焊在一起。

（10）回装已拆除部件，如：水轮发电机各层盖板、挡风板、消防水管、上下风扇等。

【思考与练习】

（1）转子不吊出机坑状态下对磁极拆装检修与大修中的磁极拆装有什么区别？

（2）磁极键打紧后若大键端部松动如何处理？

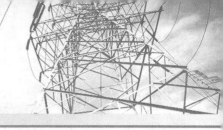

第十四章

水轮发电机推力轴承维护

▲ 模块1　水轮发电机推力轴承日常维护内容
（ZY3600303001）

【**模块描述**】本模块介绍水轮发电机推力轴承日常维护内容。通过知识要点讲解、图例分析及实物训练，掌握水轮发电机推力轴承日常维护项目。

【**模块内容**】

一、概述

推力轴承是水轮发电机组的重要组成部分，主要由推力头、镜板、推力瓦、轴承座、油槽。冷却器等组成，它承受着整个水轮发电机组转动部分的重量以及水轮机的轴向水推力，并将这些力传递给荷重机架。其工作性能的好坏直接影响着机组的安全。稳定运行。因此推力轴承是水电厂日常维护的重点。

二、对推力轴承的基本技术要求

一个性能良好的推力轴承，应在机组启动过程中，能迅速建立起油膜；在各种负荷工况下运行，能保持轴承的油膜厚度，以确保润滑良好；各块推力瓦受力均匀；各块推力瓦的最大温升及平均温升满足设计要求，并且各瓦之间的温差较小；循环油路畅通且气泡少；冷却效果均衡且效率高；密封装置合理且效果良好；推力瓦的变形量在允许的范围内。

三、水轮发电机推力轴承日常维护内容及处理措施

（一）推力轴承外观检查

1. 推力轴承应无异常声音

（1）推力轴承刚刚安装完毕后，初次试运行期间，需要检查推力轴承挡油管是否与推力头或主轴有硬性接触，推力轴承油槽内是否有遗留物。

（2）机组运行一段时间后，需要检查推力轴承油槽内是否有螺栓脱离，冷却器松动等情况发生。

（3）通常可以在周围倾听推力轴承内部声音，必要时可以将耳朵贴在推力轴承油槽外壁仔细听推力轴承内部声音。

2. 推力轴承外观应清洁

（二）推力轴承油槽检查

1. 推力轴承油槽油位应在正常范围内

（1）在推力轴承油槽内发生甩油或给排油阀门关闭不严等情况下，油槽内油位下降。油槽内油位过低时，油的润滑冷却效果下降，油温、瓦温随之升高，严重时会导致烧瓦。

（2）当推力轴承油槽充油油面过高或油冷却器发生渗漏等因素造成油位升高，破坏了油槽内润滑冷却油路，同时容易发生甩油。

2. 推力轴承油色正常，优质合格

（1）外观检查。

推力轴承使用透平油进行润滑，正常的透平油油色应是淡黄色，如果含水分比较多油色将变成乳白色；润滑油长时间在偏高温度下运行，油与空气接触，润滑油就可能被氧化，而后生成一种油泥或油沉淀物，使润滑油变稠，透平油发生变质劣化；油内进入灰尘，杂质等因素也可能使透平油变质劣化。润滑油劣化后，从外观上看油色由透明变暗变黑，油的黏度变稀或稠，用手捻摸润滑油其润滑黏度变涩，不能满足推力轴承的技术要求。

（2）化验油质。

当外观检查发现推力轴承润滑油油色不正常时应进行取油样化验；推力轴承润滑油应定期进行取油化验，监控油质变化情况，确保推力轴承润滑油始终满足推力轴承的使用要求。

3. 推力轴承油槽密封良好，不渗漏油

（1）推力轴承密封不良危害。

1）机组运行环境恶劣，如整个水轮发电机风洞地面、下机架、水车室等空气中充满油雾，油雾凝结在风洞地面、定转子、下机架，油珠掉落到地面上形成风洞内地面积油。油雾凝结在滑环电刷上，造成电刷出现火花现象。

2）推力油槽油位下降，机组运行一段时间后，需对推力油槽增补透平油。

（2）具体密封检查项目。

1）油槽盖底座与油槽密封无甩油。

2）油槽盖分半结合面密封无甩油。

3）油槽盖与推力头间隙处无油雾外溢。

4）呼吸器观察窗无渗漏油。

（三）温度检查

（1）推力轴承油槽油温正常，无异常温升。油温和瓦温变化应该是同步的，可以通过检验油温和瓦温之间数值关系来检验温度计是否准确灵敏。

（2）推力瓦瓦温正常，无异常温升。推力轴承油槽的油温、瓦温随着室温、冷却水给水水压水量，冷却水给水温度，运行时间及负荷等条件的变化可能发生相应的变化，但推力轴承油温瓦温在机组运行几小时后应趋于稳定，而环境温度、冷却水给水水量水压、冷却水给水温度及机组负荷等条件也基本稳定，变化不大，因此推力轴承油温瓦温应趋于稳定，只能随相关条件作细微变化。

（3）推力轴承油冷却器给排水温度正常。油冷却器供排水水温是影响推力轴承瓦温的重要因素。油冷却器的给水温度一般在 4～25℃为宜。给水温度过高会导致瓦温升高；给水温度过低，油冷却器铜管外壁将会凝结水珠，如果油冷却器铜管沿管长方向温度变化太大，还能造成裂缝而损坏。

（四）压力、流量检查

（1）油冷却器给水压力应满足要求。水压过高供水管路及油冷却器铜管可能承受不住压力而渗漏或破裂；水压过低将影响水的流动性，推力轴承的冷却效果将下降，瓦温将升高甚至烧瓦。

（2）外循环推力轴承供油压力在正常范围内。供油压力过高将引起推力轴承油槽甩油；供油压力过低，油流供应不足，推力轴承瓦温将会升高，甚至烧瓦。

（3）油冷却器供水系统管路流量应满足要求。油冷却器水流流量过低时，水的流动能力下降，冷却水供应不足，势必造成油冷却器冷却效果下降，推力轴承瓦温升高。

（4）外循环推力轴承供油系统流量应满足要求。外循环推力轴承供油系统流量过低，推力轴承润滑冷却效果差，推力轴承瓦温将会升高，甚至烧瓦。

（五）推力轴承油泵检查

（1）推力轴承油泵无异常声音。

（2）推力轴承油泵联轴器无异常。

（3）推力轴承供排油管路无渗漏。

（4）油泵溢流阀溢流正常，溢流阀不渗漏。

（六）表计检查

（1）推力轴承压力表应无损坏并指示正常。推力轴承压力表显示着轴承各部压力情况，如果压力表损坏，维护人员将无法及时掌握推力轴承的运行情况，无法判断推力轴承的健康状态。

（2）压力表应定期进行校验，调整其精度满足要求。如果压力表指示不准确将会影响维护人员对轴承运行状态的判断，不能及时发现缺陷，从而影响机组稳定运行。

【思考与练习】

（1）推力轴承的基本技术要求是什么？

（2）外循环推力轴承日常维护内容有哪些？

▲ 模块 2　水轮发电机推力轴承常见缺陷（ZY3600303002）

【模块描述】本模块介绍水轮发电机推力轴承常见缺陷。通过轴承常见缺陷内容介绍、处理方法要点讲解及实物训练，了解水轮发电机推力轴承常用处理方法。

【模块内容】

一、推力轴承甩油

（一）现象

（1）推力轴承下方主轴上满是油渍，悬式机组滑环上有大量油渍。

（2）推力油槽盖上、励磁机下部风扇、上机架内壁充满油渍。

（3）整个水轮发电机风洞地面、下机架、水车室等空气中充满油雾，油雾凝结在风洞地面、定转子、下机架，油珠掉落到地面上形成风洞内地面积油。风洞地面的积油通过机组下机架滴到下层水车室内，也造成水车室内设备产生积油。

（4）机组推力油槽盖板处的油雾外溢及外甩油，造成机组推力油槽油位在机组运行中呈下降的趋势变化，机组运行一段时间后，需对推力油槽增补透平油。

（二）危害

（1）水轮发电机风洞内地面。水车室地面的积油，容易导致运行和维护人员在日常设备巡回和缺陷处理中滑倒，存在严重人身伤害安全隐患。

（2）水轮发电机组推力油槽甩油以及油雾外溢，造成水轮发电机转子磁极。磁轭以及定子线棒的污染，油雾与灰尘在定子铁芯通风沟和转子磁极通风沟处堆积，造成水轮发电机通风散热变差，严重影响水轮发电机的散热效果。油雾和灰尘长期吸附在绝缘层上，对水轮发电机线棒等绝缘造成腐蚀，使其绝缘性能下降，加速老化，极易造成水轮发电机线圈短路或击穿，给机组安全稳定运行带来潜在的危害，威胁水轮发电机的安全运行。

（3）长期的油槽甩油及油雾外溢，运行人员必须密切关注推力油槽的油位变化，油位下降至最低油位时应立即及时向油槽内加油，这样就造成了透平油的浪费，增加机组的运行成本和维护工作量。同时，对环境和设备卫生的打扫也增加了维护人员工作量和大量清洁材料消耗。

（三）原因分析

1. 外甩油

（1）形成外甩油的内因：透平油可吸收一定量的水分，同时可溶解一定量的空气。随着机组的运行，油温渐渐升高，使冷态时溶入油中的水分及空气汽化，并且汽化的同时会有一定量的油被带出，形成油雾。机组运行过程中，推力头和镜板外壁带动黏滞的静油运行，使油面因离心力作用下做抛物线运动，遇到阻碍而发生撞击，润滑油不断飞溅和搅动而形成油珠和油雾。随着轴承温度的升高，使油槽内的油和空气体积膨胀，产生内压。由于内压的作用，油槽内的油雾随着气从油槽盖板缝隙处溢出，形成外甩油。

（2）外甩油形成的外因：

1）推力轴承油槽内油面较高。

2）推力轴承的呼吸器结构不合理，不能有效阻挡油雾溢出，如图 14-2-1 所示，油雾可以随着空气畅通无阻的溢出。

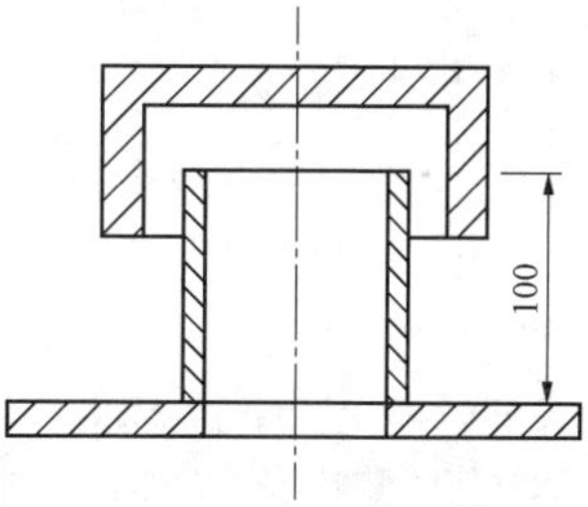

3）油槽盖底座与油槽密封甩油。由于运输和安装等各方面原因，极易造成推力油槽盖板存在变形的问题，油槽盖底座与油槽密封设计为橡胶平板密封，如图 14-2-2 所示，因为油槽盖板存在变形现象，造成部分螺栓无法正常安装和紧固，致使油槽盖板与油槽底座间密封有渗油现象，机组运行后大量推力润滑油将从油槽盖密封结合面甩出。

图 14-2-1　简单结构呼吸器

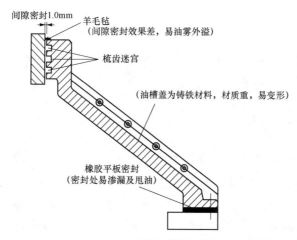

图 14-2-2　普通油槽盖密封结构

4）油槽盖分半结合面密封甩油。由于密封盖板是铸铁材质，材质较重，由于运输和安装的原因造成密封盖板本身存在变形的问题，油槽盖分半结合面密封设计为橡胶平板密封，因此在油槽盖板安装时部分螺栓无法正常安装和紧固，造成油槽盖分半结合面密封有渗油现象，机组运行后大量推力润滑油将从密封结合面甩出。

5）油槽盖与推力头间隙处油雾外溢。推力油槽密封盖板与机组大轴之间运行中处于一种相对高速旋转的运动关系，因此就要求它们之间应该有足够的间隙，以防止二者发生摩擦造成设备的损坏，一般间隙设置为梳齿迷宫，间隙密封材料为羊毛毡条或牛皮，密封压在油槽盖顶部间隙表面如图 14-2-2 所示，或将羊毛毡条填充在梳齿内来实现密封。此设计间隙密封形式，当牛皮和羊毛毡条磨损或吸油后，机组运行中推力油槽密封盖板处的密封材料起到的密封作用就相对较差，油槽的油雾就易通过密封盖板与大轴之间的间隙大量溢出。

6）还有的机组安装了观察窗，如果观察窗密封不严也会导致油雾溢出。

2. 内甩油

（1）内甩油形成的内因：机组在运行时由于转子的旋转，在上风扇的作用下起到鼓风的作用，往往使推力油槽挡油管内下侧形成低压区，在该部位与推力油槽上部之间的压差作用下，档油管与推头内壁之间的油雾将沿着主轴与挡油管的环腔向下溢出，甩到轮辐及定子上。另外由于制造和安装原因，造成挡油管外圆与推力头内圆之间的径向距离不均，偏靠一边的现象。当推力头带动润滑油旋转时，就类似偏心泵的作用，使得润滑油环产生周期性的压力脉动，并向上窜油，使油及油雾沿着推力头的内壁甩出，溅到电机内部，影响机组运行。

（2）内甩油形成的外因：

1）挡油管高度偏小，油槽内的油很容易溢出。

2）挡油管外圆与推力头内圆之间的径向距离不均，偏靠一边，形成类似偏心泵作用，使润滑油上窜溢出。

3）推力油槽内油位高。

（四）处理方法

1. 外甩油处理方法

（1）推力油槽油面保持在正常范围。

（2）改进呼吸器结构，使呼吸器既能起到均压的作用又能有效阻止油雾外溢。如图 14-2-3 所示空气呼吸器设计为折叠挡板式，油槽内部油雾经挡板过滤后成滴状，油滴重新落入油槽内，使油雾不会外溢，同时外部空气能与内部联通，以防止油槽内部产生高温、高压气体。

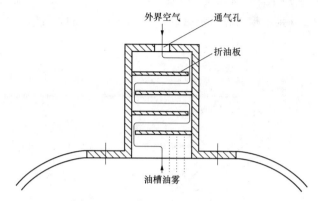

图 14-2-3　带多层折油板的呼吸器

又如图 14-2-4 所示，加长呼吸器通气管，并在通气管中加装挡板，在通风管底部加工回油孔，可有效阻挡油槽里飞溅出来的润滑油，即使还有飞溅出来的润滑油，从上盖板洒落出来后，又通过通气管下面的孔口，流回到油槽里面。油雾飘出的原理也跟飞溅出的油原理一样，当油雾飘出后，经过底部的孔口再流回到油槽里面。

此外根据需要可以适当增加呼吸器数量来满足均压要求。

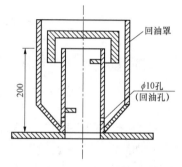

图 14-2-4　带回油罩的呼吸器

（3）油槽密封盖板在圆周上采取若干等分，盖板的金属部分采用高强度铝合金结构，重量轻不易变形，安装方便。

（4）采用接触性密封，如图 14-2-5 所示，在密封面上开有类似梳齿迷宫环式的齿口，在其中上下的齿口内安装有弹簧和密封齿，密封齿采用非金属耐磨特种复合密封材料，密封材料具有自润滑特性，以及独特的分子结构，吸噪音、抗静电、比重轻、绝缘性能好，极高抗滑动摩擦能力，耐高温、耐化学物质侵蚀，材料自润滑性能优于用润滑油的钢或黄铜。密封齿沿圆周分布，每瓣均能与轴形成径向跟踪，靠弹簧的作用可实现径向前进 1mm 和后退 5mm，在轴偏摆运行时，密封齿可通过弹簧的作用自动跟踪调整其与转轴之间的间隙，实现盖板与推力头轴领之间的无间隙运行，密封盖在运行中不损伤推力头轴领，也不引起转轴震动及轴温升高，从而保证机组运行中油槽盖内油雾无法外溢和甩油现象产生。

（5）油槽盖底座与油槽盖密封。油槽盖分半结合面密封均改造为"O"形密封条结构，如图 14-2-5 所示，密封性能比橡胶平板密封优，密封安装也更简单。因此，推力油槽盖安装后能保证油槽盖各密封结合面无渗漏油，机组运行时各密封面无甩油现象发生。

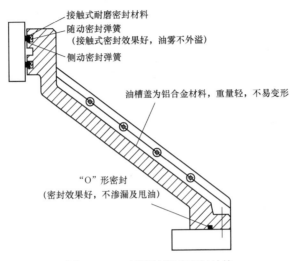

接触式耐磨密封材料
随动密封弹簧
（接触式密封效果好，油雾不外溢）
侧动密封弹簧
油槽盖为铝合金材料，重量轻，不易变形
"O" 形密封
（密封效果好，不渗漏及甩油）

图 14-2-5　新型油槽盖密封结构

（6）加高油槽密封盖，增加油槽空间，降低油槽内压力；增加油面与密封面的距离，增加润滑油的溢出难度。

（7）在推力头外圆加装挡油环，有效地阻挡润滑油沿推力头外圆向上移动的路线。

（8）加装阻旋装置，将油和旋转件隔开，不与推力头、镜板一起旋转，油不被搅动，可以减少气泡和油雾，消除油的抛物面，使油面相对平稳。对于内循环冷却，需要旋转件的黏滞泵作用，只能在油气混合区装设阻旋装置；对于外循环冷却，用该装置时应将旋转件完全封闭。

解决推力轴承外甩油的方法有许多，这里只介绍了各厂采用较多的并且效果较好的几种方法。各厂可以根据本厂推力轴承的结构特点，采用上述一种或多种处理方法来解决推力轴承甩油的问题。

2. 内甩油处理方法

（1）根据实际情况在单层挡油管上部外围再装焊一个短管，如图 14-2-6 所示，该短管起到阻旋稳流作用，如在短管下部封底处开几个小孔与油槽相通，则短管里的油几乎不受油槽内油流的波动的影响，从而减少或消除内甩油现象。

（2）适当加高挡油管，改善原挡油管高度偏小的缺陷，减小机组运行过程中油浪的外溢量，如图 14-2-7 所示。

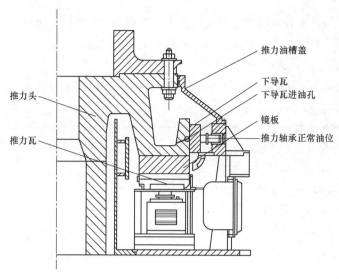

图 14-2-6　加装短管的挡油管

（3）加装补气装置。造成推力轴承内甩油的一个重要原因是挡油管下部往往处于水轮发电机风路的负压区。补气方式通常有两种：一种是在推力头对着挡油管上口开几个补气孔；另一种是用管路将挡油管下部负压区与水轮发电机盖板外的大气连通。

（4）在挡油管底部安装挡风圈，通过挡风圈来隔断负压区。挡风圈也可采用带弹簧的密封方式。

（5）悬式机组可在上机架滑环下方安装挡风板来隔离负压。

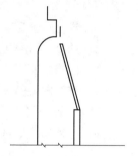

图 14-2-7　加高的挡油管

二、推力轴承油冷却器漏水

（一）现象

（1）推力油槽内油位增高。

（2）油槽内的润滑油发生乳化，油色变为乳白色。

（3）推力轴承绝缘下降，发生了轴电流。

（二）原因分析

1. 铜管渗漏

（1）推力冷却器在运输及检修吊运过程中发生磕碰，使铜管受伤，形成破坏源。

（2）检修过程中工作人员疏忽，工器具将铜管碰伤，形成破坏源。

（3）油冷却器胀管时，胀管器插入过深，超过承管板，使承管板后一段长度的铜管形成环形变径。变径处存有环形集中应力及微观加工缺陷；胀管时力度控制不当，用力过小使铜管与承管板接触不紧密，容易发生渗漏；胀管力度过大，铜管与承管板接触处管壁过薄，形成破坏源。

以上情况随着水流的冲刷及机组长期振动使微观缺陷即破坏源处形成疲劳破坏，逐渐深化形成裂纹。

2. 油冷却器水箱渗漏

（1）油冷却器水箱盖螺栓紧固力不均匀时，水会从紧固力较小的螺栓根部渗出。

（2）油冷却器水箱盖螺栓紧固力不足，密封垫老化，水箱密封面有凸点或较深贯通伤痕时，冷却水容易从油冷却器水箱盖处渗出。

（三）处理方法

推力轴承冷却器漏水故障发生后，需要机组停机，推力油槽排油，打开推力油槽盖，将冷却器吊出推力油槽运到专门的检修场地进行检修。具体的处理方法在模块 6 中作详细地介绍。

三、推力轴承油冷却器堵塞

（一）现象

（1）推力轴承瓦温。油温非常高，甚至达到报警温度。

（2）油冷却器冷却水压下降，增加阀门开度，冷却效果仍没有明显好转。

（3）油冷却器给水。排水温差很大，排水温度很高。

（4）打开冷却器水箱端盖，水箱内充满锈泥。

（二）原因分析

（1）推力油冷却器长期没有进行清洗，水流将水箱内防腐漆冲刷腐蚀掉后，形成锈蚀，附着在水箱内，锈蚀阻碍水流通道，减缓水流流速，使杂质便于停留并附着在锈蚀表面，从而增加了水流阻力，如此循环下去，经过长时间的积累，冷却器内越堵越严重。

（2）水质比较差，水中含杂质泥沙较多，加速了锈蚀情况的恶化。

（3）水压较低，较低的水压减弱了水流带走杂质泥沙的能力，同时低压水流无法破坏锈蚀的形成和扩大。

（三）处理方法

（1）经常清洗油冷却器，油冷却器清洗方法如下：

1）打开油冷却器水箱端盖，用钢丝刷。扁铲等工具去除水箱内水垢及锈蚀，用抹布擦拭干净后，均匀刷防腐漆。

2）用白布清扫铜管内外水垢，用风管吹扫铜管内部。

（2）改善水质。在推力冷却器进水口前端安装滤水器，滤除较大杂质，并经常清洗滤水器。

（3）保证油冷却器有较高的供水压力，破坏锈蚀形成的条件。

四、推力轴承烧瓦

（一）现象

（1）推力瓦温度迅速升高，达到报警温度。

（2）拔出推力瓦发现推力瓦面磨损严重。

（二）原因分析

（1）推力瓦的周向偏心值选取不当。

（2）推力瓦的热变形和机械变形偏大。

（3）由于高压油顶起装置中的管路泄漏及单向阀失灵造成油膜刚度破坏。

（4）推力瓦受热不均匀。

（5）机组振动。

（6）润滑油循环不正常及冷却效果不好。

（7）轴电流对瓦的侵蚀。由于电流通过主轴、轴承、机座而接地，从而在轴领和轴瓦之间产生小电弧的侵蚀作用，破坏油膜使轴承合金逐渐黏吸到轴领上去，破坏轴瓦的良好工作面，引起轴承的过热，甚至把轴承合金熔化，此外，由于电流的长期电解作用，也会使润滑油变质发黑，降低润滑性能，使轴承温度升高。

（三）处理方法

（1）发生推力轴承烧瓦故障后，先取油样化验油质及油内含水量。同时分解推力轴承盖，拔出推力瓦检查瓦面烧损情况，检查推力瓦是否有轴电流破坏的痕迹，查找故障报警，检查发生烧瓦故障时是否有轴电流过高报警。测量推力轴承对地绝缘应满足要求。若发现绝缘不好，应将绝缘部位及绝缘部件做烘干处理，再次测量轴承对地绝缘，绝缘不合格继续处理，直至绝缘合格为止。

（2）若绝缘无问题，检查润滑油冷却水系统是否正常。

1）检查发生烧瓦故障时冷却水压。流量信息。若水压流量较低，则检查冷却水管路是否堵塞。清洗滤水器。

2）外循环推力轴承还要检查发生烧瓦故障时的油路是否畅通，检查油压及流量是否报警。若发生报警则更换滤油器滤芯或清扫过滤网。

（3）配备高压油顶起装置的推力轴承要检查供油管路是否渗漏，单向阀是否正常，并及时排除相应缺陷。

（4）以上因素均已排除后，则要考虑推力瓦可能受力不均，必要时重新进行受力调整。

（5）最后还要检查机组故障时振动数据，分析烧瓦时是否存在异常振动或振动增大的情况，分析出振动原因，采取措施予以避免。

（6）此外还可以通过在线监测装置测得的数据，利用相应的分析软件来分析查找烧瓦的原因，并采取措施予以解决。

（7）对于新安装机组，以上情况均不是烧瓦原因时，可以考虑周向偏心率可能选取不当，联系推力瓦设计单位，重新进行计算试验，选取适当的周向偏心率。

（8）对于新安装的机组，也可能是推力瓦的热变形和机械变形偏大，联系推力瓦设计制造单位，重新设计。

发生烧瓦故障后，应在查找烧瓦原因，排除故障的同时，处理轴领烧伤痕迹，对推力瓦进行研刮。具体的研刮工艺及方法将在模块 5 中作详细地介绍。

【思考与练习】

（1）推力轴承烧瓦有哪些原因？

（2）推力轴承外甩油的原因是什么？

▲ 模块 3　推力轴承拆装（ZY3600303003）

【模块描述】本模块介绍推力轴承拆装前工作、推力头拆卸工序。通过过程介绍、标准解读及实物训练，掌握推力轴承拆装基本工序。

【模块内容】

一、推力轴承拆装前具备条件

（一）推力轴承拆卸前具备的条件

（1）悬式机组推力头以上部件，如永磁机、励磁机等部件已经分解吊出。

（2）伞式机组除分解吊出以上部件外，还要将转子吊出基坑。

（3）推力轴承油槽内油已经排尽。

（4）推力轴承给排水阀门已经关闭。

（二）安装推力轴承前具备的条件

（1）推力瓦已经研刮合格。

（2）镜板已经研磨合格。

（3）油冷却器已经耐压合格。

（4）油槽内清扫干净。

（5）轴承绝缘合格。

二、推力头的拆卸工序

（一）推力头拆卸前应已经完成以下工作

（1）悬式机组推力头以上部件，如永磁机。励磁机等部件已经分解吊出。

（2）伞式机组除分解吊出以上部件外，还要将转子吊出基坑。

（3）推力轴承油槽内油已经排尽。

（4）推力轴承油槽盖已分解，并吊出。

（5）拆除推力挡油板，拆除推力瓦测温装置，吊出推力油冷却器，在吊出过程中尽量避免余水溢出。

（二）顶转子

初步清扫推力油槽后，检查顶转子联络阀，油压顶起风闸，将转子重量落在制动器上，顶转子前各制动器闸板与制动环间隙应粗调一致，以便使各制动器受力均匀。

（1）具有锁定大螺母的制动器不需要加垫，只需启动高压油泵，当油压达 8～12MPa 时即可顶起转子，当转子升高至镜板与各推力瓦面已脱离，手扳动螺母旋转使锁定大螺母将闸瓦顶靠于制动环面，然后排除油压，将转子落于制动器上。

（2）具有锁定板式的制动风闸，首先要用制动风把制动器风闸顶面的活塞提起，测量各制动器闸瓦高差，如图 14-3-1 所示，并加垫找平，然后启动高压油泵，当油压达 8～12MPa 时即可顶起转子，当转子升高至镜板与各推力瓦面已脱离，将锁定板锁定扳到锁定位置，然后排除油压，将转子落于制动器上。

（3）有的制动器在加垫调整后，然后启动高压油泵，当转子被顶起，镜板与各推力瓦已经脱离时在闸板与制动器缸体间插入 20mm 厚的马蹄形垫铁，如图 14-3-2 所示。

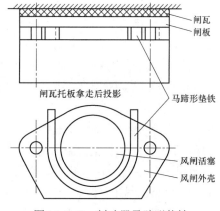

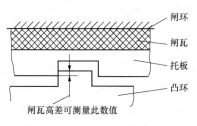

图 14-3-1　闸瓦高差测量部位　　　　图 14-3-2　制动器马蹄形垫铁

（三）镜板与推力头分解

推力头与镜板定位销钉可用大撬棍或厂房桥机拔出，再均匀地松开连接螺栓，使镜板与推力头分离后落在推力瓦面上。

（四）分解推力头

1. 与主轴紧配合的推力头分解

（1）搭设木板平台（也可装回推力锥型盖板作为平台），人站在平台上用锤击楔子板的方法将推力卡环分离出槽。如卡环较紧，可用悠锤撞击。

（2）推力头的拔出应采用热拔方式。使用加热板，放置在推力头内（可用 8 块加热板，每块额定功率 5kW）使用单路连接，每路电压设置为 110V，测量温度计放置在推力头卡环螺栓孔，加热时间约 30min 测量温度，观察推力头卡环螺栓孔的温度计的显示，使用红外线温度计观察推力头上端部外缘温度及大轴温度，当加热温度满足推力头膨胀间隙要求时，即可用桥机主钩拔推力头。

（3）若热拔条件不具备，推力头也可采用冷拔方式拔出。冷拔时应先用桥机主钩试拔，各钢丝绳受力应一致，拔时应平稳缓慢。起吊力要根据经验，不能硬拔，试拔时应尽量缓慢，观察推力头与大轴是否产生相对移动，亦可在受力状态下用大锤振动，直至拔出为止。

（4）如用桥机主钩拔推力头不成，则可利用机组转动部分自重将推力头压出。其方法是：装回推力头与镜板间的绝缘垫，然后将镜板与推力头连接好；用顶转子油泵顶起转子少许，解除风闸锁定，然后缓慢撤除油压，使转动部分重量落在推力瓦上，利用转动部分的重量可以将推力头压出 5～12mm，然后再用桥机拔出推力头。如果桥机还不能拔动，则可用抬升推力抗重螺丝或在镜板与推力头之间加承压板的方法再次使用落转子直至将推力头完全脱出为止。

（5）在镜板与推力头之间加承压板的方法如下：拆下推力头与镜板的连接螺钉，用钢丝绳将推力头挂在主钩上稍稍拉紧，启动油泵，顶起转子在成 90°方位的推力头和镜板间加上 4 个铝垫，排油落转子，主轴随转子下降，推力头被铝垫卡住，拔出一段距离，反复几次，每次加垫厚度控制在 6～10mm 之内，渐渐拔出推力头直至吊出为止。

2. 与主轴松配合的推力头分解

（1）拆除推力卡环固定螺栓后，用大锤锤击推力头支筋，推力头因松动而少许下落，这时可在卡环上拧上吊环，拉出吊走。有推力卡环挡圈的先拆除推力卡环挡圈，再将推力卡环撬出吊走，注意卡环下铜垫位置和编号，并做下记录。

（2）拆除推力头和镜板间的定位销和连接螺栓，在推力头支筋处装上专用吊具，挂上钢绳，使各钢丝绳受力均匀，对于推力头与主轴间有定位销的机组应先将定位销拆除，起升主钩将推力头慢慢拔出，当起吊适当高度后，可用白布带绑住主轴上的键，再将推力头拔出吊走。

（3）拆下主轴上的键。

【思考与练习】

（1）如何进行冷拔推力头？

（2）如何进行热拔推力头？

模块 4　镜板缺陷处理（ZY3600303004）

【模块描述】本模块介绍镜板磨损的处理和气蚀破坏的处理。通过方法讲解、图文结合及案例分析，掌握镜板缺陷引起的原因和处理方法。

【模块内容】

一、镜板发生缺陷的原因

水轮发电机组镜板多为 45 号锻钢制成，是推力轴承的心脏部件，其工作性能的好坏，将直接关系到机组的安全和稳定运行。镜板的作用是将推力负荷传递到推力瓦上。由于镜板在推力瓦面上以较高的线速度做旋转摩擦，镜面经过长时间的运行磨损和气蚀破坏，粗糙度会下降；如果油槽内有较硬的杂质颗粒或其他检修遗留物等还可能使镜面造成较大伤痕。镜板粗糙度下降及镜面有伤痕，镜板与推力瓦面摩擦力增大，瓦温会升高，最终将可能导致研瓦、烧瓦现象的发生，从而危及机组的安全、稳定运行。所以，在机组大修期间需要对镜面作研磨处理，确保镜面粗糙度在 $Ra0.2$ 以下（有些机组要求镜板粗糙度达到 $Ra0.1$），上、下表面平行度公差达到 0.03mm，并使上、下表面具有较高的刚度，防止运行中产生有害的波浪变形。

二、镜板的研磨方法

当镜板镜面损伤严重时，如镜面不平、锈蚀、有较深的伤痕等，应按厂家方案进行；轻微伤痕先用天然油石和金相砂纸打磨；镜面无缺陷或缺陷消除后用研磨机进行研磨。

（一）准备工作

（1）清扫研磨场地，擦洗镜板研磨机、工具、量具等，应达到无粉尘要求。

（2）在指定地点把塑料布铺好，将镜板研磨机器安装在镜板支架内，使镜板抛光机传动旋转轴与支架同心。接研磨机电源并装控制刀闸。

（3）检查并调整镜板研磨机，要求研磨机主轴垂直度小于或等于 0.03mm/m，调整完成后拧紧底脚防松螺母。检查研磨平台的平面度在 0.03mm/m 以内。

（4）在支架放置镜板处垫好木板及毛毡，镜板工作面向上放置在支架上，并调整镜板与研磨机传动旋转轴同心，用酒精清扫镜板工作面。

（5）用毛毡包好两个研磨圆盘，之后用海军呢再包一遍研磨圆盘，清扫干净确

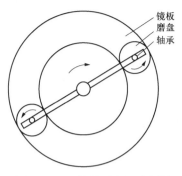

镜板
磨盘
轴承

图 14-4-1　镜板研磨机示意图

认无误后，放置在镜板上，两个圆盘互成 180°。如图 14-4-1 所示。

（6）将旋转力矩梁安装到研磨机旋转轴上。将两旋转研磨圆盘安装到旋转力矩梁上。

（二）研磨剂的配制

研磨剂的配制方法很多，各厂根据多年的实践总结出适合本厂的研磨剂配制比例及配制工艺，下面是几种典型的配制比例及方法，各厂可以作为参考。

（1）镜面研磨抛光材料应采用氧化铬（Cr_2O_3），其粒度为 M10～M5。将研磨膏粉碎后，按重量比的 1:1 或 1:2 的比例用煤油稀释，并经多层绢布过滤方可使用。在研磨最后阶段，在研磨液内加 30%的猪油，以提高镜板的光洁度。

（2）将煤油。无水猪油。三氧化二铬按 4kg:1kg:1kg 的比例进行配制，配置工艺方法：将煤油和三氧化二铬放在金属容器内混合加热至 70～80℃不停搅动，直到三氧化二铬全部熔化止，用 120 钼细铜网过滤，除去杂质，然后加猪油再加热至猪油全部熔化时止，用金属容器装好密封待用。

（3）研磨剂配制：将煤油、20 号机油按 1:1 的比例混合后，用绢布过滤，按 1:1 的比例将混合油和用 10 的白刚玉（WA）或绿色碳化硅（GC）的研磨粉混合成稠状，调匀抛光剂配制：上述研磨剂分别加 7μm 和 2.5μm 的金刚石喷雾研磨剂。

（三）研磨镜面

（1）用蘸酒精的绢布将镜板工作面清扫干净，将调制好的镜板研磨剂均匀洒在镜板表面上。

（2）启动研磨机，研磨机转向是俯视顺时针方向，研磨 3～5min 后停止，检查镜板表面是否有异常划痕，如有则应清扫镜板表面及旋转研磨圆盘表面，重新过滤研磨剂，确认无误后，再进行抛光工作。

（3）在研磨过程中，应注意观察。镜面上的研磨剂不足时，用毛刷将研磨剂较均匀地沿镜面的径向呈若干条放射线撒在镜面上。研磨膏的数量以在镜板内外圆周边处不溢出为原则，一次不宜加多。

（4）镜板进行抛光时，应设专人监护并及时添加研磨剂，每研磨 40～60min 后，需停机检查被研磨镜面的粗糙度。若未达到要求，开机继续研磨，直至去除镜面上深度小于 5～10μm 的微伤痕，镜面粗糙度小于 Ra0.4 为止。

（5）使用抛光剂重复上述工作进行抛光，每抛光 30min 后，需停机检查被抛光镜面的粗糙度。镜面粗糙度应达 Ra0.2 为止。若未达到要求，开机继续抛光。

（四）研磨过程中的注意事项

（1）研磨、抛光过程中要注意清洁，镜板上不得掉落灰尘，水分或含有酸、碱、盐分的液体，以免损伤镜面。通常做法是搭建帐篷用于防护，尽量减少人员出入，开门或关门都会扬起灰尘。也可将工作区域用塑料布等材料围起来。

（2）研磨、抛光场地要有充足的照明，室温不得低于 15℃，并做好防火和保护措施。

（3）盛磨料容器、盛油容器和盛研磨剂容器都要盖紧，严防灰尘掉入。金丝绒布和细呢子或细毛毡、白布、白绸布、绢布、毛刷等使用前都要求清洁，不得有一点粉尘。

（4）吊装镜板、研磨盘、抛光盘时尽可能垫（盖）保护层，小心轻放，严防磕碰划伤。

（5）在研磨、抛光过程中，应注意观察。如出现异常，应立即停机分析、处理。

（6）工作中断必须在研磨面上用无水乙醇进行一次初步清洗，并盖好保护毛毡。不能在当天完成研磨和抛光工作的，必须在下班前洗净镜面、研磨盘或抛光盘上微粉，擦干，涂上透平油，盖上描图纸或蜡纸以防止镜面上生锈和落灰尘。

（7）研磨工作全部结束后必须彻底清洗镜板面上的研磨剂，镜面上少量小气孔内的研磨剂亦应清除。镜面必须涂有凡士林或透平油防锈，禁止用研磨过非工作面或推力头的旧海军呢来研磨镜面。清洗镜板镜面应用脱脂棉花或绸布，其他非工作面可用白布，清洗剂一律采用无水乙醇。

（8）抛光好的镜面严禁用手触摸。如果手触摸了，应立即用酒精或汽油清洗干净，涂上透平油。

（五）镜板非工作面的处理

镜板非工作面和推力头工作面的气蚀处理方法与上条基本相同。其严重气蚀区域一般先采用 00 号细砂布打磨，或用细油石研磨除锈，然后用无水乙醇清洗干净，采用氧化铬及煤油作调和剂研磨，粗糙度应达▽1.6 以上。

【思考与练习】

（1）镜板工作面如何保护？

（2）镜板研磨时需要注意哪些？

▲ 模块 5　推力瓦缺陷处理（ZY3600303005）

【模块描述】本模块介绍推力瓦的处理的常见方法。通过方法讲解、标准要点讲解及实物训练，掌握推力瓦刮削方法。

【模块内容】

一、概述

推力瓦是通过与镜板接触来承受整个水轮发电机组转动部分的重量以及水轮机的轴向水推力，并将这些力传递给荷重机架。推力瓦在巨大的压力作用下与镜板之间产生了很大摩擦力，随着长时间的运行推力瓦面必然受到磨损。同时如果推力油槽内存在较硬的杂质颗粒或其他检修遗留物也可能对推力瓦面造成较严重的划痕。另外若产生轴电流，推力瓦面磨损更为严重。推力瓦发生磨损后需要进行推力瓦的缺陷处理。

二、乌金瓦的处理

（一）研刮场地及用具

（1）推力瓦研刮要专设施工场地，场内要求清洁。干燥，通风良好，照明充足；温度不应低于 10℃，且变化幅度不宜太大，对薄片瓦应控制在 5℃内。

（2）场地内要有可利用的起吊设备，能够吊运镜板等轴瓦研刮有关部件，并能满足镜板翻身的要求。

（3）用来研瓦和研磨镜板的研磨机转速一般在 2～6r/min 范围内（镜板直径大时取小值）。

（4）放置被刮推力瓦的架子要结实、稳固，宜用木质面板，高度以使瓦面离地600～800mm 为合适，可根据刮瓦人员的需要进行调整。

（5）放置镜板的架子要牢固（用大木方或金属构架），镜板下应垫毛毡；镜面上应采取遮灰和防落物砸碰的措施。

（6）根据实际情况制作诸如抽瓦台车等器具，以便瓦的搬运和翻转。

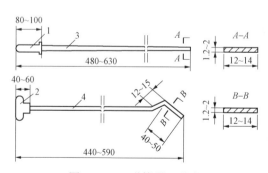

图 14-5-1　弹簧刮刀形式

1—长柄；2—圆柄；3—平头弹簧刮刀；4—弯头弹簧刮刀

（7）准备好刮瓦用的平板刮刀和弹簧刮刀，一般平板刮刀用废旧机用锯条改制；弹簧刮刀的刀身为弹簧钢，有条件时焊上合金刀头，如图 14-5-1 所示；这些刀的刀身部分都缠绕数层白布带或塑料带。

（二）推力瓦的修整

（1）推力瓦应无裂纹，夹渣及密集气孔等缺陷；轴承合金局部脱壳面积总和不超过瓦面的 5%，必要时可用超声波检查。如果推力瓦瓦面磨损严重及有裂纹，脱壳起层，铜丝裸露等现象，需更换新瓦。

（2）清除轴瓦钢坯，托瓦或托盘的铁锈等脏物，适当倒圆外露棱角。

（3）剔去瓦面上个别夹渣、砂眼，并把余留坑孔边缘修刮成坡弧。

（4）实际装配检查瓦上的温度计孔和水内冷瓦及有高压油顶起装置的瓦的管接头孔和丝堵孔，并彻底清除这些孔内的杂质。

（5）双层结构的推力瓦，应先把托瓦上平面研刮平整作基准，再配研（以定位键导向，涂显示剂，薄瓦做往复运动）刮削薄瓦背面，使两接触面都达到80%以上，且接触点分布均匀。

（三）推力瓦的研刮

（1）推力瓦粗刮时，一般采用特制的小平台或镜板背面研瓦；进入细刮后，应采用镜板研瓦或瓦研镜板的方式研瓦。

（2）采用镜板研瓦方案时，用3块瓦尽量呈等边三角形放在轴承架或专制的瓦架支柱螺栓上；把镜面朝下的镜板吊上；调整水平和中心，使水平达到0.1～0.3mm/m；按机组旋转方向转动镜板2～4圈。

（3）采用瓦研镜板方案时，先把镜面朝上的镜板放稳调平，水平控制在0.2～0.4mm/m，每次把要刮的瓦倒放在镜板上，用人工或机械对瓦进行研磨。如采用机械研磨，应采取防止瓦坠落的措施。

（4）每次或研瓦前，应用白布沾酒精或甲苯清洗瓦面和镜板工作面，擦干后才能吊放上进行研瓦。研瓦中如因磨损或工作不慎使镜板工作面模糊或出现浅痕，则应将研瓦工作暂停，应先将镜板工作面处理合格后才能重新进行研瓦工作。

（5）推力瓦的刮削一般分粗刮、细刮、精刮、排花和中间刮低处理等五个阶段进行。粗刮采用铲削，细刮和精刮一般为桃花刮削，也有采用铲刮方式（如排花采用燕尾形刀花或扇形刀花时，）排花有挑（如三角形、燕尾形刀花）、铲（如分格刀花）、旋（如扇形刀花）等几种刮法，当精刮为挑花刮削时，可以不另行排花；中间刮低处理一般为挑大刀花刮削。

（6）粗刮一般采用宽形平板刮刀，把瓦面上被研出的接触点（高点）普遍铲掉，刀迹宽长而深，且连成片。反复研刮数遍，使整个瓦面显出平整而光滑的接触状态。

（7）细刮时，宜用弹簧刮刀；刀迹依瓦与镜板研出的接触点分布，按一定方向依次把接触点刮去，刮去后再研，研后变换成大致与上次成90°方向再把接触点刮去，如此反复多次，使瓦面接触点分布基本达到要求。

（8）精刮时，仍用细刮时的刀具，反复进行找亮点和大点刮削，使瓦面接触点达到以下要求：

1）瓦面每1cm²内应有1～3个接触点。

2）瓦面局部不接触面积，每处不应大于轴瓦面积的2%，但最大不超过16cm²，其总和不应超过轴瓦面积的5%。

（9）刀花花纹一般有三角形。鱼鳞形。燕尾形和扇形四类形式，如图 14-5-2 所示，除扇形刀花外，其刮削都采用挑花方式。挑花的刀具应具有较好的弹性，一般使用 12mm 左右宽度的平头或弯头弹簧刮刀。挑花是刀刃要保持锋利；下刀要平稳，使刀花成缓弧状，不带"旗杆"；刮削出的刀花应光亮。无振痕和撕纹。

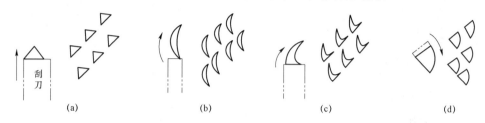

图 14-5-2　刀花花纹形式

（a）三角形；（b）鱼鳞形；（c）燕尾形；（d）扇形

（10）刀花的大小要与瓦面大小协调；深浅为 0.01～0.03mm。

（11）选用三角形刀花排花时一般排 2～3 遍，前后两次大致成 90°方向；选用燕尾形刀花时，一般为两遍，互成 180°；选用扇形刀花时，一般为一遍。排花可以划线分格进行。

（12）有支柱螺栓的推力瓦，在排花后，中部应按设计规定进行刮低处理。设计无规定时，一般先在支柱螺栓位置周围约占总面积 1/3～1/2 的部位较密地排一遍大刀花（先刮低 0.01～0.02mm）然后缩小范围，再从另一个方向较密地排一遍大刀花（再刮低 0.01～0.02mm），无支柱螺栓的轴瓦可不刮低。如图 14-5-3 所示，其中图 14-5-3（b）的一般为长宽比 L/b 较大的瓦；图 14-5-3（c）为参数高的大瓦推荐采用的刮低范围和刮低量。有高压油顶起装置的瓦，其刮低范围不应在环向上刮通，两边各应留有 1～2cm 宽不刮低。

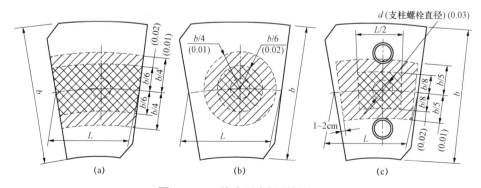

图 14-5-3　推力瓦中间刮低处理

（13）按图纸要求刮削进油边；无规定时，可按宽 5～10mm（瓦小取小值），刮削深 0.5mm 的倒圆斜坡，如图 14-5-4 所示。

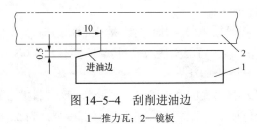

图 14-5-4　刮削进油边
1—推力瓦；2—镜板

（14）有高压油顶起装置的轴瓦，其油室在瓦面研刮合格后，应按图纸要求进行检查修整，环形油室内圆所包面积，属于承载面积，应将其刮低 0.02mm。

（15）推力瓦在机组盘车后应抽出检查其接触情况，如发现连点现象，应加以修刮。

（16）大型单支点双层结构的推力瓦，先按上述通常刮瓦要求基本研刮合格，待轴线处理合格后再进行盘车刮瓦。其工艺过程如下：

1）盘车研瓦与弹性盘车一样，先把转动部分调至中心位置；用上导及下导（或水导）的对称方向四块导轴瓦（或工具瓦）涂猪油（经绢布过滤）后，在百分表监视下抱紧主轴（间隙为 0.03～0.05mm）；顶起转动部分；清扫镜板和推力瓦，涂猪油后把瓦装回，并使弹性油箱或平衡块支承处于正常运行状态；落下转动部分；盘车旋转 1～2 圈；在旋转时，如发现推力瓦抖动或有不正常声音，应立即停下来，轴瓦检查，防止瓦面磨损破坏。

2）刮削上点把研好的瓦抽出，用酒精或甲苯洗去猪油；根据瓦面接触点的变化情况，分别按前述普通刮瓦的工艺要求进行细刮（有时不要）和精刮。

3）经反复研刮，接触情况达到项（8）中的要求后，再按前述通常刮瓦工艺进行排花和中间刮低处理。

（17）普通刮瓦期间，镜板粗糙度应满足要求。盘车刮瓦后，应对镜板进行仔细检查和彻底清扫。

（18）研刮合格的推力瓦，若不立即使用，应均匀涂一层纯净的凡士林（或钙基脂），用干净的纸贴盖或装箱保护。

（四）弹簧刮刀的使用方法

刮瓦姿势通常为：左手握住刮刀柄，四指自然轻握且大拇指在刀身上部，左手在右手前面压住，并距刀头 50～100mm，刀柄顶于腹部。操作时，左手控制下压，右手上抬，同时利用刮刀的弹性和腹部的弹力相配合，要求下刀要轻，然后重压-上弹，上弹速度要快，这样的刀花在下刀后上弹时的过渡处呈圆角。修刮时应保持刀刃锋利，找好刀的倾角，否则常常会造成打滑不吃力或划出深沟而挑不起来等不良现象。

三、塑料瓦的处理

（一）塑料瓦的检查

（1）塑料推力瓦在运行初期，由于受镜板。拖板（托盘）受力和振动等影响，要有一个适应磨合期,在一年内可能出现磨痕,其磨损值不大于 0.30mm,如大于 0.30mm,应通知制造厂家共同分析其原因。

（2）为了检查塑料推力瓦的磨损情况，通常在一圈塑料推力瓦中对称分布有两块推力塑料瓦瓦面出油边加工有监测磨损的圆环，其深度分别为 0.05、0.10、0.15、0.20mm 的沟槽。

（3）推力瓦为弹性金属塑料瓦，故机组小修一般对推力轴承进行抽瓦检查，并详细记录情况。用托瓦架抽出推力瓦仔细检查，要求塑料瓦面磨损均匀，金属丝不裸露，无严重划痕，边缘外铜丝无上翘高于瓦面，塑料瓦坯应无脱壳、裂纹和硬点，磨损印痕标记清晰。发现轴瓦表面有重大缺陷必须向部门汇报。必要时可对推力瓦拍照汇报。

（二）塑料瓦的处理

（1）塑料推力瓦面在划伤深度达 30μm 以内时，可以用金相砂纸或细油石把高出瓦面部分磨平。

（2）当塑料推力瓦面损伤碰痕深度大于 50μm 时,应通知制造厂家共同研究处理,现场不得任意研磨与修刮。

（3）当塑料推力瓦面磨损量大于或等于 1.5mm 或有裂纹,脱壳起层,铜丝裸露等现象，此轴瓦应报废换新。

（4）检修中更换新推力瓦时，首先应检查弹性塑料瓦无脱壳、裂纹、硬点及密集气孔等缺陷，推力瓦应按图纸校核各尺寸，轴瓦温度计孔应试装，孔内铁屑应全面清除干净。更换前后推力轴承瓦温应列入检修记录。

【思考与练习】

（1）什么样的推力瓦不能使用？

（2）精刮时对推力瓦接触点的要求是什么？

◢ 模块 6 推力轴承油冷却器漏水处理（ZY3600303006）

【模块描述】 本模块介绍推力油冷却器漏水处理方法。通过方法介绍及案例讲解，掌握推力油冷却器漏水处理方法和工艺要求。

【模块内容】

推力油冷却器漏水是推力轴承常见缺陷。

一、渗漏原因

（一）铜管渗漏

（1）推力冷却器在运输及检修吊运过程中发生磕碰，使铜管受伤，形成破坏源。

（2）检修过程中工作人员疏忽，工器具将铜管碰伤，形成破坏源。

（3）油冷却器胀管时，胀管器插入过深，超过承管板，使承管板后一段长度的铜管形成环形变径。变径处存有环形集中应力及微观加工缺陷；胀管时力度控制不当，用力过小使铜管与承管板接触不紧密；胀管力度过大，铜管与承管板接触处管壁过薄，形成破坏源。

以上情况随着水流的冲刷及机组长期振动使微观缺陷即破坏源处形成疲劳破坏，逐渐深化形成裂纹。

（二）油冷却器水箱渗漏

（1）油冷却器水箱盖螺栓紧固力不均匀时，水会从紧固力较小的螺栓根部渗出。

（2）油冷却器水箱盖螺栓紧固力不足，密封垫老化，水箱密封面有凸点或较深贯通伤痕时，冷却水容易从油冷却器水箱端盖法兰面处渗出。

二、处理方法

推力轴承油冷却器的类型很多，主要有半环式、盘香式、弹簧式、抽屉式和箱式，如图 14-6-1 所示。油冷却器渗漏处理的方法基本相同，只有个别由于结构不同处理方法略有不同。

(a)　　　　　　　　　(b)　　　　　　　　　(c)

图 14-6-1　油冷却器

（a）半环式油冷却器；（b）箱式油冷却器；（c）抽屉式油冷却器

（一）铜管渗漏处理

1. 更换铜管

铜管发生渗漏应优先考虑更换掉已损坏发生渗漏的铜管，这样即保证了冷却效果又节约成本，避免不必要的浪费。由于结构原因只有部分形式的油冷却器便于在现场更换损坏的铜管。更换铜管的方法步骤如下：

（1）用套管顶住铜管，用手锤敲击套管，将铜管从一端承管板孔内击出。

（2）从油冷却器另一端承管板上将被击出的铜管拉出。

（3）将新铜管从一端承管板孔插入，缓慢向前推送铜管，小心穿过固定板，最后从另一端承管板孔穿出。

（4）用胀管器分别将铜管两端胀好，胀力要适中，胀力过大会使铜管管壁变得过薄，易产生裂纹；胀力过小则使铜管与承管板内壁接触不紧密，密封不严而产生渗漏；胀管器进入铜管深度也要适度，不要超过承管板板厚。

2. 封堵铜管

对于不能在现场更换铜管的油冷却器，可采用封堵发生渗漏的铜管的方法解决渗漏问题。

（1）选择适当大小的钢板，厚度宜在 3mm 以上，大小应能覆盖铜管且施焊时不能影响其他铜管。

（2）将钢板固定在承管板上完全覆盖住渗漏的铜管，然后进行焊接，焊接时不要损伤其他铜管，焊接完成后要清理干净焊渣，确保没有焊渣停留在承管板上。用同样的方法将渗漏的铜管两端封堵好。

3. 更换冷却器

当冷却器铜管堵塞数超过冷却铜管总数的 1/5 时，将会严重影响冷却器的冷却效果，该油冷却器已不能满足使用要求，必须更换新的油冷却器。

4. 清扫铜管

铜管渗漏处理完成后，认真清扫铜管，擦除铜管外壁的泥垢，方便处理的还要用白布拉拭铜管内壁。

（二）冷却器水箱渗漏处理

（1）紧固渗漏处的螺栓，然后均匀紧固该水箱法兰所有螺栓。

（2）用手锉磨去法兰面高点。

（3）对水箱法兰面有较大贯通伤痕可采用补焊磨平处理。

（4）对水箱。承管板进行去锈，刷防锈底漆，更换水箱对口法兰密封盘根。

（5）为加强法兰面密封效果，可将平面密封改为"O"形密封。

三、冷却器耐压试验

冷却器耐压试验也就是油冷却器的严密性试验，油冷却器渗漏处理完成后，对冷却器要进行认真的清扫、除锈、防腐等工作，然后才能组装。组装完成后要对渗漏处理过的冷却器进行单体耐压和整体耐压，具体步骤如下：

（一）单体耐压

1. 基本要求

对检修的冷却器进行单个严密性试验，试验场地应选在给排水方便处。一般的试验时间为 30min，试验压力根据冷却器的工作压力不同，各厂要求不同一般在 0.30～0.40MPa。试验时，要仔细检查冷却器铜管，铜管胀头处，端盖密封处，排气丝堵有无渗漏。

2. 严密性试验工艺

（1）把严密性试验工具的法兰与冷却器的法兰连接，给水阀在下法兰，排水阀在上法兰。

（2）打开排水阀，打开给水阀，待排水管内没有空气排出，以满管水的状态流出时，关闭排水阀。

（3）当冷却器压力表指示达到试验压力时，关闭给水阀，计时进行耐压。

（4）耐压过程中经常检查冷却器铜管，铜管胀头处，端盖密封处，排气丝堵有无渗漏，发现渗漏应及时停止试验，进行缺陷处理，处理后重新进行耐压试验。耐压时间 30min 后如无渗漏，打开排水阀，将冷却器内的水排净。

（二）整体耐压

当检修完成的推力油冷却器单体耐压试验完成后，将推力油冷却器回装到推力油槽内，连接好给排水管路，然后进行整体耐压试验，耐压时间仍为 30min，耐压压力按各厂规程要求。耐压合格后方可回装其他设备。整体耐压主要是检查推力轴承油冷却器与管路连接是否良好，是否具备运行条件。

【思考与练习】

（1）简述冷却器整体耐压的目的。

（2）铜管渗漏都有哪些原因？

◢ 模块7　推力瓦温度过高的原因及处理方法
（ZY3600303007）

【模块描述】本模块介绍推力瓦温度过高的原因及处理方法。通过方法讲解及案例分析，掌握衡量推力轴承工作的优劣及影响温升的因素。

【模块内容】

一、推力瓦温度过高的原因

一般引起水轮发电机组推力瓦温度过高的原因有以下几个方面：

（一）设计因素

由于设计上的失误，造成推力轴承的材料结构不合理，导致推力瓦温度过高，如：

（1）推力瓦面积过小，单位面积承受压力过大。

（2）瓦衬刚度及瓦面的材质选择不当。

（3）油的循环冷却系统及油冷却器设计不合理。

（4）周向偏心率选取不当。

（二）制造因素

（1）镜板光洁度差。

（2）油的循环冷却系统的通道不畅通。

（3）转动部分质量不平衡。

（三）安装检修因素

（1）在机组安装时，由于推力瓦面研刮不合格，而使轴承温度偏高。规程要求，瓦面接触点应均匀，推力瓦面规定接触点在 1～3 点/cm²。整个推力瓦面与镜板接触部分不少于整块瓦面积的 80%。

（2）镜板粗糙度不够，卧式机组推力盘热套不正或热套紧力不够。

（3）推力瓦的进油边修刮不合理，润滑油不能充分进入推力瓦与镜板之间形成油膜导致干摩擦使瓦过热。

（4）推力轴承绝缘不良。

（5）抗重螺栓、定位销、固定螺栓未打紧。

（6）推力瓦受力不均匀。

（四）维护因素

1. 由润滑油所引起的轴瓦温度升高

（1）不同牌号的油混合使用使润滑油的黏度和其他指标发生变化，影响油的质量。

（2）润滑油的油质未定期检查，定期化验，推力轴承油槽内的油质（包括黏度、酸碱值、杂质、水分等）不合格。

（3）在加油时，用加新油的办法来提高老油的油质，使新油加速劣化变质。

（4）推力轴承油槽内油面偏低，外循环油路滤网或油过滤器堵塞，供油油面过低。

（5）外循环油泵故障，溢油阀故障导致供油流量低甚至断流。

2. 冷却水系统故障引起轴瓦温度上升

（1）推力轴承油冷却器的冷却水压过低。

（2）推力轴承油冷却器的冷却水流不畅通，流量过低。

（3）冷却水给水水温偏高，带走的热量减少。

（4）冷却器漏水导致绝缘降低，油质下降，瓦温升高。

二、推力瓦温升高的原因判断及相应处理方法

（1）正常运行的机组，若轴承温度较前一天升高 2～3℃，首先应排除设计、制造和安装检修方面因素，而主要检查油面是否降低，如油面确实较低，应加油至合格油位，瓦温即可回降。外循环轴承还应检查供油油压及流量是否下降。若供油压力和流量下降，应检查油过滤器或滤网，如油过滤器堵塞则需更换，滤网堵塞则需进行清扫。若瓦温仍然居高不下，检查供油油泵是否效率下降。

（2）如不是油面降低的原因，就要检查冷却水的压力和流量是否发生变化。冷却水压一般不应低于规定的最低水压。如果水压和流量都较低，有可能冷却水给水管路发生堵塞，也可考虑适当加大推力油冷却器给水阀门开度，增加给水量。如果只是流量下降，有可能油冷却器管路排水管段发生堵塞。检查冷却器水压和流量的同时，通常要配合检查油冷却器进。出口水温温差通常在 3～5℃ 之间，如冷却水温差过大，说明冷却水流量小，油冷却器供排水管路可能堵塞。如西大洋电厂曾几次出现过轴承温度因冷却水压力小、流量小而升高的现象。经查找原因，是主供冷却水管上的过滤器被杂物堵塞，运行人员采用倒冲过滤器的方法使杂物从排污阀排掉，轴承温度才恢复到原来值。

（3）如油面。冷却系统都正常，则应采油样化验，发现油质不合格应更换合格的润滑油。

（4）测量轴承绝缘，如果绝缘不能满足要求，应排油对绝缘部件做干燥处理。

（5）若以上种种均不是轴承温度升高的根本原因，则应拆出轴瓦逐块检查瓦面接触点是否已磨损严重，如瓦面确已磨损严重，应将瓦面重新研刮合格，以保证机组运行时能在瓦面间形成油膜。

（6）在大修后的机组试运转中，轴承温度高且温升较快时，应例行检查油面、油质、冷却水压流量、各特征部位的摆度和振动外，还应回忆分析检修安装工作中的各个环节，查找出问题和疑点，如推力轴承温度偏高，应停机顶起转子，应重新刮瓦及适当调整限位块，使瓦不受卡阻。这些问题排除后，应对推力轴承受力情况的记录进行分析，并用 0.02mm/m 精度的水平仪在轴头复测其垂直，有怀疑时应再次打受力。其次对每块轴瓦重新摇测绝缘应合格，推力瓦充油后绝缘不小于 0.3MΩ。

（7）新安装的机组在试运转中温升过快，在对其进行上述分析检查仍无结果时，应着重检查油的循环冷却系统。如检查和改进挡油板的位置以利降低循环油流阻力，增大冷却器过油面积，减少热油涡流死区，重新计算油冷却器的容量及更换较大容量的冷却器。唐县民安庄电站安装卧式机组，在试运转时，由于止退盘与刮油板间隙过大，止退盘上黏附的热油过多又不能顺利地流入下腔冷却，致使轴承产生的热量不能被冷却器吸收带走，因此轴承温度过高。当适当调整了刮油板的位置，减小了与止退

盘的间隙后，轴承箱内黏附在止退盘的油得以循环冷却，才使轴承温度稳定在合格范围内。

（8）对于长期停运的立式机组，开机前应先顶一次转子，使润滑油进入推力瓦与镜板之间，以避免机组启动过程中推力瓦与镜板的干摩擦。

无论是检修后还是新安装的机组在试运前都应先仔细检查各阀门开闭状态是否正确，冷却水路、供油管路是否畅通，避免人为因素造成瓦温升高甚至烧瓦。判断故障原因也应先从简单成因到复杂成因逐一分析排除。综上所述，只要电站运维人员在日常工作实践中，勤检查、勤记录、勤分析、勤调整，根据轴承过热的成因，采取逐个疑点排除的方法，一定会找出轴承过热的原因，然后再"对症下药"解决问题。

【思考与练习】

（1）判断缺陷及故障的基本原则是什么？

（2）推力瓦温过高安装检修方面的原因有哪些？

第十五章

水轮发电机导轴承维护

模块 1 水轮发电机导轴承日常维护内容（ZY3600304001）

【模块描述】本模块介绍水轮发电机导轴承日常维护内容。通过要点讲解及图文结合，掌握水轮发电机导轴承日常维护项目。

【模块内容】

一、概述

立式水轮发电机导轴承主要承受机组转动部分的径向机械不平衡力和电磁不平衡力，使机组轴线在规定数值范围内摆动。

二、良好的导轴承的技术要求

能形成足够的工作油膜厚度；瓦温应在允许范围之内，循环油路畅通，冷却效果好，油槽油面和轴瓦间隙满足设计要求，密封结构合理，不甩油，结构简单，便于安装和检修。

三、导轴承日常维护内容

（一）导轴承外观检查

导轴承应无异常声音。

（1）导轴承刚刚安装完毕后，初次试运行期间，需要检查导轴承挡油管是否与轴领或主轴有硬性接触，导轴承油槽内是否有遗留物。

（2）机组运行一段时间后，需要检查导轴承油槽内是否有螺栓脱落，冷却器松动等情况发生。

（3）通常可以在周围倾听导轴承内部声音，必要时可以将耳朵贴在导轴承油槽外壁仔细听导轴承内部声音。

（二）导轴承油槽检查

1. 导轴承油槽油位应在正常范围内

（1）在导轴承油槽内发生渗漏油或给排油阀门关闭不严等情况下，油槽内油位下降。油槽内油位过低时，油的润滑冷却效果下降，油温、瓦温随之升高，严重时会导致烧瓦。

（2）当导轴承油槽充油油面过高或油冷却器发生渗漏等因素造成油位升高，破坏了油槽内润滑冷却油路，同时容易发生甩油。

2. 导轴承油色正常，优质合格

（1）外观检查。导轴承使用透平油进行润滑，正常的透平油油色应是淡黄色，如果含水分比较多油色将变成乳白色；润滑油长时间在偏高温度下运行，油与空气接触，润滑油就可能被氧化，而后生成一种油泥或油沉淀物，使润滑油变稠，透平油发生变质劣化；油内进入灰尘，杂质等因素也可能使透平油变质劣化。润滑油劣化后，从外观上看油色由透明变暗变黑，油的黏度变稀或稠，用手捻摸润滑油其润滑黏度变涩，不能满足推力轴承的技术要求。

（2）化验油质。当外观检查发现导轴承润滑油油色不正常时应进行取油样化验；导轴承润滑油应定期进行取油化验，监控油质变化情况。

3. 导轴承油槽密封良好，不渗漏油

（1）密封盖密封良好无渗漏，卧式机组油封密封良好无渗漏。

（2）油槽与机架固定螺栓无渗漏，油槽对口无渗漏。

（3）呼吸器观察窗无渗漏油。

（三）温度检查

（1）导轴承油槽油温正常，无异常温升。

油温和瓦温变化应该是同步的，可以通过检验油温和瓦温之间数值关系来检验温度计是否准确灵敏。

（2）导轴瓦瓦温正常，无异常温升。

导轴承油槽的油温、瓦温随着室温、冷却水给水水压、水量，冷却水给水温度，运行时间及负荷等条件的变化可能发生相应的变化，但导轴承油温瓦温在机组运行几小时后应趋于稳定，而环境温度、冷却水给水水量、水压、冷却水给水温度及机组负荷等条件也基本稳定，变化不大，因此导轴承油温瓦温应趋于稳定，只能随相关条件作细微变化。

（3）导轴承油冷却器给排水温度正常。

油冷却器供排水水温是影响导轴承瓦温的重要因素。油冷却器的给水温度一般在4～25℃为宜。给水温度过高会导致瓦温升高；给水温度过低，油冷却器铜管外壁将会凝结水珠，如果油冷却器铜管沿管长方向温度变化太大，还能造成裂缝而损坏。

（四）压力、流量检查

（1）油冷却器给水压力应满足要求。

水压过高供水管路及油冷却器铜管可能承受不住压力而渗漏或破裂；水压过低将

影响水的流动性，导轴承的冷却效果将下降，瓦温升高甚至烧瓦。

（2）外循环导轴承供油压力在正常范围内。

供油压力过高将引起导轴承油槽甩油；供油压力过低，油流供应不足，导轴承瓦温将会升高，甚至烧瓦。

（3）油冷却器供水系统管路流量应满足要求。

油冷却器水流流量过低时，水的流动能力下降，冷却水供应不足，势必造成油冷却器冷却效果下降，导轴承瓦温升高。

（4）外循环导轴承供油系统流量应满足要求。

外循环导轴承供油系统流量过低，导轴承润滑冷却效果差，导轴承瓦温将会升高，甚至烧瓦。

（五）导轴承摆度测量

上下导轴承摆度应在允许范围内。机组运行过程中，运维人员应经常对各部轴承处的摆度进行测量，掌握机组各部轴承处摆度情况，如果轴承摆度变大，甚至超出允许的范围，导轴承摩擦将会增大，瓦温将会升高，甚至烧瓦。

（六）导轴承油泵检查

（1）导轴承油泵无异常声音。

（2）导轴承联轴器无异常。

（3）导轴承管路无渗漏。

（七）表计检查

（1）导轴承压力表应无损坏并指示正常。导轴承压力表显示着轴承各部压力情况，如果压力表损坏，维护人员将无法及时掌握导轴承的运行情况，无法判断推力轴承的健康状态。

（2）压力表定期进行效验，调整其精度满足要求。如果压力表指示不准确将会影响维护人员对轴承运行状态的判断，不能及时发现缺陷，从而影响机组稳定运行。

【思考与练习】

（1）导轴承日常维护内容有哪些？

（2）导轴瓦摆度如何测量？

模块 2　水轮发电机导轴承常见缺陷（ZY3600304002）

【模块描述】本模块介绍水轮发电机导轴承常见缺陷。通过轴承常见缺陷内容介绍及案例讲解，了解水轮发电机导轴承常用处理方法。

【模块内容】

一、导轴承甩油

机组运行时，导轴承中的油或油雾跑出轴承油槽的现象，称为轴承甩油。这不仅浪费润滑油而且污染环境，有时机组因甩油严重，而致使运行油位下降造成油位过低，引起烧瓦。轴承甩油有两种情况：一是润滑油通过主轴轴领内壁与挡轴筒之间的间隙，甩向主轴表面，这种甩油称为轴承内甩油；另一种情况是润滑油通过旋转部件与轴承盖板间的间隙甩向盖板外部，这称之为外甩油。

（一）现象

（1）油槽对口有油渗出。

（2）轴承油槽内壁主轴部分有大量油迹。

（3）油槽与上下机架连接法兰处渗油。

（4）导轴承密封盖周围有大量油迹。

（5）机组导油槽盖板处的油雾外溢及外甩油，造成机组导油槽油位在机组运行中呈下降的趋势变化，机组运行一段时间后，需对导油槽增补透平油。

（二）原因分析

1. 内甩油

由于挡油管与主轴轴领圆壁之间，因制造、运输、安装时的原因，产生不同程度的偏心，使工件之间的油环不均匀。如果该处间隙设计时取得很小，则相对偏心率就增大，这时主轴轴领内壁带动其间静油旋转时，出现油泵效应，使润滑油产生较大的压力脉动，导致润滑油上行而出现甩油。另外机组在运行过程中，由于旋转部位鼓风的作用，使得轴领内下侧至油面之间及挡油管与主轴之间的上部形成负压，把油面吸高，将润滑油及油雾而甩溅到主轴壁上，形成内甩油。

2. 外甩油

主轴轴领下部开有径向进油孔或开有与径向成某一角度的进油孔。当主轴旋转时，这些进油孔起着油泵的作用，把润滑油输送到轴瓦与轴领之间的空隙内及轴瓦之间的轴承油槽中。如果进油孔呈斜向布置，高速射油碰上工件后，一部分油会因其黏性而附着在工件上，另一部分会朝另一方向反射出去，到处飞溅，形成大量的雾状油珠。同时，由于主轴轴领的高速旋转，造成轴承油槽内油面波动加剧，从而产生许多油泡。当这些油泡破裂时，也会形成很多油雾。另外，随着轴承温度的升高，使油槽内的油和空气体积逐渐膨胀，从而产生一个内压。在内压的作用下，油槽内的油雾随气体从轴承盖板及其他缝隙处逸出，形成外甩油。

（1）油槽对口或法兰面密封垫老化。

（2）油槽对口面或法兰面有缺陷。

（3）导轴承油槽内油位过高。

（4）密封结构不合理。

（三）处理方法

1. 内甩油

（1）在主轴轴领颈部上钻均压斜孔，孔径适当，按圆周等分，布置多个孔，使轴领内外通气平压，防上因内部负压而使油面被吸高甩油。

（2）加大轴领内侧与挡油管之间的间隙，使相对偏心率减小，从而降低了油面的压力脉动值，保持了油面的平衡，防止了润滑油的上窜。实际使用情况表明，轴领内侧与挡油管之间的距离增大，可使润滑油的搅动造成的甩油大幅度降低。

（3）加大挡油管顶端与油面的距离，避免运行中的润滑油在离心力作用下翻过挡油管溢出。

（4）加装稳油挡油环。运行时，稳油挡油环起着阻旋作用，增大了内甩油的阻力，部分甩出来的油通过挡油环上环板上的小孔回到轴承槽中，挡油环与挡油管之间呈静止状态，不会因主轴轴领的旋转运动而使油面波动。

（5）在形成负压的旋转部件外加装保护罩，降低该旋转部件搅拌而在轴承下部形成的负压，减小内甩油发生的可能。

2. 外甩油

（1）合理选择油面零位，控制轴承油面在正常范围内，不要将油面加得过高。一般而言，导轴承正常静止油面不应高于轴瓦中心。油位过高，既对降低轴瓦温度无益，又会增大轴承甩油出现的可能性。

（2）合理确定进油孔中心与轴瓦中心的距离，这是因为导轴瓦的吸油点，如果太高，容易产生大量的气泡，从而增加甩油的可能性。

（3）在油槽内设稳流板。它的作用是将润滑油与旋转的轴领分隔开，使润滑油不受旋转件黏附作用的影响（油槽内的润滑油不跟轴领一起旋转或不被搅动），使油面较平稳，减少油泡的产生，并且稳流板还可以避免循环热油短路，这对控制轴承温度也有好处。

（4）在主轴轴领根部开径向进油孔，避免了开斜向孔，由于产生射油，造成油面紊乱、飞溅大、易甩油的缺陷。

（5）在轴承盖板与主轴配合处迷宫式密封。通过密封部位形成多次扩大与缩小的局部流体阻力，使渗漏的油气混合体的压力减小，从而防止油雾从密封盖与旋体之间泄漏。

（6）改善静密封面的密封结构，采用"O"形密封。

（7）处理好各密封面，清除凸点及凹痕等缺陷，使密封面具备工作条件。

（8）改善轴承动密封，立式机组轴承密封盖或卧式机组的油封可采用新型接触式密封，这种密封在密封面上开有类似梳齿迷宫环式的齿口，在其中上下的齿口内安装有弹簧和密封齿，密封齿采用非金属耐磨特种复合密封材料，密封材料具有自润滑特性，以及独特的分子结构，吸噪音、抗静电、比重轻、绝缘性能好，极高抗滑动摩擦能力、耐高温、耐化学物质侵蚀，材料自润滑性能优于用润滑油的钢或黄铜。密封齿沿圆周分布，每瓣均能与轴形成径向跟踪，靠弹簧的作用可实现径向前进 1mm 左右和后退 3～5mm，在轴偏摆运行时，密封齿可通过弹簧的作用自动跟踪调整其与转轴之间的间隙，实现盖板与轴领之间的无间隙运行，密封盖在运行中不损伤轴领，也不引起转轴震动及轴温升高，从而保证机组运行中油槽盖内油雾无法外溢和甩油现象产生。

二、导轴承油冷却器漏水

（一）现象

（1）导轴承油槽内油位增高。

（2）油槽内的润滑油发生乳化，油色变为乳白色。

（3）导轴承绝缘下降，产生了轴电流。

（二）原因分析

1. 铜管渗漏

（1）导轴承冷却器在运输及检修吊运过程中发生磕碰，使铜管受伤，形成破坏源。

（2）检修过程中工作人员疏忽，工器具将铜管碰伤，形成破坏源。

（3）油冷却器胀管时，胀管器插入过深，超过承管板，使承管板后一段长度的铜管形成环形变径。变径处存有环形集中应力及微观加工缺陷；胀管时力度控制不当，用力过小使铜管与承管板接触不紧密，容易发生渗漏；胀管力度过大，铜管与承管板接触处管壁过薄，形成破坏源。

以上情况随着水流的冲刷及机组长期振动使微观缺陷即破坏源处形成疲劳破坏，逐渐深化形成裂纹。

2. 油冷却器水箱渗漏

（1）油冷却器水箱端盖螺栓紧固力不均匀时，水会从紧固力较小的螺栓根部渗出。

（2）油冷却器水箱端盖螺栓紧固力不足，密封垫老化，水箱密封面有凸点或较深贯通伤痕时，冷却水容易从油冷却器水箱盖处渗出。

（三）处理方法

导轴承冷却器漏水故障发生后，需要机组停机，导油槽排油，打开导油槽盖，将冷却器吊出导轴承油槽运到专门的检修场地进行检修。具体的处理方法在模块 6 中作详细的介绍。

三、导轴承油冷却器堵塞

（一）现象

（1）导轴承瓦温、油温非常高，甚至达到报警温度。

（2）油冷却器冷却水压下降，增加阀门开度，冷却效果仍没有明显好转。

（3）油冷却器给水、排水温差很大，排水温度很高。

（4）打开冷却器水箱端盖，水箱内充满锈泥。

（二）原因分析

（1）导轴承油冷却器长期没有进行清洗，水流将水箱内防腐漆冲刷腐蚀掉后，形成锈蚀，附着在水箱内，锈蚀阻碍水流通道，减缓水流流速，使杂质便于停留并附着在锈蚀表面，从而增加了水流阻力，如此循环下去，经过长时间的积累，冷却器内越堵越严重。

（2）水质比较差，水中含杂质泥沙较多，加速了锈蚀情况的恶化。

（3）水压较低，较低的水压减弱了水流带走杂质泥沙的能力，同时低压水流无法破坏锈蚀的形成和扩大。

（三）处理方法

（1）经常清洗油冷却器，油冷却器清洗方法如下：

1）打开油冷却器水箱端盖，用钢丝刷、扁铲等工具去除水箱内水垢及锈蚀，用抹布擦拭干净后，均匀刷防腐漆。

2）用白布清扫铜管内外水垢，用风管吹扫铜管内部。

（2）改善水质。在导轴承冷却器进水口前端安装滤水器，滤除较大杂质，并经常清洗滤水器。

（3）保证油冷却器有较高的供水压力，破坏锈蚀形成的条件。

四、导轴承烧瓦

（一）现象

导轴承瓦温度迅速升高，达到报警温度。

（二）原因分析

（1）外循环导轴承润滑油循环不畅。

1）油过滤器堵塞，造成油流供应不足。

2）供油油泵故障，油泵效率下降，联轴器损坏等因素将会导致轴承供油不足，甚至油流中断。

3）油泵出口溢流阀设定压力过低，或溢流阀发生故障，润滑油将从油泵流出后大部分或全部流回到油槽或油箱内，导致轴承供油不足，甚至油流中断。

4）自流润滑供油系统的高位油箱滤网发生堵塞，供油油量下降，甚至断流。

（2）冷却系统故障，冷却效果不良。

1）冷却水供水压力及流量严重不足，轴瓦摩擦产生的热量无法及时带走。

2）油冷却器进水温度高，换热能力低。

3）油冷却器堵塞，导致水流不畅，无法及时带走油槽内的热量。

（3）轴电流对瓦的侵蚀。

由于电流通过主轴、轴承、机座而接地，从而在轴领和轴瓦之间产生小电弧的侵蚀作用，破坏油膜使轴承合金逐渐黏吸到轴领上去，破坏轴瓦的良好工作面，引起轴承的过热，甚至把轴承合金熔化，此外，由于电流的长期电解作用，也会使润滑油变质发黑，降低润滑性能，使轴承温度升高，甚至烧瓦。

（4）机组振动、摆度过大，导致轴承摩擦增大。

（5）导轴瓦间隙过小，轴承摩擦严重。

（6）各部轴承不同心，导致轴承别劲，摩擦严重。

（三）处理方法

（1）发生导轴承烧瓦故障后，先取油样化验油质及油内含水量。同时分解导轴承，取出导轴承瓦检查瓦面烧损情况，检查导轴承瓦是否有轴电流破坏的痕迹，查找故障报警，检查发生烧瓦故障时是否有轴电流过高报警。测量导轴承对地绝缘应满足要求。若发现绝缘不好，应将绝缘部位及绝缘部件做烘干处理，再次测量轴承对地绝缘，绝缘不合格继续处理，直至绝缘合格为止。

（2）若绝缘无问题，检查润滑油冷却水系统是否正常。

1）检查发生烧瓦故障时冷却水压、流量信息。若水压流量较低，则检查冷却水管路是否堵塞。清洗滤水器。

2）外循环导轴承还要检查发生烧瓦故障时的油路是否畅通，检查油压及流量是否报警。若发生报警则更换滤油器滤芯或清扫过滤网。

3）检查供油油泵。联轴器。溢流阀的设备应无故障。

（3）最后还要检查机组故障时振动摆度数据，分析烧瓦时是否存在异常振动或振动摆度增大的情况，分析出振动摆度增大的原因，采取措施予以避免。

（4）此外还可以通过在线监测装置测得的数据，利用相应的分析软件来分析查找烧瓦的原因，并采取措施予以解决。

发生烧瓦故障后，应在查找烧瓦原因，排除故障的同时，处理轴领烧伤痕迹，对导轴承瓦进行研刮。具体的研刮工艺及方法将在模块 4 中作详细的介绍。

五、轴电流

（一）现象

（1）较高的轴电流使机组发生轴电流故障报警，出现故障牌。

（2）润滑油变质发黑，降低润滑性能，使轴承温度升高。

（3）轴领和导轴瓦面有大量灼伤痕迹。

（二）原因分析

不论是立式还是卧式的水轮发电机，其主轴不可避免地处在不对称的磁场中旋转。这种不对称磁场通常是由于定子铁芯合缝、定子硅铁片接缝、定子和转子空气间隙不均匀、轴心与磁场中心不一致以及励磁绕组间短路等各种因素所造成。当主轴旋转时，总是被这种不对称磁场中的交变磁通所交链，从而在主轴中产生感应电动势，并通过主轴、轴承、机座而接地，形成环行短路轴电流。

（三）处理方法

（1）研刮处理灼伤的轴领和导轴瓦。

（2）测量轴承绝缘，查找绝缘不良的部件，对绝缘不良的部件进行干燥处理。

（3）彻底清扫油槽。

（4）回装时注意不要破坏绝缘。

【思考与练习】

（1）轴电流产生的原因是什么？

（2）导轴承外甩油的处理方法有哪些？

模块 3　导轴承拆装（ZY3600304003）

【模块描述】本模块介绍导轴承拆装工序。通过过程介绍、图文结合及实物训练，掌握导轴承拆装基本工序。

【模块内容】

一、导轴承分解前的准备

（1）导轴承油槽排油。排油前，应检查管路上各阀的开闭位置，确认正确无误后，方可联系进行。

（2）断开与导轴承油槽连接的供油、排油管路，断开与导轴承连接的油冷却器给水、排水管路，用布和塑料布堵住管口。

（3）有防尘罩的导轴承应将防尘罩拆除并移出。

二、分块瓦导轴承的拆装

（一）分块瓦导轴承的拆卸工序

（1）悬式机组分解导轴承油槽与机架连接，用导链将导轴承油槽落下。伞式机组分解上导轴承油槽盖。

（2）悬式机组分解导轴承冷却器与油槽连接，将导轴承冷却器吊出，可暂时放置在上机架内，用塑料布将导轴承冷却器盖好。伞式机组上导轴承分解油冷却器。

（3）拆卸下导油槽盖时，可先在下面将它顶出止口，垫高后再分瓣外移，放置于下部机架上。

（4）导轴瓦检查测量。进行分块式导轴承间隙测量时，应先用小千斤顶在每个支柱螺栓的两侧，将轴瓦顶先靠于轴领，在拧紧小千斤顶时，为防止主轴产生位移，应在相对方向的轴瓦上同时进行。在下导轴承进行上述工作时，应在下导或法兰处互成90°方向上安设百分表，监视主轴不应有位移。待将所有轴瓦都对称顶靠于轴领后，用塞尺测量各支柱螺栓头端面与轴瓦背面间的最小间隙，做下记录，即为该导轴瓦间隙值如图15–3–1所示。待将各轴瓦间隙测量完一遍后，应校核一次，其校核允许误差为±0.01mm。

（5）进行上机架中心测量。在测量分块式导轴瓦间隙的同时，应进行修前的上、下部机架中心测量，其位置一般可在两瓦之间，测量轴领与轴承壁之间距离；上部机架中心测量位置还可利用机组中心测定时的 X、$-Y$、$-X$、Y 4 个方向的测点，来测量上导轴领下面主轴与机架之间距，如图15–3–2所示。中心测量的校核测量的允许误差为±0.02mm。在记录机架中心值时，应记下主轴轴号的方位。

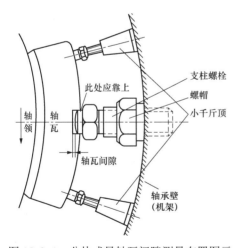

图15–3–1 分块式导轴瓦间隙测量布置图示

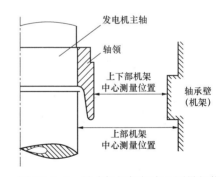

图15–3–2 悬式机组机架中心测量部位

（6）拆下导轴承支柱螺栓锁定螺母的锁定卡板，将卡板放置在机架内。

（7）用专用扳手将导轴承支柱螺栓的螺母退出，用手将支柱螺栓退出。

（8）拆除导轴承油温瓦温测量元件。

（9）悬式机组上导轴瓦的拆装，可用升降上导轴瓦的专用工具如图15–3–3所示，将瓦托住后拧动旋把使瓦升降，轴瓦与托板的拆装应顺次进行，并可用小千斤顶辅助，将其旁的轴瓦顶住，以防落下。轴瓦的运入和运出可借助架于油槽与水轮发电机盖板上的木板上进行，移置轴瓦时，应将升降上导轴瓦工具把稳，并注意切勿磕碰瓦面及油冷却器铜管。安装轴瓦时，瓦面与轴领应清扫干净并涂以透平油。伞式机组可以在上机架上导轴承上方的吊装螺孔上安装滑轮，将推力瓦拉出。

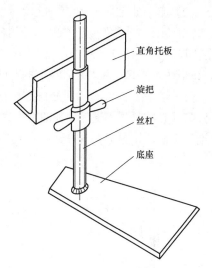

图 15-3-3　升降悬式机组上导轴瓦工具外貌

（10）下导轴瓦的拆装，一般在拆除油槽盖的条件下进行。可在轴领上端面和机架上放置升降下导瓦的专用工具，如图 15-3-4 所示，并有专人把稳，绑在轴瓦吊环上的绳子绕过此工具上的滑轮用人拉住，即可使轴瓦升降，轴瓦与托板的拆装也应顺次进行。

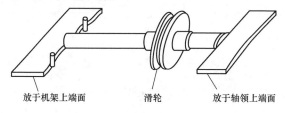

图 15-3-4　升降悬式机组下导瓦工具外貌

（二）分块瓦导轴承的安装

（1）回装导轴瓦，并对应安装瓦托。

（2）调整导轴瓦间隙，紧固锁定螺母，固定锁定卡板。

（3）回装温度计。

（4）下导轴承回装油槽盖。

（5）回装油冷却器。

（6）悬式机组组装油槽并回装。

（7）伞式机组回装油槽盖

三、筒式瓦导轴承的拆装

（一）筒式瓦导轴承的拆卸

（1）将所有温度计拆除，冷却器、油槽分解拆走，拆除油槽盖。用塑料布将导轴承冷却器盖好。

（2）卸下止油环（有的导轴承还应卸下内油盘，带内置齿轮油泵的导轴承还应卸下立式齿轮油泵），才可用塞尺于圆周等分的 8 点处，测量轴瓦的间隙（有的导轴承还应测量其瓦背间隙，如图 15-3-5 所示），塞尺插入深度一般应为 250mm 左右，否则应记录插入深度，轴承间隙和应在规程要求范围内。进行间隙测量时，应注意不使塞尺处于瓦面油沟内。

（3）在轴瓦下面对称四处填上木方和压机，待下导轴承拆除托板；上导轴承拆除内油盘（它同时又起支托轴瓦的作用）后，利用两组互成正交的压机交替进行，使轴瓦渐渐下落，如图 15-3-6 所示，如有卡涩现象，可用木方或大锤撞击轴瓦。

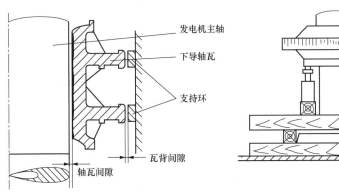

图 15-3-5 导轴瓦间隙与瓦背间隙测量

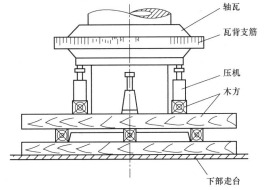

图 15-3-6 筒式下导轴瓦起落工作图示

（4）双层轴瓦下落时，应先用铁棍插入温度计孔，将其上层轴瓦别住，待下层轴瓦落下分解移至一旁后，再重复上述方法，将上层轴瓦落下。为使向外移轴瓦省力，可在轴瓦下的木方上垫以薄铁板。

（二）筒式瓦导轴承的安装

（1）下导轴瓦的安装，应在下导油槽盖安装后进行。

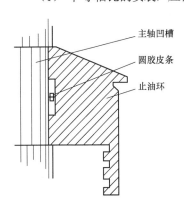

图 15-3-7 圆橡胶条安放位置

（2）将导轴瓦内外清扫干净，并在瓦面与主轴表面涂以透平油，然后进行组合。其上升方法是用四个压机交替顶（与落瓦过程相反），使轴瓦上升至原位，上导轴承应装上内油盘，下导轴承应装上托板。双层导轴瓦安装时，应先组合上升上层轴瓦，直至可利用温度计孔插入铁棍将它别住，再组合上升下层轴瓦。

（3）在与止油环相配合的主轴凹槽表面及止油环对口涂以止油密封胶，再进行止油环的组合安装。若止油环与主轴凹槽配合不好，在运行中渗油时，则可用 $\phi4$ 的耐油圆胶皮条挤压在中间，如图 15-3-7 所示，但需注意圆胶皮条的接头搭接应完好。

（4）回装止油环、内油盘（有立式齿轮泵的进行回装）。

（5）组装油槽及冷却器，回装油槽。

【思考与练习】

（1）分块导轴瓦间隙如何测量？

（2）导轴承拆卸前应完成哪些工作？

▲ 模块4　轴承轴瓦缺陷处理（ZY3600304004）

【模块描述】本模块介绍轴承轴瓦处理的常见方法。通过方法要点讲解及实操训练，掌握轴承轴瓦刮削方法。

【模块内容】

一、分块瓦的研刮

（一）研刮准备

（1）进行分块瓦研刮的场地，应清洁、干燥、温度不宜低于5℃。

（2）分块瓦研刮时，主轴横放，把轴领调整水平，主轴要垫塞稳固，并根据轴领的位置，搭设一个高低合适的牢靠的工作平台，如图15-4-1所示，也可制作一段与轴领大小、精度相同的假轴，来进行研瓦。

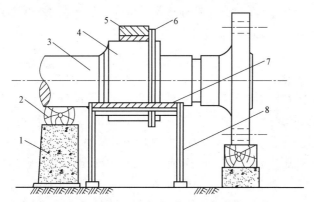

图15-4-1　分块轴瓦研刮布置图

1—支墩；2—枕木；3—主轴；4—轴领；5—分块瓦；

6—铝箍或软质细箍；7—木板平台；8—钢支架

（3）根据瓦的轻重和现场的实际情况，配备合适的轴瓦吊运工具。

（4）用轴领研磨轴瓦前，应分别情况进行如下处理：

1）轴领无缺陷，应用两边结有拉绳的细毛毡作研具，涂用 W5～W10 粒度的氧化铬（绿膏）与煤油、猪油按适当比例调成并经绢布过滤后的研磨剂，进行研磨抛光直至满意为止。

2）轻微伤痕，用天然油石磨光。

3）轴领问题较严重。如轴领锈蚀、有较深的伤痕等，应按厂家方案进行。

（5）轴领等精密加工面防锈材料的清除，应用软质工具刮去油层，再用无水酒精或甲苯清洗；绝不允许使用金属刮刀、钢丝刷和砂布之类的研磨物质进行清除工作。再根据轴瓦工作位置，在轴领上设置导向挡块（如铝箍）或软质绳箍，如图 15-4-1 中项 6。

（6）检查轴瓦应无脱壳、硬点、裂纹或密集气孔等缺陷，对个别硬点应剔除，如脱壳面积超过瓦面 5%，则不宜采用。

（7）对厂家要求现场不要研刮的分块瓦，其瓦面应无碰伤，粗糙度的 Ra 值不应大于 0.8μm。

（二）分块瓦的研刮

（1）研瓦时，先用酒精或甲苯分别把瓦面和轴领清洗干净并擦干，按轴瓦运行时的上下边位置，把瓦吊放到轴领上，并使瓦的一边靠紧导向挡块或绳箍，来回研磨 4～5 次，注意避免轴向窜动或歪扭。轴领因磨损或工作不慎而出现划痕或模糊不亮，应用两边结有拉绳的细毛毡作研具，涂用 W5～W10 粒度的氧化铬（绿膏）与煤油、猪油按适当比例调成并经绢布过滤后的研磨剂，进行研磨抛光直至满意为止。

（2）分块瓦的刮削视瓦面曲率半径的大小来选用刀具，一般曲率半径大时，可采用刮削推力瓦的弹簧刮刀，曲率半径小时，宜采用三角刮刀。

（3）分块瓦刮削一般分粗刮、细刮、精刮和排花四个阶段进行。粗刮采用铲削，细刮和精刮可用挑花刮削或修刮方法；排花采用挑三角或燕尾形刀花或拉条形刀花。当精刮采用挑花刮削时，可不进行排花。

（4）粗刮一般采用宽形平板刮刀，把瓦面上被研出的接触点（高点）普遍铲掉，刀迹宽长而深，且连成片。反复研刮数遍，使整个瓦面显出平整而光滑的接触状态。

（5）细刮时，宜用弹簧刮刀；刀迹依瓦与镜板研出的接触点分布，按一定方向依次把接触点刮去，刮干后再研，研后变换成大致与上次成 90° 的方向再把接触点刮去。如此反复多次。使瓦面接触点分布基本达到要求。

（6）精刮时，仍用细刮时的刀具，反复进行找亮点和大点刮削，使瓦面接触点达到以下要求：

1）瓦面每 1cm^2 内应有 1～3 个接触点。

2）瓦面局部不接触面积，每处不应大于轴瓦面积的 2%，但最大不超过 16cm^2，其总和不应超过轴瓦面积的 5%。

（7）刀花花纹一般有三角形、鱼鳞形、燕尾形和扇形四类形式，除扇刀花外，其刮削都采用挑花方式。挑花的刀具应具有较好的弹性，一般使用 12mm 左右宽度的平头或弯头弹簧刮刀。挑花时刀刃要保持锋利；下刀要平稳，使刀花成缓弧状，不带"旗杆"；刮削出的刀花应光亮、无振痕和撕纹。

（8）刀花的大小要与瓦面大小协调；深浅为 0.01～0.03mm。

（9）选用三角形刀花排花时，一般排 2～3 遍，前后两次大致成 90°方向；选用燕尾形刀花时，一般为两遍，互成 180°；选用扇形刀花时，一般为一遍。排花可以划线分格进行。

（10）按图纸规定修刮进油边，一般可在 10mm 范围内刮成深 0.5mm 的倒圆斜坡。

（11）研刮合格的轴瓦，若不立即使用，应均匀涂一层纯净的凡士林（或钙基脂），用干净的纸贴盖或装箱保护。

二、筒式导轴瓦的研刮

（一）筒式瓦的检查

（1）检查轴瓦应无脱壳现象，必要时可用超声波检查，允许个别处脱壳间隙不超过 0.10mm，面积不超过瓦面的 1.5%，总和不超过 5%。

（2）检查瓦面应无密集气孔、裂纹和硬点等缺陷，个别夹渣、砂眼等硬点应剔去，并把坑孔边缘修刮成坡弧。

（3）检查瓦面应无碰伤，粗糙度的 Ra 值不应大于 0.8μm。如有较严重碰伤，应进行修刮处理；如粗糙度不合要求，可在瓦面上排花刮削 2～3 遍。

（4）检查并修刮轴瓦上的油沟，使其方向、形状和尺寸符合设计要求，清扫进油盘上的进油孔，应通畅且无杂物。

（5）与主轴进行配装，如图 15-4-2 所示，用塞尺检查它与轴领上下端的间隙 $\delta_{上}$、$\delta_{下}$、$\delta_{左}$、$\delta_{右}$，一般 $\delta_{上}$ 应为 0，$\delta_{左}$ 与 $\delta_{右}$ 应相等，$\delta_{下}$ 为轴承总间隙，其值应符合设计要求，且每端最大与最小值之差及上下端相应点的 $\delta_{下}$ 值差，均应不大于实测平均总间隙的 10%。

（6）如间隙不符合要求，应进行车削加工或研刮处理。

（7）清除轴承体非加工面上未清理干净的残存铸造夹砂，其浸油部分耐油漆应完好，否则应补刷。

（8）有冷却水腔的导轴瓦应进行严密性耐压试验。

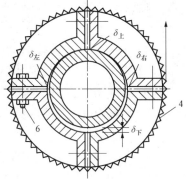

图 15-4-2　筒式导轴瓦间隙

（二）筒式瓦的研刮

（1）筒式轴瓦的研刮，一般把主轴卧放进行。如图 15-4-3 所示。为了使轴瓦在主轴上均匀地不歪扭研磨。应在轴承下部进行配重，轴领上加导向挡块，并使钢丝绳的作用力尽可能通过轴瓦轴向中心处。

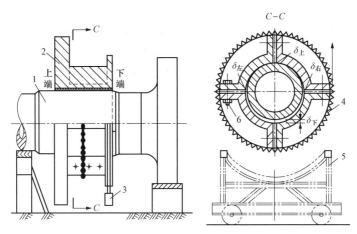

图 15-4-3　筒式轴承轴瓦研刮

1—主轴轴领；2—筒式轴承；3—配重块；4—钢丝绳；

5—刮瓦专用小车；6—轴承组合螺栓

（2）筒式轴瓦研刮采用三角刮刀。

（3）轴瓦和轴领在研瓦前应用酒精或甲苯清洗干净并擦干。瓦的一半用专用小车运至轴下，另一半吊上，组合后，转动 2～3 圈，然后拆开，用吊车和专用小车把瓦吊运出来研刮，注意避免轴向窜动或歪扭。轴领因磨损或工作不慎而出现划痕或模糊不亮，应用两边结有拉绳的细毛毡作研具，涂用 W5～W10 粒度的氧化铬（绿膏）与煤油、猪油按适当比例调成并经绢布过滤后的研磨剂，进行研磨抛光直至满意为止。

（4）筒式轴瓦的研刮，以保证轴承总间隙值应符合设计要求，且每端最大与最小值之差及上下端相应点的 $\delta_下$ 值差，均应不大于实测平均总间隙的 10%。

（5）筒式瓦的刮削，即可采用挑花（三角形或条形刀花）方式，也可采用修刮方法进行。待间隙及上点符合要求后，再排 2～3 遍刀花。

【**思考与练习**】

（1）分块导轴瓦研刮要求有哪些？

（2）筒式导轴瓦研刮要求有哪些？

模块 5　导轴承轴瓦温度过高的原因及处理方法
（ZY3600304005）

【模块描述】本模块介绍导轴承轴瓦温度过高的原因及处理方法。通过原因分析讲解及案例分析，掌握导轴承轴瓦温度过高处理方法

【模块内容】

一、导轴瓦温度过高的原因

一般引起水轮水轮发电机组导轴瓦温度过高的原因有以下几个方面：

（一）设计因素

（1）导轴瓦面积过小，单位面积承受压力过大。

（2）瓦衬刚度及瓦面的材质选择不当。

（3）油的循环冷却系统及油冷却器设计不合理。

（二）制造因素

（1）轴领（轴领）光洁度差。

（2）油的循环冷却系统的通道不畅通。例如，阜平县陡岭台电站 2 号机是卧式水轮水轮发电机组。因轴承油箱上下油胶之间隔层的油孔在制造中未打通，上腔的热油不能流入下腔冷却，使上油腔成为热油涡流死区，致使瓦温升高。后来钻通隔层的油孔，使轴承上下腔的油得以畅通无阻地循环，轴承温度才稳定在规程要求范围内。

（3）轴领加工精度差。

（4）转动部分质量不平衡。

（三）安装检修因素

（1）在机组安装时，由于导轴承瓦面研刮不合格，而使轴承温度偏高。规程要求，瓦面接触点应均匀，导轴瓦面规定接触点在 1～2 点/cm²。整个导轴瓦面与轴领接触部分不少于整块瓦面积的 80%。

（2）导轴承绝缘不良。绝缘不良容易产生轴电流，轴电流使瓦面和轴领被破坏而变得粗糙，增加了摩擦导致瓦温升高。

（3）导轴瓦间隙不合理。卧式机组的轴瓦间隙有侧间隙、顶间隙和轴向间隙三种。如侧间隙过小，进油边进油口间隙过渡不当，不易形成楔形进油，使润滑油量减少，油膜变薄，轴瓦温度就会升高。如果顶间隙调的过大或过小，会引起主轴振动不利于油的循环，瓦温要升高。轴向间隙调整的不均匀，一边大一边小，当机组转动后，由于受水推力的影响，使轴有一个窜动量，小的一边间隙会更小，轴领的台阶紧贴着瓦

的边沿形成了干摩擦，引起轴瓦温度升高。如丹东电站在一次检修后，在调整小推力盘间隙时，间隙调整的不当，轴向间隙一边为 4mm，另一边间隙只有 1.5mm，当机组转动以后，轴领台阶与瓦沿形成干摩擦，瓦温上升 34℃。

（4）机组摆度过大。摆度增大就加大了导轴承的摩擦，使瓦温升高。

（5）机组中心不正，各部导轴承不同心。导轴承不同心将导致部分导轴瓦发生别劲，摩擦增大，瓦温升高。

（6）水轮水轮发电机定子、转子气隙不均匀。水轮水轮发电机定、转子气隙不均匀时，则造成单边磁拉力的作用，气隙小的一边，导轴瓦所承受的径向磁拉力大；气隙大的一边则径向磁拉力小些，而对于导轴承所承受的径向磁拉力大的一边，则容易出现瓦温升高或磨损。

（四）维护因素

1. 由润滑油所引起的轴瓦温度升高

（1）不同牌号的油混合使用使润滑油的黏度和其他指标发生变化，影响油的质量。

（2）润滑油的油质未定期检查，定期化验，导轴承油槽内的油质（包括黏度、酸碱值、杂质、水分等）不合格。

（3）在加油时，用加新油的办法来提高老油的油质，使新油加速劣化变质。

（4）导轴承油槽内油面偏低，外循环油路滤网或油过滤器堵塞，供油油面过低。

（5）外循环油泵故障，溢流阀故障导致供油流量低，甚至断流。

2. 冷却水系统故障引起轴瓦温度上升

（1）导轴承油冷却器的冷却水压过低。

（2）导轴承油冷却器的冷却水流不畅通，流量过低。

（3）冷却水给水水温偏高，带走的热量减少。

（4）冷却器漏水导致绝缘降低，油质下降，瓦温升高。

二、导轴瓦瓦温升高的原因判断及相应处理方法

（1）正常运行的机组，若轴承温度较前一天升高 2～3℃，首先应排除设计。制造和安装检修方面因素，而主要检查油面是否降低，如油面确实较低，应加油至合格油位，瓦温即可回降。

（2）如不是油面降低的原因，就要检查冷却水的压力和流量是否发生变化。冷却水压一般不应低于规定的最低水压。如果水压和流量都较低，有可能冷却水给水管路发生堵塞，也可考虑适当加大推力油冷却器给水阀门开度，增加给水量。如果只是流量下降，有可能油冷却器管路排水管段发生堵塞。检查冷却器水压和流量的同时，通常要配合检查油冷却器进口、出口水温温差通常在 3～5℃ 之间，如冷却水温差过大，说明冷却水流量小，油冷却器供排水管路可能堵塞。如某电厂 4 号机外循环导轴承瓦温异常升高且居高不下，水压正常，流量下降。经过查找原因，发现导轴承冷却水排水管几乎全部被水泥堵塞，造成排水不畅，不能及时将热量带走，从而使瓦温升高。水泥被清除后，轴承温度恢复到原来值。

（3）如油面。冷却系统都正常，则应采油样化验，发现油质不合格应更换合格的润滑油。

（4）测量轴承绝缘，如果绝缘不能满足要求，应排油对绝缘部件做干燥处理。

（5）若以上种种均不是轴承温度升高的根本原因，则应拆出轴瓦逐块检查瓦面接触点是否已磨损严重，如瓦面确已磨损严重，应将瓦面重新研刮合格，以保证机组运行时能在瓦面间形成油膜。

（6）在大修后的机组试运转中，轴承温度高且温升较快时，应例行检查油面、油质、冷却水压流量。各特征部位的摆度和振动外，还应回忆分析检修安装工作中的各个环节，查找出问题和疑点，重新刮瓦、处理轴线，固定主轴、分配各部轴瓦间隙。其次对每块轴瓦重新摇测绝缘应合格，导轴瓦绝缘要求为 $5M\Omega$。

（7）新安装的机组在试运转中温升过快，在对其进行上述分析检查仍无结果时，应着重检查油的循环冷却系统。如检查和改进挡油板的位置以利降低循环油流阻力，增大冷却器过油面积，减少热油涡流死区，重新计算油冷却器的容量及更换较大容量的冷却器。唐县民安庄电站安装卧式机组，在试运转时，由于止退盘与刮油板间隙过大，止退盘上黏附的热油过多又不能顺利地流入下腔冷却，致使轴承产生的热量不能被冷却器吸收带走，因此轴承温度过高。当适当调整了刮油板的位置，减小了与止退盘的间隙后，轴承箱内黏附在止退盘的油得以循环冷却，才使轴承温度稳定在合格范围内。

综上所述，只要电站运维人员在日常工作实践中，勤检查、勤记录、勤分析、勤调整，根据轴承过热的成因，采取逐个疑点排除的方法，一定会找出轴承过热的原因，然后再"对症下药"解决问题。

【思考与练习】

（1）导轴承瓦温过高设计制造方面的因素有哪些？

（2）冷却水系统故障的哪些故障会引起导轴瓦温度上升？

▲ 模块 6　导轴承油冷却器漏水处理（ZY3600304006）

【模块描述】本模块介绍导轴承油冷却器漏水处理处理方法。通过方法要点讲解及案例分析，掌握导轴承油冷却器漏水处理方法和工艺要求。

【模块内容】

导轴承油冷却器漏水是导轴承常见缺陷。

一、渗漏原因

（一）铜管渗漏

（1）导轴承冷却器在运输及检修吊运过程中发生磕碰，使铜管受伤，形成破坏源。

（2）检修过程中工作人员疏忽，工器具将铜管碰伤，形成破坏源。

（3）油冷却器胀管时，胀管器插入过深，超过承管板，使承管板后一段长度的铜管形成环形变径。变径处存有环形集中应力及微观加工缺陷；胀管时力度控制不当，用力过小使铜管与承管板接触不紧密；胀管力度过大，铜管与承管板接触处管壁过薄，形成破坏源。

以上情况随着水流的冲刷及机组长期振动使微观缺陷即破坏源处形成疲劳破坏，逐渐深化形成裂纹。

（二）油冷却器水箱渗漏

（1）油冷却器水箱盖螺栓紧固力不均匀时，水会从紧固力较小的螺栓根部渗出。

（2）油冷却器水箱盖螺栓紧固力不足，密封垫老化，水箱密封面有凸点或较深贯通伤痕时，冷却水容易从油冷却器水箱端盖法兰面处渗出。

二、处理方法

导轴承油冷却器的类型很多，主要有半环式、盘香式、弹簧式、抽屉式和箱式。油冷却器渗漏处理的方法基本相同，只有个别由于结构不同处理方法略有不同。

（一）铜管渗漏处理

（1）更换铜管。铜管发生渗漏应优先考虑更换掉已损坏发生渗漏的铜管，这样即保证了冷却效果又节约成本，避免不必要的浪费。由于结构原因只有部分形式的油冷却器便于在现场更换损坏的铜管。更换铜管的方法步骤如下：

1）用套管顶住铜管，用手锤敲击套管，将铜管从一端承管板孔内击出。

2）从油冷却器另一端承管板上将被击出的铜管拉出。

3）将新铜管从一端承管板孔插入，缓慢向前推送铜管，小心穿过固定板，最后从另一端承管板孔穿出。

4）用胀管器分别将铜管两端胀好，胀力要适中，胀力过大会使铜管管壁变得过薄，易产生裂纹；胀力过小则使铜管与承管板内壁接触不紧密，密封不严而产生渗漏；胀管器进入铜管深度也要适度，不要超过承管板板厚。

（2）封堵铜管。对于不能在现场更换铜管的油冷却器，可采用封堵发生渗漏铜管的方法解决渗漏问题。

1）选择适当大小的钢板，厚度宜在 3mm 以上，大小应能覆盖铜管且施焊时不能影响其他铜管。

2）将钢板固定在承管板上完全覆盖住渗漏的铜管，然后进行焊接，焊接时不要损伤其他铜管，焊接完成后要清理干净焊渣，确保没有焊渣停留在承管板上。用同样的方法将渗漏的铜管两端封堵好。

（3）更换冷却器。当冷却器铜管堵塞数超过冷却铜管总数的 1/5 时，将会严重影响冷却器的冷却效果，该油冷却器已不能满足使用要求，必须更换新的油冷却器。

（4）铜管渗漏处理完成后，认真清扫铜管，擦除铜管外壁的泥垢，方便处理的还要用白布拉拭铜管内壁。

（二）冷却器水箱渗漏处理

（1）紧固渗漏处的螺栓，然后均匀紧固该水箱法兰所有螺栓。

（2）用手锉磨去法兰面高点。

（3）对水箱法兰面有较大贯通伤痕可采用补焊磨平处理。

（4）对水箱、承管板进行去锈、刷防锈底漆，更换水箱对口法兰密封盘根。

（5）为加强法兰面密封效果，可将平面密封改为"O"形密封。

三、冷却器耐压试验

冷却器耐压试验也就是油冷却器的严密性试验，油冷却器渗漏处理完成后，对冷却器要进行认真的清扫、除锈、防腐等工作，然后才能组装。组装完成后要对渗漏处理过的冷却器进行单体耐压和整体耐压，具体步骤如下：

（一）单体耐压

1. 基本要求

对检修的冷却器进行单个严密性试验，试验场地应选在给排水方便处。一般的试验时间为 30min，试验压力根据冷却器的工作压力不同，各厂要求不同一般在额定压力的 1.25 倍或规定压力。试验时，要仔细检查冷却器铜管，铜管胀头处，端盖密封处，排气丝堵有无渗漏。

2. 严密性试验工艺

（1）把严密性试验工具的法兰与冷却器的法兰连接，给水阀在下法兰，排水阀在上法兰。

（2）打开排水阀，打开给水阀，待排水管内没有空气排出，以满管水的状态流出时，关闭排水阀。

（3）当冷却器压力表指示达到试验压力时，关闭给水阀，计时进行耐压。

（4）耐压过程中经常检查冷却器铜管，铜管胀头处，端盖密封处，排气丝堵有无渗漏，发现渗漏应及时停止试验，进行缺陷处理，处理后重新进行耐压试验。耐压时间 30min 后如无渗漏，打开排水阀，将冷却器内的水排净。

（二）整体耐压

当检修完成的导轴承油冷却器单体耐压试验完成后，将导轴承油冷却器回装到导轴承油槽内,连接好给排水管路,然后进行整体耐压试验,耐压时间仍为 30min,耐压压力按各厂规程要求。整体耐压主要是检查导轴承油冷却器与管路连接是否良好,是否具备运行条件。整体耐压合格后方可回装其他设备。

【思考与练习】

（1）油冷却器铜管渗漏有哪些处理方法？

（2）如何进行单个冷却器的耐压试验？

第十六章

水轮发电机附属设备维护

▲ 模块1　水轮发电机附属设备日常维护内容 （ZY3600305001）

【模块描述】本模块介绍永磁机、励磁机、空气冷却器、制动器等附属设备日常维护内容。通过知识要点讲解及案例分析，掌握水轮发电机附属设备日常维护内容。

【模块内容】

水轮发电机附属设备，水轮发电机组除了推力轴承、导轴承、定子、转子等主设备以外的设备。主要包括永磁机、励磁机、空气冷却器、制动器、大轴补气装置、高压油顶转子油泵、除尘装置和高压油顶起系统等。附属设备与主设备一样重要，需要认真进行维护。

一、永磁机

（一）概述

永磁水轮发电机通常位于水轮发电机组的顶部，也有安设于水轮机轴承盖上，由水导轴承处的轴齿轮传动。它与水轮发电机组同轴同步旋转，其作用主要是旋转时，它会产生相应大小的电流供给水轮发电机励磁绕组，使励磁绕组产生磁场。

（二）日常维护内容

（1）永磁机无异常声音。

（2）永磁机与励磁机之间的联轴器应完好无损，连接牢固。永磁机与励磁机之间的连接方式有许多，有的通过花键连接，有的通过弹性法兰连接。

（3）永磁机轴承完好无损。

（4）永磁机各部螺栓无松动。

二、励磁机

（一）概述

励磁机由原动机拖动旋转（工作励磁机通常和发动机同轴，备用励磁机则靠电动机带动），励磁机本身就是一个交流水轮发电机，发出的交流电经过整流变成直流电，通过电刷和滑环连接发动机转子线圈，为水轮发电机提供励磁电流。有的励磁机还要靠更小的励磁机励磁。

（二）日常维护内容

励磁机无异常声音。

三、空气冷却器

（一）概述

空气冷却器是水轮发电机组通风系统的重要组成部分。它将定子、转子产生的热量由冷却器内的冷却水带走，使定子转子温度保持在稳定的合格范围内。它主要由冷却铜管、承管板、侧板和端盖等部分组成。

（二）日常维护内容

（1）空气冷却器水压应在正常范围内。水压过高供水管路及空气冷却器铜管可能承受不住压力而渗漏或破裂；水压过低将影响水的流动性，空气冷却器的冷却效果将下降，定子、转子温度将上升。

（2）空气冷却器流量应满足要求。空气冷却器水流流量过低时，水的流动能力下降，冷却水供应不足，势必造成空气冷却器的冷却效果下降，定子、转子温度将上升。

（3）空气冷却器水温应满足要求。空气冷却器供排水水温是影响定子转子温度的重要因素。空气冷却器的给水温度一般在 4～25℃为宜。给水温度过高会导致定子转子温度升高；给水温度过低，空气冷却器铜管外壁将会凝结水珠，使风洞内积水，可能对其他设备造成绝缘破坏。

（4）空气冷却器无渗漏。空气冷却器渗漏，使风洞内积水，可能对其他设备造成绝缘破坏。

四、制动器

（一）概述

（1）当机组进入停机减速过程后期的时候，为避免机组较长时间处于低速下运行，引起推力瓦的磨损，一般当机组的转速下降到额定转速的一定比例时，自动投入制动器，加闸停机。

（2）没有配备高压油顶起装置的机组，当经历较长时间的停机后，再次启动之前，用油泵将压力油打入制动器顶起转子，使推力瓦与镜板间重新建立起油膜，为推力轴承创造了安全可靠的投入运行状态的工作条件。

（3）当机组在安装或大修期间，常常需要用油泵将压力油打入制动器顶转子，转子顶起之后，人工扳动凸环或拧动大锁定螺母，将机组转动部分的质量直接由制动器缸体来承受。

（二）日常维护内容

1. 制动器闸瓦检查

（1）制动器闸瓦厚度应符合要求。

（2）制动器闸瓦磨损量应符合要求。

（3）制动器闸瓦与制动环间隙应符合要求。

（4）制动器闸瓦固定螺栓应无松动、断裂、脱落。

2. 制动器动作试验

（1）手动操作电磁空气阀，上腔、下腔分别自动给风、排风各一次，检查管路无渗漏，阀门关闭严密，制动器动作灵活，不发卡。

（2）手动操作手动阀，使上腔、下腔分别给风、排风各一次，检查管路无渗漏，阀门关闭严密，制动器动作灵活，不发卡。

（3）动作试验过程中，总风压与制动系统风压之差不应大于 0.1MPa。

3. 限位导向块检查

限位导向块检查应无磨损、断裂。

五、大轴补气装置

（一）概述

大轴补气装置安装于水轮发电机轴上端部，大轴补气装置通过主轴中空结构作为补气通道为转轮室内进行补气。

（二）日常维护内容

（1）大轴补气装置无异音。

（2）大轴补气装置各部螺栓无松动。

六、顶转子油泵

（一）概述

顶转子油泵主要是将高压油注入制动器内使制动器能将转子抬升一定高度。

（二）日常维护内容

（1）油泵联轴器应该完好，磨损量符合要求。

（2）高压油顶转子试验，油泵运行正常，管路无渗漏。

七、高压油顶起系统

（一）概述

当机组启动和停机过程中，在推力瓦和镜板之间用压力油将镜板稍稍顶起，使推力轴承在启动和停机过程中始终处于液体润滑状态，从而可保证在机组启动、停机过程中推力轴承的安全性和可靠性。在机组的盘车过程中也可使用高压油泵。

（二）日常维护内容

（1）油泵进口过滤器未堵塞。

（2）油泵工作压力正常，无渗漏。

（3）按下试验按钮后在规定时间内油泵内自动启动。

（4）油泵及电动机无异音。

八、除尘装置

（一）概述

除尘装置是安设在制动器旁边，用来收集制动器制动过程中产生的粉尘的装置。

（二）日常维护内容

（1）检查除尘装置各部螺栓无松动。

（2）除尘装置无异音。

【思考与练习】

（1）水轮发电机的附属设备都有哪些？

（2）制动器日常维护内容及要求有哪些？

◢ 模块 2　水轮发电机附属设备常见缺陷（ZY3600305002）

【模块描述】本模块介绍水轮发电机附属设备常见缺陷。通过知识要点讲解及案例分析，了解水轮发电机附属设备常见缺陷内容。

【模块内容】

一、空气冷却器渗漏

（一）现象

（1）端盖螺栓处有水珠渗出。

（2）端盖密封处有水珠渗出。

（3）铜管根部有水珠渗出。

（4）端盖有水珠渗出。

（二）原因分析

（1）当端盖螺栓紧固力不均匀时，水会从紧固力较小的螺栓根部渗出。

（2）当端盖螺栓紧固力不足，密封垫老化，端盖水箱密封面有凸点或较深贯通伤痕时，冷却水容易从空气冷却器端盖处渗出。

（3）空气冷却器胀管时，胀管器插入过深，超过承管板，使承管板后一段长度的铜管形成环形变径。变径处存有环形集中应力及微观加工缺陷；胀管时力度控制不当，用力过小使铜管与承管板接触不紧密；胀管力度过大，铜管与承管板接触处管壁过薄。

以上情况随着水流的冲刷及机组长期振动使微观缺陷即破坏源处形成疲劳破坏，逐渐深化形成裂纹。

（三）处理方法

空气冷却器漏水缺陷的处理应根据渗漏的位置及渗漏原因采取相应的处理方案，具体的处理方法将在模块 3 中作详细介绍。

二、制动器发卡

（一）现象

制动器制动过后，制动器制动闸瓦没有恢复原位，当在上腔通入复归风后，制动瓦仍不能落下。如果没有外力辅助制动瓦将保持在制动加闸状态。

（二）原因分析

水轮水轮发电机制动时，由于机组本身的转动惯量大，制动力矩大，制动时间短，加之机组导水叶漏水产生的附加力矩等因素，使得制动环摩擦面在很短的时间内产生巨大摩擦热能而发热变形。制动器闸瓦与制动环摩擦产生巨大的摩擦力，致使制动器闸瓦在制动时不是承受一个均匀的垂直力，而是一个倾覆力矩。这个倾覆力使制动器固定部件和活动部件摩擦增大，发生别卡，导致制动瓦不能自动复位。

（三）处理方法

使用撬棍、手锤等工具对制动瓦座和制动闸瓦施加外力，使制动闸瓦落回原位。具体解决制动器发卡的措施将在模块 6 中做详细讲解。

三、制动器制动风压低

（一）现象

（1）制动器自动投入进行制动时，制动风压低，总风压与系统风压差较大。

（2）机组自动复归时，复归风压低，总风压与系统风压差较大。

（二）原因分析

（1）制动电磁空气阀内有杂质，活塞动作不到位，电磁空气阀三腔相通，制动腔与排气管相通，使制动腔不能保持压力。总风源一部分直接进入排气管，所以总风源风压降低。

（2）复归电磁空气阀内有杂质，活塞动作不到位，电磁空气阀三腔相通，复归腔与排气管相通，使复归腔不能保持压力。总风源一部分直接进入排气管，所以总风源风压降低。

（三）处理方法

（1）将故障电磁空气阀分解，用清洗剂对电磁空气阀进行清洗，尤其是仔细清洗空气通道。

（2）清洗故障电磁空气阀底座，打开电磁空气阀风源阀，用风将管路中的杂质吹出。

（3）回装故障电磁空气阀，重新自动投入故障电磁空气阀，检查故障是否排除。

（4）建议在制动系统管路上加装过滤器，根除引起故障的杂质。

四、制动器制动瓦磨损严重

（一）现象

（1）制动器闸瓦厚度低于规程要求。

（2）制动器闸瓦磨损量超出规程要求。

（3）制动器闸瓦与制动环间隙超出规程要求。

（二）原因分析

（1）机组开机、停机频繁，制动器制动频繁增加制动闸瓦的磨损。

（2）制动闸瓦选择不当，不耐磨。

（3）穿心螺杆突出制动环表面，破坏制动闸瓦。

（4）轮环下沉严重，制动环内外高程不一致，加大对制动闸瓦的磨损。

（5）相邻两块制动环板高程差较大。

（三）处理方法

（1）更换制动闸瓦。

（2）选择新的耐磨制动闸瓦。

（3）将穿心螺杆突出制动环表面部分磨去。

（4）解决轮环下沉问题。

（5）紧固已松动的制动环板螺栓，挂钩开焊后要及时焊接好。

五、制动器窜风

（一）现象

（1）风闸制动时，下腔风压不能达到工作压力，而上腔有风压，并且能保持一定压力，总风压比系统风压低。

（2）风闸复归时，上腔风压不能达到工作压力，而下腔有风压，并且能保持一定压力，总风压比系统风压低。

（二）原因分析

制动器活塞"O"形密封圈损坏，达不到应有的密封效果。

（三）处理方法

更换制动器活塞"O"形密封圈。

【思考与练习】

（1）附属设备常见缺陷有哪些？

（2）制动器活塞"O"形密封圈损坏原因有哪些？

◢ 模块3　空气冷却器的渗漏处理和通水耐压试验
（ZY3600305003）

【模块描述】本模块介绍水轮发电机空气冷却器的渗漏处理和单只耐压、整体耐压通水耐压试验。通过知识要点讲解及案例分析，掌握空气冷却器缺陷处理方法。

【模块内容】

一、渗漏原因

（1）当端盖螺栓紧固力不均匀时，水会从紧固力较小的螺栓根部渗出。

（2）当端盖螺栓紧固力不足，密封垫老化，端盖水箱密封面有凸点或较深贯通伤痕时，冷却水容易从空气冷却器端盖处渗出。

（3）空气冷却器胀管时，胀管器插入过深，超过承管板，使承管板后一段长度的铜管形成环形变径。变径处存有环形集中应力及微观加工缺陷；胀管时力度控制不当，用力过小使铜管与承管板接触不紧密；胀管力度过大，铜管与承管板接触处管壁过薄。以上情况随着水流的冲刷及机组长期振动使微观缺陷即破坏源处形成疲劳破坏，逐渐深化形成裂纹。

二、处理方法

（一）铜管渗漏处理

铜管渗漏缺陷根据其渗漏状况及现场条件处理方案不同。

（1）当少数几个铜管发生渗漏时，通常采用封堵的方法来处理。通常用手锤将锥形木塞（由整根软木制成）从管板两端分别向渗漏的铜管两端打入，打入时力量要适中，既要将渗漏的铜管堵死，又要避免胀裂铜管端部，造成新的漏点。对于渗漏的铜管还可以采用钢板等材料将渗漏的铜管两端封堵焊死。同时为了保证冷却效果不变，在投入运行时应适当增加冷却水压。

（2）当渗漏的铜管较多，需要封堵的数量超过总铜管数的 1/5 时，需要更换新空气冷却器，否则全部实行封堵将会影响空气冷却器的冷却效果，造成水轮发电机温度升高。

三、端盖密封渗漏处理

（1）当端盖密封螺栓根部渗漏时，可能是螺栓紧固力不均匀造成的，因此应先紧固渗漏处螺栓，然后将渗漏点两端螺栓稍加紧固，最后将整个端盖螺栓紧固一遍。

（2）当端盖螺栓紧固后仍然渗漏则需要停机进行处理。如果端盖密封垫破损或是老化时应及时更换新密封垫。

（3）如果端盖密封面有高点、沟槽等缺陷时，应先用锉或砂纸磨平高点，将沟槽部分磨平，必要时先对沟槽进行补焊后再将其磨平。

（4）对水箱、承管板进行去锈、刷防锈底漆，更换水箱对口法兰密封盘根。

（5）为加强法兰面密封效果，可将平面密封改为"O"形密封。

四、耐压试验

（一）单台空气冷却器耐压

空气冷却器渗漏缺陷处理好后，要进行除锈、防腐等工作。回装完成后要进行耐压试验，检验该空气冷却器缺陷处理是否成功，密封结构是否合理。耐压过程中如果发现有渗漏应及时处理，处理完成后重新进行耐压试验，直至该空气冷却器密封良好不在渗漏为止。耐压试验水压为符合规程要求，耐压 30min 无渗漏为合格。

（二）整体耐压

当每个检修过的空气冷却器分别耐压合格后，将空气冷却器吊回原位，组装时定子出风口的组合面密封毛毡应完好，无漏风处。全部空气冷却器回装完毕后，包括连接水管在内，作整体严密性耐压试验，试验压力符合规程要求，耐压 30min 不渗漏。

【思考与练习】

（1）空气冷却器水箱端盖漏水的原因有哪些？

（2）空气冷却器水箱端盖漏水的处理方法是什么？

◢ 模块 4 制动器及管路的耐压试验（ZY3600305004）

【模块描述】本模块介绍制动器及管路的耐压试验。通过对操作过程讲解及实物训练，掌握水轮发电机制动系统和单只制动器耐压试验标准。

【模块内容】

一、概述

制动器每次检修完成，回装前都要进行耐压试验，检验制动器严密性是否满足设计和实际工作要求。同样制动器管路也应满足严密性的要求。通常制动器与管路的耐压试验是分开进行的。先分别对各个制动器单独进行耐压试验，试验合格后再对整个制动管路进行耐压试验。

二、制动器单独耐压试验

（一）气压试验

由于制动系统使用的主要介质是压缩空气，所有当每个制动器检修完毕后都要进行通气试验，检验制动器严密性。向制动器上腔输入制动风，耐压 10min，检查制动器下腔进气口应无气体渗漏，同时其他部位也应无气体渗漏。

（二）液压试验

由于制动系统除制动外，还承担着顶转子的工作，这就要求制动系统能够承受较高的液体压力，因此要进行液压试验。

1. 单腔单活塞弹簧复归制动器

（1）将油泵油管路与制动腔连接好。

（2）启动油泵，当油压达到试验压力时，停泵保压。

（3）检查制动器各处不形成连续性渗油即为合格。

（4）耐压 20min，应符合规程要求。

2. 双腔单活塞制动器

（1）将油泵油管路与制动器下腔（制动腔）连接好。

（2）启动油泵，当油压达到试验压力时，停泵保压。

（3）检查制动器上腔给风口不形成连续性渗油即为合格。

（4）耐压 20min，应符合规程要求。

3. 三腔双活塞制动器

（1）将油泵油管路与制动器油腔连接好。

（2）启动油泵，当油压达到试验压力时，停泵保压。

（3）检查制动器下腔给风口应不渗油为合格。

（4）耐压 20min，应符合规程要求。

三、制动器整体耐压试验

制动器单体耐压试验完成后，将制动器全部回装完毕后，要进行一次整体耐压试验。将高压油泵管路与制动器管路连接好，打开相应阀门，断开制动柜与制动器的联系。启动油泵，当压力符合耐压压力时停泵并关闭制动器给油阀，使制动系统管路保持在试验压力 10min，检查制动系统管路无渗漏为合格。

【思考与练习】

（1）为什么要对制动器进行液压试验？

（2）对单活塞制动器液压试验有什么要求？

▲ 模块 5　制动器系统的动作试验（ZY3600305005）

【模块描述】 本模块介绍制动器系统手动、自动给风试验和高油压顶转子试验。通过操作过程讲解、图文结合，掌握水轮发电机制动系统动作试验标准。

【模块内容】

一、试验目的

（1）制动器系统给排风动作试验是为了检验制动系统各部是否正常，制动系统是否可以投入运行的重要工作。主要检验管路是否渗漏；制动器各腔是否窜风；阀门关闭是否严密；电磁空气阀动作是否灵活；制动器动作是否灵活等情况。

（2）通过制动器给排风动作试验可以及时发现制动系统存在的问题，找出问题原因，故障点，及时采取措施排除缺陷，使制动系统安全可靠地投入运行。

（3）高压油顶转子试验可以检验制动器密封是否良好；顶转子油泵是否良好；系统管路能否承受顶转子压力等情况。

二、制动器给、排风动作试验

（一）制动系统初始状态检查

（1）检查制动柜内各阀门初始状态，应如图 16-5-1 所示，除总风源阀，上腔、下腔电磁空气阀风源阀及上腔、下腔给风阀为开启外其他阀门均为全闭状态。

（2）检查制动系统各法兰、活接应无渗漏。

（3）检查系统总风压应在正常压力范围内。

（4）检查电磁空气阀手动旋钮均在"0"位，即排气位置。

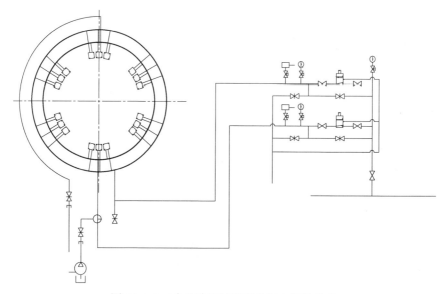

图 16-5-1　自动给风试验制动柜内初始状态

（二）自动给、排风动作试验

（1）用一字螺丝刀迅速将下腔电磁空气阀手动旋钮由"0"位调整至"1"位，给下腔充压。切记动作要连贯，一次到位，否则杂质容易进入电磁空气阀造成电磁空气阀活塞动作不到位，发生阀内窜风。观察总风源压力表和上腔、下腔风压表压力指示变化。总风源压力表指示应先下降，然后随着下腔压力表指示同步缓慢回升，直至压力相等且回到原来的压力值，此过程中上腔风压表指示应始终无变化。若此时上腔压力无变化，而总风压和下腔风压均低于正常工作压力时，下腔电磁空气阀可能动作不到位，活塞在中间位置，电磁空气阀三腔相通；若此时上腔压力表也指示有压力时，上下腔之间的活塞可能已窜风。若风压正常，检查制动风系统应无渗漏。

（2）用一字螺丝刀迅速将下腔电磁空气阀手动旋钮由"1"位调整至"0"位，排空下腔内压缩空气。此时上腔压力表可能有一定的指示，请不必担心。通常上下两腔排风管会在制动柜附近并联在一起，因此排压时会有部分压缩空气通过上腔压力表，使上腔压力表有所指示，但数值很小，很快就恢复为零。

（3）当压力表指示正常后，用一字螺丝刀迅速将上腔电磁空气阀手动旋钮由"0"位调整至"1"位，给上腔充压。观察各压力表指示，上腔压力应最终与总风源压力相同且在正常压力值范围内。同样若此时下腔压力无变化，而总风压和上腔风压均低于正常工作压力时，上腔电磁空气阀可能动作不到位，活塞在中间位置，电磁空气阀三腔相通；若此时下腔压力表也指示有压力时，上下腔之间的活塞也可能已窜风。

（4）检查所有制动器闸瓦都已落下后，用一字螺丝刀迅速将上腔电磁空气阀手动旋钮由"1"位调整至"0"位，排空上腔内压缩空气。

（三）手动给、排风动作试验

1. 手动加闸

关闭上腔、下腔电磁空气阀风源阀，关闭上下腔电磁空气阀供风阀。打开上腔手动排风阀，然后打开下腔手动给风阀，如图16-5-2所示。观察各压力表指示，现象应与手动投电磁空气阀一样，下腔压力应最终与总风源压力相同且在正常压力值范围内。若上腔压力表没有压力指示，而下腔压力表和总风源压力表指示较低，且低于正常范围，那么下腔电磁空气阀供风阀可能不严，压缩空气从下腔电磁空气阀供风阀进入下腔电磁空气阀排到大气中去，如图16-5-3所示，粗线表示故障时异常风路。

2. 手动复归

关闭下腔手动给风阀，打开下腔手动排风阀，排空下腔压缩空气。关闭上腔手动排风，打开上腔手动给风阀，向上腔输送复归压缩空气，如图16-5-4所示。检查制动器闸板均已落下，关闭上腔手动给风阀，关闭下腔手动排风阀，打开上腔、下腔电磁空气阀供风阀，排空上腔压缩空气。最后打开上腔、下腔电磁空气阀风源阀。所有阀门恢复初始状态，完成风闸动作试验。

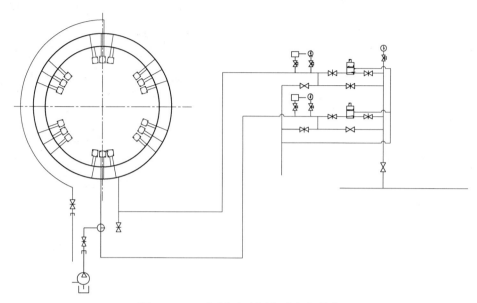

图 16-5-2 手动加闸制动柜内阀门状态

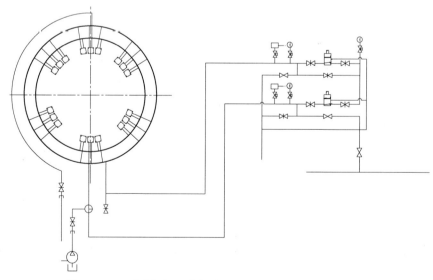

图 16-5-3 手动加闸下腔电磁空气阀供风阀不严漏风示意图

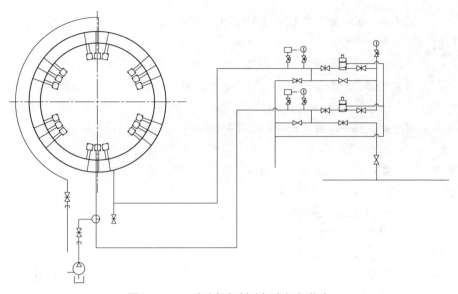

图 16-5-4　手动复归制动柜内阀门状态

三、高压油顶转子试验

（一）准备工作

（1）有换向阀的制动系统将换向阀切换成高压油顶转子管路与制动器管路接通，切断制动柜与制动器的联系，如图 16-5-5 所示。

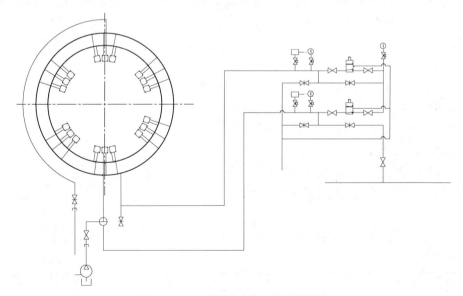

图 16-5-5　顶转子时换向阀开断状态

（2）没有换向阀的制动系统应关闭制动器与制动柜的关联阀门，打开高压油顶转子管路与制动器的联络阀。

（3）将油泵与供油管接好，并将油泵电源接好，试转并调整好转向。

（4）在主轴适当位置设置带磁力座和磁力表架的百分表，磁力座应牢固地固定在固定部件上，百分表的测杆方向应为轴向并垂直于转动部件上平面。可以将磁力座固定在上机架内壁立筋上，百分表测杆垂直接触滑环上表面。稍稍提起测杆然后轻轻放下，观察百分表读数应不发生变化，且测杆动作灵活，旋转百分表表盘使长针对准"0"，即调零。为了便于观察读数短针宜指向整数位上，并不应压入过深，至少预留 8mm 压缩量。

（5）完全开启泵装置旁通阀。

（6）关闭顶起装置释放阀。

（7）打开顶起装置末端的排气阀。

（8）专人监视百分表读数监测转子顶起高度，最大顶升高度不得超过 10mm。

（二）顶转子

（1）启动顶转子泵，慢慢关闭油泵装置的旁通阀以控制压力并调节顶起速度，当油从排气阀渗出时，应关闭排气阀，监视压力变化，使油压控制在 8～12MPa，可根据各厂情况选择合适的油压。

（2）检查整个油路是否有渗漏，如果有应先处理好后再继续进行。

（3）监视百分表的指针变化，及时告知油泵操控人员百分表读数，开始时可间隔较长时间报告一次，当接近目标读数时应频繁报告百分表读数，便于操控者准确控制油泵。

（4）油泵内油量不足时要及时补足液压油。

（5）顶转子时，当转子抬升高度到达预定值时，应停泵保压一段时间。

（6）仔细检查百分表以观察转子有无向下的蠕动。

（7）打开手动阀并慢慢地打开油泵装置上的顶起释放阀以释放液压压力。

【思考与练习】

（1）调整电磁空气阀手动旋钮有什么要求？

（2）百分表的设置有何要求？

▲ 模块 6 制动器发卡缺陷处理（ZY3600305006）

【模块描述】本模块介绍制动器解体检修过程。通过操作技能训练及实操训练，掌握对制动器发卡处理的方法。

【模块内容】

一、制动器发卡原因

（1）水轮水轮发电机制动时，由于机组本身的转动惯量大、制动力矩大、制动时间短，加之机组导水叶漏水产生的附加力矩等因素，使得制动环摩擦面在很短的时间内产生巨大摩擦热能而发热变形。制动器闸瓦与制动环摩擦产生巨大的摩擦力，致使制动器闸瓦在制动时不是承受一个均匀的垂直力，而是一个倾覆力矩。这个倾覆力使制动器固定部件和活动部件摩擦增大，发生别卡，导致制动瓦不能自动复位。

（2）在制动器座外壁带有限位导向块结构的制动器，由于限位块工作部分为底面为正方形的长方体，限位导向块是通过前端的螺纹旋入制动器座内。当限位导向块在制动器座上旋紧时，限位导向块往往不在工作位置，若要使限位导向块达到工作位置需将限位导向块回旋，使限位导向块常常处于自由状态，在倾覆力或机组振动的作用下限位导向块将会发生旋转，从而与导向槽发生别卡。

（3）带有内导向键的制动器，也可能在倾覆力的作用下，使上活塞与缸体发生别卡。

（4）制动瓦座内壁与制动器座外壁通常不会精加工，表面比较粗糙。倾覆力矩使制动瓦座内壁与制动器座外壁摩擦加大，发生别劲卡住的情况。

（5）尽管活塞后气缸壁很光滑，活塞受径向力作用，和气缸之间的摩擦力很大，渐渐气缸内壁被划伤拉毛，制动器使用越久，缸壁拉毛现象越严重，尤其是铸铁活塞无油润滑时对气缸的损伤更大。当气缸内壁不再光滑，橡胶密封受到的磨损也越来越快，橡胶磨损后表面变得粗糙增加了摩擦系数，橡胶密封和气缸内壁之间摩擦力大于弹簧和活塞自重的复位力时，活塞自然就别卡不能复位。

二、制动器的分解

现在水电厂使用的制动器类型较多，但基本结构是一致的。下面讲解两种制动器的分解步骤方法。

（一）老式常规制动器分解步骤

（1）拆除挡板，取出制动闸瓦。

（2）拆除制动瓦座与活塞连接螺栓，拔出制动瓦座。

（3）拆除压板与衬套连接螺钉，取出压板。为了方便拆除螺钉，可以用制动风将活塞顶起使衬套与压板紧密接触。

（4）使用适当宽度的铜板或适当直径的铜棒垫在衬套上缘，用手锤用力击打铜板或铜棒，对称击打衬套使衬套受力均匀，顺利向下移动，最终使环键处于自由状态，取出环键。

（5）用制动风将活塞顶起带出衬套，将衬套取出。

（6）在活塞上对称旋入两个吊环，用撬棍等杆状结实工具穿在两个吊环内，两人将活塞抬出制动器座。此时也可借助活塞下腔制动风力取出活塞。

（7）采用的双活塞的制动器，下活塞与上活塞分解方式近似，在活塞上对称旋入两个吊环，用制动风将活塞顶起，将撬棍插入吊环，用力提出即可。

（二）新型制动器分解步骤

新型制动器的上活塞与制动托板之间采用类似推力轴承瓦的偏心支撑连接，上活塞与工作活塞之间通过蝶形弹簧传递冲击力，如图16-6-1所示。它有效地解决了制动器发卡的问题。

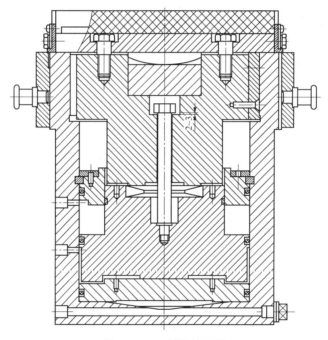

图 16-6-1 新型制动器

（1）拆除挡板，取出制动闸瓦。

（2）拆除制动瓦座与活塞连接螺栓，拔出制动瓦座。

（3）取出支撑块，分解上活塞与工作活塞连接螺栓，在上活塞上对称旋入两个吊环，用撬棍等杆状结实工具穿在两个吊环内，两人将上活塞抬出制动座。

（4）取出蝶形弹簧。

（5）拆除压板与衬套连接螺钉，取出压板。为了方便拆除螺钉，可以用制动风将活塞顶起使衬套与压板紧密接触。

（6）使用适当宽度的铜板或适当直径的铜棒垫在衬套上缘，用手锤用力均匀击打铜板或铜棒，对称击打衬套使衬套向下移动，最终使环键处于自由状态，取出环键。

（7）用制动风将工作活塞顶起带出衬套，将衬套取出。

（8）在工作活塞上对称旋入两个吊环，用撬棍等杆状结实工具穿在两个吊环内，两人将工作活塞抬出制动座。此时也可借助工作活塞下腔制动风力取出工作活塞。

（9）在下活塞上对称旋入两个吊环，用制动风将下活塞顶起，将撬棍插入吊环，用力提出即可。

三、制动器发卡的处理

（一）问题处理

针对制动器发卡的原因我们对制动器进行改造，提高加工精度，改进结构。

（1）提高制动瓦座内壁与制动器座外壁加工精度，大大降低其摩擦力，减少别卡概率。

（2）对于带有限位导向块的制动器，在限位块上加装弹簧垫平垫，利用垫片厚度来弥补要达到限位导向块工作位置确不能紧固的问题。

（3）将带有导向键的制动器上活塞即导向活塞与工作活塞连接在一起，使上活塞只能随工作活塞做上下移动，而不能向两侧发生倾斜，不能与键槽或缸壁发生别卡。

（4）更换导向键材料为能自润滑的合成材料，大大降低活塞与气缸壁发生别卡的可能。

（二）技术革新

为了彻底解决制动器发卡问题，各厂对制动器进行了大量的改进，取得了很大的效果。一种新型制动器如图 16-6-1 所示，使用效果非常好。

（1）将制动器活塞分解为相互软连接的两部分，让工作活塞和密封圈能始终保持直线上下运动，由上活塞来承受倾覆力矩的作用，两活塞间通过蝶形弹簧传递力，对力的传递起到缓冲作用。这就避免了上活塞倾斜对工作活塞和密封圈的干扰，使之能始终保持直线上下运动，减轻了工作活塞与缸壁之间的倾斜和挤压力，进而保证两者之间不存在刮痕，密封圈不受到损伤。

（2）导向机构在制动器制动时，上活塞产生倾覆力矩的圆周切向相对两点进行导向，而圆周其他方位活塞与缸体内壁有较大空隙（5mm 左右），避免了上活塞与缸壁，导向键与导向槽间的摩擦别卡。制动托板取消了原有制动瓦座的筒状结构改为平板结构，避免了制动瓦座内壁与制动器座外壁摩擦发生别卡的情况。

（3）为了降低由制动摩擦力产生的倾覆力矩，在制动托板与上活塞之间采用偏心支撑连接，即制动托板和上活塞不是同心安装，而是有一个偏心值，由偏心值产生的力矩抵消了由摩擦力产生的倾覆力矩的大部分，这样导向键上的应力集中将减小，制动闸板的受力趋于均匀，既减少了制动时上活塞在导向键上别卡的概率，也保证了制动闸板磨损接近均匀。同时上活塞上端采用弧形凸面与制动托板接触，保证机组制动时制动托板有一定的偏斜自由度。

【思考与练习】

（1）制动器发卡的原因有哪些？

（2）制动器的一般分解步骤是什么？

第四部分

水轮发电机机械设备故障处理

第十七章

水轮发电机振动处理

▲ 模块1 水轮发电机引起振动的一般原因（ZY3600601001）

【模块描述】本模块介绍引起水轮发电机振动的危害及一般原因。通过知识讲解，掌握机组振动允许标准和引起水轮发电机振动的一般原因。

【模块内容】

一、水轮发电机振动的一般原因

1. 机械振动

机械振动系指振动中的干扰力来自机械部分的惯性力、摩擦力及其他力。引起振动的机械因素有：转子重量不平衡，机组轴线不正，导轴承缺陷等。

机械振动主要有：大轴在法兰处对中不良、连接不紧或固定件松动而造成大轴有折线从而引起的振动；机组转动部分因质量不平衡、弯承瓦间隙大或推力轴承的推力瓦不平和推力头松动等原因引起的振动。机械缺陷或故障引起的振动有共同的特点，其振动频率为转频或转频的倍数，不平衡力一般为径向或水平方向。

2. 电磁振动

电磁振动分为两类：即转频振动和极频振动。引起转频振动电磁方面的原因主要是转子绕组短路、定子和转子间气隙不均匀、磁极的次序错误造成磁路不对称引起磁拉力的不平衡从而产生振动；定子铁芯松动引起100Hz的极频振动。

3. 水力振动

水力因素会引起机组振动、摆度增大，振频随振源的变化而不同.如涡带偏心振频为1/2～1/6转频；卡门漩涡振频与叶片出水边相对流速、出水边厚度有关，汽蚀振频为高频等。水力振动主要有：卡门涡列引起的振动；尾水管涡带引起的振动；水封间隙不等引起的振动；蜗壳、导叶和转轮水流不均匀引起的振动；压力管道中水力振动；狭缝射流、空腔汽蚀引起的振动；协联关系不正确引起的振动等。

从以上分析可见，水轮发电机组的振动与众多因素有关，振动的特征反映了机组的工作状态和故障情况。不同因素引起的振动，都有其不同的特征表现。这些特征除了与振幅、振频有关外，还与机组负荷、励磁电流、水头等因素有关。

二、水轮发电机振动的危害

造成机械连接件的松动或造成某些部件的有害的弹性变形和塑性变形，使一些零、部件材料发生疲劳、裂纹以致断裂，也可能引起机组基础、厂房构件和引水压力钢管的共振，导致机组运行参数的波动，影响机组的负荷分配及供电质量，有时会酿成严重事故，从而威胁机组的安全、稳定运行，缩短了机组的使用寿命。典型危害如下：

（1）动静部分发生摩擦。由于机组单机容量的增大和效率要求的提高，转动部件与静止部件的间隙特别是径向间隙一般都比较小，在较大的振动下，极易造成动静部分摩擦，由此不但直接造成动静部件的损坏，而且当间隙大后，增大了机组的径向推力，引起各导轴承瓦温度升高，甚至会发生轴瓦损坏事故。如果摩擦直接发生在大轴处，将会造成大轴的热弯曲，使轴和轴承振动进一步增大，形成恶性循环，由此常常引起大轴的永久弯曲。

（2）加速某些部件的磨损和产生偏磨。因振动而产生不均匀磨损的部件，主要有轴颈，水轮发电机转子滑环、励磁机的整流子等。水轮发电机滑环和励磁机的整流子椭圆度过大，将使电刷冒火。

（3）动静部分的疲劳损坏。由于振动，使某些部件产生过大的动应力，因而导致疲劳损坏，并且由此造成事故进一步扩大，这种疲劳损坏虽然要有一个时间过程，但是随着部件上应力的增大，时间过程可以大为缩短。所以有些机组尽管只是在起停过程中发生了几次大震动，但也能使某一部件发生疲劳损坏。

（4）某些紧固件的断裂和松脱。过大振动使轴承座地脚螺栓断裂和某些零件发生松动而脱落，失去原有的功能，从而使机组发生事故。过大的振动使紧固件发生松动的另一种形式是基础二次灌浆松裂，使轴承座动刚度降低，使轴承振动进一步增大。这种现象在现场较为常见，有时还会引起基础和周围建筑物产生裂纹。

（5）机组经济性降低。由于机组振动，有时需要机组以减小出力的方式避开振动区域，将直接影响机组的经济性。

（6）直接或间接造成设备事故。当机组发生过大振动时，机组各保护表的正常工作将直接受到影响，严重时会引起这些部件的误动作，直接造成事故停机。水轮发电机定子铁芯和端部线圈振动过大，会使铁芯过热损坏，使绕组与绕组间或绕组对地短路。

（7）振动对人身的危害也很严重。过大的机械振动和噪声，对运行人员的生理将产生不利的影响。在 0～100Hz 范围内，过大的振动大多数情况下将引起工作人员显著的疲劳感觉，降低工作效率，从而降低了预防、判断和处理事故的能力。

三、机组振动的允许标准

机组振动的允许标准，如表 17-1-1 所示。

表 17-1-1　　　　　　　水轮发电机组各部位振动允许值　　　　　（mm）

机组型式		项目	额定转速 n（r/min）			
			$n<100$	$100≤n<250$	$250≤n<375$	$375≤n<750$
立式机组	水轮机	顶盖水平振动	0.09	0.07	0.05	0.03
		顶盖垂直振动	0.11	0.09	0.06	0.03
	水轮发电机	带推力轴承支架的垂直振动	0.08	0.07	0.05	0.04
		带导轴承支架的水平振动	0.11	0.09	0.07	0.05
		定子铁芯部位机座水平振动	0.04	0.03	0.02	0.02
		定子铁芯振动（100Hz 双振幅值）	0.03	0.03	0.03	0.03
卧式机组		各部轴承垂直振动	0.11	0.09	0.07	0.05
灯泡贯流式机组		推力支架的轴向振动	0.10	0.08		
		各导轴承的径向振动	0.12	0.10		
		灯泡头的径向振动	0.12	0.10		

注　振动值系指机组在除过速运行以外的各种稳定运行工况下的双振幅值。

【思考与练习】

（1）水轮发电机振动的一般原因是什么？

（2）水轮发电机振动的危害有哪些？

（3）水轮发电机组各部位振动标准是什么？

▲ 模块 2　水轮发电机的机械振动（ZY3600601002）

【模块描述】本模块介绍引起水轮发电机的机械振动一般原因。通过概念描述，了解引起水轮发电机机械振动的一般原因。

【模块内容】

一、水轮发电机机械振动的概念

机械振动系指振动中的干扰力来自机械部分的惯性力、摩擦力及其他力。水轮发电机机械振动的一般原因。

1. 水轮发电机转子的静、动不平衡

如果水轮发电机的转子（或机组的转动部分）的重心不在机组的旋转中心线上则

静止时有一个不平衡力矩存在，这时转子的偏心造成的失衡就静不平衡。当机组在旋转时，就会产生一个离心惯性力，就会产生一个不平衡力矩，这就是动不平衡。静、动平衡的存在，使主轴处于"弓状回旋"状态，这种由于转子偏重所产生的离心惯性力对机组的转动部分具有周期性的强迫作用，因而可引起机组的受迫振动。

2. 机组转动部分的总轴向力不通过推力轴承中心

机组转动部分的总轴向力特别是轴向力推力，由于某些原因，往往不一定准确地通过推力轴承中心，这就存在着一个程序不同的偏心力矩，当机组在运行中，偏心力矩也随同机组转动部分一起旋转，致使各推力瓦受力不均，即推力瓦承受着脉动压力，其脉动频率同机组的转动频率，因而使推力轴承产生轴向振动及扩大了轴线的锥状摆度，这种摆振是由推力轴承的轴向脉动与主轴的简谐振动综合后形成的受迫振动。在实际运行过程中，不允许有较大摆振，但是，当这种摆振频率与推力轴承的固有频率接近或相等时将会产生共振，使机组转动部分摆振加剧，推力轴承很容易烧瓦及结构损坏，导致恶性循环。

3. 主轴与导轴承间的干摩擦或半干摩擦

当主轴旋转中心线与机组中心线基本重合，而与导轴承中心相分离时；或当主轴摆度较大，使主轴在旋转过程中偏靠时；或当导轴承调整间隙偏大及运转中出现明显扩大时，均可造成油膜断续而造成润滑不良，严重时会在主轴与导轴瓦之间产生半干摩擦或干摩擦现象。这时将产生一个摩擦力矩，它将起到使主轴向逆时针方向的作用，结果造成机组转动部分的横向抖动，即"甩轴"现象。

4. 机组轴线不合格或调整不当

机组安装调试机组中心时，主轴摆度不合格，或轴线与机组中心线及旋转中心线至少有两条处于分离状态，使机组在运行过程中产生或加剧磁力和水力的不平衡，而容易引起机组的受迫振动。

5. 导轴承结构刚度不够，抗重螺钉松动或轴承间隙调整不合格

这些容易造成主轴的横向脉振。一旦发生脉振现象，将很可能出现"甩轴"，使推力轴承工作条件恶化，又会导致磁力和水力的不平衡，结果必然引起机组程度不同的受迫振动。

6. 共振

当机组转速接近或等于临界转速时，机组将发生危险性共振。这种情况可能发生在机组过速试验或飞逸工况。正常运行是不会发生的，因为都按临界转速大于飞逸转速的10%～15%进行主轴设计的，使机组允许运行转速频率避开了飞逸转速频率。

二、水轮发电机机械振动的解决办法

（1）调整校核水轮发电机转子的静、动平衡。

1）校静平衡。最常用的方法是把转子放在两个平行的导轨上，令起自由滚动，如

果每次滚动后，转子上的某一点都是停止在最下面位置，就说明重心向该方向偏移，这时可以在相反方向（转子静止时的上方）试加平衡块。平衡块的大小可以逐步调整，直到转子自由滚动时其每次停止的位置完全是任意位置的时候为止。这种方法比较简单，但由于转轴和导轨间又摩擦，所以误差较大。

2）校动平衡。校动平衡的基本原理是利用转动时不平衡重量产生的离心力所引起的振动现象，找出不平衡重量的位置和大小，在用加重或减重的方法加以消除。动平衡试验，就是人为的改变转子的不平衡性。用一试重块，临时固定在转子某一指定的地方，并测出其振动的大小，从而求出转子原有不平衡力的大小及方位，然后在它的对称位置加配重块，使配重块所产生的离心力，去抵消原有不平衡力，借以消除或减少振动的目的。

（2）机组转动部分的总轴向力不通过推力轴承中心。通过机组动平衡试验、推力轴承中心测量等方法，检测大轴中心与推力轴承中心，提高安装工艺，尽量减小中心偏差。

（3）主轴与导轴承间的干摩擦或半干摩擦。首先复核各导轴承的间隙调整，复核设计要求，之后根据机组盘车记录，微调各导轴承间隙。

（4）导轴承结构刚度不够，抗重螺钉松动或轴承间隙调整不合格。通过检查各导轴承在机组盘车过程中是否间隙有变动，检查各支撑、抗重螺栓的紧固是否有松动，以复核导轴承的结构是否能满足机组运行时大轴摆动的径向力。有必要时更改设计，加强结构刚性。

（5）机组在转速试验、甩负荷试验后及时检查推力轴承、各导轴承的情况，检查间隙是否有变化、各部位紧固螺栓是否有松动，及时发现各部位存在的隐患。另外，机组过速保护需正确动作，以保护机组各转动部件和其他部件。

【思考与练习】

（1）简述水轮发电机机械振动的概念。

（2）引起水轮发电机机械振动的一般原因有哪些？

（3）水轮发电机机械振动一般有哪些解决办法？

◢ 模块 3　水轮发电机的电磁振动（ZY3600601003）

【模块描述】本模块介绍引起水轮发电机的电磁振动一般原因。通过概念描述，了解引起水轮发电机电磁振动的一般原因。

【模块内容】

一、水轮发电机电磁振动的概念

水轮发电机电磁振动主要指由水轮发电机在运行过程中由于受到电磁干扰力而引

起的振动。主要是水轮发电机转子与定子之间磁场分布不均造成的，水轮发电机并网运行后，由于定子线圈有电流流过，使它产生电磁力，电力系统三相运行并不是完全对称的，负序分量将产生不平衡的电磁力，造成电磁振动；或机组转子、定子故障，发生转子匝间短路等，使得转子与定子之间的磁通分布不均匀，而引起的机组振动。

二、引起水轮发电机电磁振动的一般原因

（1）转频振动。转频振动的频率为转频或其整倍数，一般由转子不圆引起。造成磁极圆周不圆，在机组运行时转子受力不均，主要是机械缺陷，可能发生在工厂制造、现场安装阶段。

（2）极频振动。极频振动由两种磁场及其相互作用产生，大的或异常的极频振动都是以共振的形式出现。大直径水轮发电机组主要振源之一，是由于定子内腔和转子外圆之间气隙不均匀，在定子和转子间产生不均衡磁拉力，从而对转子和定子形成转频激扰力。产生极频振动的原因有：分瓣定子合缝间隙大；定子分数槽次谐波磁势，振动幅值随负载电流增大而增大；定子并联支路内环流产生的磁势；负序电流引起的反转磁势；定子不圆、机座合缝不好。

（3）机组转子、定子故障，发生转子匝间短路、定子相间短路等，使得转子与定子之间的磁通分布不均匀，引起水轮发电机电磁振动。

三、水轮发电机电磁振动的一般解决方法

（1）重视工厂的质量监督工作，在工厂制造时按照设计要求验收加工质量，避免过大加工误差，产生质量不均匀等偏差。

（2）定子在合缝、叠片时，现场注意工艺质量的验收，提高安装质量。

（3）水轮发电机电气部分绝缘良好，定期进行水轮发电机转子、定子的绝缘耐压试验。

（4）水轮发电机定子和转子的气隙均匀，尽量减小机组在运行时由于气隙不均引起的电磁振动。

【思考与练习】

（1）简述水轮发电机电磁振动的概念。

（2）水轮发电机电磁振动的一般原因是什么？

（3）水轮发电机电磁振动一般的解决方法有哪些？

▲ 模块 4　水轮发电机振动常用测量方法（ZY3600601004）

【模块描述】本模块介绍水轮发电机机械测振法和电气测振法两种测量方法。通过方法介绍，掌握水轮发电机振动常用测量方法。

【模块内容】

机组振动测量的方法有很多，主要可以分为机械测振法、电测法和光测法三种。机械测振法和电测法在机组振动的测量中应用较多。

（1）水轮发电机机械测振法。机械测振仪主要用于测量振动的位移和频率，适用于低频振动，大多数具有笔式记录装置，以便记录振动的时间历程，通过跟时间信号比较，测出振动频率。

1）千分表是一种最简单的机械测振仪，可以直接用来测量振动的振幅。方法是用桥式起重机吊一重物，把千分表固定在重物上，使千分表的测杆触头紧紧顶住于机组被测部位，并使测杆方向与振动方向一致，从千分表就可以直接读出指针摆动的最大值，这个值就是振动振幅。

2）手握式惯性测振仪测振。测量时，将仪器固定在不动的支架上或用手握着，使测振仪的触头与被测体的振动方向一致，并借助弹簧力跟被测振动体表面接触。物体振动时，触头跟随它一起振动从而推动记录钢针在移动的纸带上描绘出振动体位移随时间变化的曲线。根据曲线可以算出位移的大小，并对照时间标记可算出振动频率。

3）固定式测振仪测振。千分表嵌在重块内，测量时把框架固定于机组的振动部位。如果被测振动的频率远远大于仪器内悬挂系统的自振频率，则当仪器框架与被测部位一起振动时，由于重块的惯性，千分表实际上是不动的。和千分表测振仪一样，千分表的指示即为被测部位振动的振幅。

4）手握式示振仪测振。带有千分表的测振仪，测量的振动频率在12Hz以内，在此范围内可以得到较好的测量精度。当被测振动频率很高时，用这类测振仪将会带来很大测量误差。这时可用手握式示振仪。手握式示振仪可测取较高频率的振动，并且既能测振幅，又能测得频率和波形。

（2）水轮发电机电气测振法。电气法测振系统主要由传感器、显示器、示波器、记录仪器等组成。传感器是将机械振动量（位移、速度、加速度）的变化转换成电量（电流、电压、电荷）或电参数（电阻、电容、电感）的变化器件。传感器输出量和输入量的瞬时值之间保持一定的比例关系，经测振仪处理（放大、积分或微分等）后，将信号输入到测量（显示或记录）仪器，从而将振动量（位移、速度、加速度）的时间历程（振动曲线）和频率显示记录下来。就是通过示波器拍照方法，将位移（振幅）、单位时间内振动的次数（频率）、往复振动间隔时间录制下来。

目前各电厂基本都为水轮发电机安装振摆保护，作用是测量水轮发电机在运行过程中各部位主要部件的振动、摆度情况，在机组发生异常振动或超过设定值时，保护动作停机，较好地保护了机组的安全稳定运行。

【思考与练习】

（1）简单介绍水轮发电机机械测振法。

（2）简单介绍水轮发电机电气测振法。

◢ 模块 5 转子动平衡试验目的、原理和标准（ZY3600601005）

【模块描述】本模块介绍转子动平衡试验的目的原理和标准。通过方法介绍，掌握转子动平衡试验目的原理和标准及计算方法。

【模块内容】

一、转子动平衡试验的目的

水轮发电机组在整体安装完成后，有可能因为转子结构不对称、原材料缺陷以及安装调整误差等因素，造成转子质量中心与机组中心不重合，所以需要进行转子动平衡试验，通过在转子适当部位加重或去重的方法，调整转子质量中心，用以检查并在必要时调整、改善机组的机械安装质量，改善机组各部件运行摆度等运行参数，对机组的安全稳定性运行有重要的意义。

试验原理：在转动状态下，如转子的挠曲变形所产生的附加不平衡可忽略，就称这种转子为刚性转子，反之为柔性转子。大多数水轮发电机组的转子都是刚性转子，以下以刚性转子为例介绍转子动平衡试验方法。三次试加重法为普遍使用的试验方法。

试验基本步骤：

（1）连接设置好机组各部位测量传感器。

（2）启动机组至额定空载状态，不加励磁，记录机组的初始振动。

（3）顺序地在水轮发电机转子上 3 个半径相同且互成 120 度的点上固定试加荷重，逐次启动机组至额定转速，在机组导轴承所在的机架上分别测出 3 次的振动值。每次测量时，在机组的上机架上均匀地划分出 12 个测点，取 12 个测点中的最大值作为测量值。测量方向是径向的，因为转子不平衡所引起的振动表现为径向。

（4）由测得的四个振动值计算出配重的大小和位置。

（5）对于高转速机组，还应考虑机械滞后角。

【思考与练习】

（1）简述转子动平衡试验的目的。

（2）简述转子动平衡试验的方法。

第十八章

水轮发电机轴承故障处理

▲ 模块 1　水轮发电机轴承绝缘的检查（ZY3600602001）

【模块描述】本模块介绍水轮发电机轴承绝缘的测量和检查方法。通过对知识讲解，掌握水轮发电机轴承绝缘的技术要求和测量方法。

【模块内容】

一、水轮发电机轴承绝缘的作用

（一）水轮发电机轴电流的产生及危害

1. 轴电压的产生

轴电压是发电电动机两轴承端或电机转轴与轴承间所产生的电压，其产生原因一般有以下几种：

（1）磁通不平衡产生轴电压，电动机由于扇形冲片、硅钢片等叠装因素，再加上铁芯槽、通风孔等的存在，造成在磁路中存在不平衡的磁阻，并且在转轴的周围有交变磁通切割转轴，在轴的两端感应出轴电压。

（2）逆变供电产生轴电压，机组泵工况运行时，由于电源电压含有较高次的谐波分量，在电压脉冲分量的作用下，定子绕组线圈端部、接线部分、转轴之间产生电磁感应，使转轴的电位发生变化，从而产生轴电压。

（3）静电感应产生轴电压，在水轮发电机运行的现场周围有较多的高压设备，在强电场的作用下，在转轴的两端感应出轴电压。

（4）外部电源的介入产生轴电压由于运行现场接线比较繁杂，尤其大电机保护、测量元件接线较多，哪一根带电线头搭接在转轴上，便会产生轴电压。

（5）其他原因，如静电荷的积累、测温元件绝缘破损等因素都有可能导致轴电压的产生。

2. 轴电流的产生及危害

（1）轴电压建立起来后，一旦在转轴及机座、壳体间形成通路，就产生轴电流。

（2）轴电流的危害。正常情况下，转轴与轴承间有润滑油膜的存在，起到绝缘的作用。对于较低的轴电压，这层润滑油膜仍能保护其绝缘性能，不会产生轴电流。但是当轴电压增加到一定数值时，尤其在机组启动时，轴承内的润滑油膜还未稳定形成，轴电压将击穿油膜而放电，构成回路，轴电流将从轴承和转轴的金属接触点通过，由于该金属接触点很小，因此这些点的电流密度大，在瞬间产生高温，使轴承局部烧熔，被烧熔的轴承合金在碾压力的作用下飞溅，于是在轴承内表面上烧出小凹坑。一般由于转轴硬度及机械强度比轴承合金的高，通常表现出来的症状是轴承内表面被压出条状电弧伤痕。

（二）水轮发电机轴承绝缘的作用

水轮发电机各轴承是水轮发电机轴电压接地回路中的主要设备和接触点，为防止因轴承油膜变薄导致轴电压击穿而形成轴电流，机组设计及安装时，在轴承瓦支座等处均采用绝缘螺栓、绝缘垫片等绝缘措施，增加绝缘强度，以切断轴电流的回路。

二、水轮发电机轴承绝缘的测量方法

（1）测量工具：1000V 绝缘电阻表、测试导线。

（2）测量方法：

1）将测试导线与绝缘电阻表连接。

2）将测试导线一段连接至可靠接地点，如油盆外壁。

3）将测试导线另一端连接至轴承瓦。

4）按照推力轴承安装阶段，根据各部位绝缘要求及绝缘电阻表电压等级进行测量。

5）测量完成后，对测量部位进行接地放电，防止发生人员触电等事故。

三、水轮发电机轴承绝缘的标准

1. 推力轴承绝缘标准

悬吊式机组推力轴承各部绝缘如表 18-1-1 所示。

表 18-1-1　　　　　　　　悬吊式机组推力轴承各部绝缘

序号	推力轴承部件	绝缘电阻（MΩ）	绝缘电阻表电压（V）	备注
1	推力轴承底座及支架	5	500	在底座及支架安装后测量
2	高压油顶起压油管路	10	500	与推力瓦的接头连接前，单根测试
3	推力轴承总体	1	500	轴承总装完毕，顶起转子，注入润滑油前，温度在 10～30℃
4	推力轴承总体	0.5	500	轴承总装完毕，顶起转子，注入润滑油后，温度在 10～30℃
5	推力轴承总体	0.02	500	转子落在推力轴承上，转动部分与固定部分的所有连接件暂拆除
6	埋入式检温计	50	250	注入润滑油前，测每个温度计心线对推力瓦的绝缘电阻

注　3、4、5 三项，可测其中之一项。

2. 导轴承的绝缘标准

有绝缘要求的分块式导轴瓦在最终安装时，绝缘电阻一般在 50MΩ以上。

【思考与练习】

（1）简述水轮发电机轴电流产生的原因及危害。

（2）简述水轮发电机轴承绝缘的作用及测量方法。

（3）简述水轮发电机轴承绝缘的标准要求。

模块 2　推力轴承拆装（ZY3600602002）

【模块描述】本模块介绍推力轴承拆装前工作、推力头拆卸工序。通过过程介绍，掌握推力轴承拆装基本工序。

【模块内容】

一、推力轴承拆卸工序

（一）推力头拆卸工序

（1）推力头拆卸前应已经完成以下工作：

1）悬式机组推力头以上部件，如永磁机、励磁机等部件已经分解吊出。

2）伞式机组除分解吊出以上部件外，还有将转子吊出机坑，下导轴承已分解吊出。

3）推力轴承油槽盖已分解，并吊出。

4）拆除推力挡油板，拆除推力瓦测温装置，吊出推力油冷却器。

5）推力轴承油盆已排油，高压注油系统、管路及附件已全部拆除。

（2）顶转子，转移机组重量。初步清扫推力油槽后，检查顶转子联络阀，油压顶起风闸，将转子重量落在制动器上，顶转子前各制动器闸板与制动环间隙应粗调一致，以便使各制动器受力均匀。

1）具有锁定大螺母的制动器不需要加垫，只需启动高压油泵，当转子升高至镜板与各推力瓦面已脱离，手扳动螺母旋转使锁定大螺母将闸瓦顶靠于制动环面，然后排除油压，将转子落于制动器上。

2）具有锁定板式的制动风闸，首先要用制动风把制动器风闸顶面的活塞提起，测量各制动器闸瓦高差并加垫找平，然后启动高压油泵，当转子升高至镜板与各推力瓦面已脱离，将锁定板锁定扳到锁定位置，然后排除油压，将转子落于制动器上。

（3）镜板与推力头分解。推力头与镜板定位销钉可用大撬棍或厂房桥机拔出，再均匀地松开连接螺栓，使镜板与推力头分离后落在推力瓦面上。

（4）分解推力头。

1）与主轴紧配合（过盈配合）的推力头分解。

a. 搭设木板平台（也可装回推力锥型盖板作为平台），人站在平台上用锤击楔子板的方法将推力卡环分离出槽。如卡环较紧，可用游锤撞击。

b. 推力头的拔出应采用热拔方式。使用加热板，放置在推力头内（可用 8 块加热板，每块额定功率 5kW），使用单路连接，每路电压设置为 110V，测量温度计放置在推力头卡环螺栓孔，加热时间约半小时测量温度，推力头卡环螺栓孔的温度计显示 35～37℃左右，使用红外线温度计观察，推力头上端部外缘为 30～38℃左右，大轴为 27～28℃左右，即可用桥机主钩拔推力头。

c. 若热拔条件不具备，推力头也可采用冷拔方式拔出。冷拔时应先用桥机主钩试拔，各钢丝绳受力应一致，拔时应平稳缓慢。起吊力要根据经验，不能硬拔，试拔时应尽量缓慢，观察推力头与大轴是否产生相对移动，亦可在受力状态下用大锤振动，直至拔出为止。

d. 如用桥机主钩拔推力头不成，则可利用机组转动部分自重将推力头压出。其方法是：装回推力头与镜板间的绝缘垫，然后将镜板与推力头连接好；用顶转子油泵顶起转子少许，解除风闸锁定，然后缓慢撤除油压，使转动部分重量落在推力瓦上，利用转动部分的重量可以将推力头压出 5～12mm，然后再用桥机拔出推力头。如果桥机还不能拔动，则可用抬升推力抗重螺丝或在镜板与推力头之间承压板的方法再次使用落转子直至将推力头完全脱出为止。

2）与主轴过渡配合的推力头分解。

a. 拆除推力卡环固定螺栓后，用大锤锤击推力头支筋，推力头因松动而少许下落，这时可在卡环上拧上吊环，拉出吊走。

b. 拆除推力头和镜板间的定位销和连接螺栓，在推力头支筋处装上专用吊具，挂上钢绳，起升主钩将推力头慢慢拔出，当起吊适当高度后，可用白布带绑住主轴上的键，再将推力头拔出吊走。

3）与主轴间隙配合（松配合）推力头分解。

a. 拆除推力卡环挡圈，将推力卡环撬出吊走，注意卡环下铜垫位置和编号，并做下记录。

b. 拆除推力头与镜板间的销钉和螺栓，用桥式起重机将推力头吊住，使各钢丝绳受力均匀，对于推力头与主轴间有定位销的机组应先将定位销拆除，即可用主钩将推力头吊起，当起吊适当高度后，可用白布带绑住主轴上的键，再将推力头拔出吊走。

c. 拆下主轴上的键。

（二）推力瓦拆卸工序

（1）拆卸下推力瓦，做好标记。

（2）拆卸下推力瓦支撑件，做好标记。

二、推力轴承安装工序

（一）支承部件的安装

（1）在承重机架安装就位，其中心、水平、高程均已调整合格后，如油槽外壁在预装后拆掉了，则在组合面加密封件并刷密封涂料后正式安装上，清扫油槽内部，其轴承座安装面应仔细清扫干净并打磨毛刺及高点。

（2）清扫轴承座，尤其是底部的安装面，应用锉刀打磨去毛刺及高点。把清扫好的轴承座吊入安装，有绝缘垫的，所有绝缘物要烘干，并按预装时的编号加入，把紧固定螺栓，按有关要求检查并处理其绝缘和组合面间隙。

（3）清扫推力瓦，检查各瓦位置应合适；对平衡块式轴承，还应检查下平衡块两边的调整垫块应符合预装要求。

（二）镜板的安装调整

（1）镜板在吊装前已研磨完成。在吊装要到位时，用酒精清洗镜板和轴瓦，并在镜面抹薄薄一层合格的透平油。

（2）镜板吊装放置的方位，要以已吊装的主轴的键槽或法兰联轴螺栓孔标记位置查对推力头吊装的方位后加以确定。

（3）镜板的安装高程按照厂家设计文件要求进行。

（4）镜板水平用互成三角形的 3 块瓦或成十字形的 4 块瓦来调整，使其符合GB 8564—1988《水轮发电机组安装技术规范》中 7.5.6 规定的要求，一般测量镜板背面，水平偏差应在 0.02mm/m 以内，并用锁片固定支柱螺栓。镜板的水平调整要兼顾高程。

（5）液压支柱式推力轴承镜板高程和水平调整，一般在刚性状态，即把油箱保护套旋至底面的情况下进行；若镜板与推力头联结后，其外缘还能放置方型水平仪，并打算在转动部分重量转移至推力轴承后再调整一下镜板水平，则可在弹性状态下进行。

（6）液压无支柱式推力轴承，其镜板的高程及水平由承重机架安装时加以保证，镜板吊装后按设计要求进行校核，超差时应采取措施（如轴承座安装面加垫、刮垫）进行处理。

（7）在镜板高程和水平调整合格后，有支柱螺栓的推力轴承，应用千分表监视镜板，在水平不变的情况下（高程可有微小提高），将其余推力瓦拾起靠紧。

（8）镜板水平和高程在转动部分重量转移到推力轴承后，宜再复查一下，不合格时要调整。镜板水平的复查，可采用方型水平仪直接测镜板背面（要求镜板直径比推力头大，且联结后外缘还可放置水平仪）或按照附录 B（补充件）规定的旋转测量法来进行。

（三）推力头的套装

（1）在同一室温下，用同一把内径（外径）千分尺，检查推力头和主轴的配合尺寸应符合设计要求，倒角的径向和轴向配合应合适。如可确定推力头与主轴在工厂经过套装，则可不进行这一检查。

（2）测量推力头高度和镜板至主轴卡环槽距离等有关尺寸，校核推力头套装后其底面至镜板背面的间隙，一般应有 4～8mm（推力头装在水轮机轴上的机组为 2～5mm）。

（3）对推力头与主轴间的切向键进行研配。使键能轻轻推入槽内，并能上下移动，研配后的键装在主轴上。

（4）校核卡环槽与卡环的尺寸，卡环厚度应均匀，差值不大于 0.02mm，超过时应处理。

（5）根据推力头与轴配合情况，推力头可采用冷压或热套装入。热套时，加温的温度一般按孔径胀量在 0.6～1mm 来确定，以不超过 100℃为宜，升温速度控制在 10～20℃/h 范围内。

（6）为套装顺利，加温地点应尽可能靠近机组，并对正机组中心的 X 线或 Y 线上，桥式起重机挂好推力头调好水平后进行试套。找正桥机大车或小车位置，再把推力头吊至加温地点进行加温。

（7）挂装用的钢丝绳，考虑套入后可能要拔出的因素，应有一定的安全裕度；绳子夹角及高度，要保证推力头能吊落到底部。为调整推力头水平，可挂 1～2 个链式葫芦来调整钢丝绳长短，使吊起时推力头上平面水平在 0.1mm/m 以内。

（8）推力头的加温装置以满足温升需要为根据，加温区域周围采取合适的保温措施。加温场地要有消防设备。

（9）通电加温前，用专用内径千分尺测出推力头孔径。总温升达到要求后，调节电炉，维持恒定温度 2～3h，切掉电源。用专用内径千分尺检查膨胀量，达到要求后，撤去电炉及保温设施，吊起 1m 左右，内孔用干净白布擦一遍，吊入机坑套装。套装时，在孔与主轴对正后，最好一次落到底部。

（10）待套装后推力头温度降至接近室温时，装配卡环。在承受转动部分重量后，用 0.03mm 塞尺检查卡环的轴向间隙，其有间隙的长度不得超过周长的 20%，且不得集中在一处。间隙过大时，应抽出处理，不得加垫。

（四）推力瓦安装

（1）按照设计厂家要求，将推力瓦安装到支撑部件上，做好防护。

（2）检查推力瓦与支撑部件的配合情况，要求推力瓦能够灵活滑动。

（五）转动部分重量的转移

（1）在把转动部分重量转移到推力轴承前，要把镜板与推力头连结上。

（2）在水轮机转动部分与水轮发电机转动部分联结后用制动闸充放高压油来进

行。悬式机组条件不具备时，可先把水轮发电机转动部分重量用制动闸转移到推力轴承上，在单独盘车后再提起水轮机转动部分并与之联结。而对推力头装在水轮机轴上的机组，则宜先把水轮发电机转动部分的重量转移到推力轴承上，转子吊装时按销钉螺栓孔或键槽找正方位并对正吊入，重量直接加在推力轴承上。

（3）使用制动闸转移转动部分重量时，先清除所有妨碍转动部分略微提升及下落到位的物件；抱紧上导瓦；对制动闸充油升压，使转子略微提起，待制动板稍一脱离锁定，就把制动闸锁定都降下；最后关闭油泵，缓慢撤去制动闸油压，使机组转动部分重量全部落在推力轴承上。如由于制动闸行程不够或锁定板式结构而需加垫时，其重量转移要分两次进行，第一次转移可由半数非调平瓦升起合适的高度后来暂时承受一下；但此时，液压支柱式轴承的弹性油箱都不得处于弹性状态。

（4）推力头装在水轮机轴上的机组，采用先把水轮机转动部分重量转移到推力轴承上的方案时，其办法是：在镜板与推力头连接后，混流式机组用半数非调水平的推力瓦，由支柱螺栓升起吃劲（注意弹性油箱都不得处于弹性状态）；然后撤掉水涡轮下的楔子板，逐步降低这几块推力瓦；而轴流式机组则调整转轮悬吊工具螺栓长度，使水轮机转动部分重量先落在推力轴承上。

（5）液压式推力轴承在弹性油箱处于弹性状态进行转动部分重量转移时，应注意所有的瓦在同一平面上，决不允许在个别瓦抽出或严重偏低的情况下把转动部分落在推力轴承上；转动部分下落应平稳，不允许有严重倾斜和冲击现象发生。

（六）推力轴承调整

推力轴承形式较多，本章节介绍刚性支柱式推力轴承瓦的受力调整的方法。

（1）盘车前，用千分表监视镜板水平，初步调整瓦的受力，待机组轴线检查处理合格后，再对各推力瓦的受力进行最后调整。

（2）在盘车前或盘车时，对镜板水平进行复查，并做必要的调整，使镜板水平合格，主轴处于垂直状态。

（3）把转轴上盘车点调到方便导瓦安装的位置，顶起转子，清扫轴承，用酒精精洗镜板和轴瓦，擦干后落下转子，松开导瓦或工具瓦。

（4）测量定子与转子空气间隙（或转轴与机架上调中心用的+X、-X、+Y、-Y 4个方向测点之距）和水轮机止漏环间隙，调整机组转动部分位于转动中心位置。

（5）推力瓦的调整工艺建议按照设计厂家要求进行调整，并参考 SL 668—2014《水轮发电机组推力轴承、导轴承安装调整工艺导则》相关标准执行。

（6）复查转轮止漏环间隙和水轮发电机定、转子空气间隙以及转动部分高程，并做记录。

（7）受力调好后，用锁定板反时针靠紧螺栓的六方头，锁好支柱螺栓。

（七）推力轴承高压油顶起装置的安装

（1）高压油泵，节流阀、溢流阀、单向阀和滤油器等元件，如包装（特别是各油口的封堵）完好，且不超过规定保管期时，可不分解。除单向阀须按设计要求进行严密性耐压试验外，其余元件可在外部经清扫、内部通道经汽油冲洗后安装。如需分解清扫，应按各元件说明书规定要求进行。

（2）安装高压注油油泵。

（3）按图纸要求配置管道，把油槽外部各元件连接起来。管道不宜用焊接连接，尤其是弯头；管螺纹接头宜用聚四氟乙烯生料带，拧紧时不得把密封材料挤入管内；法兰连接的密封垫应符合设计要求，把合后两法兰应平行；元件接头的紫铜垫应退火后使用。

（4）高压油顶起装置一般在推力瓦（或弹性油箱）受力调整后，油槽注油前，连接油槽内管路及元件（各软管与单向阀连接后封堵出口），按设计要求进行装置高压部分的整体耐压试验，各管道和元件均应无渗漏现象。

（5）管路冲洗一般可与油泵试运转一起，按下列步骤进行：

1）拆去所有堵头，把高压软管通过单向阀接至推力瓦上（悬式机组提前要用1000V绝缘电阻表测其绝缘，不应小于10MΩ）。各软管应松弛，保证瓦的摆动不受影响。

2）清扫油槽，注入合格的透平油，油面高度以保证油泵油油后不产生进气为宜。

3）顶起转子，使镜板与瓦脱离5~8mm。

4）松开溢流阀，开启油泵，空载运行10min，油泵应无剧烈振动、杂音和温度过高等异常现象。

5）关闭高压油管上的手动阀，调整溢流阀，逐步升高压力，达到额定值后再运行10min，应无异常现象。

6）开启高压油管上的手动阀，向系统连续打油，外观检查各瓦内外油室的油校的大小及高度，并用节流阀调整，使各瓦的基本一致；同时观察从瓦喷出油的质量，直至油中不含任何杂质为止。落下转子，完成管路冲洗和初调工作。

（6）进行顶起油隙调整时，需在镜板十字方向设4只百分表，监测转动部分被顶起值。启动油泵后，调整溢流阀，使油压达到工作压力，转动部分被顶起0.03~0.06mm。用塞尺检查各瓦与镜板间隙，读取各瓦油室压力和4只百分表读数，综合考虑后，调整各瓦节流阀，使各瓦与镜板间隙相差不大于0.02mm。这时，溢流阀应有少量溢油。调好后，锁紧各调节螺丝的背帽；整定压力信号器的动作值。

（7）调整后，应把所有用油放掉，并清洗滤油器。待油槽封闭，注入合格的透平油后，装置便可正式投入使用。

（八）推力轴承外循环冷却系统的安装

（1）冷却器的安装。

1）采用板式换热器作油冷却器时，其分解、清扫、组装和试验应按下列要求进行。

a. 各板片应用酒精清扫干净，检查各成型密封胶垫应无压偏和扭曲等缺陷，并用黏结剂（如501胶）把胶垫贴在板片合适的位置上。

b. 在立式状态下，按图纸要求把板片组装起来。在用螺栓压紧过程中，板片应对齐，首尾间距均匀，压紧后的尺寸应符合设计要求。

c. 耐压试验应按设计要求进行。一般先把油腔侧充油加压至60%油侧试验压力；关闭试验阀门，持续30min，压力应无下降；再进行双侧试压，在水侧充水加压时，因板片变形关系油侧压力将自动提高，应注意水、油两侧压力的相互调节，使之都达到各自的试验压力，关闭试验阀门再持续30min，各侧压力应无下降。

2）圆筒式和方箱式冷却器浸油面应接试或用油冲洗干净；并按设计规定进行严密性耐压试验。

3）冷却器安装就位后，各管口位置偏差不大于5mm。

（2）外加循环泵的安装。

1）油泵的分解清扫应按说明书的规定进行，并注意下列事项：

a. 零件表面不准有毛刺、锈污和碰伤。

b. 检查各零件的配合情况、动作行程均应符合图纸要求。

c. 组装时各部件的滑动面，应涂以干净的透平油。

d. 各部件内部过流面的油漆须完整，各油路应清洁畅通。

e. 组装后，可动部分的动作灵活平稳。

2）油泵应按厂家要求进行安装。

（3）管道及附件安装。

1）按照厂家图纸设计有关要求配置系统油管道。

2）测量油、水的流量计应进行率定，安装位置和方式应符合设计要求，进出口两侧直管段应不少于产品说明书规定的长度。

3）按图纸要求安装压力表、温度计、示流信号器和滤油器等附件。

4）有回油槽的外循环系统，其油槽内部浸油面耐油漆应完好；滤网应无破损；在渗漏试验合格后应清扫干净；系统中单向阀应做反向渗漏试验。

5）配装冷却水管。按设计要求整定冷却水示流信号器或压力信号器。

（4）油槽内有关部件的安装。

1）按设计要求安装喷油管和导流圈。

2）检查镜板泵的泵孔角度应正确，粗糙度的 Ra 值不应大于 1.6μm，孔内应清洁；

镜板外圆应与主轴同轴，盘车时检查，偏差不应超过设计规定值。

3）镜板泵的集油槽应在机组轴线定位后安装；其间隙大小应符合设计要求，调整合格后钻铰销钉孔，并联结输出管道。

（5）系统的调整试验及运行。

1）当水轮发电机推力轴承具备充油条件时，应缓慢从油槽向外循环系统充油，检查各管道和元件应无渗漏。有外加泵的，应用手转动油泵，排除系统中空气。

2）外加泵外循环系统应在系统各种运行工况下进行试运行 15min，记录油泵进、出口压力、油流量和滤油器前后压力；调整冷却器水压比油压小 0.05MPa 左右；按油泵最大工作压力的 1.25 倍整定油泵的安全阀。

3）油槽外管道系统一般应用压力滤油机进行油循环冲洗干净后才投入运行，尤其是镜板泵外循环系统。

【思考与练习】

（1）简述推力轴承拆卸的基本工序。

（2）简述推力轴承安装的基本工序。

（3）推力轴承的镜板如何调整？

模块 3　镜板缺陷处理（ZY3600602003）

【模块描述】本模块介绍镜板磨损的处理和气蚀破坏的处理。通过方法讲解，掌握镜板缺陷引起的原因和处理方法。

【模块内容】

一、故障现象

（1）镜板表面有划痕、撞击等外力受损现象。

（2）镜板表面有气蚀现象，粗糙度下降。

（3）镜板颜色变化，光洁度差，表面需研磨处理。

二、故障原因分析

（1）油质内有较硬颗粒，在油循环过程中进入推力瓦与镜板间隙。

（2）油槽内其他硬物如检修遗留等，在机组高速旋转运行时损伤镜板。

（3）油质差，推力轴承绝缘降低，轴电流损伤镜板。

（4）机组严重烧瓦，镜板受损。

（5）镜板长时间运行磨损，气蚀严重，损伤镜面。

三、故障处理方法

在机组安装阶段，镜板镜面损伤严重时，如镜面不平、锈蚀、有较深的伤痕等，应按厂家方案进行；轻微伤痕先用天然油石和金相砂纸打磨；镜面无缺陷或缺陷消除后用研磨机进行研磨。以下讲解镜板的研磨方法。

（一）准备工作

（1）将清扫研磨场地，擦洗镜板研磨机、工具、量具等，应达到无粉尘要求。

（2）在指定地点把塑料布铺好，将镜板研磨机器安装在镜板支架内，使镜板抛光机传动旋转轴与支架同心，接研磨机电源并装控制刀闸。

（3）检查并调整镜板研磨机，要求研磨机主轴垂直度小于或等于 0.03mm/m，调整完成后拧紧底脚防松螺母。检查研磨平台的平面度在 0.03mm/m 以内。

（4）在支架放置镜板处垫好木板及毛毡，镜板工作面向上放置在支架上，并调整镜板与研磨机传动旋转轴同心，用酒精清扫镜板工作面。

（5）用毛毡包好两个研磨圆盘，之后用海军呢再包一遍研磨圆盘，清扫干净确认无误后，放置在镜板上，两个圆盘互成 180°。

（6）将旋转力矩梁安装到研磨机旋转轴上。将两旋转研磨圆盘安装到旋转力矩梁上。

（二）研磨剂的配制

研磨剂的配制方法很多，各厂根据多年的经验或厂家指导意见进行研磨剂的配置。下面是几种典型的配制比例及方法，可作为参考。

（1）镜面研磨抛光材料应采用三氧化二铬（Cr_2O_3），其粒度为 M10～M5。将研磨膏粉碎后，按重量比的 1:1 或 1:2 的比例用煤油稀释，并经多层绢布过滤方可使用。在研磨最后阶段，在研磨液内加 30%的猪油，以提高镜板的光洁度。

（2）将煤油、无水猪油、三氧化二铬按 4kg:1kg:1kg 的比例进行配制，配置工艺方法：将煤油和三氧化二铬放在金属容器内混合加热至 70～80℃不停搅动，直到三氧化二铬全部熔化止，用 120 钼细铜网过滤，除去杂质，然后加猪油再加热至猪油全部熔化时止，用金属容器装好密封待用。

（3）研磨剂配制：将煤油、20 号机油按 1:1 的比例混合后，用绢布过滤。按1:1 的比例将混合油和用 W10 的白刚玉（WA）或绿色碳化硅（GC）的研磨粉合成稠状，调匀。抛光剂配制：上述研磨剂分别加 7μm 和 2.5μm 的金刚石喷雾研磨剂。

（三）研磨镜面

（1）用绢布酒精将镜板工作面清扫干净，将调制好的镜板研磨剂均匀洒在镜板表面上。

（2）启动研磨机，研磨机转向是俯视顺时针方向，研磨 3～5min 后停止，检查镜板表面是否有异常划痕，如有则应清扫镜板表面及旋转研磨圆盘表面，重新过滤研磨剂，确认无误后，再进行抛光工作。

（3）在研磨过程中，应注意观察。镜面上的研磨剂不足时，用毛刷将研磨剂较均匀地沿镜面的径向呈若干条放射线撒在镜面上。研磨膏的数量以在镜板内外圆周边处不溢出为原则，一次不宜加多。

（4）镜板进行抛光时，应设专人监护并及时添加研磨剂，每研磨 40～60min 后，需停机检查被研磨镜面的粗糙度。若未达到要求，开机继续研磨，直至去除镜面上深度小于 5～10μm 的微伤痕，镜面粗糙度小于 $Ra0.4$ 为止。

（5）使用抛光剂重复上述工作进行抛光，每抛光 30min 后，需停机检查被抛光镜面的粗糙度。镜面粗糙度应达 $Ra0.2$ 为止。若未达到要求，开机继续抛光。

（四）故障处理注意事项

（1）研磨、抛光过程中要注意清洁，镜板上不得掉落灰尘，水分或含有酸、碱、盐分的液体，以免损伤镜面。通常做法是搭建帐篷用于防护，尽量减少人员出入，开门或关门都会扬起灰尘。也可将工作区域用塑料布等材料围起来。

（2）研磨、抛光场地要有充足的照明，室温不得低于 15℃，并做好防火和保护措施。

（3）盛磨料容器、盛油容器和盛研磨剂容器都要盖紧，严防灰尘掉入。金丝绒布和细呢子或细毛毡、白布、白绸布、绢布、毛刷等使用前都要求清洁，不得有一点粉尘。

（4）吊装镜板、研磨盘、抛光盘时尽可能垫（盖）保护层，小心轻放，严防磕碰划伤。

（5）在研磨、抛光过程中，应注意观察。如出现异常，应立即停机分析、处理。

（6）工作中断必须在研磨面上用无水乙醇进行一次初步清洗，并盖好保护毛毡。不能在当天完成研磨和抛光工作的，必须在下班前洗净镜面、研磨盘或抛光盘上微粉，擦干，涂上透平油，盖上描图纸或蜡纸以防止镜面上生锈和落灰尘。

（7）研磨工作全部结束后必须彻底清洗镜板面上的研磨剂，镜面上少量小气孔内的研磨剂亦应清除。镜面必须涂有凡士林或透平油防锈，禁止用研磨过非工作面或推力头的旧海军呢来研磨镜面。清洗镜板镜面应用脱脂棉花或绸布，其他非工作面可用白布，清洗剂一律采用无水乙醇。

（8）抛光好的镜面严禁用手触摸。如果手触摸了，应立即用酒精或汽油清洗干净，涂上透平油。

【思考与练习】

（1）说明镜板故障现象并分析故障原因。

（2）说明镜板故障处理准备工作。

（3）说明研磨剂的配制。

（4）如何研磨镜面？

（5）说明镜板故障处理注意事项。

◢ 模块 4　推力瓦缺陷处理（ZY3600602004）

【**模块描述**】本模块介绍推力瓦处理的常见方法。通过方法讲解，掌握推力瓦刮削方法。

【**模块内容**】

一、故障现象

（1）推力瓦面烧损，颜色变化，镜板颜色发生变化。

（2）推力瓦瓦面有划痕贯穿。

（3）推力瓦合金层与瓦托分离。

（4）推力瓦瓦面有裂纹、密集气孔等缺陷。

（5）推力瓦瓦面磨损严重，厚度变薄。

二、故障原因分析

（1）机组运行振动、摆度等异常增大，导致推力瓦受力不均、过大而烧瓦。

（2）推力轴承冷却系统故障，瓦温升高烧瓦。

（3）推力轴承油质差，杂质进入瓦间隙，损伤瓦面。

（4）合金瓦的生产工艺差，导致瓦面合金与拖瓦脱离。

（5）橡胶轴承、塑料轴承生产工艺差，耐磨性较差。

（6）因推力轴承冷却系统漏水，油质恶化，导致推力瓦温升高、烧瓦。

（7）推力瓦进出油口设计工艺不符合要求，导致进油量小、油膜薄，造成机组运行时烧瓦。

（8）推力瓦瓦温测量自动化元件故障，在推力瓦瓦温异常升高时未能报警跳机。

（9）水轮发电机因轴电流引起油质恶化，润滑效果变差，导致损坏推力瓦。

（10）机组高压注油泵故障，导致机组低速运行时油膜建立不成功，推力瓦烧瓦。

三、故障处理方法

由于推力瓦温异常升高导致推力瓦烧损的故障处理方法详见模块 6（ZY3600602006）推力瓦温度过高的原因及处理方法，本章不再赘述。本模块主要针对推力瓦本体缺陷而进行的处理方法。

（1）推力瓦瓦面裂纹、划痕、密集气孔、夹渣的处理方法。

1）推力瓦瓦面有裂纹，需更换新瓦。

2）剔去瓦面上个别夹渣、砂眼，并把余留坑孔边缘修刮成坡弧。

3）推力瓦面有密集气孔时，对气孔处进行研磨，并把边缘刮成坡弧。

4）推力瓦面有划痕时，测量划痕深度，对划痕较浅的进行用油石进行研磨，对划痕较深的需进行研瓦处理，并把边缘刮成坡弧。

（2）推力瓦瓦面合金与瓦托分离的处理方法。

1）利用着色探伤、超声波探伤的方法检测分离部位的深度。

2）重新校核瓦面合金与瓦托的连接的制造工艺，必要时改善加工工艺。

3）重新校核瓦面合金的选用材料能否满足要求，必要时更换材料。

4）对需现场处理瓦面合金与瓦托脱离部分时，根据厂家相关文件，开展修补工作，处理工作面边缘做好过度处理。

（3）推力瓦刮瓦的处理方法。由于现在机组推力瓦瓦面多采用耐磨性、耐高温性能较好、承载力大的合金瓦面，本节做重点介绍。对橡胶轴承、塑料轴承的缺陷主要采用测量、研磨的方法进行，本节不做介绍。

1）推力瓦粗刮时，一般采用特制的小平台或镜板背面研瓦；进入细刮后，应采用镜板研瓦或瓦研镜板的方式研瓦。

2）采用镜板研瓦方案时，用 3 块瓦尽量呈等边三角形放在轴承架或专制的瓦架支柱螺栓上；把镜面朝下的镜板吊上；调整水平和中心，使水平达到 $0.1\sim0.3$mm/m；按机组旋转方向转动镜板 $2\sim4$ 圈。

3）采用瓦研镜板方案时，先把镜面朝上的镜板放稳调平，水平控制在 $0.2\sim0.4$mm/m，每次把要刮的瓦倒放在镜板上，用人工或机械对瓦进行研磨。如采用机械研磨，应采取防止瓦坠落的措施。

4）每次或研瓦前，应用白布沾酒精或甲苯清洗瓦面和镜板工作面，擦干后才能吊放上进行研瓦。研瓦中如因磨损或工作不慎使镜板工作面模糊或出现浅痕，则应将研瓦工作暂停，应先将镜板工作面处理合格后才能重新进行研瓦工作。

5）推力瓦的刮削一般分粗刮、细刮、精刮、排花和中间刮低处理等五个阶段进行。粗刮采用铲削；细刮和精刮一般为桃花刮削，也有采用铲刮方式（如排花采用燕尾形刀花或扇形刀花时）；排花有挑（如三角形、燕尾形刀花）、铲（如分格刀花）、旋（如扇形刀花）等几种刮法，当精刮为挑花刮削时，可以不另行排花；中间刮低处理一般为挑大刀花刮削。

6）粗刮一般采用宽形平板刮刀，把瓦面上被研出的接触点（高点）普遍铲掉，刀迹宽长而深，且连成片。反复研刮数遍，使整个瓦面显出平整而光滑的接触状态。

7）细刮时，宜用弹簧刮刀，刀迹依瓦与镜板研出的接触点分布，按一定方向依次把接触点刮去，刮去后再研，研后变换成大致与上次成 90° 方向再把接触点刮去，如此反复多次，使瓦面接触点分布基本达到要求。

8）精刮时，仍用细刮时的刀具，反复进行找亮点和分大点刮削，使瓦面接触点达到以下要求：

a. 瓦面每 1cm² 内应有 1～3 个接触点。

b. 瓦面局部不接触面积，每处不应大于轴瓦面积的 2%，但最大不超过 16cm²，其总和不应超过轴瓦面积的 5%。

9）刀花花纹一般有三角形、鱼鳞形、燕尾形和扇形四类形式，除扇形刀花外，其刮削都采用挑花方式。挑花的刀具应具有较好的弹性，一般使用 12mm 左右宽度的平头或弯头弹簧刮刀。挑花是刀刃要保持锋利；下刀要平稳，使刀花成缓弧状，不带"旗杆"；刮削出的刀花应光亮、无振痕和撕纹。

10）刀花的大小要与瓦面大小协调；深浅为 0.01～0.03mm。

11）选用三角形刀花排花时一般排 2～3 遍，前后两次大致成 90°方向；选用燕尾形刀花时，一般为两遍，互成 180°；选用扇形刀花时，一般为一遍。排花可以划线分格进行。

12）有支柱螺栓的推力瓦，在排花后，中部应按设计规定进行刮低处理。设计无规定时，一般先在支柱螺栓位置周围约占总面积 1/3～1/2 的部位较密地排一遍大刀花（先刮低 0.01～0.02mm）然后缩小范围，再从另一个方向较密地排一遍大刀花（再刮低 0.01～0.02mm），无支柱螺栓的轴瓦可不刮低。

13）按图纸要求刮削进油边。无规定时，可按宽 5～10mm（瓦小取小值），刮削深 0.5mm 的倒圆斜坡。

14）有高压油顶起装置的轴瓦，其油室在瓦面研刮合格后，应按图纸要求进行检查修整，环形油室内圆所包面积，属于承载面积，应将其刮低 0.02mm。

15）推力瓦在机组盘车后应抽出检查其接触情况，如发现连点现象，应加以修刮。

16）大型单支点双层结构的推力瓦，先按上述通常刮瓦要求基本研刮合格，待轴线处理合格后再进行盘车刮瓦。其工艺过程如下：

a. 盘车研瓦与弹性盘车一样，先把转动部分调至中心位置；用上导及下导（或水导）的对称方向四块导轴瓦（或工具瓦）涂猪油（经绢布过滤）后，在百分表监视下抱紧主轴（间隙为 0.03～0.05mm）；顶起转动部分；清扫镜板和推力瓦，涂猪油后把瓦装回；并使弹性油箱或平衡块支承处于正常运行状态；落下转动部分；盘车旋转 1～2 圈；在旋转时，如发现推力瓦抖动或有不正常声音，应立即停下来，轴瓦检查，防止瓦面磨损破坏。

b. 刮削上点把研好的瓦抽出，用酒精或甲苯洗去猪油；根据瓦面接触点的变化情况，分别按前述普通刮瓦的工艺要求进行细刮（有时不要）和精刮。

c. 经反复研刮，接触情况达到 8 中的要求后，再按前述通常刮瓦工艺进行排花和中间刮低处理。

17）普通刮瓦期间，镜板粗糙度应满足要求。盘车刮瓦后，应对镜板进行仔细检查和彻底清扫。

18）研刮合格的推力瓦，若不立即使用，应均匀涂一层纯净的凡士林（或钙基脂），用干净的纸贴盖或装箱保护。

（4）镜板磨损的处理方法。镜板在研瓦前，应分别情况进行如下处理：

1）镜面无缺陷时，用包有细毛毡（或呢子）和白布的平台作研具，涂用 W5～W10 粒度的氧化铬（绿膏）与煤油、猪油按适当比例调成并经绢布过滤后的研磨剂，进行研磨抛光直至满意为止。

2）轻微伤痕，用天然油石磨光。

3）镜面问题较严重。如镜面不平、锈蚀、有较深的伤痕等，应按厂家方案进行。

镜板研磨宜用研磨机进行，但不论用人工或机械，应注意均匀研磨，一般研具除公转外，还要有一定的自转。

四、故障处理注意事项

（1）推力瓦损坏因素较多，原因复杂，处理推力瓦较简单，关键是查清推力瓦损坏的原因，对症下药彻底处理。

（2）推力瓦刮瓦现场处理时，一是严格按照刮瓦工艺或厂家指导进行；二是现场安全防护要到位，防止放生二次伤害。

（3）推力瓦刮瓦工艺标准严格，人员技术水平要求高，建议由熟练技术人员进行。

【思考与练习】

（1）合金推力瓦烧瓦的故障现象有哪些？

（2）简述合金推力瓦的刮瓦工艺及标准。

（3）推力瓦缺陷的原因分析有哪些？

▲ 模块 5　油冷却器漏水处理（ZY3600602005）

【模块描述】本模块介绍油冷却器漏水处理方法。通过方法介绍，掌握油冷却器漏水处理方法和工艺要求。

【模块内容】

一、油冷却器漏水故障处理

（1）故障现象。

1）推力油槽内油位增高。

2）油槽内的润滑油发生乳化，油色变为乳白色。

3）推力轴承绝缘下降，发生了轴电流。

4）油系统油混水装置报警。

（2）故障原因。

1）油冷却器铜管存在渗漏，冷却器在检修过程中发生磕碰或人为损伤。

2）油冷却器水箱密封老化、螺栓松动等异常情况导致。

3）其他如机组运行环境差，机组振动大等导致油冷却器运行寿命减少。

（3）故障处理方法及工艺要求。油冷却器的类型很多，主要有半环式、盘香式、弹簧式、抽屉式和箱式。油冷却器渗漏处理的方法基本相同，只有个别由于结构不同处理方法略有不同。

1）油冷却器检修需要机组检修，条件允许可在机坑外进行，若条件不允许，可将油盆内润滑油排净，做好防水措施，之后对冷却器进行检修工作。

2）对冷却器进行严密性试验，在冷却器的进出口连接管路打压，检查冷却器各管路，排查确定渗漏、损坏管路及位置。

3）铜管发生渗漏应优先考虑更换已损坏、渗漏的铜管。

4）由于受到场地要求等限制，不能在现场更换铜管的油冷却器，可采用封堵已损坏渗漏铜管的方法解决渗漏问题，注意焊接堵板时不要损伤其他铜管，并对焊点进行着色或超声波探伤，检查焊接质量，最后清理现场，确保无焊渣残留在冷却器上或油盆内。

5）当冷却器铜管堵塞数超过冷却铜管总数的1/5时，将会严重影响冷却器的冷却效果，该油冷却器已不能满足使用要求，必须更换新的油冷却器。

6）冷却器水箱渗漏时，首先紧固渗漏处的螺栓，检查水箱各连接平面有无凸点，若有对其进行打磨处理。

7）若发现水箱法兰面有裂纹、开焊等缺陷是，先对缺陷处进行着色探伤检查，之后采用打磨、补焊的处理方法进行处理。

8）若水箱法兰面的密封形式为平面密封，可考虑对密封形式重新选型，更换为"O"形密封。

9）若机组运行时振动较大，若暂时无法改善机组运行情况，可对油冷却器与油盆的连接方式进行改造，如加装弹簧垫片、耐油橡胶垫片、环氧聚酯垫片等，减小油冷却器的受迫振动。

二、冷却器耐压试验

油冷却器渗漏处理完成后，对冷却器要进行认真的清扫、除锈、防腐等工作，然后组装。组装完成后要对渗漏处理过的冷却器进行单体耐压和整体耐压，具体步骤如下：

1. 单体耐压

（1）对检修的冷却器进行单个严密性试验，试验场地应选在给排水方便处。一般的试验时间为 30min，试验压力根据冷却器的工作压力不同，各厂要求不同一般在额定压力的 1.25 倍或规定压力。试验时，要仔细检查冷却器铜管，铜管胀头处，端盖密封处，排气丝堵有无渗漏。

（2）严密性试验工艺：

1）把严密性试验工具的法兰与冷却器的法兰连接，供水阀在上法兰，排水阀在下法兰；将水源与供水阀管口连接，并防止脱开。

2）打开排气排水阀，打开供水阀，待排气阀将冷却器内气体全部排出并有水流出时，关闭排水排气阀。

3）当冷却器压力表指示达到试验压力时，关闭供水阀。

4）耐压过程中经常检查冷却器铜管、铜管胀头、端盖密封、排气丝堵等处有无渗漏，如有渗漏及时停止试验，进行缺陷处理。耐压时间 30min 后如无渗漏，打开排水阀，将冷却器内的水排净。

2. 整体耐压

当检修完成的油冷却器单体耐压试验完成后，将油冷却器回装到油槽内，然后进行整体耐压试验，耐压时间为 30min，耐压压力按各厂规程要求。整体耐压主要是检查油冷却器与管路连接是否良好，是否具备运行条件。

三、事故处理注意事项

（1）润滑油油样化验结果水分超标时，需要对润滑油进行滤油处理，油样合格方可使用。

（2）若润滑油已乳化或颜色变化，需重新更换合格的润滑油。

（3）冷却器处理过程中，现场做好防护措施，防止二次伤害。

（4）冷却器耐压试验时，试验措施要完善，安全防护措施完整，防止发生人身伤害及设备损坏等安全事故。

（5）焊接动作作业做好防火措施，防止发生火灾。

【思考与练习】

（1）如何判断油冷却器装置漏水？

（2）油冷却器压力试验如何实施？

（3）油冷却器装置漏水如何排查处理？

模块 6 推力瓦温度过高的原因及处理方法
（ZY3600602006）

【模块描述】本模块介绍推力瓦温度过高的原因及处理方法。通过知识讲解，掌握衡量推力轴承工作的优劣及影响温升的因素。

【模块内容】

一、故障现象

（1）推力轴承油温异常升高。

（2）推力轴承瓦温异常升高，或相邻传感器温升曲线一致。

（3）推力轴承润滑油颜色异常变深。

（4）推力瓦烧损，镜板变色。

二、故障原因分析

（1）设计存在缺陷。

1）推力轴承的材料不合理，瓦衬刚度及瓦面的材质选择不当，运行瓦温上升明显。

2）推力瓦面积过小，单位面积承受压力过大。

3）推力轴承承力方式不合理，轴承受力不均。

4）循环冷却系统及油冷却器设计不合理，系统冷却容量不足。

5）推力轴承瓦的周向偏心率选取不当，机组运行时同心度不稳定。

6）推力瓦的进油边坡度设计不合理，进油量不足。

7）高压注油系统压力设计不足，机组启动时抬机量不够，油膜较薄，造成轴瓦温升较快。

8）高压注油系统流量设计不足，注入镜板与推力瓦之间的油膜厚度不够，造成轴瓦温升较快。

（2）制造水平不合格。

1）镜板光洁度差（镜板光洁度在九级以上），未到达设计要求。

2）油的循环冷却系统的通道不畅通，未进行酸洗等清洗措施。

3）转动部分质量不平衡。

（3）安装检修不当。

1）在机组安装时，由于推力瓦面研刮不合格，而使轴承温度偏高。规程要求，瓦面接触点应均匀，推力瓦面规定接触点在 $1\sim3$ 点/cm^2，瓦面局部不接触面积，每处不应大于轴瓦面积的 2%，但最大不超过 16cm^2，其总和不应超过轴瓦面积的 5%。整个推力瓦面与镜板接触部分不少于整块瓦面积的 80%。

2）镜板光洁度不够，卧式机组推力盘热套不正或热套紧力不够。

3）推力轴承绝缘不良，造成局部绝缘击穿，损伤个别瓦面。

4）抗重螺栓、定位销、固定螺栓未打紧。

5）机组轴线调整不合理，造成推力轴承受力不均。

6）机组运行摆度大，造成推力轴承受力大。

（4）维护不当。

1）不同牌号的油混合使用使润滑油的黏度和其他指标发生变化，影响油的质量。

2）润滑油的油质未定期检查，定期化验，推力轴承油槽内的油质（包括黏度、酸碱值、杂质、水分等）不合格。

3）推力轴承油槽内油面偏低，外循环油路滤网堵塞，流量减小。

4）推力轴承油冷却器的冷却水压过低。

5）推力轴承油冷却器的冷却水流不畅通，流量过低。

6）冷却水水温偏高，热量交换不足。

7）冷却器漏水导致绝缘降低，油质下降，瓦温升高。

8）高压注油系统维护不当，造成系统压力、流量下降，瓦温升高。

三、故障处理方法及工艺要求

（1）若是设计或制造原因，可针对性地与设计院、生产厂家共同改善，以下针对性提出处理意见：

1）推力轴承的材料如瓦衬刚度及瓦面的材质等，可根据现场机组实际运行数据，重新校核瓦面材料的摩擦系数、强度等能否满足要求，必要时改造。

2）推力瓦面积过小、推力轴承承力方式不合理、推力轴承瓦的周向偏心率选取不当等较严重的设计缺陷，需慎重论证，若确须改造，及时与设计院、厂家进行相关改造工作。

3）循环冷却系统及油冷却器设计不合理，系统冷却容量不足，可通过增大冷却器管路数量、冷却片数量及增加冷却水流量等改造方法。

4）推力瓦的进油边坡度设计不合理，进油量不足，根据厂家提出的设计变更，在现场或厂家重新挂瓦，增大进油边坡度以增大进油量。

5）镜板光洁度差（镜板光洁度在九级以上），未到达设计要求，重新加工并严格验收。

6）油的循环冷却系统在厂家或现场进行酸洗等清洗措施，并做好防护措施。

7）若是机组在试验启动初期瓦温上升明显，需重点检查高压注油系统的设计能力能否满足要求，机组的上抬量是否满足设计要求。

（2）安装检修不当引起的轴瓦异常升高，参考以下处理方法：

1）在机组安装时，严格按照规程及厂家技术要求，对凸点、不平度利用刀尺、水平尺进行检查验收，验收合格后安装。

2）镜板光洁度不够，需要重新打磨，注意对光洁面的防护，防止在运输、吊装过程中人为损伤镜面。

3）测量推力轴承的绝缘水平，用 1000V 绝缘电阻表检查轴承座对地绝缘电阻值一般不小于 0.5MW，应若绝缘水平下降，应更换各螺栓绝缘垫片，绝缘垫应清洁，并应整张使用，四周宽度应大于轴承座 10～15mm。

4）抗重螺栓、定位销、固定螺栓安装调整完成后电焊或用锁定螺母固定。

5）机组运行摆度大，引起的因素较多，若暂时不能解决振动问题，可增加冷却系统容量提高冷却效率的方法处理。

（3）日常维护不当引起的轴瓦异常升高，参考以下处理方法：

1）定期巡视检查推力轴承油盆油位，若油位偏低应补油至正常油位。

2）润滑油的油质定期检查，定期化验，包括黏度、酸碱值、杂质、水分等，并利用机组检修定期过滤，保持推力轴承润滑油良好的运行环境。

3）定期清理外循环油路，包括油泵、过滤器、滤芯等设备，防止发生堵塞等异常引起熊流量减小，轴瓦温度升高。

4）推力轴承油冷却器的水冷却系统定期维护，包括水压、流量、水温等参数正常，保持良好的冷却效果。

5）定期清理水冷却系统的冷却器，过滤器反冲洗系统运行正常。

6）推力轴承的润换油应尽量统一更换，不同批次的润滑油由于性能不一致，有可能加剧油质变坏。

7）高压注油系统需要定期清扫维护系统过滤器、油泵等设备，保持系统的压力、流量等参数正常。

四、故障处理注意事项

（1）排查推力瓦温异常升高的原因，关键是看机组是在调试初期、大修后还是在正常运行时出现，阶段不同，故障排查的重点亦不同。

（2）推力瓦的刮瓦、镜板的研磨等技术要求高的工作，建议由丰富经验的工作人员进行，防止发生人为的二次损伤。

（3）合金推力瓦在检查时需重点检查轴瓦与金属底胚的结合情况。按照规程，轴瓦的瓦面材料与金属底坯的局部脱壳面积总和不超过瓦面的 5%，必要时可用超声波或其他方式检查。

（4）检查推力瓦受力情况时，按照规程要求，在推力瓦受力状态时用 0.02mm 塞尺检查薄瓦与托瓦之间应无间隙。

（5）推力轴承油盆内部件如高压注油系统管路、内循环挡板等应提前预装，防止在安装后发生内漏等缺陷，不易发现也不易处理。

（6）机组在调试、大修后的盘车后，应抽出推力瓦检查其接触状况，以判断推理的受力情况，有利于进一步分析推力瓦瓦温的异常原因。

（7）双层瓦结构的推力轴承，薄瓦与托瓦之间的接触面应符合设计要求。若设计无明确要求，薄瓦与托瓦的接触面应达到70%以上，接触面应分布均匀。

（8）推力瓦刮瓦时，瓦面局部不接触面积，每处不应大于轴瓦面积的 2%，但最大不超过 16cm²，其总和不应超过轴瓦面积的 5%。

【思考与练习】

（1）推力轴承瓦温异常升高，如何排查？

（2）因机组启动时抬机量不足导致的瓦温异常升高，如何处理？

（3）简述推力轴承瓦温异常升高故障处理注意事项。

模块 7　轴承甩油的原因及处理方法（ZY3600602007）

【模块描述】本模块介绍轴承内甩油、外甩油的原因分析及处理方法。通过知识讲解，掌握常见处理方法。

【模块内容】

一、故障现象

（1）推力轴承下方主轴上有油渍，悬式机组滑环上有油渍。

（2）推力油槽盖上、励磁机下部风扇、上机架内壁有油渍。

（3）整个水轮发电机风洞内包括地面、转子、定子等各部件有油渍。

（4）水车室内控制环、导轴承油盆盖等处有水轮发电机风洞内滴下的油滴。

（5）推力轴承甩油严重，推力轴承油位持续下降明显。

二、故障原因分析

（1）推力轴承的呼吸器结构不合理，不能有效阻挡油雾溢出。

（2）油槽盖底座与油槽密封甩油，油槽盖底座由于受到外力、制造等原因发生变形，造成安装存在较大间隙而甩油。

（3）油槽盖分半结合面密封甩油，油槽盖分半由于外力、制造等因素发生变形，造成安装存在较大间隙而甩油。

（4）油槽盖与推力头间隙处油雾外溢，油槽盖顶部与推力头之间一般设计为间隙滑动密封，形式有梳齿型、平面型等，但一般都存在间隙，若推力油槽内油雾较多且内压较大时，从间隙处油雾渗出。

（5）推力油槽内外压差大，无法平衡气压。推力轴承油盆在机组高速旋转时，气压在径向方向有压差，一般设计有平衡气压管路或其他装置，若管路或装置设计不合理，造成推力油盆内压力较大，推力轴承甩油。

（6）推力抽油雾装置故障或效率较低，不能有效吸出推力轴承油盆内油雾，造成油雾积压、压力升高，使得在各间隙处有油雾渗出。

（7）推力轴承内挡油管或挡油圈设计高度偏小，油槽内的油很容易溢出。

（8）挡油管外圆与推力头内圆之间的径向距离不均，偏靠一边，形成类似偏心泵作用，使润滑油上窜溢出。

（9）推力轴承油盆内油位较高，超出规定值。

（10）推力轴承油盆各处密封形式不合理，或密封老化造成密封效果差。

三、故障处理方法

（1）定期检查核对推力轴承油盆内油位在合理范围内。

（2）利用机组检修，定期更换油盆各接触面密封，防止因老化而发生渗漏现象。

（3）改进呼吸器结构，选用既能均压又能有效阻止油雾外溢的呼吸器，形式有折叠挡板式、加装回油罩式等。

（4）若油槽盖加工尺寸有偏差或者在运输、安装过程中受外力变形时，结合机组检修，重新按照安装尺寸要求进行打孔、矫正等措施，使得安装顺利。

（5）对油盆盖与推力头之间的间隙滑动密封进行改造，一是调整间隙值，在满足间隙设计要求的条件下适当减小间隙值；二是对密封形式进行改造，如改为接触式密封，更换为具有耐磨、耐油、自润滑、防静电、绝缘性好等特性的密封材料，实现无间隙运行。

（6）若油盆各接触面密封为平面密封的，可改造为"O""U"形密封条，增加密封效果。

（7）检查抽油雾装置的工作效果，若装置存在故障影响吸出效果，可首先消除故障，如更换过滤器滤芯、增大抽油雾装置进口阀等。

（8）增加呼吸器数量，减小推力油盆在机组运行时内外压差。

（9）在水车室内距离推力轴承油盆处安装接油盆，并安装回油装置，将甩至大轴内侧的油回注到推力油盆内。

（10）若空间允许，可加高油槽密封盖，增加油槽空间，降低油槽内压。

（11）增高推力轴承内挡油圈，或减小内挡油圈与推力头之间的间隙，增加润滑油的溢出难度。

四、故障处理注意事项

（1）推力轴承油盆甩油，因素较多，处理限制条件多如空间不足等，造成处理困难。但若推力轴承甩油严重，风洞内、水车室内设备均覆盖有油污时，因对电气设备如转子磁极、定子线棒等产生化学腐蚀，降低绝缘影响设备的安全稳定运行，建议尽快处理。

（2）改造各处密封形式时，需有针对性进行，有成功改造经验的密封形式优先考虑。

（3）对推力轴承油盆内部结构改造时，不要影响推力轴承油盆的冷却系统，以防止降低推力轴承的冷却效果。

【思考与练习】

（1）推力轴承甩油，如何排查故障原因？

（2）推力轴承油盆盖与大轴的密封间隙如何调整？

（3）推力轴承抽油雾装置故障，对推力轴承会造成什么影响？

第十九章

水轮发电机附属设备故障处理

▲ 模块1　抽油雾装置（ZY3600603001）

【模块描述】本模块介绍抽油雾装置结构、作用及常见故障。通过知识讲解，掌握常见处理方法。

【模块内容】

一、抽油雾装置结构、作用

（1）抽油雾装置的结构：主要由抽风机及配套电机、补气装置（含滤芯）、集油槽、补油泵、管路及阀门等组成。

（2）抽油雾装置的作用：抽水蓄能机组转速高，机组运行时在推力轴承油盆内形成较多油雾并通过不断累积致使油盆内压大于外压，造成油雾在油盆与大轴密封处大量渗油。为避免出现以上现象，影响机组正常的运行，在机组运行时，抽油雾装置启动，将推力轴承油盆内的油雾吸出，并平衡油盆内外压力，减少各密封处（主要是滑动密封）的渗漏量，改善运行环境。

二、抽油雾装置常见故障及处理方法

（一）风机故障

（1）故障现象。

1）风洞内推力轴承油封处甩油。

2）装置运行故障报警。

（2）故障原因。

1）风机本体损坏，运行故障。

2）风机配套电机故障，导致风机停止运行。

（3）故障处理方法。将风机及配套电机拆除，检查风机的轴承、电机的轴承、电机的绝缘等，针对检查出现的故障，及时更换风机或者电机。

（二）补气滤芯堵塞

（1）故障现象。装置运行效率差，风洞内、水车室内推力轴承油封处渗油。

（2）故障原因。由于装置长时间运行，导致滤芯内杂物较多，堵塞滤芯。

（3）故障处理方法。拆除滤芯并对其进行清洗，对达到使用年限或者周期的滤芯进行定期更换。

（三）装置集油速度过快

（1）故障现象。

1）推力轴承油盆油位下降快。

2）补油泵运行频繁。

（2）故障原因。

1）装置运行效率较高，吸出过多油盆内的油雾。

2）集油槽容量过小，导致定期清理周期短。

（3）故障处理方法。

1）检查水轮发电机内风洞各滑动密封处的渗油情况，对比推力轴承油盆的补油周期，若风洞内无渗漏且补油周期过于频繁，可调整装置管路阀门以减小风量或者重新选择适合的风机及配套电机。

2）若吸风量符合设计要求，可考虑适当增大集油槽的容量，延长定期工作周期。

【思考与练习】

（1）如何确定进气滤芯是否工作正常及使用周期？

（2）如何判断抽油雾装置的效率能够满足推力轴承油盆抽油雾的要求？

（3）抽油雾装置故障报警，如何开展故障处理工作？

◢ 模块 2　加热装置（ZY3600603002）

【模块描述】本模块介绍加热装置结构、作用及常见故障。通过知识讲解，掌握常见处理方法。

【模块内容】

一、加热装置的结构及作用

（1）加热装置的结构：加热装置主要由加热器、温控开关、温度计、电缆等组成。

（2）加热装置的作用：防止由于机组长时间停止运行，因风洞内温度降低导致潮气结露，进一步影响或者降低水轮发电机各部位的绝缘，通过空间加热，保持风洞内的空气温度。

二、加热装置常见故障及处理方法

（一）加热器故障

（1）故障现象。

1）加热器故障报警。

2）风洞温度变化明显，在机组停运时下降明显。

（2）故障原因。

1）加热器到使用年限。

2）加热器短路或者接地。

3）其他原因，如人为损坏等。

（3）故障处理方法。

1）根据加热器使用年限，结合机组定检及检修，定期更换加热器。

2）定期检查加热器本体及电缆的运行情况，保持良好的运行条件。

3）检查加热器周边运行环境，防止油滴、水滴滴落到加热器本体上面。

（二）温控开关故障

（1）故障现象。

1）加热器运行报警。

2）温控开关跳开、烧损。

（2）故障原因。

1）到装置使用年限。

2）温度设置不合理，导致温控开关频繁动作加热器短路或者接地。

3）其他原因如人为损坏等。

（3）故障处理方法。

1）根据温控开关使用年限，结合机组定检及检修，定期更换。

2）观察温控开关的动作频率，结合设计要求，合理设置温控开关动作设定值，满足风洞内运行环境的要求。

3）改善温控开关的运行环境，注意防护。

【思考与练习】

（1）温控开关如何选型？

（2）加热器如何选型、布置？

（3）电保护装置如何选型。

◢ 模块 3 冷却系统（ZY3600603003）

【模块描述】本模块介绍冷却系统构成、作用及常见故障。通过知识讲解，掌握常见处理方法。

【模块内容】

一、冷却系统的构成和作用

（一）空气冷却系统

（1）空气冷却系统的构成：空气冷却系统主要由上下挡风板、转子风扇、水轮发电机上盖板、空气冷却器、温度计、流量计、管路及阀门等组成。

（2）空气冷却系统的作用：主要是针对风冷式水轮发电机组，空气循环不需外加风机，由转子风扇产生风压形成气流，经空气冷却器完成热能交换，冷风在风道内循环，完成对风洞内各设备、空气的冷却，保持风洞内电气设备良好的运行环境。

（二）轴承冷却器系统

（1）轴承冷却器系统的构成：主要由冷却器、外循环油泵、温度计、流量计、压力传感器、安全阀、管路及阀门等组成。

（2）轴承冷却器系统的作用：冷却各轴承油盆的润滑油，保持油温在设计范围内，保证各轴承瓦的安全可靠运行。

二、冷却系统常见故障及处理方法

（一）冷却器故障

（1）故障现象。

1）油槽内油位增高。

2）油槽内的润滑油发生乳化，油色变为乳白色。

3）推力轴承绝缘下降，发生了轴电流。

4）水轮发电机风冷效果差，前后运行温差小。

5）油系统管路油混水装置报警。

（2）故障原因。

1）冷却器到使用年限。

2）冷却器运行压力过高，导致冷却器管路损坏。

3）冷却器管路堵塞，冷却效率降低。

4）其他原因，如人为损坏、运行环境差等。

（3）故障处理方法。

1）根据冷却器使用年限及检修维护项目，结合机组检修，定期检修、维护。

2）定期检查冷却器运行压力，保持在运行设计压力范围内。

3）清理冷却器冷却管路，对管路进行酸洗，对冷却器单管和整体进行压力密封试验。

4）检查冷却器周边运行环境，防止磕碰、摩擦等损坏冷却器。

（二）外循环油泵故障

（1）故障现象。

1）油泵运行报警。

2）推力轴承油温升高。

3）推力轴承瓦温升高。

（2）故障原因。

1）油质差，导致油泵运行磨损严重，损坏叶轮、密封等设备。

2）循环油泵频繁启动，压力冲击导致泵轴、联轴器等损坏。

3）压力释放阀故障，导致循环油泵运行压力高，长时间运行损坏。

（3）故障处理方法。

1）根据油质运行标准，结合机组检修，定期滤油。

2）核查循环油泵启动逻辑，或者根据蓄能机组启动频繁的特点，研究设备运行寿命周期，合理准备备件，结合机组检修、定检等机会定期更换密封、轴承等零部件。

3）核查油泵运行压力与设计压力，校核压力释放阀，定期校验动作值，做好台账。

（三）自动化元件故障

（1）故障现象。

1）自动化元件报警。

2）推力轴承实际油温正常。

3）推力轴承实际瓦温正常。

4）外循环油泵、冷却器运行正常。

（2）故障原因。

1）自动化元件运行时间长，达到设备寿命。

2）自动化运行环境差，导致自动化元件短路、接地、接线松动等异常发生。

3）自动化元件安装不符合规定，导致测量存在误差。

（3）故障处理方法。

1）定期检查自动化元件的接线、电阻等，保证自动化元件本体正常。

2）改善自动化元件运行环境，防止水滴、油滴等污染自动化元件，延长自动化元件使用寿命。

3）核查自动化元件安装位置与规范要求，尽量减小测量误差。

【思考与练习】

（1）推力轴承油温异常升高，如何排查？

（2）风洞温度异常升高，如何排查？

（3）自动化元件故障报警，如何排查？

模块 4　制动系统（ZY3600603004）

【模块描述】本模块介绍制动系统结构、作用及常见故障。通过知识讲解，掌握常见处理方法。

【模块内容】

一、制动系统的结构和作用

（1）制动系统的结构：制动系统主要由制动气源、制动气缸、制动闸瓦、顶转子油泵及电机、制动集尘装置、电磁阀、管路及自动化元件等组成。

（2）制动系统的作用：

1）当机组在停机过程低转速时，为避免转速低导致推力轴承瓦油膜建压不成功，引起推力瓦瓦温升高，推力瓦烧损，所以当机组的转速下降到额定转速的一定比例时，自动投入制动器，加闸加快停机。

2）没有配备高压油顶起装置的机组，当经历较长时间的停机后，再次启动之前，用油泵将压力油打入制动器顶起转子，使推力瓦与镜板间重新建立起油膜，为推力轴承创造安全可靠的投入运行状态的工作条件。

3）当机组在安装或大修期间，常常需要用油泵将压力油打入制动器顶转子，转子顶起之后，人工扳动凸环或拧动大锁定螺母，将机组转动部分的质量直接由制动器缸体来承受。

4）机组电气制动故障时，机械制动按照设计值高速加闸，快速停机。

二、制动系统常见故障及处理方法

（一）制动器发卡

（1）故障现象。

1）制动器退出位置信号未收到。

2）制动器投入位置信号未收到。

3）制动器制动行程小于设计值。

（2）故障原因。

1）制动器复位弹簧损坏或者力量不足，导致制动器复位失败。

2）制动气源压力不足或者管路漏气，导致制动器投入动作力量不足失败。

3）制动器本体因受力不均或过大，内部零件如密封、气缸等磨损导致制动器本体卡涩。

4）制动器油压腔排油不彻底，导致制动器行程缩短，动作不到位。

5）制动闸瓦顶起或者脱落，导致制动器行程缩短或延长，不能复位。

（3）故障处理方法。

1）根据制动器检修维护项目，结合机组检修及定检，定期检修、维护制动器闸板、管路、制动器动作行程、制动器间隙测量等项目，保持制动器良好的运行条件。

2）校核制动器复位弹簧的拉伸力，研究弹簧使用寿命，定期检查更换。

3）制动气源检查，制动器及管路进行气密性和耐压试验，保证制动气源的可靠供应。

4）检查制动器安装水平及闸板水平，检查制动器各部位固定螺栓有无松动，保证在机组制动过程中，制动器受力均匀，不发生侧倾等异常现象。

5）检查制动器动作行程及制动闸瓦与转子制动环的间隙，若间隙减小，可检查制动闸瓦固定螺栓是否顶起等异常现象。

6）若在进行过顶转子的操作之后即出现制动行程缩短的异常情况，可首先将制动器油压腔的残油彻底排空，或在气压通入的情况下动作制动器几次，以彻底排空残油。

（二）制动器制动瓦磨损严重

（1）故障现象。

1）制动器闸瓦厚度低于规程要求。

2）制动器闸瓦与制动环间隙超出规程要求。

3）制动器投入位置信号经常调整位置或损坏报警。

4）制动过程中风洞内胶皮味较重。

（2）故障原因。

1）机组开机、停机频繁，制动器制动频繁增加制动闸瓦的磨损。

2）制动闸瓦选择不当，不耐磨。

3）转子制动环水平径向方向不一致，造成制动时制动闸瓦局部磨损严重。

4）制动器的制动闸瓦自动调整范围小，或制动器安装水平差，导致制动过程偏磨严重。

（3）故障处理方法。

1）对制动闸瓦重新选型，选择耐磨性好的闸瓦。

2）重新选型制动器，可选择自动调整制动闸瓦水平的制动器，以减小制动过程中的偏磨现象。

3）对转子制动环的下平面水平进行测量，若确实径向水平超出规程，需研究转子磁极与磁轭的连接固定方式及强度能否满足要求，再进行技术改造，提高固定连接强度。

（三）顶转子功能无法实现

（1）故障现象。

1）制动器顶转子距离不满足设计要求。

2）制动器顶转子时压力下降快，无法保压。

3）制动器在顶转子投入位置锁定螺栓后位置不保持。

（2）故障原因。

1）顶转子油泵故障，出口压力不足。

2）顶转子油泵出口卸载阀故障。

3）顶转子回路及制动器油压缸有渗漏。

4）制动器的位置锁定螺栓脱落或损坏。

（3）故障处理方法。

1）检查顶转子油泵的工作压力能否满足系统需要，不行更换油泵。

2）检查顶转子油泵出口卸载阀的减负载能力，若工作不正常，进行更换。

3）检查系统管路及阀门有无渗漏，检查制动器本体有无渗漏点，若制动器本体渗漏则需解体更换密封，之后再按照规程及设计要求进行密封性及耐压试验。

4）检查制动器的位置锁定螺栓是否有缺陷，若螺栓无缺陷，则需校核锁定螺栓的强度能否满足设计要求并重新选型。

（四）制动集尘装置故障

（1）故障现象。

1）制动器集尘装置故障报警。

2）风洞内制动闸板碎屑粉末多。

（2）故障原因。

1）制动器集尘装置风机故障。

2）制动器集尘装置滤网堵塞。

3）制动器集尘收集挡板磨损或脱落。

（3）故障处理方法。

1）结合机组定检、检修，定期对集尘装置的风机、滤网定期清理检查。

2）检查集尘装置挡板，若磨损严重或脱落，及时更换。

【思考与练习】

（1）制动器发卡故障如何排查？

（2）制动器闸瓦磨损严重，如何排查？

（3）如何排查制动系统顶转子故障现象？

模块 5 高压注油装置（ZY3600603005）

【模块描述】本模块介绍高压注油装置结构、作用及常见故障。通过知识讲解，掌握常见处理方法。

【模块内容】

一、高压注油装置的结构及作用

（1）高压注油装置的结构：高压注油系统主要由交流注油泵、直流注油泵、卸载阀、过滤器、压力传感器、控制器、阀门及管路组成。

（2）高压注油装置的作用：由于抽水蓄能机组推力轴承瓦的特殊结构，在启动低转速时，推力瓦与镜板之间不能立即建立油膜，需要外力辅助建立，高压注油系统就是在机组启动低转速时，将高压油打入推力瓦与镜板之间建立高压油膜，为推力瓦的正常运行提供运行环境，待机组转速升至一定比例额定转速时，推力轴承能够自行建立油膜时高压注油系统退出运行。一般在 0～90%额定转速下投入运行，转速大于 90%的额定转速后或者达到 0r/min 后停止运行。

二、高压注油系统常见故障及处理方法

（一）油泵故障

（1）故障现象。

1）系统压力低，建压不成功报警。

2）交流泵或直流泵故障报警。

3）泵体运行有异因。

（2）故障原因。

1）油泵本体运行有异因，轴承损坏或泵轴损坏。

2）油泵吸入杂物，泵过载运行，损坏泵体。

3）管路堵塞，油泵长时间空转，导致损坏。

4）泵运行时间到使用寿命或日常维护不到位如缺油润滑等。

（3）故障处理方法。

1）更换油泵损坏的轴承或轮叶。

2）清理油泵进口过滤器滤芯，清理管路，更换密封圈。

3）研究设备使用寿命，更新、完善油泵的维护项目及周期，延长设备使用寿命。

（二）系统建压不成功故障

（1）故障现象。

1）系统压力低、压力低报警，系统建压不成功。

2）现地压力表读数小于设定值。

3）高压注油泵启动时测量机组上抬量小于设计值或安装值。

（2）故障原因。

1）高压注油泵故障，出口压力低。

2）压力传感器故障，误报警。需结合测量值、压力值等综合判断。

3）压力表指示存在偏差。

4）进出口过滤器的滤芯堵塞，导致系统流量低。

5）注油泵出口压力卸载阀故障，导致系统压力低。

6）注油泵出口管路存在泄漏。

7）推力轴承瓦与镜板之间间隙不均匀，个别偏大。

（3）故障处理方法。

1）更换高压注油泵或零部件，如密封、轴承等。

2）更换压力传感器，并定期校验，做好记录台账。

3）更换压力表，并定期校验，做好记录台账。

4）结合机组检修或定检，定期清洗或更换管路系统的进出口滤芯。

5）结合机组检修或定检，定期校验或更换压力卸载阀。

6）检查注油泵出口管路及阀门，是否存在渗漏或跑油现象，更换密封或阀门。

7）试验、测量系统流量，校核能否满足系统要求或设计值。

8）试验、测量机组的抬机量，校核抬机量与设计值、安装试验值是否存在偏差，若系统设备运行压力、流量正常，则可根据抬机量的结果，针对性检查机组安装记录、轴线调整记录等。

（三）过滤器堵塞故障

（1）故障现象。

1）系统流量低报警。

2）系统压力低报警。

3）过滤器前后压差报警。

（2）故障原因。

1）过滤器长时间未清理，杂物堵塞。

2）油质较差，杂物较多。

3）过滤器突然因系统压力过高，滤芯损坏，导致堵塞。

4）压力传感器故障，误报警。

（3）故障处理方法。

1）结合机组定检及检修，定期清理过滤器。

2）推力轴承润滑油定期过滤，保持油质合格。

3）检查过滤器滤芯有无损坏，若滤芯受到挤压严重，则核查系统压力。

4）检查过滤器滤芯的过滤精度，若过滤芯精度过高，可考虑重新选型。

5）按照设计值校核压力传感器，做好记录台账。

（四）卸载阀压力故障

（1）故障现象。

1）卸载阀本体渗漏。

2）卸载阀压力值漂移，系统压力高报警或低报警。

3）系统流量低报警。

（2）故障原因。

1）卸载阀密封损坏。

2）卸载阀压力调整螺栓位置变更。

3）卸载阀本体故障，无法减负载。

（3）故障处理方法。

1）利用机组检修或定检，更换卸载阀密封。

2）首先将卸载阀压力调整螺栓调整到最小压力，启动高压注油泵，在机组轴线安装百分表测量机组上抬量，按照系统设计压力和设计上抬量，调整卸载阀压力调整螺栓，直到满足系统压力或设计上抬量，并做好固定措施。

3）若卸载阀本体故障，利用机组检修机会，更换备件，再按照设计压力或设计上抬量重新校核卸载阀的动作压力值，并做好固定措施。

（五）系统自动化元件故障

（1）故障现象。

1）系统压力高报警。

2）系统压力低、压力低报警。

3）系统油泵、过滤器、卸载阀运行正常。

（2）故障原因。

1）自动化元件本体损坏故障。

2）自动化元件接线、电源故障。

3）自动化元件零点漂移等故障。

（3）故障处理方法。

1）利用机组检修或定检，更换损坏的自动化元件。

2）定期维护、检查自动化元件的接线、电源工作正常。

3）利用机组检修、定检，定期校验自动化元件的设定值，并做好记录台账。

【思考与练习】

（1）高压注油系统建压不成功，故障如何排查处理？

（2）卸载阀如何调整系统压力？

（3）简述高压注油系统的作用？

第五部分

生产管理系统及 ERP 应用

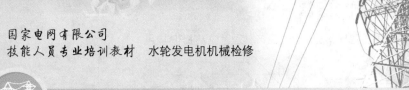

国家电网有限公司
技能人员专业培训教材　水轮发电机机械检修

第二十章

生产管理系统应用

◢ 模块 1　设备维护（新增）

【模块描述】本模块介绍生产系统中设备维护模块的应用及其具体要求。通过讲解及操作，熟练掌握工单、典型作业指导书的建立、审批流程及关闭；设备台账的建立、更新、整理；日常维护的计划制定、计划执行；设备缺陷的处理；设备隐患的排查、上报及消除以及反事故措施的执行。以下部分还涉及设备异动、定值管理内容介绍。

【模块内容】

一、模块内容

本模块内容较多，主要包括设备台账、工单、缺陷管理、设备隐患、设备异动、定值管理等。各子模块又包含较多内容，如下：

（1）设备台账：主要设备技术参数、设备缺陷、设备异动、技术监督项目、设备异动、设备隐患等执行记录，并可根据其他模块内容进行更新，便于整体掌握、了解各设备的状况。

（2）工单：普通工单、领料工单和日常维护工单。普通工单是现场工作的策划，包括工作的内容、时间、负责人、工作项目标准、危险点分析等；领料工单主要是物料的领取，关联相关物料应用项目、领用人、领用物料的参数等；日常维护工单主要是日常维护工作的项目、维护周期、维护负责人、维护执行情况等内容。

（3）缺陷管理：主要记录各设备的缺陷执行情况，包括缺陷设备名称、缺陷描述、发现处理时间、处理过程、延期情况等内容。

（4）设备隐患：主要记录各设备的隐患内容、项目、负责人、隐患等级、隐患治理措施和控制措施、隐患定期评估等内容。

（5）设备异动：主要包括异动设备名称、异动内容、异动图纸、异动执行时间、异动执行负责人及各审批人等内容。

二、模块应用

（1）设备台账。

1）流程：登录系统—转到—设备维护—设备台账，进入设备台账管理子模块。

2）设备台账分公司级台账和电厂台账。公司级台账由新源公司维护、查阅，各电厂登录电厂级台账。设备台账首先制定设备台账技术参数模板，各单位根据模板填入数据，之后由新源公司统一维护到系统。设备台账主要是显示、查阅、记录各设备检修、维护、技改等记录。

（2）工单。

1）流程：登录系统—转到—设备维护—工单，进入工单管理子模块。

2）普通工单的流程：新建工单—工单名称—关联项目—执行时间—执行负责人—工单项目、质量标准、注意事项—危险点分析及预控措施。

3）领料工单的流程：新建工单—工单名称—关联项目—执行时间—执行负责人—物料名称、数量、参数—流程审批。

4）日常维护工单的流程：线下梳理日常维护项目—录入系统—日常维护项目执行—工单关闭。

（3）缺陷管理。

1）流程：登录系统—转到—设备维护—缺陷管理，进入设备缺陷管理子模块。

2）缺陷处理流程：新建缺陷—缺陷描述—缺陷确认—缺陷处理（缺陷延期）—缺陷验收—缺陷关闭。

（4）设备隐患。

1）流程：登录系统—转到—设备维护—隐患管理，进入设备隐患管理子模块。

2）新隐患的建立：新建—录入隐患信息—隐患评级—隐患治理—隐患定期评估—隐患治理完成—隐患审批—隐患关闭。

3）隐患的治理：隐患负责人根据隐患治理措施或控制措施，结合机组的定检和检修等，对隐患项目进行治理或控制，并及时在系统内录入隐患治理过程；技术管理部门根据隐患治理的不同阶段和结果，定期对隐患治理情况进行评估，有必要时可变更隐患等级。

（5）设备异动。

1）流程：登录系统—转到—设备维护—设备异动，进入设备异动管理子模块。

2）异动填写：新建—异动项目名称—异动原因—异动前后图纸—异动执行人—异动执行时间—异动执行完成时间。

【思考与练习】

（1）设备维护模块的主要包含内容有哪些？

（2）设备隐患整体管理流程有哪些？

（3）设备异动整体管理流程有哪些？

（4）工单包含哪些子模块及应用流程？

▲ 模块2 技术监督（新增）

【**模块描述**】本模块介绍技术监督模块的应用及其具体要求。通过讲解及操作，熟练掌握技术监督的制定、执行、上报和执行。

【**模块内容**】

一、模块内容

（1）技术监督组织机构。本子模块主要是建立各单位技术监督组织机构，包括技术监督组织名称、组织人员信息、技术监督办公室、各专业技术监督负责人等信息。

（2）技术监督专业及其项目。

1）技术监督项目根据国网新源公司《技术监督管理标准》共设立十个专业，由新源公司总部进行维护、设定并生效执行。

2）各专业技术监督分标准项目和非标项目，其中标准项目由新源公司维护，系统已录入标准项目库，各单位可根据本厂设备选择录入，另外有些设备根据厂家意见需增加监督项目的，需按照设备建立技术监督非标项目，并完善相关信息，如名称、周期、标准等内容。

（3）技术监督报表及年度总结。各技术监督专业月度、季度和年度报表项目由新源公司统一维护设定，各下属单位不用维护。技术监督年度总结是在技术监督年度计划执行完成后进行，主要填写信息有年度、单位、专业以及本专业年度工作计划执行情况、建议等。

（4）年度计划的制定以及执行。各专业技术监督专业的年度是在完成各专业技术监督项目之后创立的，年度计划根据技术监督设备的项目、周期以及内容等按照月度、年度计划生成，各专业负责人根据年度计划执行相应的技术监督项目。

（5）技术监督告警。新源公司针对各电厂技术监督执行情况进行监督、检查，发现执行不到位的时候，发出告警，告警电厂按照要求进行整改。各电厂在系统内收到告警通知的时候，需立即开展整改工作，整改完成后本单位审核确认后由新源公司最后确认整改完成。

二、模块的应用

（1）项目的制定。

1）技术监督标准项目由新源公司根据技术监督相关规程制定并统一维护到系统

内，各单位从标准项目库根据各自单位设备情况自主选择。流程如下：系统登录—转到—技术监督—基础信息—标准项目，选择设备树节点，新建标准项目，并完善相关信息如设备信息、参数及数值范围等。

2)技术监督设备的流程：系统登录—转到—技术监督—基础信息—技术监督设备，新建技术监督设备明细，之后关联对应的标准项目，或新增非标项目。

至此完成技术监督项目、技术监督设备的录入。

（2）年度计划的制订。年度技术生成的流程：转到—技术监督—计划总结—年度计划，新建技术监督年度计划，填写专业、年度、单位后点击保存，系统会自动生成有关专业的到期完成年度计划项目，专业负责人在此处可微调项目信息以及增加项目，之后开始审批流程，最后流程到新源公司备案。

（3）年度计划的执行。年度计划的执行指各专业负责人根据下发的年度计划，结合机组检修及日常维护工作具体开展监督工作，并在系统内按照时间要求及时回填系统，将执行情况如执行人、执行日期、执行情况以及异常情况。年度计划的执行流程：转到—技术监督—年度计划，选择专业进入专业年度计划执行回填画面。

【思考与练习】

（1）技术监督模块的内容有哪些？

（2）技术监督年度计划的执行流程？

（3）技术监督项目如何制定？

◢ 模块 3 巡 检 管 理（新 增）

【模块描述】本模块介绍巡检管理模块的应用及其具体要求。通过讲解及操作，熟练掌握巡检点、巡检区域及巡检路线的划分、分布；巡检任务的内容；巡检计划的制订及执行；巡检记录的上传及审批。

【模块内容】

一、模块内容

本模块主要包括巡检点、巡检区域、巡检路线、选件计划以及上传有关巡检记录等内容。

二、模块应用

（1）巡检点、巡检区域的录入。巡检点、巡检区域的录入指首先在线下按照规定样表完成巡检点、巡检设备、巡检区域以及巡检的路线的整理工作，之后由新源公司统一录入系统。之后各单位可年度调整巡检内容、巡检路线等内容。

（2）巡检计划的执行。巡检计划的执行指巡检人员按照既定的巡检路线，对巡检设备进行巡检，按照巡检设备的巡检要求认真核对现场设备实际情况，并准确录入巡检仪。对巡检发现的缺陷、隐患等设备异常现象按照相关缺陷、隐患等标准进行相关的治理工作。

（3）巡检记录的上传与审批。巡检记录的上传与审批指巡检人员利用巡检仪完成规定的巡检任务后，连接电脑与电脑同步，之后再系统内上传巡检记录，完成后报批。巡检记录的审批有部门主任确定巡检完成情况后完成审批。巡检记录的上传与审批流程：系统登录—转到—设备巡检—巡检记录上传。

【思考与练习】

（1）巡检模块包含的内容有哪些？

（2）巡检计划如何执行？

◢ 模块4　项目管理（新增）

【模块描述】本模块介绍项目管理中大修技改工程的项目实施流程及其具体要求。通过讲解及操作，熟练掌握大修技改工程的开工过程中修前策划中的工单、检修作业指导手册、竣工验收及竣工资料的编制及上传。

【模块内容】

一、模块内容

本模块主要包括检修项目计划、检修项目计划实施、技改项目计划、技改项目计划实施和零购项目五个子模块，其中，检修项目计划与技改项目计划、检修项目计划实施与技改项目实施模块内包含内容基本一致。检修项目计划模块包括检修制度、项目储备库编制、项目储备库申报、年度计划、项目变更、项目月报、年度总结，检修项目计划实施包括项目名称、修前策划、修中实施、修后总结以及各类审批。

二、模块应用

此处以检修项目计划和检修项目计划实施模块的应用举例，技改项目计划、技改项目计划实施和零购项目三个模块的应用基本与检修项目一致，不再说明。

（1）检修项目计划。

1）项目储备库的编制。流程：登录系统—转到—项目管理—检修项目计划—储备库的编制。项目储备库的编制的具体内容：根据设备情况确定项目名称和内容、位置信息、项目来源、检修分类、年度、检修等级、年度投资以及项目预算等信息，如果是机组检修项目，还需要维护机组检修的非标项目，最后点击保存。

注意：

a. 项目来源如果是缺陷和隐患需要选择报缺单或者隐患。

b. 选择位置后系统会自动列出该设备的运行、缺陷隐患信息。

c. 选择项目类型后系统会自动列出该项目的预算清单表。

2）项目储备库的申报。

项目储备库的申报流程：登录系统—转到—项目管理—检修项目计划—储备库的申报。进入页面后，点击选择项目按钮，可根据项目资金计划选择已编制完成的储备项目，储备库项目选择完成后，进入审核流程。项目储备库的申报既是将已编制好的项目按照资金计划归类汇总并上报审核。

项目储备库的审批流程：编制人—电厂审核人—新源公司专业审核人—新源公司分管领导审核—线下汇报国网公司审核—正式入库。

3）项目年度计划。项目年度计划的流程：登录系统—转到—项目管理—检修项目计划—项目年度计划。进入页面后，点击选择项目按钮，可根据项目资金计划选择已批复的储备的项目库中项目，按照项目实施必要性的先后顺序排列各项目，然后保存并进入审批流程。项目年度计划的审批流程：编制人—电厂审核人—新源公司专业审核人—新源公司分管领导审核—年度计划审批完成。

4）项目变更。项目变更的流程：登录系统—转到—项目管理—检修项目计划—项目变更进入页面后，点击新建按钮，选择要变更的项目，对资金额度进行调整，对项目资金进行调整后点击工作流按钮，启动审核流程，把任务传给项目计划审核人，其流转过程和前面介绍的年度计划批准一样。

5）项目月报。项目月报的流程：登录系统—转到—项目管理—检修项目计划—项目月报。进入页面后，点击新建按钮，选择年度保存，系统自动显示本年度的检修项目，按当月项目资金，进度发生的情况填写完后，发送流程给审核人，电厂审核完成后点击保存按钮，最后归档。

6）项目年度总结。项目年度总结的流程：登录系统—转到—项目管理—检修项目计划—项目年度总结。进入页面后，点击新建按钮，选择年度保存，根据系统提供的模板填写上报数据，并通过文档列表中的"添加附件"按钮把年度总结上传到系统中，并通过点击工作流图标发送年度总结开始审批流程，电厂审核完成后发送给新源本部相关负责人进行审核归档。

（2）检修项目计划实施。

1）项目管理。项目管理的流程：登录系统—转到—项目管理—检修项目计划实施—项目管理。项目管理包括项目设计、合同签订、项目实施、项目结项、项目后评估、项目审批等信息。其中合同签订需将签订的检修项目合同上传系统；项目实施信息由项目实施模块自动引入；项目结项主要填写项目资金计划、工作计划的完成情况信息；项目后评估是对项目管理、项目实施、项目总结各环节的总结，按照格式填写内容。

2）项目实施。项目实施流程：登录系统—转到—项目管理—检修项目计划实施—项目实施。项目实施包括：

a. 项目修前策划：项目修前策划的填写信息主要包括检修指导手册、检修作业手册和作业指导书。其中检修指导手册由电厂负责填写，主要填写检修项目、作业指导书清单、组织措施、安全措施、技术措施和现场管理办法；检修作业指导手册由承包单位负责填写，主要填写检修目标、组织措施、安全措施、网络进度图、现场管理办法等。

b. 开工报告单：开工报告单的填写主要信息包括准备工作确认、检修承包单位、附件（检修项目清单、网络进度图、外包工程开工许可证）。

c. 修中实施：修中实施主要填写信息工单、工作票的执行情况、现场协调会纪要上传。

d. 竣工验收：竣工验收指项目实施完成后由电厂或新源公司组织项目验收，并在机组复役当日上传竣工验收报告。

e. 修后总结：修后总结指按照总结格式各专业完成项目总结后上传系统，至此项目实施完成。

【思考与练习】

（1）检修项目储备库如何编制、上报？

（2）检修项目年度计划如何编制、上报？

（3）检修项目实施如何编制？

第二十一章

ERP　应　用

▲ 模块1　物资材料上报及领用（新增）

【**模块描述**】本模块介绍 ERP 系统应用及其具体要求。通过讲解，熟练掌握在 ERP 系统材料的上报、领料的建立、审批流程。

【**模块内容**】

本模块主要介绍 ERP 系统内生产物料的上报和领用，不包括其他功能应用。

一、物料申请、审批流程

（1）物料申请创建流程：系统登录—后勤—物料管理—采购—采购申请—创建；创建后按照表 21-1-1 所示进行填写，完成后点击保存按钮，即完成采购申请的创建。

表 21-1-1　　　　　　　　采购申请填写说明

栏位名称	说明	用户操作和值	注释
采购凭证类型	必输项，输入采购凭证类型	PR1 生产物资采购申请	可根据实际业务进行选择
物料	必输项，填写物料编码	500084170	
短文本	必输项，不必手输	电缆桥架，玻璃钢，300×200	可先不填写，等填完工厂代码后，敲回车后自动由物料编号带出
申请数量	必输项	1000	
单位	必输项，不必手输	kg	由物料编号自动带出
交货期日	必输项，采购需求日期	2011.05.12	默认当前日期
物料组	必输项	G1408009	由物料编号自动带出
工厂	必输项，采购提出的工厂	3400	可根据实际需求进行选择则
采购组（需求部门）	必输项，采购提出的需求部门	34H	可根据实际需求进行选择则
评价价格	必输项	10	根据实际情况填写

（2）物料申请审批流程：

1）系统登录—后勤—物料管理—采购—采购申请—批准—单独审批，然后输入采购申请号，选择采购申请，点击批准按钮，执行完成申请部门主任的审批，另外根据物料的金额还需物资管理部门主任、公司生产管理副总和新源公司批准；

2）系统登录—后勤—物料管理—采购—采购申请—批准—汇总下达，然后输入查询本部门审批代码，集中显示需审批的物料采购申请，然后点击批准按钮完成审批。

二、领料的申请、审批流程

生产物料的领料申请流程：生产管理系统填写领料工单—领料工单审批完成—ERP 系统录入领料申请—仓库管理人员接受领料申请—仓库领取物料—ERP 系统物资管理人员回填物料状态—关闭领料工单—流程结束。

【思考与练习】

（1）说明物料申请、审批流程。

（2）说明领料的申请、审批流程。

第六部分

水轮发电机的检修规程、规范及标准

第二十二章

水轮发电机机械检修等级与标准项目

▲ 模块 1 水轮发电机机械检修等级的划分（ZY3600102001）

【模块描述】本模块参照 DL/T 1066—2007《水电站设备检修管理导则》对水轮发电机的检修等级划分和检修等级组合方式进行了介绍。通过知识讲解介绍，掌握机组检修等级划分的依据和间隔时间。

【模块内容】

一、DL/T 1066—2007《水电站设备检修管理导则》导读

此检修导则是由中国电力企业联合会提出、归口并解释的。本标准在 DL/T838—2003《发电企业设备检修导则》的基础上，结合水电站（厂）的特点编写的。主要是针对水力发电企业的机组检修等级、检修间隔、机组停用时间、检修策划、检修项目管理以及验收试运行等各检修环节提出指导性意见。

二、检修等级划分依据

DL/T 1066—2007《水电站设备检修管理导则》中原则性定义，根据机组检修规模和停用时间为原则，将机组检修分 A、B、C、D 四个级别。机组检修规模主要是以水轮发电机组主要、重要部件的检修项目、检修内容为参考，如水轮机、水轮发电机、调速、励磁、保护、计算机监控、电压回路等系统。而每个级别检修的停用时间主要是以机组形式、转轮直径以及检修级别为参考提出的。

三、机组检修间隔时间和检修等级组合方式

（1）DL/T 1066—2007《水电站设备检修管理导则》中原则性定义，新机组第一次 A、B 级检修可根据制造厂要求、合同要求及机组具体情况决定。若制造厂无明确要求，一般安排在正式投产后 1 年左右时间。主变 A 级检修可根据主变试验结果确定，一般为正式投产后 5 年左右。另外，DL/T 1066—2007《水电站设备检修管理导则》根据机组类型如多泥沙和非多泥沙机组、A 级检修间隔时间和各级别检修组合方式提供了指导意见，增加对国外或技术引进设备以及状态稳定的国产设备，根据设备状态评价结果，可延长检修间隔。为各水电站（厂）提供了原则性指导意见。

（2）检修等级组合方式，根据 A 级检修间隔时间，在两次 A 级检修之间安排一次 B 级检修；除有 A、B 级检修年外，每年可进行一次 C 级检修，并视情况每年可增加一次 D 级检修。这样，各水电站（厂）可根据设备运行情况灵活安排机组检修各年度计划。

四、抽水蓄能电站

随着全国抽水蓄能电站的快速发展，针对抽水蓄能机组运行特性，国网新源公司引用 DL/T 1066—2007《水电站设备检修管理导则》、DL/T838—2003《发电企业设备检修导则》等标准制定了公司标准 GB/T 32574—2016《抽水蓄能电站检修导则》试行版，详细地规定了抽水蓄能电站机组检修的规划、计划、检修前策划、实施过程控制、总结评价和改进等检修业务全过程管理的内容、要求和方法。各蓄能电站可参考执行。

【思考与练习】

（1）说明机组检修等级划分的依据。

（2）说明机组检修间隔时间如何确定。

（3）说明机组各检修等级的组合方式。

▲ 模块 2 水轮发电机 A 级检修标准项目（ZY3600102002）

【模块描述】本模块参照 DL/T 1066—2007《水电站设备检修管理导则》介绍了水轮发电机 A 级检修标准项目内容。通过知识讲解，掌握 A 级大修的主要内容。

【模块内容】

一、水轮发电机 A 级大修的标准项目原则性意见

（1）DL/T 1066—2007《水电站设备检修管理导则》原则性提出 A 级检修标准项目的主要内容：

1）制造厂要求的项目。

2）全面解体、检查、清扫、测量、调整和修理。

3）定期监测、试验、校验和鉴定。

4）按规定需要定期更换零部件的项目。

5）按各项技术监督规定检查项目。

6）消除设备和系统的缺陷和隐患。

（2）特殊项目。特殊项目是指检修标准项目以外的检修项目以及执行反事故措施、节能措施、技术措施等项目，重大特殊项目是指技术复杂、工期长、费用高或对系统、设备结构有重大改变的项目，企业可根据需要安排在各级检修项目中。

　　DL/T 1066—2007《水电站设备检修管理导则》未详细列出水轮发电机组检修参考项目，编写组认为现在各电站的检修规程比较健全，不同等级的检修项目非常详细具体，因此没必要列出参考项目。

二、DL/T 838—2003《发电企业设备检修导则》

　　对于新投产水电站（厂），由于检修规程还不健全，对设备检修的项目、标准等了解的还不够详细，在制定机组检修项目时，一是可参考 DL/T 1066—2007《水电站设备检修管理导则》的原则性意见；二是可参考执行 DL/T 838—2016《发电企业设备检修导则》，其中详细列出了汽轮水轮发电机组水轮发电机 A 级检修参考项目，包括标准项目和特殊项目。另外对于抽水蓄能电站，可参考新源公司制定的公司标准 GB/T 32574—2016《抽水蓄能电站检修导则》试行版，其中也详细列出抽水蓄能电站水轮发电机 A 级检修的参考标准项目。

【思考与练习】

　　（1）说明 DL/T 1066—2007《水电站设备检修管理导则》中水轮发电机 A 级检修标准项目的原则性意见。

　　（2）说明对于新投产电站如何确定水轮发电机 A 级检修的标准项目。

▲ 模块 3　水轮发电机 B 级检修标准项目（ZY3600102003）

　　【模块描述】本模块参照 DL/T 1066—2007《水电站设备检修管理导则》介绍了水轮发电机 B 级检修标准项目内容。通过知识讲解，掌握 B 级检修的主要内容。

　　【模块内容】

一、水轮发电机 B 级检修的标准项目原则性意见

　　DL/T 1066—2007《水电站设备检修管理导则》原则性提出 B 级检修标准是根据设备状态评价结果及系统的特点和运行状况，有针对性的实施部分 A 级检修项目和定期滚动项目。

　　DL/T 1066—2007《水电站设备检修管理导则》未详细列出水轮发电机组 B 级检修参考项目。

二、DL/T 838—2016《发电企业设备检修导则》

　　（1）对于新投产水电站（厂），在制定机组检修项目时，一是可参考 DL/T 1066—2007《水电站设备检修管理导则》的原则性意见；二是可参考执行 DL/T 838—2016《发电企业设备检修导则》，其中详细列出了汽轮水轮发电机组水轮发电机 A 级检修的参考项目，各水电站（厂）可根据机组状况、停用时间等因素制定 B 级检修项目。

（2）对于抽水蓄能电站，可参考新源公司制定的公司标准 GB/T 32574—2016《抽水蓄能电站检修导则》试行版，其中 B 级检修定义为以 C 级检修标准项目为基础，有针对性的解决 C 级检修工期无法安排的重大缺陷，所以抽水蓄能电站的水轮发电机 B 级检修项目是参考 C 级检修项目制定的。

【思考与练习】

（1）说明水轮发电机 B 级检修的标准项目原则性意见？

（2）说明新投产电站如何制定机组 B 级检修项目？

◢ 模块 4 水轮发电机 C 级检修标准项目（ZY3600102004）

【模块描述】本模块参照 DL/T 1066—2007《水电站设备检修管理导则》介绍了水轮发电机 C 级检修标准项目内容。通过知识讲解，掌握 C 级检修的主要内容。

【模块内容】

一、水轮发电机 C 级检修的标准项目原则性意见

（1）消除运行中的缺陷。

（2）重点清扫、检查和处理易损、易磨部件，必要时进行实测和试验。

（3）按各项技术监督规定检查项目。

DL/T 1066—2007《水电站设备检修管理导则》未详细列出水轮发电机组 C 级检修参考项目。

二、DL/T 838—2016《发电企业设备检修导则》

（1）对于新投产水电站（厂），在制定机组 C 级检修项目时，一是可参考《DL/T 1066—2007《水电站设备检修管理导则》的原则性意见；二是可参考执行 DL/T 838—2016《发电企业设备检修导则》，其中未详细列出 C 级检修项目，其 C 级检修定义是指根据设备的磨损、老化规律，有重点的对机组进行检查、评估、修理和清扫。C 级检修可进行少量零件的更换、设备的消缺、调整、预防性试验等作业以及实施部分 A 级检修项目或定期滚动检修项目。各水电站（厂）可根据设备状况、检修停用时间确定 C 级检修项目。

（2）对于抽水蓄能电站，可参考新源公司制定的公司标准 GB/T 32574—2016《抽水蓄能电站检修导则》试行版，其中 C 级检修定义同 DL/T 838—2016《发电企业设备检修导则》一致，但附录中列出了 C 级检修参考标准项目。

【思考与练习】

（1）说明水轮发电机 C 级检修的标准项目原则性意见。

（2）说明抽水蓄能电站的水轮发电机 C 级检修内容有哪些。

▲ 模块 5　水轮发电机 D 级检修标准项目（ZY3600102005）

【模块描述】 本模块参照 DL/T 1066—2007《水电站设备检修管理导则》介绍了水轮发电机 D 级检修标准项目内容。通过知识讲解，掌握 D 级检修的主要内容。

【模块内容】

一、水轮发电机 D 级检修的标准项目原则性意见

D 级检修主要内容是消除设备和系统的缺陷。

二、DL/T 838—2016《发电企业设备检修导则》

（1）对于新投产水电站（厂），在制定机组 D 级检修项目时，一是可参考 DL/T 1066—2007《水电站设备检修管理导则》的原则性意见；二是可参考执行 DL/T 838—2016《发电企业设备检修导则》，其 D 级检修定义是指当机组总体运行状况良好，而对主要设备的附属系统和设备进行消缺。D 级检修除进行附属系统和设备的消缺外，还可根据设备状态的评估结果，安排部分 C 级检修项目。各水电站（厂）可根据设备状况、检修停用时间确定 D 级检修项目。

（2）对于抽水蓄能电站，可参考新源公司制定的公司标准 GB/T 32574—2016《抽水蓄能电站检修导则》试行版，其中 D 级检修定义同 DL/T 838—2016《发电企业设备检修导则》基本一致。在执行时可参考 C 级检修项目。

【思考与练习】

（1）说明水轮发电机 D 级检修的标准项目原则性意见。

（2）说明新投产电站如何确定水轮发电机 D 级检修项目。

第二十三章

水轮发电机的检修质量标准和规程规范

▲ 模块 1　水轮发电机检修质量标准（ZY3600103001）

【模块描述】本模块介绍水轮发电机维护、小修、大修检修质量标准。通过知识讲解，掌握水轮发电机各类检修的质量标准。

【模块内容】

一、参考规程

水轮发电机维护、小修、大修主要参考以下几个规程：

（1）DL/T817—2002《立式水轮发电机检修技术规程》。

（2）DL/T596—1996《电力设备预防性试验》。

（3）DL/T 1066—2007《水电站设备检修管理导则》。

（4）DL/T 838—2016《发电企业设备检修导则》。

（5）GB/T 32574—2016《抽水蓄能电站检修导则》试行版。

（6）各电厂检修规程等。

（7）各制造厂相关水轮发电机检修工艺要求。

上述（1）规程是各水电站（厂）水轮发电机现场检修的技术指导文件，规程中详细列出水轮发电机检修工艺要求和质量标准，各水电站（厂）可根据规程结合本厂设备技术要求编制检修规程；上述（2）规程对电力设备包括水轮发电机、电动机及变压器等的预防性试验项目、周期及试验标准列出具体要求，水电站（厂）对水轮发电机或发电电动机进行电气预防性试验时可参考执行；上述（3）、（4）、（5）规程主要针对检修过程管理工作提出原则性意见，未详细列出检修质量标准；另外各水电站（厂）有国外设备、进口重要设备的，一是参考我国有关规程要求进行维护、检修；二是根据制造厂要求编制适合本厂设备的检修规程执行。

二、DL/T817—2002《水轮发电机检修规程》

DL/T817—2002《水轮发电机检修规程》在水轮发电机检修工艺要求方面从一般检修工艺、转子、定子、电气部分、制动、空气冷却器、推力轴承、导轴承、永磁机、励磁机、水轮发电机总体装复工艺等都进行详细表述，在各设备拆装过程中亦列出质量标准，可参考执行。

三、GB/T 32574—2016《抽水蓄能电站检修导则》试行版

抽水蓄能电站由于机组特殊结构，一是可参考 GB/T 32574—2016《抽水蓄能电站检修导则》试行版开展检修策划工作；二是可参考 DL/T 817—2002《水轮发电机检修规程》和 DL/T596—1996《电力设备预防性试验》中同步水轮发电机、电动机两个部分组织开展现场发电电动机的检修和验收工作。

【思考与练习】

水轮发电机维护、检修质量标准主要参考哪些规程？

▲ 模块 2　水轮发电机检修规程规范（ZY3600103002）

【模块描述】本模块包含水轮发电机检修工艺、作业流程、技术措施及安全措施等规程规范。

【模块内容】

一、参考规程

水轮发电机检修工艺、作业流程、技术措施及安全措施等检修内容策划、执行主要参考以下几个规程：

（1）DL/T817—2002《立式水轮发电机检修技术规程》。

（2）DL/T596—1996《电力设备预防性试验》。

（3）DL/T 1066—2007《水电站设备检修管理导则》。

（4）DL/T 838—2016《发电企业设备检修导则》。

（5）GB/T 32574—2016《抽水蓄能电站检修导则》试行版。

（6）各电厂检修规程等。

（7）各制造厂相关水轮发电机检修工艺要求。

二、DL/T817—2002《水轮发电机检修规程》

本《规程》在水轮发电机检修工艺要求方面从一般检修工艺、转子、定子、电气部分、制动、空气冷却器、推力轴承、导轴承、永磁机、励磁机、水轮发电机总体装复工艺等都进行详细表述，在各设备拆装过程中亦列出质量标准，可参考执行。

三、GB/T 32574—2016《抽水蓄能电站检修导则》试行版

GB/T 32574—2016《抽水蓄能电站检修导则》是国网新源公司根据相关检修规程结合抽水蓄能机组的特性提出的指导规程。其中详细列出了检修级别、职责、检修项目、检修策划、验收、试运行和总结等环节的内容，抽水蓄能电站可参考组织开展检修工作。另外，还可参考 DL/T596—1996《电力设备预防性试验》中同步水轮发电机、电动机两个部分组织开展现场发电电动机的电气预防性试验等工作。

四、DL/T 1066—2007《水电站设备检修管理导则》

DL/T 1066—2007《水电站设备检修管理导则》是针对水电站检修管理工作制定的，对水电站检修工作的全过程管理流程进行了梳理，详细列出了检修级别、职责、检修项目、检修策划、验收、试运行和总结等环节的内容，附录中包括年度定期维护工作计划、作业指导书格式、"5S"管理内容、检修总结、检修管理评价等内容，各水电站（厂）参考性强。

【思考与练习】

水轮发电机检修管理主要参考哪些规程规范？